■高升 邵玉梅 劳翠金 秦燊 编著

Windows Server 2003

系统管理

(第三版)

清华大学出版社

北　京

内 容 简 介

本书全面地为 Windows Server 2003 系统管理员提供了系统管理和网络维护的解决方案。全书共分 21 章（4 篇），内容分别涉及系统安装与基本配置、管理和共享文件资源、磁盘管理、系统恢复和数据保护策略配置、创建和管理各类常用服务器以及监视和调节网络性能等，最后通过一个典型的利用 Windows Server 2003 组建学生局域网的实例，详细讲述了基于 Windows Server 2003 的集学习、娱乐、服务为一体的局域网组建技术。

本书内容翔实、结构清晰、理论知识与实际应用紧密结合，适用于 Windows Server 2003 系统管理员和网络维护人员阅读，也可供其他从事网络维护及系统集成工作的用户参考，还可作为各院校相关专业的教材。

本书每章中的电子教案可以到 http://www.tupwk.com.cn/downpage/index.asp 网站下载。

图书在版编目（CIP）数据

Windows Server 2003 系统管理(第三版) / 高升 等编著.
—北京：清华大学出版社，2010.4
(高等学校计算机应用规划教材)
ISBN 978-7-302-22364-1

Ⅰ. ①W…　Ⅱ. ①高…　Ⅲ. ①服务器—操作系统(软件)，Windows Server 2003—高等学校—教材
Ⅳ. ①TP316.86

中国版本图书馆 CIP 数据核字 (2010) 第 055679 号

责任编辑：胡辰浩(huchenhao@263.net)　袁建华
装帧设计：孔祥丰
责任校对：成凤进
责任印制：何　芊

出版发行：清华大学出版社　　　　　　　　　地　　址：北京清华大学学研大厦 A 座
　　　　　http://www.tup.com.cn　　　　　　邮　　编：100084
　　　　　社　总　机：010-62770175　　　　邮　　购：010-62786544
　　　　　投稿与读者服务：010-62776969,c-service@tup.tsinghua.edu.cn
　　　　　质　量　反　馈：010-62772015,zhiliang@tup.tsinghua.edu.cn

印　刷　者：北京市世界知识印刷厂
装　订　者：北京市密云县京文制本装订厂
经　　销：全国新华书店
开　　本：185×260　印　张：29　字　数：705 千字
版　　次：2010 年 4 月第 3 版　　印　　次：2010 年 4 月第 1 次印刷
印　　数：1～5000
定　　价：43.00 元

产品编号：035073-01

Windows Server 2003 是 Microsoft 公司继 Windows Server 2000 之后推出的又一款 Windows Server 系列产品，在硬件支持、服务器部署、网络安全和 Web 应用等方面都提供了良好的支持，可以说，Windows Server 2003 是目前功能最强的一款 Server 家族产品。2004 年清华大学出版社出版了《Windows Server 2003 系统管理》一书，该书曾多次印刷，受到广大读者的好评，考虑到很多读者的需要，我们对第二版进行了补充、更新和修订，编写了《Windows Server 2003 系统管理(第三版)》。第三版在第二版的基础上，对部分内容进行了调整。根据读者的需求，我们删除了部分不实用的内容，新增了很多实用内容，贴近读者的需要。

本书共 4 篇，分 21 章。各篇的具体内容如下。

第一篇为 Windows Server 2003 系统安装与配置。

这部分包含第 1、2、3 章内容，第 1 章介绍了 Windows Server 2003 系统的基本配置；第 2 章介绍了 Windows Server 2003 自带的系统管理工具；第 3 章介绍了 Windows Server 2003 的打印管理功能。通过该部分的学习，读者可以了解到 Windows Server 2003 的一些基本配置和管理功能。

第二篇为 Windows Server 2003 系统的用户管理和组策略功能配置。

这部分包含第 4、5、6 章内容，主要介绍了 Windows Server 2003 的活动目录管理、用户帐户的配置和管理以及 Windows Server 2003 组策略对象配置和委派控制。通过该部分的学习，读者可以掌握 Windows Server 2003 系统重要的用户帐户配置和组策略对象的相关配置，以便更好地管理系统资源。

第三篇为 Windows Server 2003 系统资源管理和系统维护。

这部分包含第 7、8、9、10 章内容，主要介绍了分布式文件系统及文件系统管理、磁盘管理、系统备份及恢复等各种系统常用功能的配置和管理，使读者对 Windows Server 2003 的系统配置和文件资源管理有更深层次的了解。

第四篇为 Windows Server 2003 的网络架构。

这部分包含第 11～21 章内容，主要介绍了 Windows Server 2003 系统下的各种服务器的创建和管理，系统安全性配置等功能，最后以一个典型的 Windows Server 2003 组建学生局域网的实例，结合前面章节所介绍的知识，详细讲述了基于 Windows Server 2003 的集学习、娱乐、服务为一体的局域网组建技术。

　　本书是多人智慧的集成，除封面署名的作者以外，参与编写和资料整理的人员还有李东峰、李爽、唐丽、李晓辉、张王英、王新华、郭丽、李晓凤、赵瑞杰、罗峰、孙建伟、李莉明、王爱荣、李国亮、周桂芳、李红敏、王军政、刘瑛、范亮、郑丽等。由于作者水平有限，本书不足之处在所难免，欢迎广大读者批评指正。在本书的编写过程中，参考了一些有关文献，在此向这些文献的作者深表感谢。我们的信箱：huchenhao@263.net。

作　者

2010 年 2 月

系统安装与基本配置

第1章

Windows Server 2003 系统的安装过程简单，但需要把前期准备工作做好。如果要使 Windows Server 2003 在满足用户实际需要的同时执行强大的管理功能，就必须对系统中的一些重要系统服务、系统选项等涉及到服务器整体性能的选项进行配置和调整。通过对系统启动、性能、内存、文件夹和电源等的优化管理，来提高系统的效率和功能。本章将就这些具体应用与配置进行详细介绍。

 本章知识点

- ✄ Windows 系统的历史
- ✄ 安装 Windows Server 2003 系统
- ✄ 系统性能选项配置
- ✄ "启动和故障恢复"选项设置
- ✄ 文件夹选项设置
- ✄ 电源使用方案配置

1.1 安装 Windows Server 2003 系统

1.1.1 系统和硬件设备需求

操作系统是计算机所有硬件设备、软件运作的平台，虽然 Windows Server 2003 有良好的安装界面和近乎全自动的安装过程并支持大多数最新的设备，但要顺利完成安装，仍需了解 Windows Server 2003 对硬件设备的最低需求，以及兼容性等问题。表 1-1 列出了 Windows Server 2003 各个版本的最低系统要求。请用户对照现有的系统配置和需要安装的 Windows Server 2003 的版本，检查其兼容性。

表 1-1 Windows Server 2003 各版本的最低系统要求

系 统 要 求	标 准 版	企 业 版	Datacenter 版	Web 版
最小 CPU 速度	550 MHz	基于 Itanium 的计算机为 733 MHz	基于 Itanium 的计算机为 733 MHz	550 MHz
推荐 CPU 速度	2GHz	3GHz	3GHz	2GHz
最小 RAM	256MB	512MB	512 MB	256MB
推荐最小 RAM	512MB	1G	1GB	512 MB
最大 RAM	4 GB	基于 Itanium 的计算机为 64 GB	基于 Itanium 的计算机为 512 GB	2 GB
多处理器支持	最多 4 个	最多 8 个	最少需要 8 个 最多 64 个	最多 2 个
安装所需的磁盘空间	1.5 GB	基于 Itanium 的计算机为 1.0 GB	基于 Itanium 的计算机为 1.0 GB	1.5 GB
其他要求	CD-ROM 驱动器、VGA 或更高分辨率的显示器、网络适配器			

注意

　　Windows Server 2003 企业版和 Windows Server 2003 Datacenter 版的 64 位版本只与基于 Intel Itanium 64 位的系统兼容，无法安装到 32 位系统上。

1.1.2 配置无值守安装应答文件

在 Windows Server 2003 安装过程中，需要用户输入或选择一些安装信息，如选择磁盘分区、文件系统类型、语言和区域选项、计算机名称和网络标识等。如果只安装一次系统，这些都不算麻烦。但在大型公司的网络管理中，可能需要给几十台计算机安装同样配置的 Windows Server 2003，那么管理员就要一台一台地重复所有的安装步骤，回答所有的问题。

Windows Server 2003 提供了无值守安装功能，用户可以预先配置一个"应答文件"，在其中保存安装过程中需要输入或选择的信息，再以特定参数运行 Winnt31.exe 安装程序，指定安装所使用的应答文件便可实现自动安装，而无须在安装过程中回答任何问题，如图 1-1 所示。

图 1-1 "应答文件"示例

下面就介绍如何使用"安装管理器"向导创建应答文件。

(1) 打开 Windows Server 2003 安装光盘\Support\Tools 目录中的 Deploy.cab 文件，把压缩包中的 setupmgr.exe 解压出来，这便是"安装管理器"。

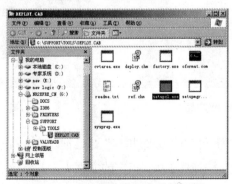

图 1-2 从光盘中获得安装管理器

(2) 双击运行 setupmgr.exe，打开"安装管理器"向导，单击"下一步"按钮，打开"新的或现有的应答文件"对话框，从中选择"创建新文件"单选按钮，如图 1-3 所示。

(3) 单击"下一步"按钮，打开"安装的类型"对话框，该对话框中包含 3 种安装类型：无人参与安装、Sysprep 安装和远程安装服务。这里选择"无人参与安装"单选按钮，如图 1-4 所示。

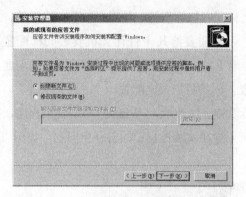 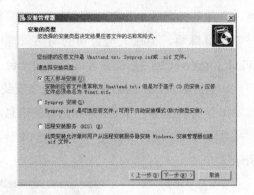

图 1-3　创建或修改应答文件　　　　　　图 1-4　选择安装类型

(4) 单击"下一步"按钮，打开"产品"对话框，用户可以从中选择要安装的 Windows 产品，如图 1-5 所示。

(5) 单击"下一步"按钮，打开"用户交互"对话框，这里有 5 个可选的交互类型：用户控制、全部自动、隐藏页、只读和使用 GUI，此处选择"全部自动"单选按钮，如图 1-6 所示。

 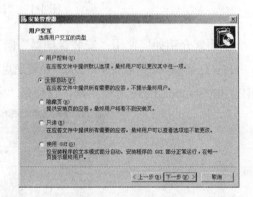

图 1-5　选择 Windows 产品　　　　　　图 1-6　用户交互类型

(6) 单击"下一步"按钮，打开"分布共享"对话框。"分布共享"选项可以将 Windows Server 2003 安装光盘中的内容全部复制到指定的文件夹，并将该文件夹共享出去，以便实现网络安装，有关这方面的知识将在后面章节中详细介绍，如图 1-7 所示。

(7) 单击"下一步"按钮，打开"许可协议"对话框，选中"我接受许可协议"复选框，如图 1-8 所示。

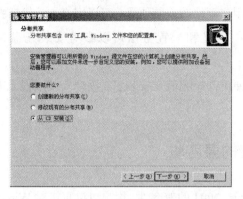

图1-7　分布共享

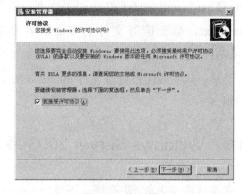

图1-8　许可协议

(8) 单击"下一步"按钮,打开"安装管理器"设置对话框,在该对话框中用户需要提供全部安装信息,包括名称和单位、产品密钥、计算机名称等,一般采用系统默认即可,如图1-9所示。

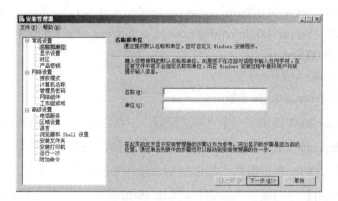

图1-9　安装管理器设置

(9) 完成全部设置后,单击"完成"按钮,"安装管理器"会提示用户保存刚刚创建的应答文件,单击"浏览"按钮选择保存路径。单击"确定"按钮完成应答文件的创建,如图1-10所示。

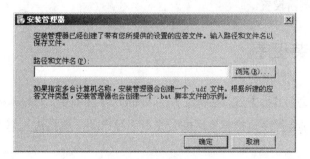

图1-10　保存应答文件

创建了应答文件之后,"安装管理器"会在用户刚才选择的保存路径下创建3个文件:

unattend.bat、unattend.txt 和 unattend.udb。如果用户要修改安装信息，可以用文本编辑器打开 unattend.txt，修改应答文件的参数，各参数的含义和配置方法可以参考安装光盘中的 Support\T00ls\Deploy.cab\Deploy.chm 帮助文件。

然后，只需双击批处理文件 unattend.bat，便可开始无值守安装了。整个安装过程无需人工干预。

1.1.3　Windows Server 2003 系统的兼容性

在正式安装之前，先介绍一下 Windows Server 2003 的兼容性，用户可以直接对 Windows Server 2003 进行升级安装。Windows Server 2003 是微软服务器系列操作系统的最稳定的和比较新的版本，保持向下兼容。因此，用户可以从如下操作系统直接升级到 Windows Server 2003。

- Windows NT Server 4.0 with Service Pack 5 或更高版本。
- Windows NT Server 4.0 Terminal Server Edition with Service Pack 5 或更高版本。
- Windows NT Server 4.0 Enterprise Edition with Service Pack 5 或更高版本。
- Windows 2000 Server。
- Windows 2000 Advanced Server。
- Windows Server 2003 标准版。

Windows Server 2003 提供了一个"升级顾问"工具，可以自动检查系统的兼容性。从安装光盘上运行 Setup.exe 文件启动安装程序后，在初始安装界面中选择"检查系统兼容性"选项，安装程序便会自动检查当前系统是否与 Windows Server 2003 兼容。

另外，关于应用程序的兼容性，请访问 Microsoft 公司的网站，获取兼容性列表：

http://www.microsoft.com/windowsserver2003/compatible/

若要从除了以上列出的操作系统中安装 Windows Server 2003，必须选择全新安装模式。全新安装的 Windows Server 2003 可以和现有的操作系统并存，但不能继承它的配置管理信息，因此用户需要重新设置。

1.1.4　启动安装程序

安装程序的启动有多种方式，在有条件的 Windows 环境中，可以从安装光盘或者网络共享文件夹直接启动安装程序。推荐使用安装光盘引导启动，直接进入基于文本的安装。启动方式如下。

1. 在 Windows 环境中，通过安装光盘或网络运行安装程序(如图 1-11 所示)

图 1-11　安装初始界面

(1) 在安装初始界面中，单击"安装 Windows Server 2003"选项，开始安装。系统首先会收集一些基本信息，然后提示用户选择安装方式：升级和全新安装。关于这两种安装方式的区别，将在后面做详细比较。

(2) 接受许可协议并输入产品密钥，该密钥可以在正版安装光盘的包装盒内找到。

(3) 选择 Windows Server 2003 安装源文件和系统安装目录，一般采用默认值即可。

(4) 可选辅助功能，以帮助残疾人完成安装过程。

(5) 选择文件系统，以及是否从网络下载更新的安装程序文件，接着单击"下一步"按钮，开始安装。

(6) 重新启动系统，进入基于文本的安装阶段。

2. 通过安装光盘或启动盘引导安装程序

若要用光盘或软盘引导系统，需要设置主板的 BIOS，将其引导顺序更改为：光驱、软驱和硬盘。一般默认的就是这个引导顺序，如果此顺序已经被更改过，请参考主板说明书中的方法，将顺序改回来。插入光盘或软盘启动盘，重启计算机，系统便会自动从光驱或软驱引导安装程序。

在 DOS 环境下，也可以直接运行光盘上的 i386\setup.exe 来引导安装程序。

通过光盘或软盘引导安装程序，预安装过程将以文本的界面来进行，可参考前面介绍的步骤来完成该过程，然后进入后文介绍的"基于文本的安装阶段"。

3. 升级安装和全新安装的比较

采用升级安装模式，则现有的帐户、配置、组、权限、服务和安全许可等信息都将保留(或同步升级)。同样，用户也不必重新安装应用程序。但如果现有的应用程序与 Windows Server 2003 不兼容，就需要升级该软件到支持 Windows Server 2003 的新版本，否则不能在新系统中继续使用该应用程序。需要注意的是，升级安装需要更多的磁盘空间。

采用全新安装模式，安装过程将有更多的自主设置权，用户可选择不同的磁盘分区和文件类型，新的系统可以与现有操作系统并存。全新安装的系统运行更快捷，稳定性也更好。但是它有个致命的缺点：现有系统的配置信息将不能继承到新系统，必须重新设置和部署。

升级安装适合于服务器系统，或者在网络中提供服务和共享资源的计算机，而全新安装适合于独立的计算机和个人用户，如图 1-12 所示。

图 1-12　选择安装模式

1.1.5　基于文本的安装阶段

这个阶段只用于"全新安装"模式，或者从光盘引导启动的安装方式，如果在前一阶段选择了"升级安装"，则会跳过这一阶段。

基于文本的安装阶段只有简单的几个步骤，用户按屏幕提示即可完成。但同时它也是一个敏感的阶段，任何误操作都影响巨大而且难以恢复。下面就几个比较重要的问题做一下比较和阐述，以帮助用户作出正确的选择。

- 安装新系统或修复旧系统：选择前者将安装一个新的系统，它与现有系统并存或者覆盖现有系统；后者是对已损坏的系统进行修复，只是重新复制一遍系统文件，而不会改变任何现有的设置。
- 文件系统的转换：如果选择在 FAT/FAT32 分区的硬盘上安装 Windows Server 2003，可以将现有文件系统升级到 NTFS 格式，而无须再从新格式 NTFS 分区中安装系统。该过程是安全的，但也是不可逆的。
- 操作磁盘分区：安装过程中对磁盘分区的划分、删除、格式化等操作，都将删除该分区中的全部数据，必须谨慎执行。需要注意的是，在分区时一定要把主分区尽量分配得大一些，以便将来安装其他软件有足够的磁盘空间可用。
- 在基于文本的安装阶段，如果用户对前面的选择不满意，可以在任何时候按 F3 键退出安装程序。

1.1.6　基于 GUI 的安装阶段

在前一阶段设置结束后重新启动计算机，将进入基于 GUI 图形界面的安装阶段，该阶段的主要任务是对 Windows 作初始化设置。

下面介绍一下基于 GUI 的安装步骤。

(1) 在系统启动画面过后，便立即开始硬件检测和安装，该过程需要几分钟到几十分钟。Windows Server 2003 兼容大多数最新的设备，所以该过程一般都能自动完成。需要注意的是，如果系统无法检测并安装网络设备，那么，安装过程将被强迫暂停，直到用户手动安装了兼容的网卡驱动程序才能继续安装。

(2) 接下来是区域和输入法设置，"自定义区域选项"对话框用来设置区域、数字、货币、时间、日期和排序方法，以符合用户的使用习惯；"文字服务与输入语言"对话框允许用户自由增加、删除输入法，并设置与输入法相关的一些快捷键，如图 1-13 所示。

图 1-13 文字服务与输入语言

(3) 在"授权信息"对话框中需要输入用户的姓名和单位，这里的"姓名"只是用户的注册信息，而非计算机名或域名；然后是许可认证信息，输入产品密钥(即安装光盘包装上的 CD-KEY)，接着，设定授权模式，根据用户购买产品的授权数目作相应地设定。

(4) "系统设置"对话框用于设置计算机名和管理员密码，这里的计算机名是计算机在网络中的标识，可以起一个与其作用相符合的名字。然后就是安装 Windows Server 2003 组件，设置时区、时间和日期。

(5) 单击"下一步"按钮，开始安装网络。使用默认安装选项即可使 Windows Server 2003 网络正常运行了。

(6) 最后，选择是否使该计算机加入域，如果用户对域还不太了解，可以先选中"不，此计算机不在网络上......"单选按钮，在阅读后面章节之后即可全面了解有关域的知识，然后再运行 Depromo.exe 来建立域。如果选择"是，把计算机作为下面域的成员"单选按钮，则需要输入现有域名，并提供具有加入域权限的用户名和密码(使用 Administrator 帐户即可)。

至此，Windows Server 2003 安装过程的初始化设置已全部完成，可以开始安装系统，同时用户也可以在安装过程中选择要安装的服务组件。

- UDDI 服务：UDDI 服务(Universal Description Discovery and Integration)是针对 XML Web service 所提供的动态、具有弹性的基础环境。这个以标准为基础的解决方案可以让公司能提供自己的 UDDI 目录供内部网络或外部网络使用。
- Windows Media Services：提供网络 Media 流媒体的服务。
- 传真服务。

- 电子邮件服务：建立企业内部的电子邮件服务器。
- 附件和工具。
- 更新根目录证书。
- 管理和监视工具。
- 其他的网络文件和打印服务。
- 索引服务：提供全文索引服务，提高查询速度。
- 网络服务。
- 应用程序服务器。
- 远程安装服务。
- 远程存储。
- 证书服务。
- 终端服务器。
- 终端服务器授权。

1.2 配置系统属性

系统属性是一个可以通过"计算机管理"访问的 Windows Management Instrumentation (WMI)工具。使用"系统属性"就可以查看并更改本地计算机或远程计算机上的系统属性。对系统而言系统属性的配置是非常重要的，因为这直接决定着它以何种状态运行以及能否正常地运行。下面就从系统性能选项、用户配置文件、系统环境变量、启动和故障恢复、错误报告等几个方面介绍如何配置"系统属性"，实现系统性能的最优化配置。

1.2.1 系统性能选项的相关设置

Windows Server 2003 中的内存资源一般由虚拟内存管理器来管理，它通过标识应用程序和各个进程对内存的要求，为应用程序分配合适的内存。同时，Windows 系统采用了虚拟内存分页映射机制来管理内存，也就是分页系统通过分配部分硬盘作为附加内存。虚拟内存页面文件就是硬盘驱动器上由虚拟内存管理器使用的特殊文件，虚拟内存管理器使用这个页面文件存放应用程序或进程要求在内存中出现但在特定的实例中不使用的数据。Windows 系统中的内存管理主要就是管理这些页面文件，通过为每一个硬盘驱动器创建一个页面文件来提高系统的性能，正确地设置内存也能够提高系统的效率。通过配置系统性能选项，用户可以选择系统的视觉效果和处理器的使用计划，查看、更改控制计算机使用内存方式的设置，并合理分配系统虚拟内存的大小。

下面就通过具体的操作步骤来介绍相关性能的配置。

1．选择处理器计划

(1) 通过"开始"菜单打开"控制面板"，双击"系统"图标，打开"系统属性"对话框，或者右击"我的电脑"图标，在弹出的快捷菜单中选择"属性"命令，也会打开该对话框，然后选择打开"高级"选项卡，如图1-14所示。

(2) 在"高级"选项卡中单击"性能"选项区域中的"设置"按钮，弹出"性能选项"对话框，选择"高级"选项卡，如图1-15所示。

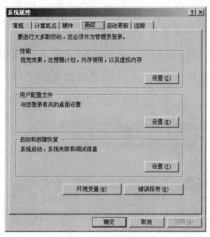
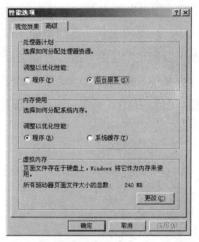

图1-14 "系统属性"对话框的"高级"选项卡　　图1-15 "性能选项"对话框的"高级"选项卡

(3) 通过选择不同的处理器计划，从而调整分配相应的处理器资源来优化系统的性能。要优化应用程序性能，则选择"程序"单选按钮；要优化后台服务性能，可以选择"后台服务"单选按钮，如图1-16所示。

(4) 单击"确定"按钮，保存设置。

2．指定内存使用

(1) 按照上文所述，在"性能选项"对话框的"内存使用"选项区域中，可以通过指定内存的使用方式来选择如何分配系统内存，以根据个人的实际需要优化系统性能。要优化应用程序性能，选择"程序"单选按钮；要优化系统的缓存，则选择"系统缓存"单选按钮，如图1-17所示。

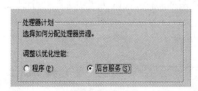
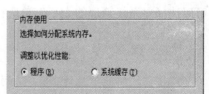

图1-16 "处理器计划"选项区域　　　　图1-17 "内存使用"选项区域

(2) 单击"确定"按钮，保存设置。

3. 更改虚拟内存设置

(1) 按照上文所述的操作，在"性能选项"对话框中的"虚拟内存"选项区域中可以更改虚拟内存的设置，如图 1-18 所示。

(2) 在"虚拟内存"选项区域中可以看到系统默认设置的虚拟内存页面文件的大小，Windows 将设置的页面文件作为内存来使用，以提高系统的性能。用户也可以根据实际情况和系统配置进行手动设置，单击"更改"按钮，将弹出"虚拟内存"对话框，如图 1-19 所示。

(3) 在"虚拟内存"对话框的"驱动器"列表框中可以看到每个驱动器上设置的页面文件大小。在"所选驱动器的页面文件大小"选项区域中，显示了每个驱动器的页面文件，系统既可以指定默认的系统管理的页面文件大小，也可以允许用户自定义页面文件大小或设置无分页文件。在"所有驱动器页面文件大小的总数"选项区域中，显示驱动器页面文件允许的最小值为 2MB，当前已分配的虚拟内存为 240MB，并推荐用户使用 238MB 的虚拟内存。

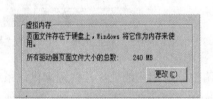

图 1-18　"虚拟内存"选项区域　　　　图 1-19　"虚拟内存"对话框

(4) 如果需要自定义某个驱动器的页面文件大小，可以在驱动器列表框中单击该驱动器，在"所选驱动器的页面文件大小"选项区域中选择"自定义大小"单选按钮，在"初始大小"文本框中输入初始页面文件的大小，一般情况下其值必须在 2~275 之间且不超过驱动器的可用空间；在"最大值"文本框中输入所选驱动器页面文件的最大值，其值应大于或等于页面文件的初始大小，同样也不能超过驱动器的可用空间；当驱动器的可用空间大于 4095MB 时，也不能超过 4095MB；然后单击"设置"按钮，使对所选驱动器的页面文件大小的设置生效。当然，也可以选择"系统管理的大小"单选按钮由系统确定默认大小或"无分页文件"。

注
释

为了获得系统的最佳性能，最好将初始大小设置为不低于"所有驱动器上页面文件大小的总数"下的推荐大小。推荐大小等于系统随机存取存储器(RAM)数量的 1.5 倍。通常，尽管一些需要大量内存的程序可能会增加页面文件的大小，但仍应当将页面文件保留为推荐大小。

(5) 单击"确定"按钮，返回到"性能选项"对话框。继续单击"确定"按钮保存设置。

注意

要执行上述配置系统性能选项的操作，必须是本地计算机中 Administrators 组的成员，或者被委派适当的权限。同时，在更改了某些性能选项后，必须重新启动计算机才能使更改生效。

4. 选择视觉效果

(1) 按照上文提到的步骤，在"性能选项"对话框中选择"视觉效果"选项卡，如图 1-20 所示。

图 1-20 "视觉效果"选项卡

(2) 在"视觉效果"选项卡中可以通过不同的选项来设置 Windows 的外观和各种性能。如果要使用默认配置，可以选择"让 Windows 选择计算机的最佳设置"单选按钮；如果要使系统的性能体现为最佳外观，可以选择"调整为最佳外观"单选按钮；如果要配置系统的视觉效果实现最佳性能，可以选择"调整为最佳性能"单选按钮；当然，也可以根据个人的要求来自定义系统的视觉效果，在"自定义"列表框中选择不同的选项，来使系统的外观和性能达到理想的视觉配置。

(3) 单击"确定"按钮，保存设置。

1.2.2 "用户配置文件"的设置

在 Windows Server 2003 的用户列表中，除了 Guest 之外，每一个帐户都有一个用户配置文件，用户配置文件在本地计算机上为每个用户创建工作环境和维护桌面设置。如桌面程序的快捷方式、屏幕属性设置、鼠标设置和窗口大小等。每个用户首次登录计算机时，系统就创建相应的用户配置文件。在创建或更改用户帐户属性时，可以指定所使用的用户配置文件及类型。当用户登录计算机时，系统就会加载其配置文件，而在注销时也会将改动的设置更新到配置文件中。

Windows Server 2003 共有 3 种用户配置文件：本地用户配置文件、漫游用户配置文件和强制用户配置文件。本章主要介绍本地用户配置文件，其他的配置文件类型将在后续章节中详细介绍。

一般来说，用户配置文件有以下优点。

● 用户登录计算机时，获得与上次注销时相同的桌面设置；多个用户可以使用同一台计算机，而每个用户将获得自定义的桌面环境。

● 用户配置文件可以存储在服务器上，可以让用户在登录到网络上任何一台计算机上时都有相同的工作环境，这种配置文件称为漫游用户配置文件。

在默认情况下，用户第一次登录计算机时，Windows Server 2003 会在计算机系统磁盘的 Documents and Settings 文件夹中自动创建一个与帐户同名的子文件夹，然后将默认的用户配置文件数据复制到此文件夹中，称为该用户的本地用户配置文件，如图 1-21 所示为 Administrator 帐户的配置文件夹。

Windows Server 2003 在用户使用"用户配置文件"进行管理时既允许用户创建自定义的用户配置文件，以提供与其任务一致的工作环境，也可以指定所有用户的公用组设置，还可以指定强制用户配置文件以防止用户更改桌面设置。可以通过"系统属性"对话框对用户配置文件进行管理，具体操作步骤如下。

(1) 通过"开始"菜单打开"控制面板"窗口，双击"系统"图标打开"系统属性"对话框，或者右击"我的电脑"图标，在弹出的快捷菜单中单击"属性"命令，也会打开"系统属性"对话框，在"高级"选项卡中的"用户配置文件"选项区域中单击"设置"按钮，打开"用户配置文件"对话框，通过该对话框可以根据个人需要对用户配置文件进行相应的设置，如图 1-22 所示。

图 1-21 Administrator 帐户的配置文件夹   图 1-22   "用户配置文件"对话框

(2) 该对话框的"储存在本机上的配置文件"列表框列出了本机上所有用户的配置文件。如果需要删除某个用户的配置文件，只需在列表框中单击该用户配置文件，然后单击"删除"按钮即可。

注意

当删除某个用户配置文件后，该用户的个人设置和信息都将丢失。下一次再以该用户的身份登录计算机时，将不能查看或使用以前的个人设置和信息。需要特别注意的是，对于系统默认的系统管理员的用户配置文件是不可删除和复制的，而且在"用户配置文件"对话框中其更改用户配置文件的命令按钮也是不可用的。

(3) 对于系统管理员而言，如果要改变某个用户配置文件的类型，可以在"用户配置文件"对话框的"储存在本机上的配置文件"列表框中单击该用户配置文件，然后单击"更改类型"按钮，打开"更改配置文件类型"对话框进行更改，如图 1-23 所示。

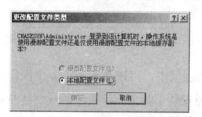

图 1-23　"更改配置文件类型"对话框

一般，用户配置文件类型包括本地配置文件和漫游配置文件两种，用户可以选择其中一种文件类型。如果需要复制用户配置文件，可以单击"用户配置文件"对话框的"储存在本机上的配置文件"列表框下面的"复制到"按钮，打开"复制到"对话框，选择需要的用户进行相应的设置即可。

(4) 设置完用户配置文件后，单击"确定"按钮即可应用设置。

1.2.3 "启动和故障恢复"选项的配置

Windows Server 2003 增强了在系统启动和故障恢复方面的设置，以保证系统能更加快捷和安全地运行。

下面就从系统启动设置和故障恢复方面具体介绍相关选项的配置。

1. "系统启动"设置

从 Windows 2000 开始，Windows 就加入了系统启动方面的设置。使得系统管理员可以很方便地对具有多重操作系统的计算机进行设置。如指定默认启动的操作系统，调整启动时显示操作系统列表的时间和恢复选项的时间等。Windows Server 2003 仍然延续了这一功能，并新增了可以直接编辑启动文件 boot.ini 的功能，通过对文件启动选项的编辑，系统管理员可以在某一操作系统出现故障时从启动文件中将它删除，以免自动启动该系统。具体的操作步骤如下。

(1) 通过"开始"菜单打开"控制面板"窗口，双击"系统"图标打开"系统属性"对话框，在"启动和故障恢复"选项区域中单击"设置"按钮，打开"启动和故障恢复"对话框，如图 1-24 所示。

图 1-24　"启动和故障恢复"对话框

(2) 在"系统启动"选项区域中，可以在安装了多个操作系统的计算机配置中设置默认的启动系统。例如，本机已经安装了两个操作系统，一个是 Windows Server 2003，另外一个是 Windows 98，要指定默认操作系统为 Windows Server 2003，可以在"默认操作系统"下拉列表中选择需要的操作系统。这样，在默认情况下，系统会优先启动 Windows Server 2003。同时，选中"显示操作系统列表的时间"复选框，可以在其后的微调框中指定在启动默认操作系统之前等待用户选定操作系统的时间。选中"在需要时显示恢复选项的时间"复选框，可以在其后的微调框中指定等待用户选择系统恢复选项的时间。当然，为了减少启动时间，可以取消选中"显示操作系统列表的时间"复选框，这样，计算机在启动时就不再显示多重系统列表，而是直接启动指定的默认操作系统。

(3) 系统管理员也可以通过手动编辑启动选项文件 boot.ini，配置系统启动选项。单击"编辑"按钮，即可打开"boot.ini-记事本"窗口，如图 1-25 所示。

图 1-25　boot.ini 文件

在该编辑窗口中，系统管理员可以很方便地调整启动等待的时间，如把"timeout=30"

设置为"timeout=15"，可以缩短启动时间，同时还可以编辑启动时显示的操作系统列表，并指定默认的操作系统。然后保存修改后的文件，更改的设置在重新启动计算机后即可生效。

(4) 设置完毕后，单击"确定"按钮保存设置并返回到"系统属性"对话框，然后单击"确定"按钮即可。

2. 系统故障恢复选项的设置

用户在使用计算机的过程中，难免会遇到系统运行出错或系统崩溃导致死机的情况，这时就需要重启系统并检测硬盘，这个故障恢复过程通常会占用较长的时间。在 Windows Server 2003 中，系统管理员可以在"系统失败"选项区域中指定在系统意外停止时要采取的措施。具体设置的操作步骤如下。

(1) 按照上文所述，打开如图 1-24 所示的"启动和故障恢复"对话框，在"系统失败"选项区域中，选择在系统失败时希望 Windows 执行的操作，然后选中与之相对应的复选框，如图 1-26 所示。

图 1-26 "系统失败"选项区域

其中"将事件写入系统日志"复选框用于设置是否指定将系统故障事件信息记录到系统日志中，在运行 Windows Server 2003 的计算机上是默认选中该功能的，Windows 始终将系统事件信息写入系统日志中；"发出管理警报"复选框用于设置是否指定将故障信息通知系统管理员，然后由管理员再作处理；"自动重新启动"复选框用于设置是否指定 Windows 在一旦出现系统失败则自动重新启动计算机。

(2) 在"写入调试信息"选项区域中用户可以选择当系统出现故障时 Windows 记录的信息类型，并设置相应的内存转储选项，可以选中"覆盖任何现有文件"复选框。

- 小内存转储：记录用来识别系统故障问题的最少量信息。如果选择该选项，则当系统意外停止时，Windows 会创建新文件(大小为 64 KB)，这些文件的历史记录存储在相应的"转储文件"文本框列出的目录中。

- 核心内存转储：只记录核心内存，当系统意外停止时，核心内存转储存储了比小内存转储更多的信息，而且比完全内存转储完成的时间要少。如果选择该选项，必须保证在启动卷上有足够大的页面文件。这些文件的历史记录存储在相应的"转储文件"文本框列出的目录中。

- 完全内存转储：记录系统内存的全部内容。如果选中了该选项，则必须使启动卷上的页面文件足够大，以便容纳所有的物理内存。同样，这些文件都存储在"转储文件"文本框列出的目录中。

(3) 设置完毕后，单击"确定"按钮保存设置并返回到"系统属性"对话框，然后单击"确定"按钮即可。

1.2.4 "系统环境变量"的设置

系统环境变量是操作系统或运行的应用程序所使用的数据，通过环境变量可以使操作系统或运行中的应用程序比较容易地在常用位置查找关于它们运行的平台的重要信息。系统环境变量主要是定义操作系统在运行中使用的各种信息，系统环境变量的值对于登录到系统的不同用户来说是相同的。而用户环境变量主要定义了每个登录用户的不同信息，当用户使用不同的用户名登录时，系统管理员看到的用户环境变量值是不同的。通过配置环境变量的值，能使系统管理员更好地管理不同用户的登录信息。

通过下面的步骤，可以查看和修改环境变量。

(1) 通过"开始"菜单打开"控制面板"窗口，双击"系统"图标打开"系统属性"对话框，然后选择"高级"选项卡，从中单击"环境变量"按钮打开"环境变量"对话框，如图 1-27 所示。

图 1-27 "环境变量"对话框

在打开的"环境变量"对话框中，可以看到当前正在工作的用户变量和系统变量，系统管理员可以很方便地查看和修改这些变量的当前值。

(2) 根据需要可以新建或修改"用户变量"或"系统变量"。例如，需要新建环境变量时，可以根据要新建变量的类型在"用户变量"或"系统变量"列表框下面单击"新建"按钮。如果要新建一个用户环境变量，将打开"新建用户变量"对话框，在"变量名"和"变量值"文本框中分别输入要新建的变量名及变量值，然后单击"确定"按钮即可，如图 1-28 所示。

如果要修改列表框中的某个环境变量值，可以从"用户变量"和"系统变量"列表框中选中要修改的变量，然后单击相应的"编辑"按钮。如果要修改系统变量中的某个临时变量值，可以打开"编辑系统变量"对话框，然后根据具体要求对变量值进行修改即可，如图1-29所示。

图1-28 "新建用户变量"对话框　　图1-29 "编辑系统变量"对话框

(3) 如果要删除列表框中的某个用户变量或系统变量，可以在"用户变量"或"系统变量"列表框中选定要删除的变量，然后单击相应的"删除"按钮即可。

注释

需要特别注意的是，在删除某个变量之前，一定要确认所删除的变量对当前用户没有影响或者对系统的正常运行不会产生影响。

(4) 在设置完环境变量之后，单击"确定"按钮即返回到"系统属性"对话框。

(5) 也可以通过命令行的简单方法来查看Windows Server 2003中的全部环境变量的当前值。打开"开始"菜单，选择"程序"|"附件"|"命令提示符"命令来启动"命令提示符"窗口，然后输入Set命令并按Enter键，则系统当前的所有环境变量及其值都出现在屏幕上，如图1-30所示。

图1-30 "命令提示符"窗口

注释

在"环境变量"对话框中对环境变量的修改不会影响正在运行的程序，新的设置直到重新启动计算机后才生效。

1.2.5 "错误报告"选项的配置

Windows Server 2003 新增了"错误报告"功能,当 Windows 出现意外终止或运行的 Windows 程序出现错误时,系统允许用户通过网络向 Microsoft 报告系统或软件中的问题。

下面就介绍一下具体的操作步骤。

(1) 通过"开始"菜单打开"控制面板"窗口,双击"系统"图标打开"系统属性"对话框,然后选择"高级"选项卡,从中单击"错误报告"按钮,打开"错误报告"对话框,如图 1-31 所示。

图 1-31 "错误报告"对话框

(2) 在"错误报告"对话框中,可以选择"禁用错误报告"单选按钮,这样系统就不会形成错误报告,但为了能让系统管理员清楚系统的错误,可以同时选中"但在发生严重错误时通知我"复选框;也可以选择"启用错误报告"单选按钮,这时可以选择具体报告的内容:"Windows 操作系统"、"未计划的计算机关闭"或"程序"。

(3) 对于程序的错误报告,还可以进一步指定具体的程序,单击"选择程序"按钮,打开"选择程序"对话框,如图 1-32 所示。

(4) 在"选择程序"对话框中,可以选择为所有的程序报告错误,也可以选择只为选中的 Windows 程序和 Windows 组件报告错误,或者单击"添加"按钮添加需要报告错误的程序,如图 1-33 所示。

图 1-32 "选择程序"对话框

图 1-33 "添加程序"对话框

(5) 在设置完毕后，单击"确定"按钮返回到"系统属性"对话框，即可应用设置。

1.3 设置文件夹选项

Windows Server 2003 为用户提供了统一的资源管理器文件与文件夹的显示风格。这样，用户可以通过设置"文件夹选项"来完成个性化的系统文件和文件夹显示。下面就从常规属性、查看属性、文件类型属性和脱机文件属性等方面分别设置文件夹属性。

1.3.1 "常规"属性的设置

文件夹的常规属性包括文件夹的显示风格、浏览文件夹的方式以及打开项目的方式等。具体的设置步骤如下。

(1) 通过"开始"菜单打开"控制面板"窗口，双击"文件夹选项"图标，打开"文件夹选项"对话框，或者在资源管理器的菜单栏中选择"工具"|"文件夹选项"命令，在弹出的"文件夹选项"对话框中选择打开"常规"选项卡，如图 1-34 所示。

(2) 在"任务"选项区域内，如果选择"使用 Windows 传统风格的文件夹"单选按钮，文件夹将以传统风格显示；如果选择"在文件夹中显示常见任务"单选按钮，则资源管理器在显示文件夹的同时，窗口的左侧也会显示系统任务和文件夹的常见任务，如图 1-35 所示。

图 1-34 "常规"选项卡

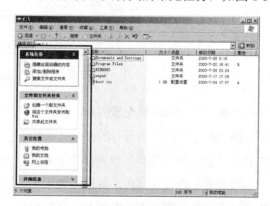

图 1-35 显示常见任务选项的资源管理器窗口

(3) 在"浏览文件夹"选项区域内，如果选中"在同一窗口中打开每个文件夹"单选按钮时，则在"资源管理器"中打开文件夹时只出现一个窗口，而不会出现多个窗口。这样就不会每打开一个文件夹出现一个窗口，导致在屏幕上出现很多窗口了；如果选中"在不同窗口中打开不同的文件夹"单选按钮，则在"资源管理器"中每打开一个文件夹都会弹出相应的窗口，这样用户打开文件夹的数量就对应于窗口的数量。

(4) 在"打开项目的方式"选项区域内，如果选择"通过单击打开项目(指向时选定)"单选按钮时，窗口内的图标将以超文本的方式显示，单击图标之后都将打开文件夹(文件)、启动应用程序；关联的两个单选按钮"根据浏览器设置给图标标题加下划线"和"仅当指向图标标题时加下划线"则用于设置图标出现下划线的时间；如果选择"通过双击打开项目(单击时选定)"单选按钮，则对鼠标的操作将表现为 Windows 的传统风格。

(5) 在对上述设置选项进行了更改后，如果需要采用系统的默认常规选项，可以单击"还原为默认值"按钮，使窗口的图标还原为默认的常规属性。

1.3.2 "查看"属性的设置

文件夹的查看属性主要是通过文件夹的视图选项来设置的。在"文件夹选项"对话框中选择"查看"选项卡，该选项卡由"文件夹视图"和"高级设置"两个选项区域组成，如图1-36 所示。

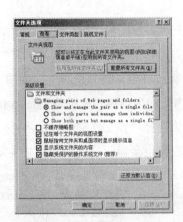

图 1-36 "查看"选项卡

"文件夹视图"选项区域比较简单，当单击"应用到所有文件夹"按钮时，会把当前打开的文件夹的视图设置应用到所有的文件夹属性中去；单击"重置所有文件夹"按钮，将恢复文件夹视图的默认值，这样用户可以重新设置所有的文件夹属性。

在"高级设置"选项区域内，有很多关于文件夹和文件的视图设置选项，用户可以根据个人需要选择不同的设置选项，实现个性化的配置。例如，选中"记住每个文件夹的视图设置"复选框，可以记录用户每次打开的文件属性(如位置、显示方式、图标排列等)，可以在下次打开文件夹时使用；选中"在标题栏显示完整路径"复选框，则可以使访问文件的路径完整地显示在窗口的标题栏中，这样如果打开或浏览文件的层次较深，可以从标题栏内了解文件的具体位置；选中"隐藏已知文件类型的扩展名"复选框，则可以隐藏已知文件类型的扩展名，这样从文件名的显示中就无法判断文件的类型，防止恶意更改文件类型，增强文件数据的安全性；如果选中"在文件夹提示中显示文件大小信息"复选框，这时当把鼠标放在文件夹图标上时出现的提示信息会显示包含的文件大小，有助于用户了解磁盘空间的具体使用情况。

1.3.3 "文件类型"属性的设置

"文件夹选项"的文件类型属性主要记录了在 Windows 中登记的应用程序文件。一般情况下，在 Windows Server 2003 中安装了一个应用程序时，系统都会登记注册该程序并根据程序的功能与具有相应扩展名的文件进行关联。在与文件关联之后，直接双击被关联的文件就可以打开应用程序对文件进行编辑处理。用户也可以新建或修改文件与应用程序的关联。

下面介绍具体的操作步骤。

(1) 打开"文件夹选项"对话框，选择"文件类型"选项卡，如图 1-37 所示。

(2) 在"文件类型"选项卡的"已注册的文件类型"列表框中列出了已经在系统中注册过的文件类型与文件所使用的扩展名之间的关联关系。在列表框中选定一个文件类型，选项卡下方的"详细信息"选项区域中就会列出此类型文件的详细信息，包括文件的打开方式和一些高级设置等。

(3) 如果用户要创建文件的关联或者注册新的文件类型，可以单击"新建"按钮，打开"新建扩展名"对话框。再单击"高级"按钮，打开扩展的"新建扩展名"对话框，如图 1-38 所示。

图 1-37 "文件类型"选项卡　　　图 1-38 "新建扩展名"对话框

在该对话框的"文件扩展名"文本框中输入要新建关联的文件扩展名，在"关联的文件类型"下拉列表中可以选定文件类型。设置完毕后，单击"确定"按钮，这样在"已注册的文件类型"列表框中就可以看到新建的文件类型。

(4) 如果要更改已建立关联的文件打开方式，即用其他应用程序来打开当前类型的文件，可以在"已注册的文件类型"列表框中先选定要更改的文件类型，然后在选项卡下方的详细信息框中单击"更改"按钮，打开"打开方式"对话框，如图 1-39 所示。

"打开方式"对话框中列出了系统中已安装的应用程序，包括用来打开选定文件类型的"推荐的程序"。从中选择想要用来打开文件的应用程序即可，如果要使用的应用程序没有列出来，还可以单击"浏览"按钮，在"打开方式..."对话框中选择。最后单击"确定"按钮使设置生效。

(5) 如果在设置完文件类型关联之后要修改设置，可以在"已注册的文件类型"列表框中先选中要修改设置的文件类型，在"文件类型"选项卡下方的详细信息框中单击"高级"按钮，打开"编辑文件类型"对话框，如图 1-40 所示。

图 1-39　"打开方式"对话框　　　　图 1-40　"编辑文件类型"对话框

在"编辑文件类型"对话框中，可以根据需要对选定的文件类型进行一些高级设置，例如更改图标和编辑操作等。

(6) 如果要删除列表框中的文件类型与应用程序之间的关联，则可以在列表框中选定一种文件扩展名及文件类型，然后单击"删除"按钮，Windows 会提示用户是否确定要删除这种文件扩展名，单击"是"按钮即可从系统中删除该关联。

(7) 设置完文件类型后，单击"确定"按钮关闭"文件夹选项"对话框，设置即可生效。

1.3.4　"脱机文件"属性的设置

Windows Server 2003 提供了强大的"脱机文件"功能，使用户在网络中断的情况下，仍然能够暂时访问本机缓存的脱机文件，就像网络未中断一样。在"文件夹选项"对话框中打开"脱机文件"选项卡，就可以对"脱机文件"功能进行相应的设置。"脱机文件"选项卡如图 1-41 所示。

图 1-41　"脱机文件"选项卡

在该选项卡中，可以对"脱机文件"功能进行相关设置，具体内容会在后续章节中详细介绍。例如，选中"启用脱机文件"复选框，即可使用 Windows Server 2003 的脱机文件设置；选中"显示提醒程序，每隔"复选框，则每隔一段时间系统就会提醒用户计算机处于脱机状态；选中"在桌面上创建一个脱机文件的快捷方式"复选框，用户只需单击桌面上创建的快捷方式图标，就能以脱机方式浏览文件或网页。在"供临时脱机文件使用的磁盘空间"选项区域中拖动滑块可以改变保存脱机文件的磁盘空间，同时，这部分空间的大小以及占磁盘空间的百分比都将显示出来。

1.4 设置电源选项

对于作为服务器的计算机来说，完善的电源管理有利于保证系统安全、稳定的运行。系统管理员在对服务器的性能进行优化时，很重要的一项操作就是管理计算机的电源，配置适合本地服务器运行的电源管理方案。

1.4.1 电源管理功能的增强

Windows Server 2003 提供了基于"高级配置和电源接口"(ACPI)的电源管理技术，大大增强了用户对系统电源的管理。通过 ACPI 技术，可以在不使用计算机时，将它设置为休眠或挂起状态，而在需要时能快速地启动并节省电源能量。ACPI 增强了计算机的电源管理功能。如可以从低耗能状态唤醒计算机运行病毒检测程序或进行其他工作等。ACPI 技术为 Windows Server 2003 提供了对电源管理和即插即用功能的直接控制，而在以往的操作系统中这些功能都是由 BIOS 进行控制的。通过 ACPI 技术可以进行多个领域的管理，包括以下几项。

- 系统电源管理：可以设置使电脑开始和结束系统睡眠状态的机制，同时提供允许任何设备唤醒电脑的一般机制。
- 设备电源管理：描述了主板设备及其用电状态、设备所连接的电力来源以及将设备置入不同用电状态的控件，并允许操作系统将设备置于某种基于应用程序用途的低耗电状态。
- 处理器电源管理：在处理器空闲但尚未进入睡眠状态时，可以使用描述性的命令将处理器置入低耗电状态。
- 电池管理：可以将电池管理的策略从 APM BIOS 转换到 ACPI BIOS，还能设置电池电量不足和电池电量警告的界限，并能计算电池的剩余容量和寿命。

在 ACPI 技术的支持下，应用程序可以提醒操作系统，如果它正在进行一次时间较长的运算或正在播放一部影片，计算机不能转换到低电能状态。而操作系统也可以提醒应用程序，如果它正在使用电池电源，应该尽量避免进行如压缩文件夹这样耗电的后台操作。

1.4.2 电源使用方案配置

Windows Server 2003 提供了多种电源使用方案和节能设置，系统管理员可以根据实际需要配置电源管理方案，具体的操作步骤如下。

(1) 通过"开始"菜单打开"控制面板"窗口，双击"电源选项"图标，系统将打开"电源选项属性"对话框，如图 1-42 所示。

(2) 在"电源使用方案"选项卡中，系统管理员可以通过"电源使用方案"下拉列表选择一种电源管理方案。但是作为服务器的计算机应避免使用节省电源的方案，通常应选择"一直开着"的电源方案，以保证服务器的不间断运行和用户的正常访问。在选择了"一直开着"的电源方案后，系统管理员还可以对选项卡下方的选项进行个别调整。如可以在保证服务器的服务程序运行过程中关闭显示器等。

(3) 选择"高级"选项卡，如图 1-43 所示。

如果希望在任务栏显示电源管理图标，可以选中"总是在任务栏上显示图标"复选框。如果希望在计算机从睡眠状态恢复时提示输入密码，可以选中"在计算机从睡眠状态恢复时，提示输入密码"复选框。另外，为了防止不小心按下计算机的电源按钮或蓄意破坏所进行的强制按下电源按钮的情况，系统管理员可以在"在按下计算机电源按钮时"下拉列表中选择"问我要做什么"、"休眠"或"待机"选项，以保护服务器的正常运行。

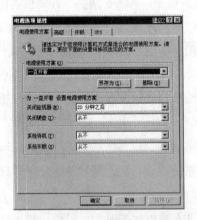

图 1-42 "电源选项属性"对话框

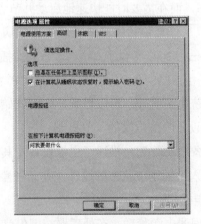

图 1-43 "高级"选项卡

(4) 对于网络服务器，一个性能优越的 UPS 电源是其最基本的配置。因为如果没有 UPS 电源的支持，很容易导致服务器中数据的丢失、系统文件毁坏或操作系统无法启动等严重后果，一旦服务器中的服务程序无法正常运行，那么对用户提供的诸如 DNS、WINS 等服务和域管理等功能也将无从谈起。Windows Server 2003 进一步增强了 Windows Server 2000 中的

UPS 管理功能，使系统管理员可以更方便地对 UPS 进行功能设置与管理。在"电源选项属性"对话框中选择 UPS 选项卡，如图 1-44 所示。

(5) 在 UPS 选项卡中，系统管理员可以很方便地对 UPS 进行管理与配置，设计出适合本机使用的电源应急方案。要配置 UPS 电源，需要单击"配置"按钮打开"UPS 配置"对话框，如图 1-45 所示。

图 1-44　UPS 选项卡

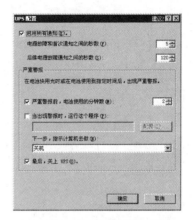

图 1-45　"UPS 配置"对话框

在"UPS 配置"对话框中，系统管理员可以启用电源中断的通知功能。这样，当服务器正在使用的交流电出现停电情况时，系统能够自动将计算机的电源切换为 UPS 电源，并且在设定的时间内发出通知。另外，系统管理员可以选中"严重警报前，电池使用的分钟数"复选框，并设定计算机使用 UPS 电源之后多长时间发出警报，也可以选中"当出现警报时，运行这个程序"复选框，然后通过单击"配置"按钮指定要运行的应用程序，使系统在发出警报时自动运行某个特定程序，以便对当前系统中正在运行的程序作保护性处理。

(6) 如果希望启用休眠功能，可以选中"休眠"选项卡中的"启用休眠支持"复选框。

(7) 设置完毕后，单击"确定"按钮即可保存设置。

注意

　　运行 Windows Server 2003 的服务器最好不要使用关闭硬盘、待机和系统休眠等功能选项。虽然目前市场上的许多主板都支持网络唤醒，但在服务器的电源方案中还是需要避免启用这些功能项，以免造成用户无法访问服务器和使用服务器提供的服务。

管理工具使用

第2章

　　Windows Server 2003 集成了基于 Web 的活动目录、网络和应用服务，既是一个文件打印和应用的服务器端操作系统，又是一个性能更高、工作更稳定、管理更方便的 Web 服务器平台。正确、有效的管理是实现系统稳定、高效运行的基本条件，Windows Server 2003 提供了各种系统管理工具来帮助系统管理员更好地使用、配置系统。本章主要介绍如何使用系统管理控制台和任务计划程序来方便、快捷地管理系统。

本章知识点

- ✗ 创建自定义的 MMC 控制台
- ✗ 设置系统服务
- ✗ 创建和设置计划任务

2.1 微软管理控制台(MMC)

Windows Server 2003 具有完善的集成管理工具特性,这种特性允许系统管理员为本地和远程计算机创建自定义的管理工具。通过使用这些管理工具,系统管理员可以根据具体情况和特定需要来灵活地完成各项管理任务,从而实现管理目标。微软管理控制台(Microsoft Management Console,简称 MMC)为系统管理员提供了 Windows Server 2003 基本管理工具的接口,它集成了用来管理 Windows 系统的网络、计算机、服务及其他系统组件的管理工具。

MMC 不执行管理功能,但集成管理工具。作为管理工具的运行平台,MMC 集成了一些被称为管理单元的管理性程序,并提供了用于创建、保存和打开管理工具的标准方法,而系统管理员执行的各种管理任务也是通过管理单元来完成的。人们把 MMC 提供的标准接口的管理工具称为 MMC 控制台。

2.1.1 MMC 简介

系统管理员可以对 MMC 控制台进行个性化的配置,创建一些特定的管理单元,以使不同的登录用户能执行特定的管理任务。MMC 控制台有两种模式:用户模式和作者模式。在用户模式中,可以使用已有的 MMC 控制台;在作者模式中,可以创建新的控制台或者修改已有的 MMC 控制台。

要启动 MMC 控制台,可以单击"开始"菜单,选择"运行"命令,在打开的"运行"对话框中输入 mmc,然后单击"确定"按钮,即可打开 MMC 控制台窗口,如图 2-1 所示。

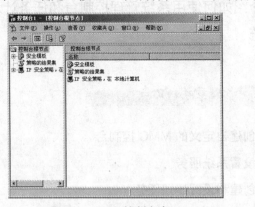

图 2-1　MMC 控制台窗口

MMC 控制台窗口由两个窗格组成,左边窗格显示的是"控制台根节点",可以包含多个管理单元的树状体系;右边窗格为详细资料窗格,其中列出了用户当前选择的管理单元的信息和有关功能。

管理单元是用户直接执行管理任务的应用程序，是可以添加到 MMC 控制台中的一种工具，作为 MMC 控制台的基本组件，管理单元总是驻留在控制台中，由 MMC 控制台进行统一管理。而系统管理员可以通过添加或删除一些特定的管理单元，使不同的用户执行特定的管理任务。

　　Windows Server 2003 提供了两种类型的管理单元：一种是独立的管理单元，另一种是扩展的管理单元。

　　独立的管理单元一般简称为管理单元，可以将其添加到控制台根节点下，作为控制台根节点的一个项目。每个管理单元提供一组相关的功能，方便用户对系统进行相关的操作。用户也可以把一些功能相似的管理单元组合起来，创建自定义的 MMC 控制台。扩展的管理单元又称为扩展，是为管理单元提供额外管理功能的管理单元，一般添加到已经有了独立的或者扩展的管理单元的控制台根节点下，用来扩展其他管理单元的功能。当用户添加扩展时，Windows Server 2003 会在独立管理单元的合适位置上显示出能和其相兼容的扩展，这些扩展也能操作由管理单元控制的对象。当用户在控制台中添加一个管理单元时，MMC 控制台会自动添加该管理单元的所有可用的扩展。

　　Windows Server 2003 提供了各种标准的管理单元，用户在控制台中添加管理单元时，一般只能添加这些标准管理单元。如果本地计算机是域的一部分，那么用户也可以添加域中活动目录下的管理单元。

2.1.2　MMC 控制台模式

　　MMC 控制台模式决定了控制台的运行方式和用户使用控制台的功能权限。Windows Server 2003 提供了作者模式和用户模式两种控制台模式。

　　如果将 MMC 控制台模式设置为作者模式，就意味着用户具有对 MMC 控制台的所有功能的完全访问权限。在默认情况下，新建的 MMC 控制台都是作者模式的，在该模式下，用户可以添加或删除管理单元、查看控制台根节点下的所有部分、保存控制台文件等。而当 MMC 控制台设置为用户模式时，就不能向控制台中添加或删除某个管理单元，也不能保存控制台。用户模式下还有 3 种不同的访问权限。

- 完全访问

　　允许用户查看控制台根节点下的所有管理单元，可以创建新窗口，但禁止用户添加或删除管理单元或更改控制台的属性。

● 受限访问和多窗口

允许用户访问在保存控制台时可见的管理单元区域,可以创建新窗口,但不能关闭已有的窗口。

● 受限访问和单窗口

允许用户访问在保存控制台时可见的管理单元区域,但不能打开新窗口。

设置 MMC 控制台模式的具体操作步骤如下。

(1) 在图 2-1 所示的 MMC 控制台窗口中选择"文件"|"选项"命令,打开控制台的"选项"对话框,并选择"控制台"选项卡,如图 2-2 所示。

(2) 在"控制台"选项卡的"控制台模式"下拉列表中列出了可供选择的 4 种 MMC 控制台模式,用户可以根据需要选择一种模式。可以通过"作者模式"来保证用户对 MMC 控制台功能的完全访问,包括添加或删除管理单元,创建新窗口或任务板视图等。而选择"用户模式"的不同访问级别,可以赋予用户适当的权限,以维护系统的安全性。

(3) 在"控制台"选项卡中还可以设置控制台的保存选项。如果在"作者模式"下对控制台进行操作,关闭控制台时系统会提示用户保存所作的修改;如果在"用户模式"下操作,但没有选中"不要保存更改到此控制台"复选框,则关闭控制台时系统会自动保存用户所作的修改。

(4) 对控制台文件的更改保存在用户的配置文件中,如果用户使用控制台执行完某个特定的管理任务后,不想保存所做的控制台文件的更改,可以在控制台的"选项"对话框中选择"磁盘清理"选项卡,单击"删除文件"按钮,即可删除保存在用户配置文件中的这些控制台更改文件,如图 2-3 所示。

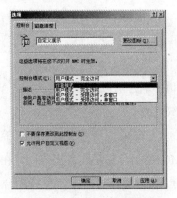
图 2-2 "控制台"选项卡

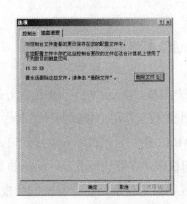
图 2-3 "磁盘清理"选项卡

注
释

对控制台模式所作的更改将在下次启动 MMC 控制台时生效。

2.1.3 使用 MMC 控制台

一般情况下，用户通过 MMC 控制台完成 Windows Server 2003 的大多数管理任务时，既可以使用系统预先设置的 MMC 控制台，也可以使用自定义 MMC 控制台，以方便管理。

1. 使用预设置的 MMC 控制台

预设置的 MMC 控制台是操作系统的一部分，包含常用的管理单元，一般可以完成系统常见的管理任务。这些控制台通常保存在控制面板的"管理工具"文件夹中，也可以通过"开始"菜单访问这些预设置的 MMC 控制台。

一般预设置的 MMC 控制台仅包含一个管理单元，提供执行相应管理工作的功能。Windows Server 2003 为预设置的 MMC 控制台默认提供的控制台模式是"用户模式-受限访问，单窗口"，在该模式下，用户不能对预设置的 MMC 控制台进行修改或保存，当然也不能添加或删除管理单元。

要使用预设置的 MMC 控制台，可以单击"开始"菜单，选择"管理工具"命令，即可从弹出的子菜单中选择要使用的管理工具控制台，如图 2-4 所示。

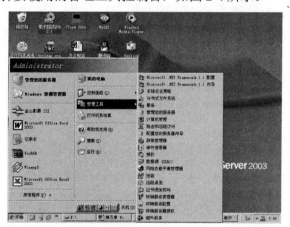

图 2-4　选择使用预设置的 MMC 控制台

2. 创建自定义的 MMC 控制台

由于系统预设置的 MMC 控制台一般只能完成单一的任务，用户如果要完成比较复杂的管理任务，就需要在不同的预设置 MMC 控制台之间进行切换，从而带来管理上的不方便。而通过创建自定义的 MMC 控制台就可以把完成单个任务的多个管理单元组合在一起，使用一个统一的管理界面来完成大多数的管理任务。下面就介绍创建自定义的 MMC 控制台的具体步骤。

(1) 单击"开始"按钮，选择"运行"命令，在打开的"运行"对话框中输入 mmc，然后单击"确定"按钮，即可打开一个空白的 MMC 控制台窗口，如图 2-5 所示。

(2) 空白 MMC 控制台窗口的默认模式是作者模式，以方便用户向控制台添加新的管理单元或删除已有的管理单元。在该窗口中选择"文件" | "添加/删除管理单元"菜单命令，即可打开"添加/删除管理单元"对话框，如图 2-6 所示。

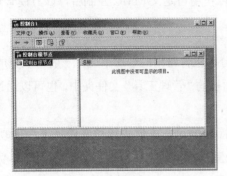

图 2-5　空白的 MMC 控制台窗口　　　　图 2-6　"添加/删除管理单元"对话框

(3) 如果要添加管理单元，可以选择"独立"选项卡，从"管理单元添加到"下拉列表中选择管理单元要添加的目的地。然后单击"添加"按钮打开"添加独立管理单元"对话框，如图 2-7 所示。

在"添加独立管理单元"对话框中，从"可用的独立管理单元"列表框中选择要添加的独立管理单元，单击"添加"按钮即可添加该管理单元。如果还要向控制台中添加其他项目，可按照上面的步骤重复进行添加。当用户在选择要添加的管理单元时，"描述"选项区域中会显示关于该管理单元的功能说明。独立管理单元添加好之后，单击"关闭"按钮关闭该对话框。

(4) 在"独立"选项卡中，用户还可以将已添加过的不常用的管理单元删除。从管理单元列表框中选择要删除的管理单元，然后单击"删除"按钮即可。

(5) 有的管理单元带有扩展，如果用户想添加这些管理单元的扩展，可以选择"扩展"选项卡，如图 2-8 所示。

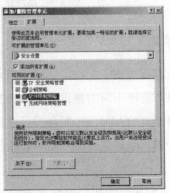

图 2-7　"添加独立管理单元"对话框　　　　图 2-8　"扩展"选项卡

(6) 在"扩展"选项卡中，从"可扩展的管理单元"下拉列表框选择要扩展的管理单元，这时，在"可用的扩展"列表框中会列出该管理单元的扩展项目，选中项目前的复选框，即可完成添加。另外，在选择扩展项目后，单击"关于"按钮即可打开"属性"对话框查看该扩展项目的详细情况；单击"下载"按钮，可以从网络上添加管理单元的扩展内容。

(7) 单击"确定"按钮，即可完成设置。

(8) 要保存创建的 MMC 控制台，选择"文件"|"保存"命令即可。控制台文件以.msc 为扩展名。保存控制台文件后，可以用电子邮件或者网络发送给其他用户。

要保存创建的 MMC 控制台，用户必须以作者模式打开 MMC 控制台。

2.2 系统服务

系统服务是主要用来提供网络连接、错误检测、安全性和其他基本操作系统功能的管理控制台。通过系统服务，系统管理员可以管理本地或远程计算机的服务。在 Windows Server 2003 中，系统管理员还可以设置在系统的某个服务项目运行失败时所采取的挽救措施，同时也可以为特定的服务项目创建用户自定义的名称和描述，以便用户能够更好地识别它们。

2.2.1 Windows Server 2003 提供的系统服务

在 Windows Server 2003 中，系统为用户提供了多种服务和功能。例如，用户可以使用系统服务进行磁盘备份管理、系统错误检测、性能监视等操作。系统服务提供的项目有扩展和标准两种，要查看系统服务项目，可以选择"开始"菜单，选择"管理工具"子菜单中的"服务"命令即可打开"服务"窗口，如图 2-9 所示。

图 2-9 "服务"窗口

在"服务"窗口中左边窗格显示的是本地服务,而右边窗格则包含"扩展"和"标准"两个服务项目详细资料的选项卡,在选项卡中列出了系统默认的各种服务的名称、功能描述、状态和启动类型。例如,在"扩展"选项卡中列出了 Alerter 服务,在"描述"列中说明了该服务的功能,以及在发生服务失败时,为选定的用户或计算机提供通知;"标准"选项卡中列出了 Virtual Disk Service 服务,在"描述"列中说明该服务提供软件卷和硬件卷的管理服务。

除了默认的系统服务之外,还有许多其他的服务可以导入和卸载,这些服务也可以提供系统管理的某些功能。例如,用户要使用一个可以作为系统服务运行的,能在指定时间间隔内进行备份的软件。在安装该软件时,软件的基于调度功能的系统服务会自动安装到系统服务列表中。通过系统服务列表中的服务,用户可以方便地进行系统管理。

2.2.2　设置系统服务

用户还可以根据个人的需要对系统提供的服务进行相关的设置,使之更方便地应用于系统的管理。如可以对使用频率不同的系统服务设置不同的启动类型,指定系统服务的登录用户等。

1. 启动系统服务

Windows Server 2003 对系统服务提供了 3 种启动时的选项,允许用户灵活地选择系统中服务的初始启动方式。例如,对于必要的和常用的服务,用户可以把启动方式设置为"自动",系统启动时会自动把该服务装入;对于不是很常用的服务,启动方式可以设置为"手动",这样在系统启动后根据用户的需要再手动地启动系统服务;而对于一些暂时不会用到的系统服务,可以直接设置为"禁用"。

如果要设置或更改系统服务的启动方式,可以按照下面的步骤操作。

(1) 在系统服务控制台的服务列表中右击要设置的系统服务名称,从弹出的快捷菜单中选择"属性"命令,打开该服务的"属性"对话框,如图 2-10 所示。

(2) 在"属性"对话框的"常规"选项卡中列出了所选服务的名称、描述和可执行文件的路径等信息,根据需要在"启动类型"下拉列表中选择"自动"、"手动"或"禁用"的服务启动方式。

(3) 如果在系统运行过程中,需要启动某个原本是处于"禁用"状态的服务,可以在"启动参数"文本框中输入启动服务时所使用的参数,单击"启动"按钮即可打开"服务控制"对话框,其中显示了服务启动的进度,如图 2-11 所示。

图 2-10 服务的"属性"对话框

图 2-11 "服务控制"对话框

2. 服务登录选项

Windows Server 2003 的许多服务通常使用"系统帐号"登录到系统，但系统管理员也可以把一些服务设置为使用特定的用户帐户登录，提高系统管理的安全性。设置服务登录方式的具体步骤如下。

(1) 在"属性"对话框中选择"登录"选项卡，在"登录身份"选项区域中，通常情况下选中的是"系统帐户"单选按钮，如图 2-12 所示。

(2) 如果用户要为该服务指定登录身份，可以选择"此帐户"单选按钮，然后单击"浏览"按钮，系统将会打开"选择用户"对话框，如图 2-13 所示，用户可以从中选择一个登录帐户，最后单击"确定"按钮即可。

图 2-12 "登录"选项卡

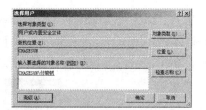

图 2-13 "选择用户"对话框

注 释

在"登录"选项卡的硬件配置文件列表框中，如果列出的硬件配置文件的服务状态栏中标明了"已启用"，则说明使用此硬件配置文件启动系统时，该项服务是可以被启用的。

3. 故障恢复选项

在服务"属性"对话框的"恢复"选项卡中，用户可以设置在服务启动失败时所采取的相应措施，具体的设置步骤如下。

(1) 选择"属性"对话框的"恢复"选项卡，可以指定在服务第一次失败、第二次失败和后续失败时系统应采取的相应操作：不操作、重新启动服务、运行一个程序或重新启动计算机；同时指定重置失败计数的间隔天数，如图 2-14 所示。

(2) 如果在服务失败时计算机的反应中选择了"重新启动服务"操作，则需要在"重新启动服务"文本框中指定其启动的间隔时间；如果选择"运行一个程序"操作，则需要在"运行程序"选项区域中单击"浏览"按钮，指定要运行的程序和命令行参数；如果选择"重新启动计算机"操作，则可以单击"重新启动计算机选项"按钮，打开"重新启动计算机选项"对话框，设置相应的选项即可，如图 2-15 所示。

图 2-14　"恢复"选项卡　　　　图 2-15　"重新启动计算机选项"对话框

(3) 最后单击"确定"按钮，即可完成设置。

4. 服务的依存关系

系统中有些服务可能依赖于其他服务或系统组件的正常运行，如果系统的某个服务或组件被停止或不能正常运行，将会导致依赖于它的服务不能正常运行。在"属性"对话框的"依存关系"选项卡中可以清楚地看到各个服务之间相互依存的关系。

图 2-16　"依存关系"选项卡

选择"依存关系"选项卡,如图 2-16 所示。在"依存关系"选项卡的"此服务依赖以下系统组件"列表框中列出了选定的服务所依存的服务项目或系统组件列表;"以下系统组件依赖此服务"列表框中则列出了依赖当前选定服务的服务项目或系统组件列表。

2.3   任务计划程序

任务计划程序是 Windows Server 2003 的管理工具之一,主要用于调度安排那些需要在特定时间内运行的程序。使用任务计划程序,用户可以安排任何命令、程序或文档在特定的时间内运行,也可以更改创建的任务计划或停止已计划好的任务,大大方便了系统管理员对于某些程序的调度管理。

2.3.1   了解任务计划程序

任务计划程序可以帮助用户计划需要完成的任务,安排一些程序在每天、每星期或者每月的某些时刻运行,更改任务的计划或自定义任务如何在计划的时间内运行等。要启动任务计划程序,可以在"控制面板"中选择"任务计划"选项,在打开的"任务计划"窗口中双击"添加任务计划"命令,即可启动"添加任务计划"向导,如图 2-17 所示。

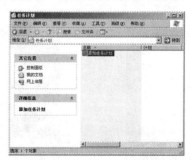

图 2-17   "任务计划"窗口

"任务计划向导"能够帮助用户计划 Windows 任务的运行时间,通过该向导也可以修改、删除或停止已经计划的任务,查看原有计划任务的日志,或者查看在远程计算机上的计划任务。通过"任务计划程序",用户可以把经常运行的程序添加到计划任务中,以节省重复操作的时间,从而提高效率。

2.3.2   创建计划任务

通过"任务计划向导"用户可以很方便地创建计划任务,其具体的操作步骤如下。

(1) 在"任务计划"窗口中双击"添加任务计划"图标打开"任务计划向导"对话框,

该向导要求用户选择要运行的程序，如图 2-18 所示。

(2) 单击"下一步"按钮打开应用程序列表，用户可以从 Windows Server 2003 注册的应用程序列表中选择要计划运行的程序，也可以单击"浏览"按钮，指定一个要计划运行的程序，如图 2-19 所示。

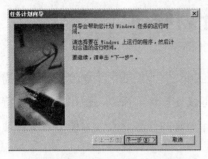

图 2-18　"任务计划向导"首页

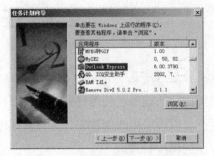

图 2-19　选择要计划的应用程序

(3) 选择了要计划运行的程序之后，单击"下一步"按钮，将打开如图 2-20 所示的对话框，要求用户设定该任务计划执行的频率，可以选择每天、每周、每月、一次性、计算机启动时或者当用户登录时。

(4) 在指定好任务执行的时间频率后，单击"下一步"按钮，在打开的设置时间对话框中，要求用户指定任务执行的起始时间和起始日期，也可以指定多少天后重复执行该任务，如图 2-21 所示。

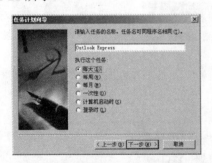

图 2-20　指定任务执行的时间频率

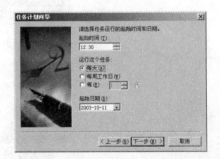

图 2-21　指定任务运行的起始时间和日期

(5) 设置完任务运行的起始时间和日期后，单击"下一步"按钮，将出现设置用户名和密码的对话框，在该对话框中要求用户指定该任务所属的用户帐户及密码，以设置任务运行的安全环境，如图 2-22 所示。同一台计算机上的不同用户可以分别创建自己的计划任务，可以使用自己的用户名和密码，使创建的任务在该用户帐户的安全权限内才运行。

(6) 在给任务的执行权限设置了用户名和密码之后，除了具有正确权限的用户以外，其他任何用户都不能取消或删除该任务。单击"下一步"按钮，出现的对话框显示了创建的任务的基本情况，如图 2-23 所示。用户可以选中"在单击'完成'时，打开此任务的高级属性"复选框，对新建的任务设置一些高级选项，本书将在后续章节中详细说明。

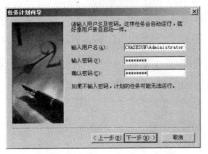

图 2-22 指定输入用户名和密码

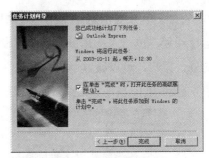

图 2-23 创建任务的完成对话框

(7) 最后单击"完成"按钮，完成新任务的创建。

注意

  Windows Server 2003 中的用户密码是有一定期限的，如果用户计划在不确定的时间内重复运行任务，则必须清楚密码到期的时间，这样可以在该密码失效时，重新设置计划任务的密码。但是系统管理员的任务密码是永远不会失效的，所以如果以管理员的身份来创建任务，就不必为所有计划任务重新设置密码了。

2.3.3 设置任务的高级选项

  利用"任务计划向导"用户可以创建计划任务，安排任何程序或命令在特定时间运行，还可以设置任务的高级属性，以使任务更好地按照用户的意愿运行，具体的操作步骤如下。

  (1) 在"任务计划程序"窗口中右击要设置属性的任务图标，在弹出的快捷菜单中选择"属性"命令，如图 2-24 所示。

  (2) 在打开的任务属性对话框中选择"任务"选项卡，可以改变预定的计划任务，也可以更改运行选定任务的用户帐户。用户也可以选中"已启用(已计划的任务会在指定时间运行)"复选框来启动已经停止的任务或者停止正在执行的任务，如图 2-25 所示。

图 2-24 设置任务的高级属性

图 2-25 "任务"选项卡

(3) 在"日程安排"选项卡中通过选中"显示多项计划"复选框,用户可以为任务设置多个运行计划,单击"新建"按钮即可设置新的任务运行时刻,如图2-26所示。

此外,用户还可以通过单击"高级"按钮打开"高级计划选项"对话框,在其中设置具体的任务起始时间、日期和结束日期以及任务重复执行的间隔时间或持续时间,如图2-27所示。

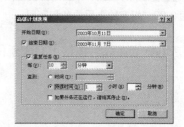

图2-26 "日程安排"选项卡   图2-27 "高级计划选项"对话框

(4) 在"设置"选项卡中用户可以设置任务执行的持续时间、在空闲时间内如何安排任务的执行,以及运行任务时的电源管理方式等,如图2-28所示。

(5) 在"安全"选项卡中,可以通过配置安全权限来使其他用户也能够运行该任务。在"名称"列表框下可以单击"添加"按钮来选择用户或组,同时在"权限"列表框中为选定的用户设置与此任务相关的操作权限,如图2-29所示。

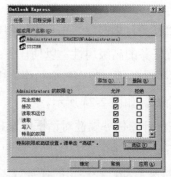

图2-28 "设置"选项卡   图2-29 "安全"选项卡

(6) 最后,单击"确定"按钮完成设置。

注意

创建任务时要保证计算机的系统时间和日期是正确的,因为任务计划程序是根据系统的时间和日期来运行的。

2.4　设备管理器

　　安装完 Windows Server 2003 以后，为了保证系统以高效率运行，还需要在系统上正确管理硬件设备。系统的硬件设备是提供功能的操作系统模块，而系统设备是把硬件与其相应的驱动程序紧密结合的通信模块。Windows Server 2003 提供了功能完备的"设备管理器"控制台来管理系统的硬件设备，使硬件管理变得非常方便。通过"设备管理器"，系统管理员可以查看系统的设备信息和设备的具体属性，更新设备驱动程序等。

2.4.1　查看设备信息

1. 查看系统设备

　　Windows Server 2003 可以使用多种系统设备，如磁盘控制器、调制解调器、显示卡、网络适配器和 DVD-ROM 驱动器等，用户可以通过"设备管理器"来查看这些设备。

　　(1) 通过"开始"菜单打开"控制面板"窗口，双击"系统"图标打开"系统属性"对话框，或者右击"我的电脑"图标，在弹出的快捷菜单中选择"属性"命令，也会打开该对话框，然后单击"硬件"选项卡，如图 2-30 所示。

　　(2) 在"硬件"选项卡的"设备管理器"选项区域中，单击"设备管理器"按钮，将打开"设备管理器"窗口，如图 2-31 所示。

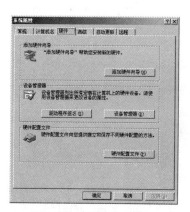

图 2-30　"硬件"选项卡

图 2-31　"设备管理器"窗口

　　(3) 在"设备管理器"窗口中列出了系统所有的系统硬件设备。如果需要查看系统默认隐藏的硬件设备，可以选择"查看"|"显示隐藏的设备"命令，设备列表中就会将一些隐藏的关于存储卷和驱动程序的信息显示出来，如图 2-32 所示。

图 2-32　显示隐藏设备的窗口

(4) 在默认情况下,"设备管理器"列出的系统设备是按照类型排序的,用户也可以改变系统设备的排列顺序。要改变系统设备的排列顺序,可以选择"查看"|"依连接排序设备"命令或"查看"|"依类型排序资源"命令等即可。

2. 查看设备属性

通过"设备管理器"窗口,系统管理员可以查看系统设备的属性。如果需要,还可以修改系统设备的属性。

下面以网络适配器为例介绍如何查看设备属性,具体的操作步骤如下。

(1) 在"设备管理器"窗口中双击"网络适配器"选项,展开该选项,然后右击要查看的网卡 Abocom-Based CardBus Fast Ethernet Adapter,从弹出的快捷菜单中选择"属性"命令,即可打开"Abocom-Based CardBus Fast Ethernet Adapter 属性"对话框,如图 2-33 所示。

图 2-33　"Abocom-Based CardBus Fast Ethernet Adapter 属性"对话框

(2) 在"Abocom-Based CardBus Fast Ethernet Adapter 属性"对话框中,通过选择"常规"、"高级"、"驱动程序"和"资源"选项卡,可以查看网卡的设备类型、制造商、设备状态、驱动程序以及资源设置等方面的信息。系统管理员还可以根据系统的要求更改设备的某些资源配置或设备状态。

2.4.2 配置设备状态

对于"设备管理器"中列出的系统硬件设备，Windows Server 2003 提供了多种硬件服务，如禁用和启用设备，更改设备的资源设置等。

1. 禁用和启用设备

禁用和启用系统设备在设备管理中是经常执行的操作。当某一个系统设备暂时不被使用时，系统管理员可以将其禁用；当需要时，再将其启用。这样，有利于保护系统设备。下面就以调制解调器为例介绍如何禁用和启用设备。

禁用系统设备的操作步骤如下。

(1) 通过"开始"菜单打开"控制面板"窗口，双击"系统"图标打开"系统属性"对话框，然后选择"硬件"选项卡，单击"设备管理器"按钮打开"设备管理器"窗口。

(2) 在"设备管理器"窗口的设备列表中双击"调制解调器"选项将其展开。右击要禁用的调制解调器 Legend Easy 56K V.90 Modem，从弹出的快捷菜单中选择"禁用"命令，如图 2-34 所示。

图 2-34 选择"禁用"命令

(3) 在出现的提示框中单击"是"按钮即可禁用该设备。刷新"设备管理器"窗口后可以看到该设备前的图标上出现了禁用符号，如图 2-35 所示。

启用系统设备的操作同禁用设备的操作非常相似。例如，要重新启用刚才已经禁用的调制解调器设备，可以在图 2-34 所示的窗口中右击要启用的调制解调器，然后从弹出的快捷菜单中选择"启用"命令即可重新启用该设备。

还有一种禁用和启用设备的方法就是通过上文提到的"设备属性"对话框进行操作。仍以调制解调器为例，打开其属性对话框，选择对话框中的"常规"选项卡，从"设备用法"下拉列表中选择"使用这个设备(启用)"选项即可启用该设备；选择"不要使用这个设备(禁用)"选项，则可禁用该设备，如图 2-36 所示。

图 2-35　禁用设备后的"设备管理器"窗口　　　图 2-36　启用或禁用该设备

2. 更改设备的资源设置

当计算机的硬件设备使用某个资源时，系统都会为该设备使用的资源指派一个唯一的设置，以保证设备之间不会发生资源冲突，导致无法运行。如果对资源设置进行的更改不正确，则可能会禁用硬件，并使计算机出现故障甚至无法修复，所以系统管理员在更改某些资源设置时一定要慎重。当由于实际需要更改某些资源设置时，可以参照下述的操作步骤。仍以调制解调器为例，打开调制解调器的设备属性对话框，选择"资源"选项卡，如图 2-37 所示。

图 2-37　设备的"资源"选项卡

在"资源"选项卡中可以看到选定设备的资源设置情况，既可以选中"使用自动设置"复选框由系统指派设备需要的资源，也可以根据实际需要由系统管理员手动设置设备资源。通过选择"设备基于"下拉列表中的"基本配置"选项可以设置设备的资源，同时在"冲突设备列表"文本框中会显示该设备的资源配置是否出现资源冲突。如果出现更改后的资源与其他设备的设置冲突，就必须重新进行设置。

2.4.3　驱动程序

1. Windows 的驱动程序签名

一般情况下，硬件设备的驱动程序是操作系统中软件组件的最低层，它对计算机的操作起着不可替代的作用。以前在为 Windows 系统安装硬件设备时，总是需要系统管理员为硬件找到合适的驱动程序，特别是有些设备还存在硬件的兼容性问题。而 Windows Server 2003 提供了强大的硬件支持功能，内置了多种设备驱动程序，能满足多数即插即用设备的要求；同时，针对硬件兼容性问题，为用户提供了硬件兼容列表(Hardware Compatibility List HCL)，完整地列出了通过兼容性测试的所有硬件产品，并将最新的 HCL 发布在 Microsoft 的网站(www.microsoft.com/hcl/default.asp)上供用户随时查看。通常只要是在列表中的硬件，其驱动程序都可由 Windows Server 2003 内部的数据库直接提供，而不必另外查找。

此外，Microsoft 也在寻求更多的硬件厂商合作开发 Windows Server 2003 的驱动程序。Windows Server 2003 的驱动程序和特定的操作系统文件都通过 Microsoft 数字签名的保证，以确保这些文件符合微软的测试认可，而任何未经签名认可的驱动程序将不被推荐作为更改的程序，以保证硬件设备在 Windows 操作系统中运行的稳定性和兼容性。

系统管理员可以自行设置 Windows 系统对驱动程序的验证等级，以确保原始的设备驱动程序和系统文件不会遭到未经数字签名许可的文件的破坏，具体操作步骤如下。

(1) 在"控制面板"窗口中双击"系统"图标，打开"系统属性"对话框。然后选择"硬件"选项卡，在"设备管理器"选项区域中单击"驱动程序签名"按钮，打开"驱动程序签名选项"对话框，如图 2-38 所示。

图 2-38   "驱动程序签名选项"对话框

(2) 在该对话框中显示了对于没有通过 Windows 数字签名的软件，系统默认的操作是"警告-每次选择操作时都进行提示"，也就是当安装未经数字签名的驱动程序时，系统会出现警告消息，询问是否继续执行安装。选择此单选按钮后，所设置的验证等级才会应用到这台机器的所有用户；如果选择"忽略-安装软件，不用征求我的同意"单选按钮，Windows 便不再受数字签名保护；如果选择"阻止-禁止安装未经签名的驱动程序软件"单选按钮，则任何未经签名证明的驱动程序都无法安装到这台机器上。

同时，在"系统管理员选项"选项区域中，可以选中"将这个操作作为系统默认值应用"复选框，表示系统将默认对驱动程序的数字签名的选择操作。

2. 更新和查看设备驱动程序

随着计算机硬件设备的不断更新换代，硬件设备的驱动程序也需要不断地进行升级。更新后的硬件驱动程序往往能够更好地支持硬件设备，提高硬件的整体性能。下面就介绍如何更新和查看硬件设备的驱动程序。具体的操作步骤如下。

(1) 在"设备管理器"窗口中选择需要更新驱动程序的设备，下面以更新网卡的驱动程序为例进行说明。在设备列表中双击"网络适配器"展开该选项。右击需要更新驱动程序的设备 Abocom-Based CardBus Fast Ethernet Adapter，从弹出的快捷菜单中选择"属性"命令打开"属性"对话框，然后选择"驱动程序"选项卡，如图 2-39 所示。

(2) 在"驱动程序"选项卡中单击"更新驱动程序"按钮，将打开"硬件更新向导"对话框，如图 2-40 所示。

图 2-39 "驱动程序"选项卡

图 2-40 "硬件更新向导"对话框

如果要更新的硬件设备带有驱动程序的磁盘，可以先将其插入计算机，然后选择"自动安装软件"单选按钮，单击"下一步"按钮，系统将自动搜索更新的驱动程序并自动安装软件；但如果驱动程序存在系统中，则可以选择"从列表或指定位置安装"单选按钮，然后单击"下一步"按钮，系统将提示相关的搜索和安装选项，如图 2-41 所示。

(3) 在"选择搜索和安装选项"对话框中，可以指定搜索程序的位置，系统在找到更新的程序之后就会自动安装，之后即可使用该设备。用户也可自己选择要安装的驱动程序，单击"下一步"按钮，打开"选择网卡"对话框，如图 2-42 所示。

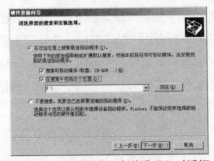

图 2-41 "选择搜索和安装选项"对话框

图 2-42 "选择网卡"对话框

在该对话框中系统会显示该设备类别的所有硬件，默认情况下系统选中"显示兼容硬件"

复选框，即只显示与用户硬件兼容的驱动程序。如果希望从磁盘安装驱动程序，可以单击"从磁盘安装"按钮进行安装。在该对话框中，可以选定与硬件相符的网卡，然后单击"下一步"按钮，系统即可使用选定的设备驱动程序对设备进行软件安装。更新安装完毕后，即显示"完成硬件更新向导"对话框，如图 2-43 所示。

(4) 单击"完成"按钮即可结束更新硬件驱动程序的操作。

(5) 如果要查看设备的驱动程序信息，可以在所选设备的"属性"对话框中选择"驱动程序"选项卡，然后单击"驱动程序详细信息"按钮，打开"驱动程序文件详细信息"对话框，如图 2-44 所示。

图 2-43 "完成硬件更新向导"对话框　　图 2-44 "驱动程序文件详细信息"对话框

在"驱动程序文件详细信息"对话框中，可以看到所选设备的驱动程序文件的文件名和其存放位置，以及该驱动程序的文件提供商、版本以及是否经过数字签名等。

2.5 添加和卸载硬件设备

在 Windows Server 2003 中，如果要添加新的硬件设备，可以通过"添加硬件向导"来完成。这样不仅可以方便、快速地安装硬件设备，同时还可以根据要安装的硬件设备自动选择较合适的驱动程序，更好地发挥硬件设备的功能。如果要卸载某个硬件设备就比较简单了。下面就介绍具体的操作步骤。

2.5.1 添加硬件设备

如果需要在计算机上添加新的硬件设备或者对出现问题的硬件设备进行重新设置或调整，可以通过"添加硬件向导"来完成，具体操作步骤如下。

(1) 在"控制面板"窗口中双击"系统"图标，打开"系统属性"对话框，然后选择"硬件"选项卡，从中单击"添加硬件向导"按钮，或者在"控制面板"窗口中直接选择"添加硬件"命令，打开"添加硬件向导"对话框，如图 2-45 所示。

（2）在"添加硬件向导"对话框中，单击"下一步"按钮，系统将开始搜索新的硬件设备。如果该设备是即插即用的设备，则系统会在搜索到该设备后自动为其配置好驱动程序，用户可以稍后直接使用该设备。如果该设备是非即插即用的设备，则需要手动为其配置驱动软件。当系统无法直接搜索到该设备时，就需要用户手动添加设备，这时系统会询问是否已经把要安装的设备连接好，如图 2-46 所示。

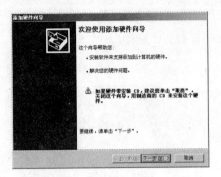
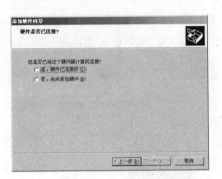

图 2-45　"添加硬件向导"对话框　　　　图 2-46　硬件是否已连接的提示对话框

（3）在该对话框中，可以根据实际情况进行选择，当确认已经把设备连接好而系统无法识别该设备时，选择"是，硬件已连接好"单选按钮，然后单击"下一步"按钮，在"添加硬件向导"中将出现"已安装的硬件"列表框，如图 2-47 所示。

（4）在"已安装的硬件"列表框中列出了当前计算机中已经安装的设备，如果需要对某个出现故障的设备进行重新安装或调整时，可以在该列表框中选中该设备，然后单击"下一步"按钮，按"硬件向导"的引导进行检查或设置。

如果要添加的硬件设备没有在列表框中显示出来，可以单击该列表框中的"添加新的硬件设备"选项，然后单击"下一步"按钮，此时的"添加硬件向导"如图 2-48 所示。

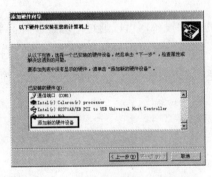
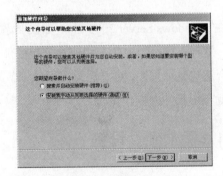

图 2-47　"已安装的硬件"列表框　　　　图 2-48　继续搜索硬件

在图 2-48 中可以选择让系统继续"搜索并自动安装硬件"单选按钮，但如果系统无法识别出待安装的设备，就需要选择"安装我手动从列表选择的硬件"单选按钮，然后单击"下一步"按钮，打开向导的"从以下列表，选择要安装的硬件类型"对话框，如图 2-49 所示。

图 2-49 选择硬件类型

(5) 在"常见硬件类型"列表框中可以选择需要安装的设备类型选项，然后单击"下一步"按钮，打开"选择端口"对话框，选择使用的端口后再单击"下一步"按钮，最后就可以在安装完驱动程序后使用该硬件设备了。

注
释

一般情况下，在添加完硬件设备后应该重新启动计算机，以使新安装的设备能够正常使用。

2.5.2 卸载硬件设备

Windows Server 2003 提供了两种终止硬件服务的方式：禁用和卸载。对于 2.4.2 节中提到的硬件"禁用"服务，系统只是暂时停止提供该硬件的服务，设备本身并未从系统中取消，可以随时利用"启用"命令来恢复其正常服务。但是"卸载"命令表示从系统中取消该设备，包括它的驱动程序和系统资源等相关设置也会一起被删除，如果要再次使用该设备，就只有重新安装了。

如果要从计算机中卸载设备，其操作的具体方法有多种，可以在如图 2-39 所示的"驱动程序"选项卡中直接单击"卸载"按钮从系统中卸载该设备。当然，最简单的方法还是在"设备管理器"窗口的设备列表中右击要卸载的设备，从弹出的快捷菜单中选择"卸载"命令，如图 2-50 所示。

图 2-50 执行设备的卸载操作

然后在弹出的"确认设备删除"对话框中单击"确定"按钮，即可完成设备的卸载操作。

打印机配置与管理

第3章

共享打印机是网络操作系统提供的基本服务之一，网络中的用户可以使用不同位置的共享打印机。如果有专门的打印服务器，那么公司中的所有打印任务都可以集中地进行打印和管理，不仅可以节约打印机的费用，还可以有效地控制打印成本。Windows Server 2003 正是针对在技术发展过程中不断提出的要求，集成了适应用户需求的功能。在 Windows Server 2003 中，不仅保留了以前 Windows 版本打印服务的优点，而且在原有打印服务的基础上，添加了新的功能独特的打印协议来增强打印服务的功能，提供更加方便和实用的打印服务。

 本章知识点

- ☑ 本地打印机安装
- ☑ 网络打印机安装
- ☑ 设置打印机属性
- ☑ 打印作业管理

3.1 Windows 网络打印概述

掌握 Windows 环境中的一些打印的基本概念和术语以及打印机的相关机制,将有利于管理员在自己的网络中创建打印服务和解决打印中发生的各种故障。为此,本节将讨论打印机安装和打印操作的基本概念、打印机种类以及 Windows Server 2003 打印工作流程等内容。

3.1.1 打印的概念

在理解 Windows Server 2003 的网络打印服务之前,先介绍一些相关的概念。

- 假脱机管理器:指系统打印管理进程,它接受打印作业并控制从打印机队列到打印设备的打印过程。
- 打印作业:在打印过程中,任何一个提交到假脱机管理器的打印会话都被视为一个打印作业,假脱机打印管理器可以根据作业类型来创建打印流。
- 打印队列:也称为假脱机文件,就是指 Windows Server 2003 为正在打印的文档和所有已经传输到打印机上等待打印的文档建立的列表。Windows Server 2003 将不同应用程序发送出来的要打印的文档副本集中起来并将它们排成队列,然后按照顺序打印它们。打印队列由假脱机管理器所控制。
- 假脱机处理:它是指通过网络向打印设备发送打印作业的进程。
- 打印机池:由一个逻辑打印机对象所代表的一组打印设备,发往该打印机的打印作业将由第一台可用的打印设备来负责。
- 打印处理器:它可以用来修饰不同数据类型的打印作业。系统存在多个处理不同类型的打印作业的打印处理器。当打印处理器完成了对作业的修饰之后,就把控制权交给打印提供者。
- 打印监控器:它负责把打印作业提交给不同类型的打印设备。例如,某个打印监控器把作业发往诸如并行串行端口设备,而另一打印监控器将把作业发往另一种网络接口打印机。

Windows Server 2003 提供了大量的网络打印功能,包括浏览可用的打印机,直接连接到共享的 Windows Server 2003 打印机(不需要本地的打印机驱动程序)及远程管理打印任务的能力。Windows Server 2003 网络打印服务还可以配置成能共享的网络打印机,并形成打印机池供多个物理打印机用一个打印机对象来表示;也可以针对同一台打印设备建立多个打印对象,且每个对象具有不同的配置;也可以建立打印机之间的优先级差别,或者调度让打印机对象保留打印作业,在以后打印它们。

3.1.2 Windows Server 2003 网络打印过程

　　安装 Windows Server 2003 的计算机被用作网络打印服务器之后,客户机就可以在打印机服务器上打印文档了。下面就介绍一下 Windows Server 2003 网络打印的工作过程。

　　Windows Server 2003 客户机上的用户先选择一个打印文档。如果该文档是由 Windows 应用程序提交的,应用程序将调用图形设备界面(GDI),它将调用与目标打印机相关联的打印机驱动程序。使用应用程序的文档信息,GDI 和驱动程序将交换数据以便以打印机语言汇报打印作业,而后将其传递给客户端的假脱机。接着,客户机将打印作业传递给打印服务器。对于 Windows Server 2003 客户机而言,客户端假脱机将对服务器端假脱机进行远程过程调用(RPC),服务器端假脱机使用路由器轮循远程打印的客户端。远程打印客户端将对服务器假脱机初始化另一个 RPC。

　　在打印服务器中,Windows Server 2003 客户机的打印作业都属于"增强图元文件(EMF)"数据类型。大多数非 Windows 应用程序都使用"准备打印(RAW)"数据类型。服务器中的路由器将打印作业传递给服务器中的本地打印厂商,它将使打印作业假脱机。本地打印厂商将轮循打印处理器,打印处理器识别作业的数据类型并接收打印作业。打印处理器根据其数据类型改变打印作业以确保作业打印正确。如果在客户机上定义了目标打印机,打印服务器服务程序将决定服务器假脱机是否应改变打印作业或指定一个不同的数据类型。而后,打印作业将传递给本地打印厂商以便将其写入磁盘。然后将把打印作业控制传递给分隔符页处理器,如果进行指定,则把一个分隔符页添加到作业的前端。最后,作业与打印监视器脱机, 打印作业将直接到达端口监视器,并将其发送给目标打印机(或者发送给另一个远程打印服务器)。打印机接收打印作业,将每页转换成位图格式并进行打印。

3.2 安装打印机

　　要在 Windows Server 2003 网络中使用网络打印机,管理员必须先安装本地或共享打印机,否则客户计算机将无法进行网络打印。无论客户计算机使用哪一种 Windows 操作系统,通过打印管理器都可以共享和使用网络打印机。

3.2.1 安装本地打印机

　　Windows Server 2003 系统为用户提供了一个添加打印机向导,用户使用该向导可以很方便地将打印机安装到自己的计算机上并设置为共享。打印机安装好之后,在"打印机"窗口中会出现新安装的打印机图标，网络用户就可以使用该打印机打印自己的文档。

下面介绍一下安装本地打印机的具体操作步骤。

(1) 打开"开始"菜单，通过"打印机和传真"窗口或者选择"控制面板"|"打印机和传真"|"添加打印机"命令，打开"添加打印机向导"对话框，如图 3-1 所示。

(2) 单击"下一步"按钮，打开"本地或网络打印机"对话框，在该对话框中选择安装本地打印机，如果要安装向导自动检测打印机，可以选中"自动检测并安装我的即插即用打印机"复选框，如图 3-2 所示。

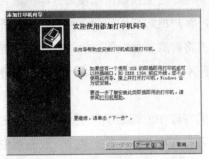

图 3-1 "添加打印机向导"对话框

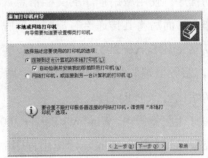

图 3-2 选择安装本地打印机

(3) 单击"下一步"按钮，系统开始检测连接到本地的打印机，如图 3-3 所示。

(4) 单击"下一步"按钮，在"选择打印机端口"对话框中为打印机选择或者创建端口，如图 3-4 所示。

图 3-3 检测新打印机

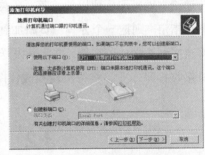

图 3-4 选择打印机端口

(5) 单击"下一步"按钮，打开"安装打印机软件"对话框，在该对话框中的打印机列表中，用户可以选择打印机的厂商和型号。打印机列表是从%SYSTEM%\INF 目录下的 NTPRINT.INF 文件中读出来的，包括所有 Windows Server 2003 所支持的打印机，如图 3-5 所示。

(6) 如果系统中没有该打印机的驱动程序，可以单击"从磁盘安装"按钮，打开"从磁盘安装"对话框，选定驱动程序文件的来源，然后单击"确定"按钮开始从磁盘安装，如图 3-6 所示。

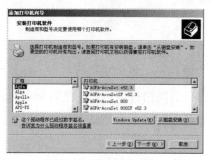

图 3-5　选择打印机

图 3-6　"从磁盘安装"对话框

(7) 单击"下一步"按钮，将打开"命名打印机"对话框，如图 3-7 所示。在该对话框中输入打印机的名称，这可以使其他用户在使用打印机时能够很快识别出该打印机。用户还可以选择是否把该打印机设置为默认打印机。

(8) 单击"下一步"按钮，打开"打印机共享"对话框，用户可以选择是否与其他网络用户共享该打印机，如图 3-8 所示。

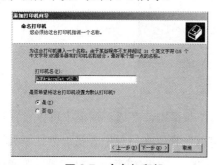

图 3-7　命名打印机

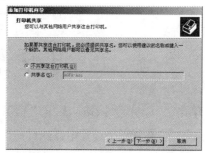

图 3-8　"打印机共享"对话框

(9) 单击"下一步"按钮，打开"打印测试页"对话框。用户要确认打印机是否安装正确，可以选择打印一张测试页，如图 3-9 所示。

(10) 单击"下一步"按钮，打开"正在完成添加打印机向导"对话框，单击"完成"按钮即可完成本地打印机的添加，如图 3-10 所示。

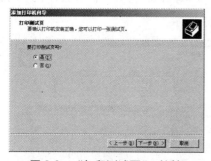

图 3-9　"打印测试页"对话框

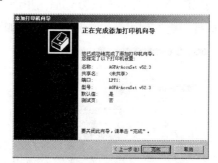

图 3-10　"正在完成添加打印机向导"对话框

3.2.2　安装网络打印机

如果网络中存在共享的打印机，用户也可以直接使用该打印机进行打印。在使用该打印机之前，用户必须先连接到网络，并且在本机中安装有网络打印机。在 Windows Server 2003 中，安装网络打印机的步骤很简单，不需要在本地添加打印机的驱动程序就可以使用网络打印机。

安装网络打印机的步骤可以参考前面安装本地打印机的步骤，下面简单介绍一下。

(1) 在"添加打印机"向导的"本地或网络打印机"对话框中，选择安装网络打印机，如图 3-11 所示。

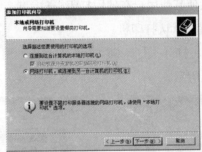

图 3-11　选择安装网络打印机

(2) 单击"下一步"按钮，打开"指定打印机"对话框，在该对话框中可以设置查找打印机的方式。如果希望在目录中查找打印机，则可以选择"在目录中查找一个打印机"单选按钮；如果使用的是局域网，则可以选择"连接到这台打印机(或者浏览打印机，选择这个选项并单击'下一步')"单选按钮，并在"名称"文本框中输入打印机的名称，如果用户选中此项操作，并单击"下一步"按钮，系统将会打开"浏览打印机"对话框；如果用户使用的是办公网或 Internet，则可以选择"连接到 Internet、家庭或办公网络上的打印机"单选按钮，并在 URL 文本框中输入计算机的地址，如图 3-12 所示。

(3) 指定了查找打印机的方式后，单击"下一步"按钮将打开"浏览打印机"对话框，从"共享打印机"列表框中选择打印机，如图 3-13 所示。

图 3-12　指定打印机

图 3-13　"浏览打印机"对话框

(4) 单击"下一步"按钮打开"默认打印机"对话框，可以指定是否把该打印机设置为默认打印机，如图 3-14 所示。

(5) 单击"下一步"按钮，打开"正在完成添加打印机向导"对话框，单击"完成"按钮即可完成网络打印机的添加，如图 3-15 所示。

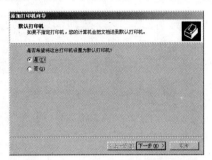

图 3-14 "默认打印机"对话框　　图 3-15 "正在完成添加打印机向导"对话框

3.3　打印管理

作为一个系统管理员，不仅要对网络中的打印机非常清楚，而且还要掌握通过不同的方法来设置和管理自己的网络中的众多打印机，包括集中安装打印机驱动程序、设置默认选项、处理网络打印信息和管理网络打印作业等。这些不仅有利于减少管理员自己的网络维护工作，而且极大地方便了网络用户对网络打印机的使用，避免出现过多的打印错误。

3.3.1　设置打印机属性

在打印文件之前一般要对打印机的属性进行设置，只有设置合适的打印机属性之后才能获得相应的打印效果。如果应用程序中有打印命令，一般可以在"打印"对话框中单击"属性"按钮来设置打印机的属性。不过在应用程序中设置的打印机属性只对当前要打印的文档有效，如果要使打印机属性对任何文件都有效，则可以在打印机文件夹中设置打印机的属性。

下面介绍一下设置打印机属性的具体操作步骤。

(1) 在"打印机"文件夹中，右击要设置属性的打印机图标，从弹出的快捷菜单中选择"属性"命令，打开打印机属性对话框并选择"常规"选项卡，如图 3-16 所示。

(2) 在"常规"选项卡的上部包含"位置"文本框和"注释"文本框。"位置"文本框主要用于显示打印机的位置。在安装打印机时如果输入了打印机的位置，将在"位置"文本框中显示出来。用户也可以在"位置"文本框中更改打印机的位置。在"注释"文本框中用户可以输入或更改打印机的注释。

(3) 在"常规"选项卡的"功能"选项区域中显示了打印机的功能,如打印纸张的大小、速度、分辨率等。如果要设置这些选项,可以单击"打印首选项"按钮,打开"打印首选项"对话框,如图 3-17 所示。

图 3-16 设置打印机属性

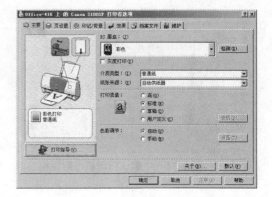

图 3-17 "打印首选项"对话框

(4) 在"打印首选项"对话框的"页设置"选项卡中可以设置纸张的方向、打印文件的顺序及打印份数等属性。"方向"选项用于设置纸张的方向是"纵向"还是"横向"。默认时,打印机在一张纸中只能打印一页文档,如果希望在一张纸中打印多页内容,可以在"份数"文本框中设置相应的页数,如图 3-18 所示。

(5) 在"打印首选项"对话框的"主要"选项卡中可以设置打印机的用纸类型、纸张来源和打印质量。在"介质类型"下拉列表中可以选择是否使用普通纸;在"纸张来源"下拉列表中可以选择启用自动进纸器或手工进纸;在"打印质量"选项区域中可以根据需要选择不同的质量选项,如图 3-19 所示。

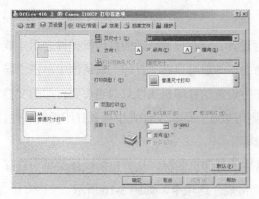

图 3-18 "页设置"选项卡

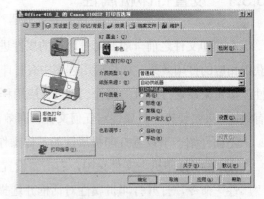

图 3-19 "主要"选项卡

(6) 在"打印机属性"对话框的"共享"选项卡中可以设置是否共享打印机,以及其他版本的 Windows 共享该打印机时的驱动程序。是否共享打印机的默认值取决于安装打印机时进行的设置。如果不希望共享打印机，可以选择"不共享这台打印机"单选按钮；如果希望共享打印机，可以选择"共享这台打印机"单选按钮，并在其下的"共享名"文本框中输入一个共享名称，如图 3-20 所示。

（7）在"驱动程序"选项区域中，单击"其他驱动程序"按钮将打开"其他驱动程序"对话框，可以添加针对其他 Windows 版本的驱动程序，如图 3-21 所示。

图 3-20　"共享"选项卡　　　　图 3-21　"其他驱动程序"对话框

（8）在"打印机属性"对话框的"端口"选项卡中可以设置打印机连接和使用的端口，利用它可以快速地更改连接打印机的端口。在"打印到下列端口"列表框中，列出了所有的可用端口。如果要更改连接打印机的端口，只需清除原有的复选框，然后选中打印机现在连接的端口的复选框即可。用户也可以同时选中多个端口，这样在打印时系统会自动检测这些端口，并使用连接有打印机的端口进行打印。如果计算机连接有多个打印机，系统会使用第一个检测到的可用端口进行打印，如图 3-22 所示。

（9）如果要使用其他的端口打印，可以单击"添加端口"按钮打开"打印机端口"对话框进行选择。在"可用的端口类型"列表框中列出了不同的打印服务，这些端口都是虚拟的端口，因为它们都是通过网线传输的。如果要使用这些类型的打印服务，可以选中"可用的端口类型"列表框中相应的服务，然后单击"新端口"按钮查找并添加相应类型的服务，如图 3-23 所示。

图 3-22　"端口"选项卡　　　　图 3-23　"打印机端口"对话框

(10) 如果用户要删除端口，可以在"打印到下列端口"列表框中选中要删除的端口，然后单击"删除端口"按钮即可。另外，单击"配置端口"按钮，可以设置打印机传输重试的超时值；如果要使用双向打印，则可以选中"启用双向支持"复选框；如果要启用后台打印服务，则可以选中"启用打印机池"复选框。

(11) 在"打印机属性"对话框的"高级"选项卡中可以设置打印机的打印方式、处理打印文档的方式以及处理不同方式打印作业的方法，如图 3-24 所示。

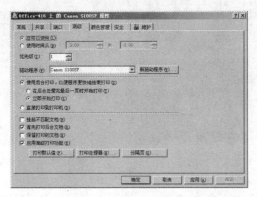

图 3-24 "高级"选项卡

(12) 在"高级"选项卡中，如果选择"使用后台打印，以便程序更快地结束打印"单选按钮，Windows Server 2003 将启用后台打印的支持。应用程序进行打印时，只是将要打印的信息送到打印管理程序，并不直接参与管理打印机。所有应用程序的打印文件都将被打印机接管，即使在没有打印完文件之前关闭应用程序，也丝毫不会影响文档的打印。

(13) 如果使用后台打印，又有两种后台打印方式可供选择，这里选中"在后台处理完最后一页时开始打印"单选按钮。由于 Windows Server 2003 是一个多任务操作系统，应用程序处理文件和打印机打印文件可以同时完成，因此默认时系统将选中"立即开始打印"单选按钮，这样可以充分地利用计算机的各种资源。如果选中"直接打印到打印机"单选按钮，应用程序会直接把文件输送到打印机。在打印完所有文件之前，不能关闭应用程序或者编辑应用程序的文件。

(14) 对于网络打印机来说，分隔页是十分重要的。分隔页就是由系统在不同的打印作业之间插入的打印页，有了分隔页，不同的打印作业就被分开了。单击"分隔页"按钮将打开"分隔页"对话框，分隔页文件的扩展名为.sep，可以在"分隔页"文本框中输入分隔页文件的位置，也可以单击"浏览"按钮，在打开的"浏览"对话框中找到并选择一个分隔页文件，如图 3-25 所示。

(15) 在"打印机属性"对话框的"安全"选项卡中可以设置网络用户使用打印机的权限。网络用户共有 3 种使用打印机的权限：拥有打印权限的用户只能打印文档，拥有管理打印机权限的用户可以管理打印机，拥有管理文档权限的用户可以管理打印机中正在打印的文档。用户还可以单击"添加"按钮添加用户，并设置用户拥有的打印权限，如图 3-26 所示。

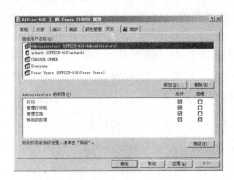

图 3-25 "分隔页"对话框　　　　　　图 3-26 "安全"选项卡

3.3.2 打印作业管理

Windows Server 2003 为用户提供了管理打印作业的服务，应用程序只需把打印的文件送往打印机，具体的打印管理都由系统负责完成。当然，用户也可以通过 Windows Server 2003 的打印管理器参与管理打印作业。例如，查看打印作业、暂停打印、恢复打印、撤销打印等。Windows Server 2003 中的打印管理器窗口如图 3-27 所示。

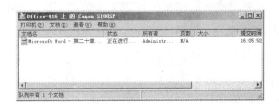

图 3-27 打印管理器窗口

1. 查看打印队列中的文档

查看打印机打印队列中的文档，有利于用户和管理员确认打印文档的输出和打印状态。例如，用户已经发送了一个文档到打印机并想查看它的打印状态，则可以在"打印机"窗口中双击文档所发送的打印机图标打开该打印机的打印管理器，可以发现列表框中显示出打印队列的详细内容，包括打印机正在打印的文档和每个文档的大小、页数、状态、所有者等信息。如果在列表框中没有发现自己的文档，则说明该文档已经打印完或者没有传送到打印机上来。

查看打印机打印队列中的文档，还有利于用户和管理员进行打印机的选择。例如，用户拥有多台打印机的使用权，可以在"打印机"窗口中双击各个打印机，打开它们的打印管理器窗口查看它们的打印状态。如果发现打印速度比较快且等待打印的文档比较少的打印机，就可以将自己的文档发送到该打印机进行打印，以提高打印速度。

2. 暂停和继续打印一个文档

在打印机的打印管理器中右击要暂停的打印文档，然后从弹出的快捷菜单中选择"暂停"命令，就可以暂停该文档的打印工作，状态栏上将显示"中断"字样。如果用户因为某种原因，想暂停某个文档的打印，如某个文档的内容特别多且不需要马上打印出来，而另外一些文档相对比较小且需要马上打印出来，那么应在打印队列中将这个内容特别多的文档暂停下来。文档暂停之后，若要想继续打印暂停打印的文档，只需在打印文档的快捷菜单中选择"继续"命令即可。不过，如果用户暂停了打印队列中优选级别最高的打印作业，打印机将停止工作直到继续打印为止，如图 3-28 所示。

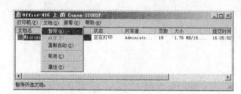

图 3-28　暂停打印文档

3. 暂停和重新启动打印机打印作业

有时用户和管理员需要将整个打印机的打印工作暂停下来。例如，打印机需要添加打印纸、硒鼓或色带等打印材料时，就需要将整个打印机的打印工作暂停并进行打印纸或硒鼓的添加。要暂停打印机的打印工作，只需选择"打印机"|"暂停打印"命令即可，且状态栏将出现"中断"字样。当用户和管理员想重新启动打印机打印工作时，可再次选择"打印机"|"暂停打印"命令使打印机继续打印，状态栏的"中断"字样也将消失。一般情况下，管理员不允许用户来暂停打印机的打印工作，也不允许用户为打印机添加硒鼓或色带等打印材料。

4. 清除打印文档

如果由于某种原因，用户和管理员要取消某个文档的打印，则可以在打印队列中选择要取消打印的文档，然后再选择"文档"|"取消"命令即可将该文档清除。如果用户和管理员要清除所有的打印文档，则可以选择"打印机"|"取消所有文档"命令。

注意

打印机没有"还原"功能，打印作业被取消之后就不能再恢复了，要改变主意只有重新对打印队列中的所有文档进行打印。

5. 调整打印文档的顺序

在打印队列中，打印优先级高的文档将被排在打印队列的前面并具有优先打印权，所以，用户可以通过更改打印优先级来调整打印文档的打印次序，使急需的重要文档先打印出来，不重要的文档后打印出来。要调整打印文档的顺序，可以在打印队列中右击需调整打印次序的文档，从弹出的快捷菜单中选择"属性"命令，打开"文档属性"对话框。在"优先级"选项区域中拖动滑块使之左右移动即可改变被选文档的优先级。对于需要提前打印的文档，可提高其优先级；对于不需要提前打印的文档，可降低其优先级，如图 3-29 所示。

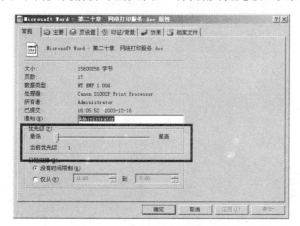

图 3-29　调整打印的优先级

注意

用户不能调整正在打印的文档的优先级别。

活动目录管理

第4章

目录服务功能是 Windows 的重要功能之一，通过目录结构系统，可以将网络中的不同对象组织起来以进行统一管理，方便地检索和查找对象，同时加强网络的安全性，大大简化了用户管理。活动目录是 Windows Server 2003 提供的目录服务，它可以存储着各种对象的相关信息，并使这些信息易于管理员和用户查找及使用。活动目录使用结构化的数据存储作为目录信息的逻辑层次结构的基础，并将安全性集成到活动目录中。通过活动目录，系统管理员可以对用户和计算机、域和信任关系及站点和服务进行管理。通过网络登录，系统管理员能够管理整个网络中的目录数据和单位，而且获得授权的网络用户也可以访问网络上任何地方的资源。

 本章知识点

- ☒ 活动目录的基本概念
- ☒ 域的基本概念
- ☒ 规划活动目录
- ☒ 安装活动目录
- ☒ 管理活动目录

4.1　活动目录概述

　　活动目录是一种目录服务，它存储有关网络对象的信息，如用户、组、计算机、共享资源、打印机和联系人等，并使系统管理员和用户可以方便地查找和使用网络信息。活动目录的应用起源于 Windows NT 4.0，在 Windows Server 2003 中得到进一步的发展和应用，具有可扩展性和可调整性，并将结构化数据存储，以作为目录信息逻辑和分层组织的基础。

　　Windows Server 2003 的活动目录服务将 DNS 作为其定位服务，增强与 Internet 的融合，将 DNS 与其特有的 DHCP 和 WINS 紧密配合，同时支持动态 DNS 服务，使 DNS 管理变得更加方便。另外，Windows Server 2003 还可以广泛地支持标准的命名规则，如 WWW 使用的 HTTP URL 命名规则、Internet 电子邮件使用的 RFC 命名规则、NetBIOS 采用的 UNC 命名规则和 LDAP 命名规则等。为了扩展的需要，Windows Server 2003 还内置了目录访问语言、动态目录组件、开放服务信息处理等 API 接口，为目录服务的应用和开发提供了强大的工具支持。同时，Windows Server 2003 也提供了良好的兼容性，以前的 Windows 版本可以轻易地直接升级到 Windows Server 2003 的活动目录。

4.1.1　活动目录的特性

　　Windows Server 2003 的活动目录是一个完全可扩展、可伸缩的目录服务，既能满足商业ISP 的需要，又能满足企业内部网和外联网的需要，充分体现了其简易性、集成性和深入性等优点。

1. 简易性

　　Windows Server 2003 活动目录的简易之处主要体现在其安装和管理上。在安装活动目录时，第一个域服务器被配置为域控制器，而其他新安装的计算机都被配置为成员服务器，并且，目录服务可以再用 Dcpromo 命令进行特别安装。Dcpromo 是一个图形化的向导程序，引导用户逐步地建立域控制器(例如，可以新建一个域林、一棵域树，或者仅仅是域控制器的另一个备份)，操作起来非常方便。而且很多其他的网络服务，如 DNS Server、DHCP Server 和 Certificate Server 等，以后都可以与活动目录集成安装，以便于实施组策略管理。

　　在活动目录安装之后，主要有 3 个活动目录的 MMC 控制台：一个是活动目录用户和计算机管理，主要用于实施对域的用户和计算机进行管理；一个是活动目录域和信任关系的管理，主要用于管理多域的委托和信任关系；还有一个是活动目录站点和服务管理，可以把域控制器置于不同的站点进行管理。一般情况下，一个站点内的域控制器之间的复制是自动进行的，站点间的域控制器的复制需要系统管理员设置，以优化复制流量，提高可伸缩性。对于 SDOU，系统管理员还可以方便地进行管理授权。右击 SDOU 即可启动"管理授权向导"，逐步地设定哪些管理员对于哪些对象有什么样的管理权限。例如，企业内部技术支持中心的管理员只有复位用户口令的权限，而没有创建和删除用户帐号的权限。

2. 集成性

活动目录的集成性主要体现在它结合了 3 个方面的管理内容：用户和资源管理、基于目录的网络服务和基于网络的应用管理。另外，活动目录还广泛地采用了 Internet 标准，把众多的 Internet 服务都集成在一起，增强了自身的网络管理功能。

目录管理的基本对象是用户和计算机，还包括文件、打印机等资源。用户对象的属性非常丰富，不但有常用的用户名、密码等，还包括电子邮箱和个人主页地址、在公司中的职位关系等，可以在活动目录中给用户对象发送邮件或访问其个人主页等。在活动目录中支持全局性的查找，如查找在整个网络中的打印机等。

基于活动目录的应用服务是 Windows Server 2003 平台上的新一代的应用程序，它使应用程序开发员可以扩展活动目录的 Schema 和 UI 两个对象，在活动目录中发布服务绑定信息，通过组策略配置应用程序。比较典型的基于目录的应用程序是 NetMeeting。在活动目录环境中，只要在 NetMeeting 中输入同事的 E-mail 地址，即可通过活动目录中的定位服务与其进行对话和桌面协作等。

活动目录完全采用了 Internet 标准协议，用户帐号也可以用"用户名@域名"来表示，以进行网络登录。单个域目录树中的所有域共享一个等级命名结构。一个子域的域名就是将该子域的名称添加到父域的名称中，例如，info.bupt.edu 是 bupt.edu 域的子域。目录树中的域可以通过双向、可传递的委托关系连接在一起，由于这些委托关系是双向和传递的，因此，加入目录树的域会立即与目录树中的其他域建立委托关系。这些委托关系允许单个用户登录以验证用户，并授权验证用户访问整个网络，它使目录树中所有其他域中具有权限的用户和计算机也可以使用目录树所有域中的对象，例如，用户的公司兼并了一家公司，用户的域树可以和其他的域树 othercompany.com 建立起整个域林。整个域林的所有对象，只要安全性管理许可，都可以用 LDAP 协议进行访问。DNS(域名服务)充当了名称解析的功能，用户可以通过使用与活动目录集成的 DNS 服务器来保证动态更新域名和更好的复制能力。

另外，活动目录集成了关键服务，如 DNS、MSMQ(消息队列服务)；并集成了一些关键应用，如电子邮件、网络管理、ERP 等；集成了关键数据访问，如 ADSI、OLE DB 等；还集成了关键的安全性，如 Kerberos V5 和公开密钥基础设施等。

3. 深入性

活动目录的深入性主要体现在其企业级的可伸缩性、安全性、互操作性、编程能力和升级能力上。Windows Server 2003 活动目录允许用户组建单域来管理少量的网络对象，也允许用户通过域目录管理成万上亿个对象。活动目录的伸缩性是通过为每个域创建一个目录存储的方法来获得的。在一个域目录存储中仅仅包括了这个域中的所有对象，但是，当域树建立起来之后，每个域都可以搜索整个域树中所有的目录存储。这种划分整个域树的方法，使用户查找所需要的信息变得更加方便、快速。

活动目录的域树和域森林的组建方法，可帮助用户使用容器层次来模拟一个企业的组织结构。组织中的不同部门可以成为不同的域或者一个域中的有层次结构的组织单元，从而采用层次化的命名方法来反映组织结构和进行管理授权。顺着组织结构进行颗粒化的管理授权，可以解决很多管理上令人头疼的问题，在加强中央管理的同时又不失机动灵活性。用户可以将 Windows NT 4.0 中的很多域都转换成活动目录的组织单元，建立起更大的域和更简化的域关系。另外，借助全局目录(Global Catalog)，用户和管理员仍然能够迅速地找到对象和管理对象。由于有一系列的工具可以帮助 Windows NT 4.0 的用户迁移到 Windows Server 2003 的目录环境中，Windows Server 2003 可以在现存的 Windows NT 4.0 的环境中工作，以保护现有的投资。

活动目录和其安全性服务如 Kerberos，PKI 和智能卡等紧密结合、相辅相成，共同完成安全任务和协同管理。活动目录存储了域安全政策的信息，如域用户口令的限制政策和系统访问权限等，实施了基于对象的安全模型和访问控制机制。在活动目录中的每个对象都有一个独有的安全性描述，定义了浏览或更新对象属性所需要的访问权限。但是，当 LDAP 客户端访问域时，不是由活动目录决定访问控制，而是由系统来实施访问安全控制。

另外，活动目录还充分考虑到了备份和恢复目录服务的需要。在 Windows Server 2003 备份工具中，有专门备份活动目录的选项，当发生意外事故时，可以在机器启动时按 F8 键进入安全模式进行目录服务的恢复，降低意外灾难的影响。

4.1.2 活动目录的基本概念

作为 Windows Server 2003 的目录服务，活动目录是由多个组件组成的，其组件包括对象、用户、计算机、组织单元和域等。

1. 用户帐号

登录到网络的每个用户都有自己的唯一账号和密码。活动目录允许用户登录到具有可验证并授权访问域资源的身份的计算机和域，用户账号也可用作某些应用程序的服务账号。Windows Server 2003 有两个登录的预定义账号：Administrator 和 Guest 账号。

2. 计算机

加入到域中并且运行 Windows Server 的每一台计算机都具有计算机账号。与用户账号类似，计算机账号提供了一种验证和审核计算机访问网络和域资源的方法。

3．组织单位

组织单位是可将用户、组、计算机和其他单位放入其中的活动目录容器。组织单位不能包括来自其他域的对象。组织单位是可以指派组策略设置或委派管理权限的最小作用域或单位。使用组织单位，用户可在组织单位中代表逻辑层次结构的域中创建容器，这样就可以根据本地的组织模型管理账号和资源的配置及使用。

组织单位中还可以包含其他的组织单位。用户可以根据需要扩展容器的层次以模拟域中单位的层次。使用组织单位可帮助用户将网络所需的域数量降到最低。

用户还可使用组织单位创建可缩放到任意规模的管理模型。另外，可授予用户对域中所有组织单位或对单个组织单位的管理权限，并且，组织单位的管理员不需要具有域中任何其他组织单位的管理权。

4．组

组是可以包含用户、联系人、计算机和其他组的活动目录或本机对象，Windows Server 2003 通过组来管理用户和计算机对共享资源的访问。与组织单位不同的是，组织单位用于在单个域中创建对象集，组则是用来管理组织单位及其包含的对象。

4.2　活动目录与域

在活动目录中，域是由共享公用目录数据库的 Windows Server 2003 网络管理员定义的计算机集合。域有唯一的名称，并为系统管理员提供对用户账号和组账号的集中管理。

4.2.1　域的概述

域(Domain)是 Windows Server 2003 目录服务的基本管理单位，与以前版本相比，它增加了许多新的功能。域模式的最大好处就是它的单一网络登录能力，任何用户只要在域中有一个账号即可漫游网络。域目录树中的每一个节点都有自己的安全边界，这种层次结构既保证了安全性，又做到细致兼备。但是，以前的域的信任关系过分强调安全性而可调整性不够。新一代的动态目录服务增强了信任关系，扩展了域目录树的灵活性。它把一个域作为一个完整的目录，域之间能够通过基于 Kerberos 认证的可传递的信任关系建立起树状连接，从而使单一账号在该树状结构中的任何地方都有效，这样在网络管理和扩展时就比较轻松。动态目录服务通过域内的组织单元树和域之间的可传递信任树来组织其信任对象，实现颗粒式管理，为动态活动目录的管理和扩展带来了极大的方便。这样，在 Windows Server 2003 网络中，一个域能够轻松地管理数万个对象，而一棵域树则可以是包含上亿个对象的庞大的网络。

在 Windows Server 2003 中，域中所有域控制器之间都是平等的关系，不再区分主域控制器和备份域控制器。这主要是因为 Windows Server 2003 采用了动态活动目录服务，在进行目录复制时不是沿用一般目录服务的主从方式，而是采用多主复制方式。Windows Server 2003 在复制目录库时对各个对象的修改顺序数进行大小比较，判断它们被修改的先后顺序，最后最新修改的对象属性被保留，旧的属性被新的属性所取代，这就保证了每一个域控制器上的目录服务数据库都是最新的。通过这种方式，任何一个域控制器上的目录库的变更都会自动复制到其他域控制器上的副本中。另外，Windows Server 2003 也不再划分全局组和本地组，组内可以包含任何用户和其他组账号，而不管它们在域目录树的什么位置，这样有利于用户对组进行管理。

同时，域也是复制的单位，特定域中的所有域控制器可接收更改的内容并将这些内容复制到域中的所有其他域控制器中。单域还可跨越多个物理位置或站点，从而极大地简化了管理的开销。

要创建域，用户必须将一个或更多的运行 Windows Server 2003 的计算机升级为域控制器。域控制器为网络用户和计算机提供活动目录的目录服务、存储目录数据并管理用户和域之间的交互作用，包括用户登录过程、验证和目录搜索。每个域至少必须包含一个域控制器。

4.2.2 多重域的结构

域树和域林是 Windows Server 2003 多重域的两个基本概念，其中域树是由多个域构成，而域林是由多个域树和域组成。它们都是管理网络资源的组织形式，但域树是域林的一个子集。

1. 域树

域树中的第一个域称作根域。相同域树中的其他域为子域。相同域树中直接在另一个域上一层的域称为子域的父域。具有公用根域的所有域构成连续名称空间。这意味着单个域目录树中的所有域共享一个等级命名结构。一个子域的域名就是添加到父域名中的那个子域的名称。

域树中的 Windows Server 2003 域通过双向可传递信任关系连接在一起。由于这些信任关系是双向的并且是可传递的，因此，在域树或域林中新创建的 Windows Server 2003 域可以立即与域树或域林中其他的 Windows Server 2003 域建立信任关系。这些信任关系允许单一登录过程在域树或域林中的所有域上对用户进行身份验证。不过，这并不意味着经过身份验证的用户在域树的所有域中都拥有相应的权力和权限。因为域是安全界限，所以必须在每个域的基础上指派权力和权限。

2. 域林

域林包括多个域树，其中的域树不形成邻接的名称空间，而且域林也有根域。域林的根域是域林中创建的第一个域。域林中所有域树的根域与域林的根域建立可传递的信任关系。

如图 4-1 所示，root.com 是域林的根域，其他两个域树的根域 A.com 和 1.com 与 root.com 具有可传递的信任关系。在整个域林的所有域树中建立的信任关系，是网络用户访问其他域以及系统管理员对整个域树中的资源进行管理的前提。

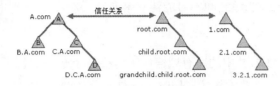

图 4-1 域林示意图

4.2.3 域的命名规则

活动目录中的每个域用 DNS 域名标识，构成域树的域一般共享一个连续的名称空间。按照 DNS 标准，作为连续名称空间一部分的域的合格域名是使用句点(.)字符格式附加到父域名称后的。例如，使用"grandchild" NetBIOS 名称的域有域名为 parent.microsoft.com 的父域，则其合格的 DNS 域名为 grandchild.parent.microsoft.com。

域林中的相关域树共享相同的活动目录架构以及目录配置和复制信息，但不共享连续的 DNS 名称空间。域树和域林的组合提供了灵活的域命名选项，连续和非连续的 DNS 名称空间都可加入到系统的目录中。

4.2.4 域的信任关系

在 Windows Server 2003 中，通过基于 Kerberos V5 安全协议的双向、可传递信任关系来启用域之间的账号验证。

在域树中创建域时，相邻域(父域和子域)之间可自动建立信任关系。在域林中，在域林根域和添加到域林的每个域树的根域之间自动建立信任关系，因为这些信任关系是可传递的，所以可以在域树或域林中的任何域之间进行用户和计算机的身份验证。

域信任是域之间建立的关系，它可以使一个域中的用户由处在另一个域中的域控制器来进行验证。身份验证请求遵循信任路径，信任路径是身份验证请求在域之间必须遵循的一组信任关系。在用户可以访问另一个域中的资源之前，Windows Server 2003 安全机制必须确定信任域(含有用户试图访问的资源的域)和受信任域(用户的登录域)之间是否有信任关系，因此，Windows Server 2003 安全系统将计算出信任域中的域控制器和受信任域的域控制器之间的信任路径。域信任关系一般分为双向、单向、可传递和不可传递 4 种。

1. 单向信任

单向信任是域 A 信任域 B 的单一信任关系。所有的单向关系都是不可传递的，并且所有的不可传递信任都是单向的。身份验证请求只能从信任域传到受信任域。例如，如果域 A 与域 B 有单向信任关系，域 B 与域 C 有单向信任关系，但域 A 与域 C 之间没有单向信任关系。

由于在域林中的所有 Windows Server 2003 域都由可传递信任进行链接，因此，在相同域林中的 Windows Server 2003 域之间不可能建立单向信任。

2. 双向信任

Windows Server 2003 域林中的所有域信任都是双向可传递信任。在双向信任中，域 A 信任域 B，且域 B 信任域 A。建立新的子域时，双向可传递信任在新的子域和父域之间自动建立。这意味着身份验证请求可在两个目录中的两个域之间传递。要建立不可传递的双向信任，用户必须在相关域之间建立两个单向信任。

3. 可传递信任

Windows Server 2003 域林中的所有域信任都是可传递的。可传递信任始终为双向：此关系中的两个域相互信任，可传递信任不受信任关系中的两个域的约束。每次当用户建立新的子域时，在父域和新子域之间就隐含地(自动)建立起双向可传递信任关系，这样，可传递信任关系在域树中按其形成的方式向上流动，并在域树中的所有域之间建立起可传递信任。

每次当用户在域林中建立新的域树时，在域林的根域和新域(新域树的根)之间就建立起双向可传递信任关系。如果没有子域添加到新域中，则信任路径建立在这个新的根域和域林根域之间；如果有子域添加到新域中(使其成为域树)，则信任关系在域树中向上流至域树的根域，扩展了在域的根和域林的根域之间建立的初始信任路径。无论添加至域林的新域是单根域(无子域)还是域树，信任路径都会通过域林的根域延伸至域林中的任何其他根域，这样，可传递信任关系在域林中的所有域中流动。身份验证请求遵循这些信任路径，因此，来自域林任何域中的账号可在域林中的任何其他域中进行验证。通过单独的登录程序，拥有相应权限的这些账号可潜在地访问域林中任何域上的资源。

例如，域 A 和域 B 有可传递信任关系，域 B 和域 C 有可传递信任关系，所以域 C 中的用户可访问域 A 中的资源，因为域 A 和域 C 具有可传递信任关系，并且域 A 的域树中的其他域和域 A 具有可传递信任关系；所以，域 B 中的用户(当授予适当权限时)可访问域 C 中的资源。

也可以在相同域树或域林中的 Windows Server 2003 域之间明确地建立可传递信任，这些快捷信任关系可用于缩短大型和复杂域树或域林中的信任路径。

注意

可传递信任只能存在于相同域林中的 Windows Server 2003 域之间。由于信任关系的流动性，在相同 Windows Server 2003 域林中的域之间不可能有不可传递信任关系。

4. 不可传递信任

不可传递信任关系受信任关系中的两个域的约束，并不流向域林中的任何其他域。在混和模式环境中，所有的 Windows Server 2003 域的信任都是不可传递的。但在大多数情况下，Windows Server 2003 域中的不可传递信任关系都是由系统管理员明确建立的。

不可传递信任默认为单向信任关系，但用户也可通过建立两个单向信任来建立一个双向关系。在不同域林中的域之间手动建立的所有信任关系都是不可传递的。

5. 信任协议

Windows Server 2003 使用以下两种协议之一来验证用户和应用程序：Kerberos V5 或 NTLM。Kerberos V5 协议是运行 Windows Server 2003 的计算机和装有 Windows Server 2003 客户软件的计算机的默认协议。如果系统所涉及的任何计算机都不支持 Kerberos V5，则使用 NTLM 协议。

通过 Kerberos V5 协议，客户机要求将请求从其账号域中的域控制器传递到信任域中的服务器，此请求由客户机和服务器信任的中介发出；客户机将该信任请求提交给信任域中的服务器以进行验证。

当客户机试图访问使用 NTLM 验证的另一个域中服务器的资源时，含有该资源的服务器必须与客户机账号域中的域控制器联系，以验证访问的用户权限。

4.3 规划活动目录

在用户安装和使用 Windows Server 2003 域之前，首先需要对本机系统以及本地网络进行合理的规划。这其中的工作包括了规划从以前的域模型升级、规划 DNS 的结构和选择服务器在域中充当的角色等，因为只有经过合理规划的 Windows Server 2003 系统，才能够全面地发挥其应有的功能与特性。

4.3.1 规划从以前的域模式升级

在 Windows Server 2003 域中，网络的域模式一般有 4 种：单个域、主控域、多主控域和完全信任。每一种模式都是建立在主域和资源域的概念基础之上。这些域类型的区别没有置入软件中，而是以其使用方式为基础。主控域一般保留用户和组账号，而资源域则保留网络资源，如文件共享和打印机。

如果目前的域模式不是单域而是其他模式，则用户可以使用 Windows Server 2003 和活动目录的新功能来减少网络上的域数目，把几个资源域和一个主控域合并为一个单域，并用组织单位结构来保持当前的容器结构，可以将所有的账号和资源(用户、计算机、文件共享和打印机)组合成在逻辑上共属的一个域中，这样就能实现管理更少的域。下面简单介绍这4种域模式的特点。

1. 单域模式

当系统管理员将域控制器升级至 Windows Server 2003 时，单域模式将在活动目录中产生单域。系统管理员可以使用活动目录的许多新功能来添加以前在单域模式中未使用过的功能，如创建组织单位的层次结构来组织账号和资源，而且可以向它委派管理权。

2. 主控域模式

从特定主控域模式到活动目录的升级通常从头开始，因为必须在这种域网络中建立一个根域。主控域是第一个要升级的域(升级之后成为根域)，紧接着便是升级资源域。如果用户的网络属于集中式网络结构，可以将整个网络升级为一个 Windows Server 2003 域，以减轻维护多个域的管理工作。在 Windows Server 2003 域中创建一个组织单位树，可以保留现有的多个域的单位结构。组织单位树可以反映旧的域结构，也可增加结构使网络的层次比以前更细，而无须管理多个域和多个信任关系。

3. 多主控域模式

当系统采用多主控域模式时，一般是由于用户的网络太大而不能将所有的用户和组放在一个域数据库中，或者是用户的网络有几个主地理站点，并且每个站点都有一组自己的用户和资源。这些站点由慢速连接链接而成，而且用户不需要通过这些连接的复制通信。

通过活动目录，用户可将自己的计算机布置在地理站点中，而且用户可以按自己的意愿来确定站点之间复制的时间。如果用户的大站点之间的链接速度非常快，能够处理偶然性的复制，则可以合并域。如果可以移动整个网络到单个域，则用户所在的网络可获得多主控域模式中的好处。

如果用户要求有独立的主控域，应将当前的每个主控域升级为 Windows Server 2003 域目录树的根域，从而可以发挥活动目录的优势。任何授权的用户都可以访问域林的任何域中的资源。域林也可以使每个域树共享公用架构、配置环境和公用的全局编录。如果用户单位的 DNS 名称空间有一个以上的根名称，应该考虑这种规划方案。

4. 完全信任模式

完全信任模式主要由非常分散的单位使用。在 Windows Server 2003 中，这种模式提供了很好的灵活性，但是需要经常维护，管理难度大。

通过使用活动目录，用户可通过将当前的每个域设置成一个域树或域林来保持独立性。选择该模式可减轻信任关系的管理负担，因为域树或域林中的所有域都将自动使用可传递的信任关系。通常情况下，只有在用户的单位要求在多组域中绝对自治而不共享资源时，才建立独立的域林。

4.3.2 规划 DNS 结构

因为活动目录和域名系统(DNS)的名称空间具有相同的结构，所以适当地规划名称空间，对活动目录的顺利配置至关重要。名称空间的规划包括两个方面的内容：使用 DNS 命名和使用 DNS 的目的。

1. 选择 DNS 域名

配置 DNS 服务器时，用户可以首先选择一个可用于维护 Internet 上的唯一父 DNS 域名，如 bupt.edu。该名称是在 Internet 上使用的一个顶级域内的二级域名。一旦选择了父域名，就可以将该名称与单位中使用的位置或单位名称组合起来形成其他子域名，例如，如果添加了子域如 auto.info.bupt.edu 域树，则可使用该名称组成附加的子域名，还可以命名 gs.auto.info.bupt.edu 子域和 fxf.auto.info.bupt.edu 子域。

在确定用户使用的父 DNS 域名之前，需要先执行搜索，以查看该名称是否已经注册给了另一个单位或个人。Internet DNS 名称空间目前由 Internet 网络信息中心管理。

2. 规划 DNS 名称空间

如果用户准备使用活动目录，则需要先规划名称空间。DNS 域名称空间可在 Windows Server 2003 中正确执行，需要有可用的活动目录结构，所以管理员需要从活动目录规划开始就用适当的 DNS 名称空间支持它。经过审阅，如果检测到任何规划中有不可预见的或不合要求的结果，则根据需要进行修改。

在 Windows Server 2003 中，用户选择 DNS 名称用于活动目录域时，应该以保留在 Internet 上使用的已注册的 DNS 域名后缀开始(如 bupt.edu)，并将该名称和用户使用的地理名称或部门名称结合起来，组成活动目录域的全名。例如，bupt 的软件测试组可能称他们的域为 soft.info.bupt.edu，这种命名方法可以确保每个活动目录域名是全球唯一的，而且，这种命名方法一旦被采用，使用现有名称作为创建其他子域的父名称及进一步增大名称空间以供单位中的新部门使用的过程将变得非常简单。

另外，在规划 DNS 和活动目录名称空间时，建议用户使用不同组而且不重叠的容易分辨的名称作为活动目录内部和外部 DNS 使用的基础。例如，如果用户采用的父域名是 info.bupt.edu，那么，对于内部 DNS 名称的使用，用户可以使用诸如 internal.info.bupt.edu 的名称；而对于外部 DNS 名称，用户可以使用诸如 external.info.bupt.edu 的名称，保持内部和外部名称空间的区别。这样可以简化某些配置的维护工作，如域名筛选器或排除列表等。

3. 选择名称

一般情况下，计算机的全名是计算机的名称和该计算机的 DNS 域名的组合。该计算机的 DNS 域名是计算机系统属性的一部分，并且与任何特定安装的网络组件没有关系。但是，既不使用网络也不使用 TCP/IP 的 Windows Server 2003 则没有 DNS 域名。

系统管理员在选择 DNS 域名称时，应使用仅在名称中使用的标准字符，即允许在 DNS 主机命名时使用的 Internet 标准字符集的一部分，一般是采用英文 DNS 域名，而不能使用汉字作为域名的组成部分。目前在 RFC 中定义并允许使用的字符如下：所有大写字母(A~Z)、小写字母(a~z)、数字(0~9)和连字号(-)。

为简化从 Windows NetBIOS 名称到 Windows DNS 域名转化，DNS 服务提供了对扩展 ASCII 和 Unicode 字符的支持。但是，这些附加的字符仅支持在纯 Windows 2000 或 Windows 2003 网络环境下使用。这是因为大多数 DNS 解析程序软件基于 RFC 1123，这是一种标准化 Internet 主机命名要求的规范。如果在 Windows Server 2003 安装过程中输入了非标准 DNS 域名，那么系统将会出现建议改用标准 DNS 名称的警告信息。

为保证 Windows Server 2003 中 NetBIOS 和 DNS 命名之间的互操作，Windows Server 2003 引入了一个新的称为 NetBIOS 计算机名称的命名参数。如果计算机的全名是计算机名和计算机 DNS 域名的组合，则重新命名和从 NetBIOS 名称空间过渡到 DNS 名称空间的影响可以达到最小。

4.3.3　规划域结构

最容易管理的域结构就是单域，系统管理员规划域结构时可以从单域开始，只有在单域模式不能满足要求时再增加其他的域。

一个域可跨越多个站点并且包含数百万个对象，站点结构和域结构互相独立并且非常灵活。单域可跨越多个地理站点，并且单个站点可包含属于多个域的用户和计算机。如果只是反映一个部门的组织结构，则不必创建独立的域树。在一个域中可以使用组织单位来实现这个目标，然后可以指定组策略设置并将用户、组和计算机放在组织单位中。

尽管对一个完整的网络使用单域有多项优点，但是为了满足其他的扩展性、安全性或复制要求，可以为单位部门创建一个或多个域。了解目录数据在域控制器之间的复制方式可帮助规划单位部门所需要的域数量。

域树主要用于建立独立的名称空间，域树中的所有域都有一个连续的 DNS 名称空间。如果当前网络借用连续的 DNS 名称空间，则可能需要将所有的域都建立在单个域树中。域林中的每个域树都有自己的唯一名称空间。域林中的所有域共享相同的全局编录，每个域的授权用户都可以访问域林中其他域的资源。如果有分散的网络(在该网络中，不同的部门由完全独立的管理员进行管理)，则可能需要多个域(或域树)。通过独立的域(或域树)，每一组管理员都可独立于其他域(或域树)建立他们自己的安全策略。

4.3.4 选择服务器的角色

Windows Server 2003 可以按任何角色运行，用户可以很轻松地配置服务器的不同角色来满足自己的需要。在 Windows Server 2003 域中，服务器可充当的角色包括了域控制器和成员服务器。如果用户的计算机并不作为域中的成员，则需要将本机设置为独立的服务器，不过这种服务器角色不能使用活动目录所提供的任何好处，因此，在 Windows Server 2003 域中，用户只需考虑本机是作为域控制器或成员服务器即可。

1. 域控制器

域控制器是使用活动目录安装向导配置的、运行 Windows Server 2003 的计算机。活动目录安装向导安装和配置为用户和计算机提供的活动目录目录服务的组件。域控制器存储着目录数据并管理用户域的交互，其中包括用户登录过程、身份验证和目录搜索。

一个域可有一个或多个域控制器。为了获得高可用性和容错能力，使用单个局域网(LAN)的小单位可能只需要一个具有两个域控制器的域。具有多个网络位置的大公司在每个位置都需要一个或多个域控制器以提供高可用性和容错能力，而且活动目录支持域中所有域控制器之间目录数据的多宿主复制。但是，某些更改以多宿主方式进行是不实际的，因为这样只有一个称作操作主机的域控制器可接受这些更改请求。在任何活动目录域林中，至少有 5 个指派给一个或多个域控制器的不同操作主机角色。

Windows Server 2003 域控制器扩展了 Windows Server 2000 的域控制器所提供的能力和特性。Windows Server 2003 多宿主复制使每个域控制器上的目录数据同步，以确保随着时间的推移这些信息仍能保持一致。多宿主复制是 Windows Server 2000 中使用的主域控制器和备份域控制器模型的发展。

2. 成员服务器

在某个域中作为服务器使用的计算机具有 1~2 个角色：域控制器或成员服务器。成员服务器是 Windows Server 2003 域的成员。因为它不是域控制器，所以不处理账号登录过程，不参与活动目录复制，也不存储域安全策略信息。成员服务器一般用作以下类型的服务器：

- 文件服务器
- 应用服务器
- 数据库服务器
- Web 服务器
- 证书服务器
- 防火墙
- 远程访问服务器

这些成员服务器遵循为站点、域或组织单位定义的组策略设置。

域中的服务器可执行的角色，要么作为域控制器，要么作为成员服务器。用户可以根据自己的需要灵活地改变服务器的角色。使用活动目录安装向导可以将成员服务器升级至域控制器，也可以将域控制器降级为成员服务器。

4.4　安装活动目录

虽然活动目录具有强大的功能，但在安装 Windows Server 2003 时，系统并没有安装活动目录。用户要将自己的服务器配置成域控制器来发挥活动目录的作用，必须安装活动目录。系统提供的活动目录安装向导，可帮助用户配置自己的服务器。如果网络没有其他域控制器，可将服务器配置为域控制器并新建子域或者新建域目录树。如果网络中有其他域控制器，可将服务器设置为附加域控制器，加入旧域和旧目录树。

第一次安装活动目录可以通过启动"配置您的服务器向导"来为服务器指定一个典型角色；如果是升级到活动目录，可以在向导页中选择安装"域控制器"。具体的操作步骤如下。

(1) 打开"开始"菜单，选择"管理工具"菜单中的"配置您的服务器向导"命令即可启动向导程序，如图 4-2 所示。

(2) 单击"下一步"按钮，打开向导的"配置选项"对话框。在该对话框中，如果用户是第一次配置系统的服务器角色，可以选择"第一台服务器的典型配置"单选按钮，系统将安装活动目录服务以及为 IP 地址管理安装 DNS 服务器和 DHCP 服务器。如果需要添加服务器的角色(文件服务器、打印服务器或应用程序服务器等)，可以选择"自定义配置"单选按钮来自定义服务器角色，如图 4-3 所示。

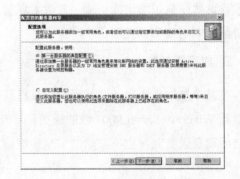

图 4-2　"配置您的服务器向导"对话框　　　　图 4-3　"配置选项"对话框

(3) 如果选择"第一台服务器的典型配置"单选按钮，那么，用户只要在向导页的引导下逐步操作，即可方便快捷地完成活动目录的安装，默认情况下，系统会自动安装 DNS 和 DHCP 服务器。如果选择的是"自定义配置"单选按钮，则在打开的"服务器角色选择"对话框中选择"域控制器"选项，系统将会打开"Active Directory 安装向导"对话框，如图 4-4 所示。

(4) 单击"下一步"按钮，将会出现设置操作系统兼容性的对话框，以说明运行活动目录的 Windows 版本要求，运行 Windows 98 以前版本的计算机将无法登录到运行 Windows Server 2003 的域控制器或访问域资源。

(5) 单击"下一步"按钮，打开选择域控制器类型对话框，用户可以新建一个域控制器，或在现有域外添加一个额外域控制器，如图 4-5 所示。

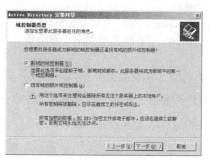

图 4-4　"Active Directory 安装向导"对话框　　　图 4-5　选择域控制器类型

(6) 单击"下一步"按钮，将打开如图 4-6 所示的"创建一个新域"对话框，用户可以从中选择创建域的类型。

- 在新林中的域：表示创建一个新域或让新域独立于当前的域林。
- 在现有域树中的子域：表示把新域作为现有域的子域。
- 在现有的林中的域树：表示创建一个与现有树分开的、新的域树。

(7) 在选择了创建的域类型后，单击"下一步"按钮，将打开为新域命名的对话框，用户可以为新域输入一个 DNS 域名，如图 4-7 所示。

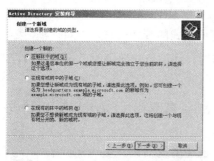

图 4-6　"创建一个新域"对话框　　　　图 4-7　为新的域指定名称

(8) 指定 DNS 域名后，单击"下一步"按钮，将打开"NetBIOS 域名"对话框，NetBIOS 域名是早期 Windows 版本的计算机用来识别新域的，用户可以输入新名称，也可以接受系统默认的域名，如图 4-8 所示。

(9) 在指定 NetBIOS 域名后，单击"下一步"按钮，将打开"数据库和日志文件文件夹"对话框，用户需要指定保存活动目录数据库和活动目录日志的位置。如果以后需要可恢复性的操作，用户可以将数据库和日志存放在不同的硬盘上，如图 4-9 所示。

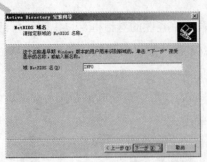 

图 4-8　"NetBIOS 域名"对话框　　　　图 4-9　"数据库和日志文件文件夹"对话框

（10）指定了保存数据库和日志的位置后，单击"下一步"按钮，将打开"共享的系统卷"对话框。用户需要指定作为系统卷共享的文件夹的位置，系统默认的 SYSVOL 文件就用来存放域的公用文件的服务器副本，并且文件夹中的内容被复制到域中的所有域控制器，如图 4-10 所示。

（11）在指定共享文件夹的位置后，单击"下一步"按钮，将打开"权限"对话框，可从中选择用户和组对象的默认权限，如图 4-11 所示。

 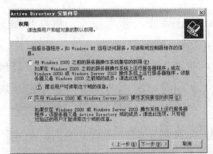

图 4-10　"共享的系统卷"对话框　　　　图 4-11　"权限"对话框

（12）单击"下一步"按钮，打开"目录服务还原模式的管理员密码"对话框，要求用户输入管理员账号的密码，这个账号是出现系统灾难时，还原目录服务时登录的新域管理员账号，如图 4-12 所示。

（13）单击"下一步"按钮，将打开"摘要"对话框，其中显示了创建域控制器时的设置，如图 4-13 所示。

 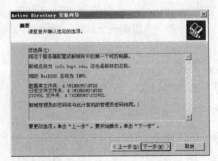

图 4-12　"目录服务还原模式的管理员密码"对话框　　　　图 4-13　"摘要"对话框

(14) 单击"下一步"按钮，系统开始安装活动目录，如图 4-14 所示。

(15) 最后，单击"完成"按钮，重新启动计算机即可完成活动目录的安装，如图 4-15 所示。

图 4-14 活动目录的安装状态

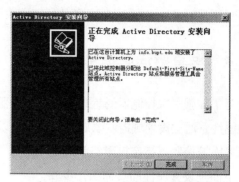

图 4-15 活动目录安装完成对话框

(16) 安装活动目录成功后，系统会在"开始"菜单中的"管理工具"子菜单中添加活动目录的管理控制台：活动目录用户和计算机、活动目录域和信任及活动目录站点和服务。

4.5 管理活动目录

在用户实际应用活动目录的过程中，有许多管理性质的工作需要进行，例如，管理域中的用户和计算机，创建本地域与其他域的信任关系，以及创建站点来管理活动目录的信息复制等。而要完成以上的工作，用户需要用到活动目录管理工具，该工具随 Windows Server 2003 一起提供，在安装活动目录完成后，它将自动添加到"管理工具"的菜单中，大大简化了目录服务的管理。

4.5.1 活动目录的管理工具

活动目录提供了直观和功能强大的管理工具，可以分级地组织对象，以适应大型企业的结构。用户可以使用 Microsoft 管理控制台(MMC)来建立专门执行单项管理任务的自定义工具，也可以将几个管理工具合并到一个控制台中，还可以将自定义工具分配给具有特定管理任务的管理员。

活动目录管理工具只能在可访问 Windows Server 2003 域的计算机中使用。主要的活动目录管理工具可在 Windows Server 2003 域控制器的"管理工具"菜单中获得。

- 活动目录用户和计算机
- 活动目录域和信任关系
- 活动目录站点和服务

另外，Windows Server 2003 还提供了对脚本编辑和自动化功能的支持。任何可以通过用户界面执行的操作都可以通过编辑脚本来实现。为了使系统管理员能够编写命令行过程，活动目录提供了对自动化和脚本编辑的完全支持。这就可以通过使用活动目录以及一种脚本编辑语言如 Visual Basic、Java 或者其他语言来编写脚本，以实现活动目录的管理功能。

4.5.2　设置域控制器的属性

为了加强对域控制器的管理，使域控制器安全稳定的运行，系统管理员必须设置域控制器的属性。通过设置域控制器属性，不但可以确定域控制器的位置、操作系统和常规属性，还可以为域控制器指定权限组和管理用户。

下面是设置属性的具体操作步骤。

(1) 单击"开始"菜单，在"管理工具"子菜单中选择"Active Directory 用户和计算机"命令，打开"Active Directory 用户和计算机"窗口，如图 4-16 所示。

(2) 在控制台窗口的目录树中展开域节点，单击 Domain Controllers 子节点，即可在右边的详细资料窗格中显示出域控制器的相关内容。在详细资料窗格中，在要设置属性的域控制器上单击鼠标右键，在弹出的快捷菜单中选择"属性"命令，打开该控制器的属性对话框，如图 4-17 所示。

(3) 在"常规"选项卡中的"描述"文本框中，可以输入对该域控制器的一般描述。如果不希望域控制器的可受信任用来作为委派，可取消对"信任计算机作为委派"复选框的选择。

图 4-16　"Active Directory 用户和计算机"窗口

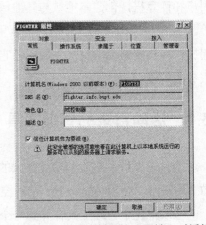

图 4-17　域控制器的"属性"对话框

(4) 要查看域控制器的操作系统，可打开"操作系统"选项卡，其中将显示出操作系统的名称和版本，系统管理员只能查看但不能修改这些内容，如图 4-18 所示。

(5) 要为域控制器添加隶属对象，可以打开"隶属于"选项卡，单击其中的"添加"按钮打开"选择组"对话框，可以为域控制器选择一个需要添加的组，如图 4-19 所示。

图 4-18 "操作系统"选项卡

图 4-19 添加成员组

(6) 当系统管理员为域控制器添加多个组时，还可以为域控制器设置一个主要组，一般为 Domain Controllers，也可为 Cert Publishers。要设置主要组，先在"隶属于"列表框中选择需要设置的主要组，然后单击"设置主要组"按钮即可。

(7) 为了便于查找域控制器，应先打开"位置"选项卡，在"位置"文本框中输入域控制器的位置，或者单击"浏览"按钮选择路径，查找指定的域控制器。

(8) 要更改域控制器的管理者，可以打开"管理者"选项卡，单击其中的"更改"按钮打开"选择用户或联系人"对话框，选择新的管理者即可。在"管理者"选项卡中单击"属性"按钮可以查看该管理者的属性设置。单击"清除"按钮可以删除指定的管理者，如图 4-20 所示。

(9) 用户也可以打开"对象"选项卡查看该域控制器的规范名称、创建时间等，如图 4-21 所示。

图 4-20 指定域控制器的管理者

图 4-21 "对象"选项卡

(10) 域控制器设置完成后，单击"确定"按钮保存设置即可。

4.5.3 创建域信任关系

域信任关系是一种建立在域间的关系，它使一个域中的用户可由另一个域中的域控制器来进行验证。所有的域信任关系中只有两种域：信任关系域和被信任关系域。系统管理员根据需要创建的域信任关系来实现计算机之间资源的共享。当管理员需要将域目录域林中的某个域与域目录域林外的某个域建立信任关系时，就应建立外部明确信任关系；当管理员需要在域目录域林中的两个域之间直接建立信任关系以减少目录域林信任路径的身份验证时间时，应建立内部快捷信任关系。

创建域信任关系的操作步骤如下。

(1) 单击"开始"菜单，选择"管理工具"|"活动目录域和信任关系"命令，打开"Active Directory 域和信任关系"窗口，如图 4-22 所示。

图 4-22　"Active Directory 域和信任关系"窗口

(2) 在"Active Directory 域和信任关系"窗口的目录树中，在"Active Directory 域和信任关系"根节点上单击鼠标右键，在弹出的快捷菜单中选择"属性"命令，打开其属性对话框，如图 4-23 所示。

(3) 在"常规"选项卡中可以输入对该域控制器的一般描述，还可以查看该域的功能级别是混合模式或是本机模式。

(4) 打开"信任"选项卡，即可查看该域控制器中受此域信任的域和信任此域的域的名称、类型等，如图 4-24 所示。

图 4-23　设置活动目录域和信任关系的属性

图 4-24　"信任"选项卡

(5) 要创建新的域信任关系，可以单击"新建信任"按钮，打开"新建信任向导"对话框，如图 4-25 所示。

(6) 单击"下一步"按钮，打开"信任名称"对话框，用户可以在"名称"文本框中输入信任域的名称。如果该信任域是其他域林中的域，则需要输入 NetBIOS 或 DNS 名称来创建信任关系，如图 4-26 所示。

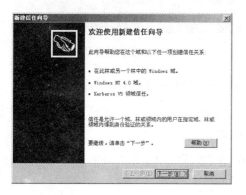

图 4-25　"新建信任向导"对话框

图 4-26　输入信任名称

(7) 指定信任域的名称后，单击"下一步"按钮，打开"信任类型"对话框，用户可以根据需要选择适当的信任类型，如图 4-27 所示。

(8) 确定信任类型后，单击"下一步"按钮，打开"信任的传递性"对话框。用户可以选择创建的信任关系是否具有传递性，如图 4-28 所示。

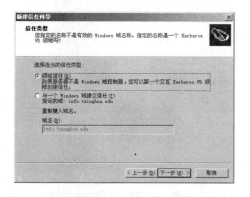

图 4-27　选择信任类型

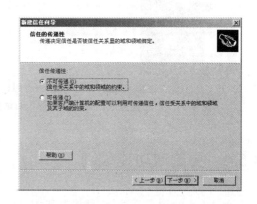

图 4-28　选择信任的传递性

(9) 单击"下一步"按钮，打开"信任方向"对话框，在确定了信任传递的类型后，还要为信任选择方向性，以指定创建的信任关系是双向信任还是单向信任，如图 4-29 所示。

(10) 选择信任方向后，单击"下一步"按钮，打开"信任密码"对话框。用户需要为创建的信任关系输入密码，该密码被域控制器用来确认域之间的信任关系，如图 4-30 所示。

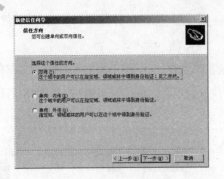

图 4-29　选择信任方向　　　　　　　　　　　图 4-30　设置信任密码

(11) 设置信任密码之后，单击"下一步"按钮，将出现创建信任关系时的基本情况，用户确认已正确之后，单击"下一步"按钮将会出现"正在完成新建信任向导"对话框，单击"完成"按钮即可完成信任关系的新建，如图 4-31 所示。

(12) 创建完成后，即可返回"信任"选项卡查看列表区域中显示的新的信任关系，如图 4-32 所示。

(13) 如果用户要撤销信任关系，在"受此域信任的域"或"信任此域的域"列表框中单击需要撤销的信任关系，然后单击"删除"按钮即可。

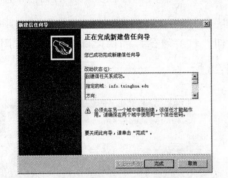

图 4-31　"正在完成新建信任向导"对话框　　　图 4-32　显示添加的新信任关系

4.5.4　更改域功能级别

在 Windows Server 2003 域控制器中，域功能可启用影响整个域林或只影响该域的管理功能。域功能一般有 4 个级别，它们分别是：Windows 2000 混合(默认)、Windows 2000 本机、Windows Server 2003 临时和 Windows Server 2003。默认情况下，Windows Server 2003 域控制器是以系统默认的 Windows 2000 混合功能级别进行操作。

管理员可以根据自己所在网络的实际情况来设置域的功能级别，具体的操作步骤如下。

(1) 单击"开始"菜单，选择"管理工具" | "Active Directory 用户和计算机"命令，打开"Active Directory 域和信任关系"控制台窗口。在控制台目录树中，在需要管理的域节点

单击鼠标右键，在弹出的快捷菜单中选择"提升域功能级别"命令，打开"提升域功能级别"对话框，如图4-33所示。

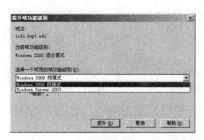

图4-33 "提升域功能级别"对话框

(2) 在"提升域功能级别"对话框中可以查看域控制器的当前域功能级别，用户可以根据需要在"选择一个可用的域功能级别"下拉列表中选择新的域功能级别，然后单击"提升"按钮即可。

> **注意**
>
> 一旦提升域功能级别之后，就不能再将运行旧版操作系统的域控制器引入该域中。例如，如果将域功能级别提升至Windows Server 2003，就不能再将运行Windows 2000的域控制器添加到该域中。

4.5.5 管理不同的域

在"Active Directory用户和计算机"控制台中，管理员除了可以管理本地域外，还可以管理域林中的不同域。但是在管理不同的域之前，必须先建立当前域与要管理的域之间的连接。

在具有多个域的单位中，管理员经常需要管理用户当前登录的域之外的另一个域。控制对特定域的管理访问的安全方法是：严格控制具有该域管理权限的账号数量和知道这些账号的人数。只有知道该账号名称和密码的用户才能够对该域进行管理性的更改，例如，如果另一个域中的管理员需要与严格控制的域建立快捷信任，唯一的方式就是通过与严格控制域的管理员进行通信，就信任的公认密码达成协议，并允许严格控制域的管理员在该域中建立信任关系。

在维护网络的过程中，如果管理员需要其他域控制器来管理网络用户和计算机，必须连接到其他域控制器继续执行管理功能，以保证网络的正常运作。由于在Windows Server 2003中不再区分主域控制器和辅助域控制器，域控制器的连接也变得更加简单，只需与其他任何一个可写的域控制器建立连接即可。但是，如果管理员需要连接不同域中的域控制器，在连接之前必须先连接到其他域，否则网络将无法找到域控制器。

要连接到域控制器，打开"Active Directory 用户和计算机"控制台窗口，在控制台目录树中的"Active Directory 用户和计算机"根站点单击鼠标右键，在弹出的快捷菜单中选择"连接到域控制器"命令，打开如图 4-34 所示的"连接到域控制器"对话框，从中可以查看当前域控制器的名称，然后在"输入另一个域控制器的名称"文本框中输入要连接的域控制器名，或者在域控制器列表中选择一个要连接的域控制器。如果在域控制器列表中没有列出其他可用的域控制器，可以在"或者选择一个可用的域控制器"列表框中选择"任何可写的域控制器"选项，系统会根据网络连接情况自动选择可用的域控制器。指定了要连接的域控制器后，单击"确定"按钮即可完成连接。

图 4-34　"连接到域控制器"对话框

用户管理

第5章

作为多用户、多任务的网络操作系统，Windows Server 2003 拥有一个完备的系统帐户系统和安全、稳定的工作环境。系统帐户包括用户帐户、计算机帐户、组帐户和组织单元。只有通过用户帐户和组帐户，用户才可以加入到网络中与其他用户或组联网，实现对网络资源的访问。通过为用户帐户和组帐户设置权限，可以赋予和限制用户访问网络中各种资源的权限。在 Windows Server 2003 网络系统中，系统的帐户管理是管理员所要完成的最重要的工作。Windows Server 2003 将用户和组的管理全部集成到计算机管理模块中，使系统管理员可以摆脱各种繁琐的工作，管理起来轻松自如。

 本章知识点

- ✍ 用户帐户创建
- ✍ 帐户属性设置
- ✍ 组和组织单元的概念
- ✍ 设置组织单元属性
- ✍ 计算机帐户管理

5.1 用户帐户管理

如果多个用户共同使用一台计算机，那么，该计算机上的所有软硬件资源都是共享的，这样既不便于管理系统资源，也不便于保护个人的设置和数据。Windows Server 2003 提供的用户帐户管理机制很好地解决了这个问题。用户通过自己的帐户登录到计算机后，只能拥有共享资源的使用权，而不能查看或修改其他用户在该计算机上的数据和个人设置。

要登录到本地计算机或者网络中的用户必须拥有一个用户帐户。用户帐户是 Windows Server 2003 网络上的用户的唯一标识符。Windows Server 2003 使用域帐户来确认用户的身份，并通过创建、移动、设置用户帐户来授予用户对共享资源的访问级别和权限。

5.1.1 用户帐户简介

用户帐户是多用户计算机系统和网络系统的一种认可。在 Windows Server 2003 网络中，任何人在使用共享资源和登录网络之前都必须具有一个用户帐户。用户使用帐户登录时，系统会确认该帐户并为该用户提供一个访问令牌。当用户访问网络上的任何资源时，该访问令牌就会与访问控制列表进行比较以确定该用户是否具有访问资源的权限。

Windows Server 2003 提供了 3 种不同类型的用户帐户，分别为全局用户帐户、本地用户帐户和内置用户帐户。使用全局用户帐户，用户可以登录到域上访问网络资源；使用本地用户帐户，用户可以登录到一台特定的计算机上，访问该计算机上的资源；使用 Windows Server 2003 系统提供的内置用户帐户，用户可以完成系统的资源管理工作或者访问网络资源。

一般情况下，系统管理员和用户都可以使用全局帐户、本地帐户或者内置帐户登录计算机和网络。在 Windows Server 2003 中提供的内置帐户能够更方便系统管理员和用户进行系统管理和资源访问，内置帐户是在系统的安装过程中自动在 Windows Server 2003 中添加的，其中最常用的两个内置帐户是 Administrator 和 Guest。

- Administrator 帐户：即系统管理员，它拥有最高的权限。通常，使用该帐户可以管理 Windows Server 2003 系统和帐户数据库。Administrator 帐户是在安装 Windows Server 2003 时，系统提示输入系统管理员帐户名称和密码后创建的，系统管理员帐户的默认名称是 Administrator。用户可以根据需要改变系统管理员的帐户名称，但是无法删除它，而且需要注意的是，Administrator 帐户并不会自动拥有对 Windows Server 2003 上所有目录与文件的访问权限。

- Guest 帐户：即为临时访问计算机的用户提供的帐户。Guest 帐户是在安装系统时自动添加的，并且也不能被删除，但其名字可以改变。Guest 帐户只有很少的权限，系统管理员可以改变 Guest 帐户的权限。作为保护措施，Windows Server 2003 默认是禁止使用该帐户登录的，也就是说，Guest 帐户的默认值是禁止的，如果要使用该帐户可将其启用。

在公司网络管理中，用户帐户的管理是管理员经常要进行的工作，主要包括用户帐户的添加、删除、停用/启用、移动和密码设置等，下面分别进行介绍。

5.1.2　创建用户帐户

由于用户帐户是用户进行本地登录和访问网络资源的凭证，所以，当有用户要使用计算机或网络时，系统管理员必须为其创建一个用户帐户。用户在本地计算机系统上拥有用户帐户时只能在本机上进行登录，仍然不能使用域网络中的资源。用户要加入到域中并使用域网络上的资源，必须请求管理员在域控制器中为其创建一个相应的域用户帐户，否则该用户将无法访问域中的资源。

通常，系统管理员使用"Active Directory 用户和计算机"控制台来创建新的域用户帐户，具体操作步骤如下。

(1) 单击"开始"菜单，选择"管理工具" | "Active Directory 用户与计算机"命令，打开"Active Directory 用户和计算机"控制台窗口，在 Users 节点处单击鼠标右键，在弹出的快捷菜单中选择"新建" | User 命令，如图 5-1 所示。

图 5-1　"Active Directory 用户和计算机"窗口

(2) 选择 User 命令后将打开"新建对象-User"对话框，在该对话框中的"姓"和"名"文本框中分别输入所要创建的帐户的姓和名，系统会自动在"姓名"文本框中生成用户的全称。然后在"用户登录名"文本框中输入用户登录时使用的名称。如果用户需要在运行 Windows 2000 以前版本的计算机上登录时，可以在"用户登录名(Windows 2000 以前版本)"文本框中输入不同的登录名，如图 5-2 所示。

(3) 指定用户登录名称后，单击"下一步"按钮，打开"新建对象"的设置密码对话框。在"密码"和"确认密码"文本框中输入要为用户帐户设置的密码，如图 5-3 所示。

图 5-2 "新建对象"对话框

图 5-3 设置密码

设置密码对话框中还列出了帐户密码的设置选项。如果管理员希望用户下次登录时更改密码，可以选中"用户下次登录时须更改密码"复选框，否则选中"用户不能更改密码"复选框。如果希望该帐户密码永远不过期，可以选中"密码永不过期"复选框。如果暂不启用该用户帐户，可以选中"帐户已禁用"复选框。

(4) 设置完帐户密码后，单击"下一步"按钮，将打开完成创建帐户对话框，其中显示了所创建帐户的基本信息，如图 5-4 所示。

图 5-4 完成创建

(5) 设置完毕，单击"完成"按钮即可完成创建一个帐户。

5.1.3 设置用户密码策略

用户密码是用户帐户的重要安全依据。系统管理员应提供安全的用户密码策略，防止非法用户借用其他用户的帐户和盗用来的密码进行计算机和网络登录，危害系统和信息资源的安全。设置 Windows Server 2003 用户密码策略包括密码长度、截止时间和登录失败后停止等。用户密码策略被存储在系统配置和分析工具中，该工具提供了对所有安全设置的集中管理界面。为了配置这些安全策略，Windows Server 2003 提供了一系列的安全模板。为了在 Windows Server 2003 中管理系统帐户的安全，系统提供了 MMC 控制台管理单元，包括安全模板和安全配置分析。

1. 安全模板

Microsoft 公司提供了多个安全模板作为示例。系统管理员可以选择使用直接提供的安全模板或者复制这些安全模板，并根据需要添加所需的管理单元。系统管理员可以使用这些安全模板为管理的服务器定义不同安全配置文件。

　　系统管理员创建个人安全模板，首先需要把安全管理单元加载到 MMC 控制台中，然后把模板加载到"安全配置和分析"管理单元数据库中，具体的操作步骤如下。

　　(1) 在"开始"菜单中选择"运行"命令，输入 mmc 命令后单击"确定"按钮。打开MMC 控制台窗口，在窗口的"文件"菜单中选择"添加/删除管理单元"命令，按照第 2 章中介绍的添加管理单元的方法，从"添加独立管理单元"对话框中选择添加"安全模板"和"安全配置和分析"两个基本管理单元，如图 5-5 所示。

　　(2) 系统管理员也可以根据实际需要添加其他管理单元，然后单击"关闭"按钮关闭"添加独立管理单元"对话框，即可在"添加/删除管理单元"对话框的列表框中看到所添加的管理单元，如图 5-6 所示。

　　图 5-5　"添加独立管理单元"对话框　　　　图 5-6　完成"安全管理单元"的添加

　　(3) 创建新的安全模板之后，管理员还需要创建"安全配置和分析"管理单元数据库，并把安全模板加载到该数据库中。在控制台窗口的"安全配置和分析"管理单元节点单击鼠标右键，在弹出的快捷菜单中选择"打开数据库"命令，如图 5-7 所示。

　　(4) 在打开的"打开数据库"对话框中，管理员可以在"文件名"文本框中为需要创建的数据库指定一个名称，然后单击"打开"按钮，如图 5-8 所示。

　　图 5-7　创建"安全配置和分析"数据库　　　图 5-8　"打开数据库"对话框

(5) 在打开的"导入模板"对话框中，选择用于安全配置数据库的模板，如 securedc 等，然后单击"打开"按钮即可完成"安全配置数据库"的创建，如图 5-9 所示。

图 5-9　"导入模板"对话框

(6) 要激活这个安全配置数据库，可以在控制台的"安全配置和分析"管理单元节点单击鼠标右键，在弹出的快捷菜单中选择"立即配置计算机"命令，打开"配置系统"对话框。按照系统提示保存日志文件，单击"确定"按钮后，系统立即开始配置计算机安全策略，如图 5-10 所示。

(7) 完成数据库的配置后，右击"安全配置和分析"管理单元，在弹出的快捷菜单中选择"立即分析计算机"命令，打开"进行分析"对话框。在该对话框中指定需要分析的日志文件的路径，单击"确定"按钮后，系统立即开始分析系统的安全配置，如图 5-11 所示。

 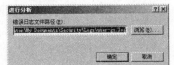

图 5-10　"配置系统"对话框　　　　图 5-11　"进行分析"对话框

(8) 系统分析完毕后，将在"安全配置和分析"管理单元节点下出现安全摘要选项，管理员可以针对每个安全选项进行相应的安全配置，如图 5-12 所示。

图 5-12　"安全配置和分析"管理单元的选项

注意

第一次创建"安全配置和分析"数据库完成后，必须对数据库进行分析才能激活该数据库并配置相关帐户安全策略。

2. 设置帐户策略

系统管理员设置的"帐户策略"部分主要包括以下 3 个分类。

● 密码策略：用来确定用户设置的密码是否合乎要求。

● 帐户锁定策略：用来设置什么时候及多长时间内帐户将在系统中被锁定不能使用。

● Kerberos 策略：用来对用户进行身份和密码验证的协议。

管理员可以根据需要对创建的帐户设置不同的帐户策略，具体的设置操作步骤如下。

(1) 打开或创建具有"安全模板"管理单元的 MMC 控制台，并扩展"安全模板"管理单元的节点，在选定的安全模板文件节点上继续扩展至"帐户策略"，如图 5-13 所示。

图 5-13　扩展的"安全模板"管理单元节点

(2) 单击"密码策略"子节点，在右边的窗格中将显示相关的配置控制列表，可以通过修改特定的参数来设置帐户的"密码策略"，如图 5-14 所示。

图 5-14　"密码策略"的参数选项

例如，要禁用"密码必须符合复杂性要求"选项，可以在该选项上单击鼠标右键，在弹出的快捷菜单中选择"属性"命令，或者双击该选项打开"属性"对话框，在对话框中可以选择是否启用"密码必须符合复杂性要求"选项，如图 5-15 所示。

如果需要设置帐户密码的长度，可以打开"密码长度最小值属性"对话框，在其中指定密码长度的最小值，如图 5-16 所示。

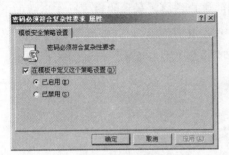 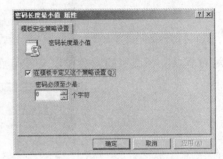

图 5-15 "密码必须符合复杂性要求属性"对话框 图 5-16 "密码长度最小值属性"对话框

其他的密码策略选项可以参考上述步骤进行设置，然后单击"确定"按钮即可使设置生效。

(3) 在"帐户锁定策略"中，管理员可以设置相关的策略选项来保证系统登录的安全性，主要包括以下选项。

- 帐户锁定阈值：用来指定帐户自动被禁用之前允许登录失败的次数，一般情况下可以把该阈值设置在 4~7 之间。这样能给用户足够的时间来确定大写字母锁定键是否已被激活，并防止非法用户通过多次登录来测试帐户的密码。
- 帐户锁定时间：用来设置当达到帐户锁定次数之后的帐户保持锁定的时间值。一般情况下，管理员可以把该选项禁用，以防止锁定的帐户自动变成重新启用。
- 复位帐户锁定计数器：用来指定当登录失效时帐户复位之前的等待时间值。如果这个时间值设置得太短，非法登录的用户就能在帐户等待复位的时间内重复测试密码。

(4) 参考上述步骤，管理员也可以设置"Kerberos 策略"中的相关选项。在设置了所有帐户策略之后，可以继续加载需要的安全模板，然后在"安全配置和分析"管理单元中选择"立即配置服务器"命令，完成帐户策略的安全设置。

注意

在输入用户帐户名时，要注意符合以下规则。

- 用户登录名最多可以容纳 20 个字符(大写或者小写)，且不能使用以下字符：/"[ ] : ; | = ? + * ? < > 。
- 用户名不能仅由空格组成。
- 可以组合使用特殊字符，这有助于惟一标识用户帐户。用户的登录名不区别大小写，但 Windows Server 2003 登录时会保持大小写原状。

5.1.4 用户帐户管理

通过"Active Directory 用户和计算机"控制台窗口，系统管理员可以很方便地完成用户帐户管理的各种操作，包括设置用户帐户的属性、重设用户帐户的密码，以及移动、禁用、启用和删除用户帐户等。

1. 设置帐户属性

所有用户帐户的属性管理都是通过 Active Directory 用户和计算机应用程序来完成的。要设置帐户的属性，可以打开"Active Directory 用户和计算机"控制台窗口，单击需要管理的域节点，选择 Users 子节点，右边的窗格中将显示出域中的当前用户和组的列表，在列表中右击用户的名称，在弹出的快捷菜单中选择"属性"命令，即可打开"帐户属性"对话框，如图 5-17 所示。

帐户属性对话框中有各种属性选项卡，管理员可以根据需要为创建的帐户设置各种属性，例如，在"配置文件"选项卡中可以指定该帐户的配置文件路径和登录脚本；在"安全"选项卡中可以指定该帐户对系统文件的访问权限等。

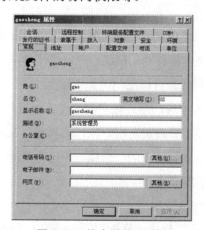

图 5-17 帐户属性对话框

2. 重设用户密码

在网络管理中，系统管理员需要定期修改用户的密码，以维护网络的登录安全。另外，当出现用户密码被人盗用或者用户感到有必要修改密码时，系统管理员也应修改用户密码。通常，系统管理员可以通过使用 Windows Server 2003 提供的修改密码工具重新设置用户密码，所设置的密码应与用户所在的组织单元和用户帐户的各种信息应保持一致性，以方便用户记忆。

重新设置用户密码的具体操作步骤如下。

(1) 打开"Active Directory 用户和计算机"控制台窗口，展开域节点并单击 Users 子节点，在

右边的窗格中将显示出域中的当前用户和组的列表，在需要重新设置密码的用户帐户上单击鼠标右键，从弹出的快捷菜单中选择"重设密码"命令，打开"重设密码"对话框，如图 5-18 所示。

图 5-18   "重设密码"对话框

(2) 在对话框中的"新密码"和"确认密码"文本框中输入要设置的新密码。如果管理员需要用户在下次登录时修改密码，可以选中"用户下次登录时须更改密码"复选框，然后单击"确定"按钮保存设置，同时系统会打开确认信息对话框，单击"确定"按钮即可完成设置。

注
意

在重新设置了用户密码后，用户必须注销之后重新登录，新密码才能生效。

3. 移动用户帐户

移动用户帐户就是将用户帐户从一个组织单元或容器移动到另一个组织单元或容器。在一个大型网络中，用户帐户经常被移动，例如，当一个用户从一个部门调到另一个部门时，管理员就应当将其帐户移动到代表目标部门的组织单元中。

在 Windows Server 2003 中，移动用户帐户的操作不但可以在本地域中进行，还可以在不同的域中进行。这就大大方便了管理员对用户帐户的管理，减少了管理员重新创建用户帐户的工作量。例如，管理员要删除域林中的一个域，但又不想删除该域中的用户帐户设置，就可以将所有的用户帐户移动到新的域中。

移动用户帐户的具体操作步骤如下。

(1) 打开"Active Directory 用户和计算机"控制台窗口，展开域节点并单击 Users 子节点，在右边的窗格中将显示出域中的当前用户和组的列表，在需要移动的用户帐户上单击鼠标右键，从弹出的快捷菜单中选择"移动"命令，打开"移动"对话框，如图 5-19 所示。

图 5-19   "移动"对话框

(2) 在"将对象移动到容器"列表框中双击域节点，展开该节点。如果网络中有多个域，可以将用户帐户移动到其他域中。单击移动的目标组织单元或容器，然后单击"确定"按钮即可完成移动。

4. 禁用用户帐户

要禁用用户帐户，可打开"Active Directory 用户和计算机"控制台窗口，展开域节点并单击 Users 子节点，在右边的窗格中将显示出域中的当前用户和组的列表，在列表中需要禁用的用户帐户上单击鼠标右键，从弹出的快捷菜单中选择"禁用帐户"命令，在打开的如图5-20 所示的确定信息对话框中单击"确定"按钮即可禁用该帐户，在用户列表中将出现禁用帐户的图标。

图 5-20　禁用确认对话框

5. 启用用户帐户

要启用用户帐户，可打开"Active Directory 用户和计算机"控制台窗口，展开域节点并单击 Users 子节点，在右边的窗格中将显示出域中的当前用户和组的列表。在列表中需要禁用的用户帐户上单击鼠标右键，在弹出的快捷菜单中选择"启用帐户"命令，在打开的如图5-21 所示的确定信息对话框中单击"确定"按钮，即可启用所选择的帐户。

图 5-21　启用确认对话框

5. 删除用户帐户

当系统中添加的某个用户帐户不再被使用时，管理员应将该用户帐户删除以便更新系统的用户信息，防止其他用户使用该用户帐户进行系统登录。要删除一个用户帐户，可以在"Active Directory 用户和计算机"控制台窗口的目录树中，展开需要删除用户所在的组织单元或容器，然后在详细资料窗格中需要删除的用户上单击鼠标右键，在弹出的快捷菜单中选择"删除"命令，在弹出的信息提示框中单击"是"按钮即可删除该用户。

5.2 组和组织单元管理

在 Windows Server 2003 的活动目录中，系统不但使用组来赋予一些用户或计算机权限，而且还引入了组织单元来加强对用户、计算机和组的管理。组和组织单元成为管理员管理用户和计算机的有力工具。

5.2.1 组简介

组是活动目录或本地计算机中的对象，它包括用户、联系人、计算机和其他组。在 Windows Server 2003 中，组可以用来管理用户和计算机对共享资源的访问，如活动目录对象及其属性、网络共享、文件、目录、打印机队列，还可以用来筛选组策略。引入组的概念主要是为了方便管理、访问权限相同的一系列用户帐户。由于用户在登录到计算机上时均使用用户帐户，所以每一个用户帐户都有其登录后所具有的权限。每个用户的权限可以不同，但可能某些用户帐户的权限是相同的，因此，在创建这些用户时，必须为他们赋予相同的权限，这样就多做了很多重复性的工作。有了组的概念之后，可以将这些具有相同权限的用户划归到该组，使这些用户成为该组的成员，然后通过赋予该组权限来使这些用户都具有相同的权限。

组帐户包括所有具有同样权限和属性的用户帐户。如果用户将某成员加入到一个组中，那么该组所具有的所有权力也将赋予给该用户，因此，赋予用户组成员身份是将公共权力赋予给一组用户的简便方法。

组是可以包含用户、联系人、计算机和其他组的活动目录或本机对象。使用组可以实现以下功能。

- 管理用户和计算机对活动目录对象及其属性、网络共享位置、文件、目录、打印机列队等共享资源的访问。
- 筛选器组策略设置。
- 创建电子邮件通信组。

1. 组类型

在 Windows Server 2003 中包括了两种类型的组：安全组和分发列表。

- 安全组：用于将用户、计算机和其他组收集到可管理的单位中。为资源(文件共享、打印机等等)指派权限时，管理员应将那些权限指派给安全组而非个别用户。权限可一次分配给该组，而不是多次分配给单独的用户。添加到组的每个帐户接受为该组定义的权力和权限。使用组可简化网络的维护和管理。
- 分发列表：是在活动目录中使用应用程序的用户集合。使用分发列表的应用程序的常见例子是 Microsoft Exchange 服务器。系统管理员保持分发列表是为了在有问题时通知用户，分发列表还可以用于发送错误报告。分发列表只能用于非安全的目的，不能够用于为网络资源授权。

2. 组作用域

在 Windows Server 2003 中定义组时，系统管理员还可以控制组的作用域。可以把组的使用限制到本地域控制器，或者可以使它用于域中的其他服务器或整个网络。这 3 种类型的组是：域本地组、全局组和通用组。

- 域本地组：在管理用户的权限时，管理员应充分利用系统提供的本地组机制，因为本地组对于管理员在管理工作组安全机制方面起着十分重要的作用。这些本地组都被预先赋予了一些有用的权限，这些权限自动地应用于添加到该组中的每个用户帐户。在 Windows Server 2003 中，系统提供了多种内置的域本地组和全局组，使系统管理员对用户的管理变得非常方便，如系统提供的常用内置本地组 Administrators、Backup Operators、Power Users、Guests 和 Replicator 等都有自己的一组权限和内置功能。当然，系统管理员也可以自己创建用户组，以满足多方面管理的需要。在系统提供的常用组中，Administrators 组是 Windows Server 2003 中功能最强的组，它对系统中的所有权限和能力有完全的控制权，该组中的成员都是系统的管理员。Backup Operators 组中的成员可备份和还原系统中的文件和目录，它的权限包括在本机上登录、关闭系统，以及备份和还原系统中文件和目录等。Power Users 组是有一些管理能力和权限的组，它的权限有在本机登录、从网络上访问本机、改变系统时间和关闭系统等。它的能力包括锁定计算机、共享目录和打印机、停止目录和打印机的共享以及管理创建的任何用户帐户和本地组。Guests 组是一个权限有限的组，它的成员只能在网络上访问本机系统，该组中的成员没有能力。Replicator 组允许成员只登录到其他计算机上的 Replicator 服务，进行主要文件和目录的复制。
- 全局组：全局组是可以被域内任何服务器用来设置访问权限的帐户集合。全局组的特性包括有限的成员身份、访问任何域内的资源等，也就是说，全局组只能够从创建的域内获得帐户，但可以被分配权限以获得对任何域内资源的访问权限。
- 通用组：通用组是网络上任何服务器都可以访问的，通常用于跨域分配权限，它的特性包括可以打开成员身份、访问任何域内的资源，也就是说，系统管理员可以从任何域添加任意用户帐户到通用组，还可以使用通用组来分配权限到任意域内的任何资源。

组作用域还定义了组的成员身份规则，这个成员身份规则又定义了可以被放置在组内的帐户类型。

注意

> 用户在使用通用组之前，必须把域转换成为本机的 Windows Server 2003 域。

5.2.2　组织单元的基本概念

虽然组和组织单元都是用来管理用户和计算机的，但是它们不论是在功能上还是在概念上都有很大的区别。

在 Windows Server 2003 系统中，活动目录服务把域详细地划分成组织单元(Organizational Unit，简称 OU)。组织单元是一个逻辑单位，它是域中一些用户、计算机和组、文件与打印机等资源对象，组织单元中还可以再划分下级组织单元。组织单元具有继承性，子单元能够继承父单元的访问许可权。每一个组织单元可以有自己单独的管理员并指定其管理权限，它们管理着不同的任务，从而实现了对资源和用户的分级管理。组织单元的应用，使 Windows Server 2003 网络的拓展功能大大加强，不仅方便了对网络资源的管理，更重要的是方便了管理员对大宗用户的管理。

注意

　　组策略对象可应用于站点、域或组织单位，但不能应用于组。组策略对象是作用于用户或计算机的设置集。组成员关系用于筛选哪个组策略对象将作用于站点、域或组织单位中的用户和计算机。

5.2.3　创建新组

使用系统内置组可能无法满足安全和灵活性的需要，系统管理员可以通过创建新的组来解决这个问题。新组创建之后，就可以像使用内置组一样进行组成员的添加和管理。

1. 创建新组

系统管理员确定需要创建哪一种类型的新组之后即可开始创建新组，具体操作步骤如下。

(1) 单击"开始"菜单，选择"管理工具" | "Active Directory 用户和计算机"命令，打开"Active Directory 用户和计算机"控制台窗口，在 Users 节点单击鼠标右键，在弹出的快捷菜单中选择"新建" | Group 命令，如图 5-22 所示。

(2) 在打开的"新建对象-Group"对话框中，在"组名"文本框中输入需要创建的组名，并在"组名(Windows 2000 以前版本)"文本框中输入新组的下层名称(也可以使用默认名称)。在"组作用域"选项区域中，通过选中单选按钮来选择组的应用领域，即确定新建的用户组是本地组还是全局组。在"组类型"选项区域中，通过选中单选按钮来选择新组的类型。用户组有两种类型：安全组和分布组。组的类型决定了组的使用方式，使用安全组可以指定资源的访问权限，同时安全组还具有分布组的所有功能。当组所具有的功能与安全无关时可以使用分布组，如图 5-23 所示。

图 5-22　创建新组

图 5-23　"新建对象-Group"对话框

(3) 单击"确定"按钮即可完成组对象的创建。

2. 添加组成员

系统管理员或用户创建新组之后，可以向组中添加成员，以便进行管理，如赋予组中所有成员某个权限。

为本地组添加新用户的具体操作步骤如下。

(1) 在"Active Directory 用户和计算机"控制台窗口的帐户列表中，在需要添加组成员的组名称上单击鼠标右键，在弹出的快捷菜单中选择"属性"命令，打开"属性"对话框。单击打开"成员"选项卡，如图 5-24 所示。

(2) 在"成员"选项卡中单击"添加"按钮，系统将打开"选择用户、联系人或计算机"对话框，如图 5-25 所示。

图 5-24　"成员"选项卡

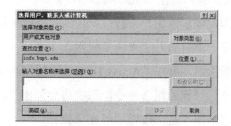

图 5-25　"选择用户、联系人或计算机"对话框

在该对话框中，可以在"输入对象名称来选择"文本框中输入需要添加的用户名称，也可以单击"高级"按钮打开查找用户对话框，从查找到的成员列表中选择需要添加的用户，如图 5-26 所示。

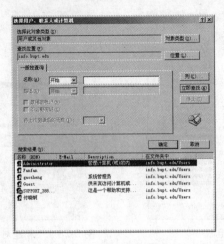

图 5-26　查找用户对话框

(3) 在"选择用户、联系人或计算机"对话框中会列出用户需要添加的用户。如果用户希望添加多个组和成员，可重复本次操作。

(4) 最后单击"确定"按钮关闭"选择用户、联系人或计算机"对话框。在打开的"成员"选项卡中将显示刚添加的用户，单击"确定"按钮关闭"属性"对话框，即可完成添加组成员的操作。

5.2.4　删除域用户组

对于长期不使用的组或者是不符合网络安全的组，系统管理员可以将其删除。但是，管理员只能删除自己创建的组，而不能删除由系统提供的内置组。当不再需要使用某个组时，最好删除它们，这样做有助于维护安全性，避免无意中授权不再需要的组去访问资源。

在删除组时，只是删除了这个组并清除和它相关联的许可和权限，并不会删除这个组的成员的用户帐户。在 Windows Server 2003 中，每个组都具有唯一的、不能重用的安全标识符(SID)，因此像删除用户一样，Windows Server 2003 将不再使用那个组的 SID，并且不能用重新创建同一个组的办法来恢复权限。

要删除组，可在"Active Directory 用户和计算机"控制台窗口中选择需要删除的组，选择"操作" | "删除组"命令，系统将会弹出"Active Directory 服务"对话框。如果确定要删除该组，单击"是"按钮即可完成操作。

5.2.5　设置组权限

创建新组之后，首先要进行的工作就是设置组的权限。在 Windows Server 2003 中，为新组设置组权限是通过添加系统内置组和预定义组来完成的。因为新组可以继承内置组和预定义组的权限设置，并将它们的权限赋予自己的组成员。

设置组权限的具体步骤如下。

(1) 单击"开始"菜单，选择"管理工具"|"Active Directory 用户和计算机"命令，打开"Active Directory 用户和计算机"控制台窗口，展开 Users 节点，在帐户列表中需要设置权限的组上单击鼠标右键，在弹出的快捷菜单中选择"属性"命令，打开该组的"属性"对话框，选择"隶属于"选项卡，如图 5-27 所示。

图 5-27　设置组权限

(2) 在"隶属于"选项卡中，单击"添加"按钮，打开"选择组"对话框，选择可继承权限的内置组和预定义组并进行添加。

(3) 选择好可继承权限的内置组和预定义组之后，单击"确定"按钮关闭属性对话框即可完成操作。

5.2.6　更换组作用域

每个安全组和分布组均具有作用域，该作用域标识组在域树或树林中所应用的范围。有通用作用域的组可将其成员作为来自域树或树林中任何 Windows Server 2003 域的组和帐户，并且在域树或域林的任何域中都可获得权限。有通用作用域的组称为通用组。有全局作用域的组可将其成员作为仅来自组所定义的域的组和帐户，并且在域林的任何域中都可获得权限。有全局作用域的组称作全局组。

具有本地作用域的组可将其成员作为来自 Windows Server 2003 域的组和帐户，并且可用于仅在域中授予权限。具有本地作用域的组称作域本地组。 如果具有多个域林，仅在一个域林中定义的用户不能放入在另一个域林中定义的组，并且仅在一个域林中定义的组不能指派另一个域林中的权限。

创建新组时，在默认情况下新组配置为具有全局作用域的安全组，而与当前域模式无关。虽然不允许在混合模式域中更改组作用域，但是在本机模式域中允许进行下列转换。

● 全局至通用：在组不是另一个有全局作用域的组的成员时才被允许。

● 本地至通用：被转换的组不能将具有本地作用域的其他组作为它的成员。

系统管理员确认了需要更换作用域的组之后，打开"Active Directory 用户和计算机"控制台窗口。在控制台目录树中需要更换作用域的组所在的组织单元或容器单击鼠标右键，然后选择"属性"命令打开组的"属性"对话框，在"常规"选项卡的"组作用域"选项区域中选择"通用"单选按钮，最后单击"确认"按钮即可。

5.2.7 添加组织单元

组织单位是目录容器对象，可包含用户、组、计算机、打印机、共享文件夹及其他组织单位，其表现为"Active Directory 用户和计算机"窗口中的文件夹形式。系统管理员可以在域中创建组织单位的层次结构。通常，应该创建能反映组织单位的职能或商务结构的单位。例如，可以创建顶级单位，如人事关系、设备管理和营销等部门单位；在人事关系单位中，可以创建其他的嵌套组织单位，如福利和招聘单位等；在招聘单位中也可以创建另一级的嵌套单位，如内部招聘和外部招聘单位。总之，组织单位可使管理员以一种更有意义且易于管理的方式来模拟实际工作的单位，而且在任何一级指派一个适当的本地权力机构作为管理员。

每个域都可实现自己的组织单位层次结构。如果管理员的企业包含多个域，则可以独立于其他域中的结构在每个域中创建组织单位的结构。

添加组织单元的具体步骤如下。

(1) 单击"开始"菜单，选择"管理工具" | "Active Directory 用户和计算机"命令，打开"Active Directory 用户和计算机"控制台窗口，在域节点上单击鼠标右键，在弹出的快捷菜单中选择"新建" | Organizational Unit 命令，如图 5-28 所示。

(2) 在打开的"新建对象"对话框中，在"名称"文本框中输入需要创建的组织单元名称，然后单击"确定"按钮即可完成对象的创建，如图 5-29 所示。

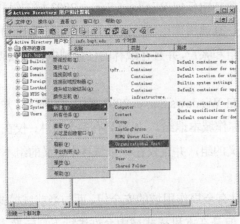

图 5-28　创建组织单元

图 5-29　"新建对象"对话框

(3) 当域中的某个组织单元中所包含的用户、计算机、联系人和组织单元等已经被删除或因为其他原因而不再发挥作用时，管理员可将其删除，以免影响对其他组织单元的管理。要删除不再需要的组织单元，可在"Active Directory 用户和计算机"控制台窗口的目录树中展开域节点，然后在需要删除的组织单元上单击鼠标右键，在弹出的快捷菜单中选择"删除"命令，系统打开信息提示框后，单击其中的"是"按钮即可删除该组织单元。

5.2.8 设置组织单元属性

默认情况下，系统管理员所添加的组织单元都具有相同的属性，因此，组织单元被添加之后，如果不根据需要设置其属性，就很难发挥其管理的方便性和安全性。通过设置组织单元的属性，不但可以指定组织单元的管理人和常规属性，也可为组织单元创建组策略。

设置组织单元属性的具体操作步骤如下。

(1) 单击"开始"菜单，选择"管理工具" | "Active Directory 用户和计算机"命令，打开"Active Directory 用户和计算机"控制台窗口，在控制台目录树中需要设置属性的组织单元上单击鼠标右键，在弹出的快捷菜单中选择"属性"命令，打开该组织单元的属性对话框，如图 5-30 所示。

图 5-30 组织单元的属性对话框

(2) 在"常规"选项卡中，可在"描述"文本框中为组织单元输入一段描述，在"省/自治区"、"市/县"、"街道"和"邮政编码"文本框中输入组织单元所包含的计算机和用户的统一通信地址和邮编。

(3) 在"管理者"选项卡中，单击"更改"按钮，打开"选择用户、联系人或计算机"对话框，选择一个用户或联系人作为管理者；管理者更改之后，单击"查看"按钮可打开所更改的管理者的属性对话框，管理员可对管理者的属性进行修改；如果要清除管理者，单击"清除"按钮即可。

(4) 在"对象"选项卡中，可以查看该组织单元的对象规范名称、创建和修改时间等。在"安全"选项卡中，可以设置该组织单元的访问权限，如图 5-31 所示。

(5) 在"组策略"选项卡中，可进行该组织单元的组策略的编辑和修改，如图 5-32 所示。

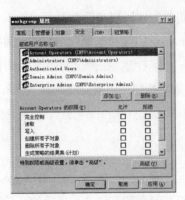
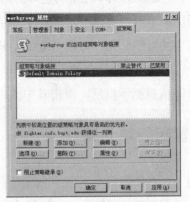

图 5-31　"安全"选项卡　　　　图 5-32　"组策略"选项卡

5.3　计算机帐户管理

在 Windows Server 2003 中，加入到域中且运行 Windows Server 2003 或 Windows 2000 的每一台计算机均具有计算机帐户。与用户帐户类似，计算机帐户提供了一种验证和审核计算机访问网络以及域资源的方法。与用户帐户不同的是，连接到网络上的每一台计算机都只能有自己的惟一计算机帐户，而用户可以拥有多个用户帐户进行网络登录。

另外，运行 Windows 98 的计算机没有 Windows 2003 和 Windows 2000 的高级安全特性，不能在 Windows Server 2003 域中指派计算机帐户。但是，用户和管理员可以登录到网络并使用域中运行 Windows 98 的计算机。

5.3.1　创建计算机帐户

当有新的运行 Windows Server 2003 或 Windows 2000 的客户计算机要加入到域中时，管理员应在域控制器中为其创建一个计算机帐户，以便它有资格成为域成员。

创建新的计算机帐户的具体步骤如下。

(1) 单击"开始"菜单，选择"管理工具"|"Active Directory 用户和计算机"命令，打开"Active Directory 用户和计算机"控制台窗口，在控制台目录树中需要添加计算机的组织单元或容器上单击鼠标右键，在弹出的快捷菜单中选择"新建"|Computer 命令，打开"新建对象-Computer"对话框，如图 5-33 所示。

(2) 在"计算机名"文本框中输入需要创建的计算机名。如果网络中有 Windows 2000 以前版本的系统，应在"计算机名(Windows 2000 以前版本)"文本框中输入用于旧系统识别的名称。在对话框中选择可以将此计算机加入到域的用户或组，可以使用系统默认的域管理员组，也可以单击"更改"按钮，在"选择用户或组"对话框中自行选择。同时也可以选择是否把该计算机帐户分配为 Windows 2000 以前版本的计算机或把该计算机帐户分配为备份域控制器，选中选项左侧的复选框即可。

(3) 单击"下一步"按钮，在打开的"管理"对话框中选择是否为所管理的计算机创建帐户。如果需要创建帐户，则必须选中"这是一台被管理的计算机"复选框，同时在文本框中输入该计算机完整的惟一 ID，如图 5-34 所示。

图 5-33　新建计算机帐户

图 5-34　"管理"对话框

(4) 最后单击"确定"按钮即可完成新的计算机帐户的创建。

5.3.2　把计算机帐户添加到组

为便于系统管理员对众多的计算机帐户进行管理，Windows Server 2003 继续沿用了 Windows 2000 系统中的组策略，通过将不同的计算机添加到具有不同权限的组中的方式，使该计算机继承所在组的所有权限。同时，系统管理员也可以直接通过组来对多个计算机帐户进行管理，这样大大减轻了系统管理员的对计算机帐户的管理工作。

把计算机帐户添加到组中的具体操作步骤如下。

(1) 单击"开始"菜单，选择"管理工具"|"Active Directory 用户和计算机"命令，打开"Active Directory 用户和计算机"控制台窗口，在控制台目录树中单击要加入组的计算机所在的组织单元或容器，使详细资料窗格中显示出相应的内容。在详细资料窗格中，在需要加入组的计算机帐户单击鼠标右键，在弹出的快捷菜单中选择"属性"命令，打开该计算机的属性对话框，如图 5-35 所示。

(2) 在计算机属性对话框中选择"隶属于"选项卡，单击"添加"按钮，打开"选择组"对话框，选择要加入的组，然后单击"确定"按钮完成添加即可，如图 5-36 所示。

注意

在"隶属于"选项卡中，如果要删除一个组或为计算机帐户设置主要组，可通过"删除"和"设置主要组"按钮来完成。

图 5-35　计算机属性对话框

图 5-36　"隶属于"选项卡

5.3.3　管理客户计算机

在 Windows Server 2003 网络中，通过域控制器，系统管理员可管理网络中的客户计算机。Windows Server 2003 的这项网络功能大大加强了网络管理员对网络的管理和维护，特别是方便了管理员对客户计算机的直接管理。但是，管理员所管理的计算机运行的系统必须是 Windows Server 2003 或 Windows 2000 系统，安装 Windows 95/98 或者其他系统的计算机不能被管理。

管理客户计算机的具体步骤如下。

(1) 单击"开始"菜单，选择"管理工具"|"Active Directory 用户和计算机"命令，打开"Active Directory 用户和计算机"控制台窗口，在控制台目录树中单击要加入组的计算机所在的组织单元或容器，使右边的窗格中列出相应的详细资料内容。在详细资料窗格中，在需要管理的计算机帐户上单击鼠标右键，在弹出的快捷菜单中选择"管理"命令，打开该计算机帐户的"计算机管理"窗口，如图 5-37 所示。

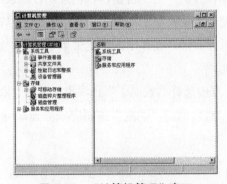

图 5-37　"计算机管理"窗口

(2) 在"计算机管理"窗口中，管理员可以对连接的计算机进行系统工具、存储、服务器应用程序和服务等各个方面的管理。管理工作处理完毕，关闭计算机管理窗口即可。

5.3.4 查找计算机

Windows Server 2003 中活动目录功能的加强，使系统管理员对网络上的用户、计算机、联系人、组、组织单元及网络资源等的查找变得更加方便。管理员执行这些查找功能，主要是通过"查找用户、联系人及组"窗口来实现的。如果管理员要管理某个计算机，但又不知道其具体位置，可使用"查找用户、联系人及组"窗口来进行查找，具体操作步骤如下。

(1) 单击"开始"菜单，选择"管理工具"|"Active Directory 用户和计算机"命令，打开"Active Directory 用户和计算机"控制台窗口，在控制台目录树中的域节点上单击鼠标右键，在弹出的快捷菜单中选择"查找"命令，打开"查找用户、联系人及组"对话框，如图 5-38 所示。

图 5-38 "查找用户、联系人及组"对话框

(2) 在"查找"下拉列表中选择"计算机"选项，在"范围"下拉列表中选择查找范围，在"用户、联系人及组"和"高级"选项卡中设置查找条件。例如，可以在"用户、联系人及组"选项卡中输入要查找的计算机名称；在"高级"选项卡中设置高级查找条件。

(3) 查询条件设置完毕，单击"开始查找"按钮即可开始查找，系统会将查找结果列出来，如图 5-39 所示。

图 5-39 显示查找的结果

(4) 查找完毕，单击"关闭"按钮关闭窗口即可。

组策略管理

第6章

组策略通常是系统管理员为加强整个域或网络共同的策略而设置并进行管理的。组策略会影响到用户帐户、组、计算机和组织单元，它是存储在活动目录中的配置。

通过使用组策略，可以利用其广泛的特性，包括从安全锁定桌面到应用程序分发，从脚本处理到文件和文件夹复制。这个特性集能够用于帮助对其桌面需要最小控制的用户，还可以帮助登录到网络进行系统管理的系统管理员。

 本章知识点

- 组策略的结构
- 配置组策略
- 组策略对象的委派控制

6.1　组策略概述

组策略是配置用户桌面的一种方法，系统管理员可以把它应用于一个或多个活动目录对象。组策略包含管理一个对象及其对象行为的设置，组策略管理员可以通过组策略为用户提供完全通用的桌面配置，如定制的"开始"菜单项、自动发送到 My Documents 文件夹的文件、用户帐号和组的权限设置等。

6.1.1　组策略简介

通过组策略可以定义控制用户配置的规则，操作系统自动且周期性地实行这些规则。Windows Server 2003 中的组策略一般包含以下设置。

- 应用程序配置组策略：分配和发布哪些用户能够访问的应用程序，可以通过两种方法使应用程序的安装自动化。通过应用程序分配，组策略管理员可以在客户计算机上安装或更新应用程序，或提供一个用户不能删除的指向应用程序的连接。通过应用程序发布，组策略管理员在 Active Directory 上发布应用程序，然后应用程序就会出现在组件列表中，用户可以通过"控制面板"窗口中的"添加/删除程序"命令来安装或定制这些程序。
- 文件配置组策略：组策略管理员把文件放置在客户机的特殊文件夹中。例如，"开始"菜单或桌面上。
- 脚本组策略：在特定时间内执行脚本或批处理文件的设置。例如，桌面外观、应用程序设置等。
- 安全组策略：设置用户对文件夹和文件的使用及控制用户权限，即建立本地计算机、域及网络安全设置。

组策略是配置的集合，可以把它应用到活动目录中的一个或多个对象上，这些设置包含在组策略对象(Group Policy Object，简称 GPO)内。GPO 在两个位置存储 Group Policy 信息：Group Policy Container 和 Group Policy Template。用组策略来管理整个系统，具有以下优点。

- 创建可以管理的桌面配置，使之适合用户工作职责和经验水平。
- 对特定用户实现组策略设置，结合 NTFS 文件系统的权限和系统的其他特性，可以防止用户访问未授权的程序和数据，还可以防止用户删除影响应用程序或操作系统正常发挥作用的重要文件。
- 可以增强用户的配置和安全性。
- 当用户登录、退出及计算机启动时自动执行任务和程序。

6.1.2　组策略结构

了解组策略的结构及其能够执行的功能是很重要的。为了应用组策略到用户或计算机，必须指定组策略的使用方式，例如，应用组策略时存在两种配置选项：计算机配置和用户配置，如图 6-1 所示。

图 6-1 "组策略"控制台窗口

1. 组策略配置类型

虽然每种配置类型都包含类似的选项，但在实施时是应用在不同的方面。这些组策略类型能够从"组策略"管理控制台管理单元或活动目录管理控制台管理单元进行管理。

● 计算机配置

计算机配置设置用于管理控制计算机特定项目的策略。这些项目包括桌面外观、安全设置、操作系统运行、文件部署、应用程序分配和计算机启动及其关机脚本的执行。该可选的配置选项是设计用来与访问这个特定计算机的用户一起使用的。当操作系统启动时，就会应用计算机配置组策略。

● 用户配置

用户配置设置是用于管理控制更多用户特定项目的管理策略。这些项目中包括应用程序配置、桌面特性、分配和发行的应用程序、安全配置及登录及注销的用户脚本。每当用户登录到计算机时，就会应用用户配置组策略。

● 配置子文件夹

在图 6-1 所示中，在"计算机配置"和"用户配置"节点下有 3 个不同的子文件夹存在。虽然这些子文件夹都很相似，但每个设置应用的方法是由配置类型决定的，是有差异的。子文件夹中默认包括软件设置、Windows 设置和管理模板。

● 软件设置

软件设置用于管理软件分发组件。该组件是为计算机和用户安装的。计算机配置的软件设置存储在"计算机配置\软件设置\"中，而用户配置的软件设置存储在"用户配置\软件设置\"中。"软件安装"子文件夹用来管理应用程序的配置。

● Windows 设置

Windows 设置是为了管理用户环境设置。该设置是为计算机和用户安装的。计算机配置的 Windows 设置是存储在"计算机配置\Windows 设置\"中，而用户配置的 Windows 设置则存储在"用户配置\Windows 设置\"中。在计算机配置的 Windows 设置中有"安全设置"和"脚本"两个子文件夹。在用户配置的 Windows 设置中有 5 个子文件夹，除了"安全设置"和"脚本"两个子文件夹外，还有"文件夹重定向"、"远程安装服务"子文件夹和"IE 维护"子文件夹。Windows Server 2003 还提供了 Intellimirro 技术，通过该技术系统可以提供灾难恢复的功能特性。

- 管理模板

"管理模板"部分包含了基于注册表的策略信息。注册表内每个配置、计算机和用户都维持着自己的信息。用户配置信息存储在 HKEY_CURRENT_USER，计算机配置信息存储在 HKEY_LOCAL_MACHINE 中。策略用注册表存储的信息包含在这部分内，包括操作系统组件和应用程序。每个配置类型的模板都存储在名为 Registry.pol 的单个文件中。

2. 组策略功能类型

除了组策略的配置类型外，Windows Server 2003 也为功能策略类型定义了类别。每个类别有独特的特性集。

- 软件部署

传统上软件部署是由单独的系统管理产品所提供，如 Microsoft 系统管理服务器的部分特性已经集成在 Windows Server 2003 中。两种类型的软件部署可用于进一步自定义用户环境：应用程序的分配和应用程序的发行。

其中，"应用程序分配"把有限的软件分发提供给桌面。当计算机和用户配置按指派安装后，如果不修改策略，应用程序安装后就不能被修改和删除。这些指派可以用来增强标准桌面的配置。"应用程序发行"用于提供软件分发给用户或计算机，并允许它们选择是否安装。另外，它们能够在任何时候删除该应用程序。

- 软件策略

软件策略是最常用的配置设置。这些选项定义了用户的工作环境，例如，用户的"开始"菜单、屏幕保护程序或用户配置文件设置等，也包括操作系统组件和注册表设置，以进一步自定义用户桌面环境。

- 文件夹管理

文件夹管理允许组策略系统管理员添加文件、文件夹和快捷方式到用户桌面。例如，可以根据安全组成员身份，把网络应用程序提供给用户。

- 脚本

脚本能够用于在某些时间自动运行批处理文件的进程，如启动和关机的时间。其他时间变量包括在登录或注销时运行脚本。这些脚本是用于自动执行重复的任务，如映射到网络驱动器、映射网络打印机，或者启动时运行可执行的文件。Windows 脚本主机用于创建这些脚本并能够包含其他技术，如 VBScript 和 JScript 等。

- 安全

安全策略设置用于定义目录树、域、网络和本地计算机安全配置。它们能够用于设置帐户策略。例如，密码的最短和最长使用期、网络安全策略和帐户锁定策略等。这些安全策略用于在单位内提供更安全的计算机环境。

3. 组策略对象

组策略对象(Group Policy Object，简称 GPO)用于存储组策略配置信息。一旦创建了组策略配置设置，就会被存储在 GPO 并应用于站点、域或组织单位。另外，还可以把多个组策略对象应用于单个站点、域或组织单位。

组策略对象被存储在多个表单中。首先，组策略对象属性被存储在组策略容器(GPC)的 Active Directory 中；另外，组策略对象信息存储在位于域控制器的文件夹中。这些信息集被称为组策略模板(GPT)。一般情况下，"组策略容器"用于存储小的经常修改的 GPO 信息，而"组策略模板"则存储大型的并且经常修改的信息。

4. 组策略容器

组策略容器(Group Policy Container，简称为 GPC)是存储软件部署信息的 Active Directory 对象。GPC 代表应用程序信息的服务器档案库，其中包括编程界面信息、软件发行和软件委派。另外，组策略容器维持着存储用户和计算机配置信息的子容器。

组策略容器存储信息以确定组策略对象是否启用或禁用，以及维持 GPT 和 GPC 之间的同步。

5. 组策略模板

组策略模板(Group Policy Template，简称为 GPT)是在每个域控制器上创建的、用以存储组策略对象的文件夹子集。创建的文件夹子集存储在"系统卷"文件夹或 SYSVOL 中。GPT 包含了软件配置、软件策略、安全设置、脚本和文件夹管理。

6.2 组策略对象

组策略对象是设置组策略的基础，在设置组策略之前必须创建一个或多个组策略对象，然后通过组策略编辑器(Group Policy Editor)设置所创建的组策略对象。

6.2.1 创建组策略对象

创建组策略的第一步是创建组策略对象，必须在对组策略进行管理之前完成组策略的创建。

创建组策略对象的具体步骤如下。

(1) 单击"开始"菜单，选择"管理工具"|"Active Directory 用户和计算机"命令，打开"Active Directory 用户和计算机"控制台窗口，在需要建立组策略对象的域控制器下的Domain Controllers 文件夹上单击鼠标右键，在弹出的快捷菜单中选择"属性"命令，打开"Domain Controllers 属性"对话框，选择"组策略"选项卡，如图 6-2 所示。

在该选项卡中有多个按钮，其中，单击"新建"按钮可直接创建一个新的组策略对象。单击"选项"按钮可打开"选项"对话框进行相关组策略对象替代控制；单击"删除"按钮可从容器中清除或删除组策略对象；单击"编辑"按钮将打开组策略对象编辑器来编辑策略对象；单击"属性"按钮可打开"属性"对话框进行属性设置；单击"向上"和"向下"按钮可以修改组策略对象的优先级。

(2) 在该选项卡中单击"添加"按钮，打开"添加组策略对象链接"对话框，其中有"域/OUs"、"站点"和"全部"3 个选项卡。"域/OUs"和"站点"指定了链接到每个对象的组策略对象。"全部"选项卡允许创建和指定组策略对象，如图 6-3 所示。

图 6-2　"组策略"选项卡

图 6-3　"添加组策略对象链接"对话框的"全部"选项卡

(3) 选择"全部"选项卡，单击工具栏中的"创建新的组策略对象"按钮，在"存储在本域中的所有组策略对象"文本框中将出现一个新的组策略对象，输入新组策略对象的名称后，单击"确定"按钮即可，如图 6-4 所示。

图 6-4　新建组策略

(4) 完成新建组策略之后，返回"组策略"选项卡，必须从中指定需要管理的组策略。后面将会具体介绍如何应用组策略。

6.2.2 筛选 GPO 作用域

组策略对象中的策略仅适用于对组策略对象有"读取"权限的用户，可以筛选组策略对象的范围，通过创建"安全"组，然后给所选组分配"读"权限。

筛选 GPO 作用域的具体步骤如下。

(1) 在"Domain Controllers 属性"对话框的"组策略"选项卡中，选择列表中的组策略对象，然后单击"属性"按钮，打开该策略的属性对话框并选择"安全"选项卡，如图 6-5 所示。

(2) 在该选项卡中单击"添加"按钮，打开"选择用户、计算机或组"对话框，在其中选择合适的用户和组。然后在"权限"列表框中，通过为用户选择合适的权限来允许或禁止组访问组策略对象。也可以通过单击"高级"按钮，打开其高级安全设置对话框进行设置，以提供或终止对组策略对象的访问，如图 6-6 所示。

 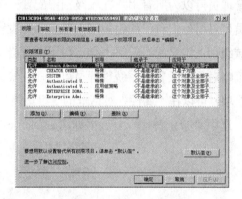

图 6-5　"安全"选项卡　　　　　　图 6-6　高级安全设置

(3) 筛选完组策略的作用域后，单击"确定"按钮即可。

6.2.3 组策略继承

组策略是根据继承顺序在活动目录中指派的。组策略首先在站点应用，然后在域内应用，最后在组织单位内应用。在小型业务环境中这个顺序可能工作得很好，然而在企业环境中可能需要更复杂的组策略设计。系统还提供进一步自定义组策略指派的继承模型的组策略的选项。

1. 继承顺序

当组策略应用到活动目录内的对象时，在应用修改方面就使用继承顺序。根据继承应用的位置，继承顺序确定什么策略将发生影响。例如，当两个策略为一台计算机在不同位置定义发生冲突时，继承顺序将会确定什么策略会发生影响。预定义的顺序建立后，还必须保证不同的策略不会发生冲突。

组策略的继承顺序从用户或计算机对象的最远点开始应用。查看的第一个对象是站点对象，应用的策略也是通过"Active Directory 站点和服务"管理单元进行管理。一旦策略加载到站点对象，接着就是为域对象应用组策略。完成之后，在那个域内分配的组策略就会起作用。如果在站点或域级别上应用的策略与在组织单位设置的策略发生了冲突，组织单位的策略级别更高。如果计算机配置策略已经与用户配置策略同时安装，当发生冲突时用户策略设置就会覆盖计算机配置策略。

2. 继承选项

在一些特殊情况下，组策略的继承顺序并不是完全按照前文提到的那样，还有一些例外的情况，"覆盖继承"和"阻止继承"是进一步自定义组策略的两项特性。

- 覆盖继承

由于组策略的继承顺序，低级别的系统管理员能够覆盖较高级别上设置的组策略。例如，域系统管理员可以为所有用户在域级别中配置一个组策略。按默认设置，域内组织单位的系统管理员可以用他们自己的组策略来覆盖这些设置。通过选中"禁止替代"复选框，就可以确保在域级别上定义的组策略不会被组织单位级别的组策略所取消。需要时，这个选项可以在单个策略对象上设置。系统管理员可以通过安装审核策略来监视这些冲突。要设置"覆盖继承"选项，可以在"属性"对话框的"组策略"选项卡中单击"选项"按钮，打开"选项"对话框，选中"禁止替代"复选框即可，如图 6-7 所示。

图 6-7 "选项"对话框

- 阻止继承

"阻止继承"选项为系统管理员在指定策略方面提供了其他控制，例如，为组织单位等对象所定义策略的附加控制。这个选项可以防止父容器定义的策略在自身内传递。系统管理员可以通过设置阻止继承来防止应用父策略。要应用该设置，可以先为组织单位指定组策略并把该策略标志为"组织策略继承"，这样就能防止父策略被应用。要设置该选项，只要在"属性"对话框的"组策略"选项卡中选中"阻止策略继承"复选框即可，如图 6-8 所示。

图 6-8　"组策略"选项卡

注意

如果使用覆盖继承安装强制策略，阻止策略继承就不起作用了。

6.3　配置组策略对象

在创建了组策略对象后，还需要对组策略对象进行更完善的配置，才能更好地发挥组策略的优势，给计算机和用户管理带来更高的效率和更大的方便。

6.3.1　组策略编辑器

使用组策略编辑器，可以为计算机和用户帐号、应用程序和文件配置安全性、软件及脚本等。

要查看组策略编辑器，可以在"Domain Controllers 属性"对话框中单击"编辑"按钮，打开如图 6-9 所示的"组策略编辑器"窗口。安全设置包括"计算机配置"和"用户配置"节点，每个节点可以进行扩展。要想对各个策略进行设置，可以单击该节点，然后在其打开的对话框中进行设置即可。

图 6-9　"组策略编辑器"窗口

计算机配置文件夹中的设置用于定制计算机配置，或对网络上的计算机强制执行"锁定"策略，操作系统初始化时该设置将发挥作用。如果给计算机分配用户策略，用户策略将应用到登录到计算机的每个用户。

用户配置文件夹中的设置用于定制用户配置，或对网络上的用户强制执行"锁定"策略。这些策略包括所有针对用户的策略，如桌面外观、应用程序设置、分配和发布应用程序等。当用户登录时，该策略发挥作用。

如果要配置特定的设置，可以选定某个设置选项并单击鼠标右键，在弹出的快捷菜单中选择"属性"命令。在打开的"属性"对话框中列出了配置选项时可用的配置参数。其中，"设置"选项卡中显示了为这个选项自定义的设置，"说明"选项卡提供了该选项的说明及其配置设置，如图 6-10 所示。

图 6-10　策略设置

6.3.2　使用管理模板

管理模板是具有扩展名为.adm 的文件，并且用于标识注册表的设置。通过使用"组策略"管理单元，可以修改注册表的设置。在 Windows Server 2003 中的"管理模板"中有两个位置可以写入。应用于"计算机配置"的设置是写在注册表的 HKEY_LOCAL_MACHINE 部分，应用于"用户配置"的设置是写在注册表的 HKEY_CURRENT_USER 部分。如图 6-11 所示是在"计算机配置"的"管理模板"中可用的选项，其中包括"Windows 组件"、"系统"、"网络"等设置。

图 6-11　"组策略编辑器"窗口

一般情况下，指派基于注册表的策略意味着使用组策略 MMC 管理单元，例如，系统管理员可以通过组策略来为域内的每个用户指定配置选项。下面就以 Windows Server 2003 用户配置密码保护的屏幕保护程序为例，说明组策略的应用过程。

通过管理模板应用组策略的具体操作步骤如下。

(1) 系统管理员以 Administrator 身份登录到服务器上，单击"开始"菜单，选择"管理工具"|"Active Directory 用户和计算机"命令，打开"Active Directory 用户和计算机"控制台窗口，在需要建立组策略对象的域控制器下的 Domain Controllers 文件夹上单击鼠标右键，在弹出的快捷菜单中选择"属性"命令，在打开的"属性"对话框中选择"组策略"选项卡，在其中选择 Default Domain Controllers Policy 选项，并单击"编辑"按钮，在打开的"组策略编辑器"窗口依次展开"用户配置"|"管理模板"|"控制面板"|"显示"节点，这时在右边的窗格中可以看到详细的选项，通过这些选项可以设置与"显示"项目相关的 Default Domain Controllers Policy，如图 6-12 所示。

图 6-12　应用组策略的窗口

(2) 在"显示"项目的设置选项中，选择"可执行的屏幕保护程序的名称"选项，打开该选项的"属性"对话框即可启用域的组策略，如图 6-13 所示。

(3) 在"设置"选项卡中，选中"已启用"单选按钮，并在"可执行的屏幕保护程序的名称"文本框中输入 logon.scr，然后单击"确定"按钮，如图 6-14 所示。

(4) 然后在"显示"项目的设置选项中选择"密码保护屏幕保护程序"选项，打开该选项的"属性"对话框，启用该策略。这样就启用了两个策略，而一旦策略启用之后，就会立即起作用。

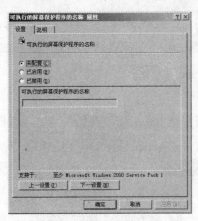

图 6-13　"可执行的屏幕保护程序的名称属性"对话框　　　图 6-14　启用策略

6.3.3　使用脚本

脚本用于管理用户环境。Windows Server 2003 为下列脚本提供了支持。

- 计算机启动
- 计算机关机
- 用户登录
- 用户注销

系统管理员在 Windows Server 2003 中使用的脚本已经不再限于早期 Windows 版本中的功能。Windows Server 2003 脚本受 Windows 脚本主机的支持。Windows 脚本主机还支持 VBScript 和 Jscript。

在计算机网络初始化连接之后，计算机启动脚本开始运行，并且在终止网络连接之前计算机关机脚本开始运行。因为计算机启动脚本或者关机脚本以上述的方法运行，那么管理员就必须保证脚本可以访问网络资源。在计算机启动脚本运行之后，用户登录脚本执行；在计算机关机脚本运行之后，用户注销脚本执行。

计算机启动脚本和计算机关机脚本都以本地计算机帐户的环境运行。用户登录和用户注销脚本都在用户的环境中运行。可以通过在"计算机配置"和"用户配置"的"脚本"节点中添加脚本来进行设置。

添加脚本到组策略中的具体操作步骤如下。

(1) 在"组策略编辑器"窗口依次展开"计算机配置"|"Windows 设置"节点，选择"脚本"选项，在右边的窗格中将显示详细的选项设置，如图 6-15 所示。

图 6-15 "脚本"的具体设置选项

(2) 在右边的窗格的 "启动"选项上单击鼠标右键，在弹出的快捷菜单中选择"属性"命令，打开其"属性"对话框，如图 6-16 所示。

(3) 在"脚本"选项卡中单击"添加"按钮，在"添加脚本"对话框的"脚本名"和"脚本参数"文本框中输入相应的脚本文件名，也可以单击"浏览"按钮选择脚本文件，然后单击"确定"按钮确认输入即可，如图 6-17 所示。

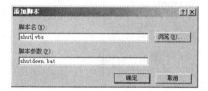

图 6-16 "启动属性"对话框   图 6-17 "添加脚本"对话框

(4) 这样在"启动属性"对话框中就会显示出添加完成后的脚本文件，单击"确定"按钮即可应用该脚本，如图 6-18 所示。

图 6-18 添加脚本后的"启动属性"对话框

6.3.4 文件夹重定向

用"文件夹重定向"可以把位于用户配置文件的多个文件夹重定向到其他位置,如网络共享的位置。这些文件夹是 Application Data、"开始"菜单、My Documents 和桌面。这样如果管理员把用户的"我的文档"文件夹重定向到\\server\%username,那么当用户从一台计算机漫游到另一台计算机时其"我的文档"文件夹仍然可以使用;而且这样也允许用户对文档进行备份。文件夹重定向的好处还在于当用户从网络脱机时,通过使用"脱机文件夹"用户还可以使用"我的文档"。

使用"文件夹重定向"是从"用户配置"节点完成的,下面的步骤说明了如何为用户重定向文件夹。

(1) 在"组策略编辑器"窗口依次展开"用户配置"|"Windows 设置"|"文件夹重定向"节点,这时会在右边的窗格中看到"文件夹重定向"的详细选项设置,如图 6-19 所示。

(2) 从"文件夹重定向"选项中右击"我的文档"选项,从弹出的快捷菜单中选择"属性"命令,打开其"属性"对话框,如图 6-20 所示。

图 6-19 "文件夹重定向"的详细选项　　　图 6-20 "我的文档属性"对话框

(3) 在"我的文档属性"对话框的"目标"选项卡中的"设置"下拉列表中可以选择"基本-将每个人的文件夹重定向到同一个位置"选项,然后在"目标文件夹位置"下拉列表中选择文件夹的存放位置,如图 6-21 所示。

(4) 在"目标"选项卡中的"设置"下拉列表框中还可以选择"高级-为不同的用户指定位置"和"未被配置"选项,然后再进行相应的设置。

(5) 在"目标"选项卡选择相应的选项后,选择"设置"选项卡,从中选中"授予用户对我的文档 的独占权限"复选框。同时在"策略删除"选项区域中选择"策略被删除时,将文件留在新位置"单选按钮,如图 6-21 所示,这样在删除策略时用户的文档不会也被删除。

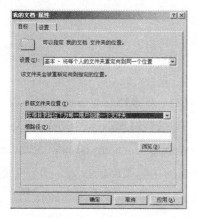

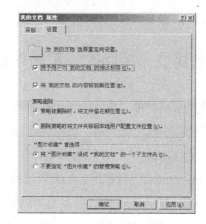

图 6-21 "目标"选项卡　　　　　　　图 6-22 "设置"选项卡

(6) 单击"确定"按钮，即可完成为"我的文档"的文件夹重定向设置了。

　　用户在选择设置文件夹重定向的"设置"选项卡时，要特别慎重。如果重定向策略被删除时，重定向策略指定文件夹将重定向返回本地用户配置文件位置，但是没有指定重定向期间该内容会移动，则用户可能再也不能看见该文件夹的内容了。在这种情况下，用户文件保持在策略仍然有效时指定的位置。

6.4 组策略对象的委派控制

　　实施组策略的一个重要因素是组织单位的当前管理模型和组策略融入该模型的方法。在很小的环境中一个或两个系统管理员就可以共享管理每个人的组策略责任，但是在一个复杂的庞大的环境中就无法简单的实施组策略了。组策略的一个特性就是把管理策略的管理控制委派给其他用户的能力。这个功能提供了创建了可以伸缩的基础结构，以及适合各个商业需要的能力。

　　可以把管理任务的委派分为 3 个单独的功能，这些功能既可以共同执行也可以互相独立地执行。组策略管理任务的 3 个功能如下。

● 创建组策略对象。

● 修改组策略对象。

● 管理到站点、域或组织单位的组策略对象链接。

　　要创建或管理组策略，必须授予系统管理员"读取"和"写入"的权限，这些权限可以是明显授予用户的，也可以是通过安全组成员隐含授予的。通过提供系统管理员这种级别的访问权限，就能够委派管理任务。

6.4.1 创建委派控制的组策略对象

要创建组策略对象，系统管理员必须拥有对站点、域或组织单位的读取和写入权限。默认情况下系统存在几个安全组，这些组已经具有创建这些对象的适当权限。在这些组中除了 Local operating system 之外，还包括 Domain administrators、enterprise administrators 和 Group policy administrators。要授予非系统管理员用户来创建组策略的权限，可以把他们添加到 Group policy administrators 组。一旦组策略对象被 Group policy administrators 组的成员创建，这些成员就拥有了该对象的创建者及其所有者的权利，这就允许该组的成员可以修改该组策略对象。

创建委派控制的组策略对象的操作步骤可参考 6.2.1 节的创建组策略对象的步骤，只是在这里需要为创建的组策略对象添加合适的用户及其权限。在"组策略对象 属性"对话框中选择"安全"选项卡，可以从中单击"添加"按钮选择适当的用户，如图 6-23 所示。

如果还需要对组策略对象的用户权限进行高级的设置，可以在"安全"选项卡中单击"高级"按钮，打开"高级安全设置"对话框来进行设置，如图 6-24 所示。

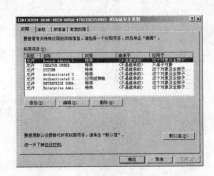

图 6-23　"安全"选项卡　　　　图 6-24　"高级安全设置"对话框

6.4.2 更改组策略对象

在创建组策略对象时，按照默认设置组策略对象的 Domain administrators、enterprise administrator、operating system 和 creator owner 都能够修改它。另外，"应用组策略"访问控制项没有设置，因而该策略将不影响它们组内的这些用户；但是这些用户可以通过成为 authenticated users 来继承"读取"和"应用组策略"权限。

打开"Active Directory 用户和计算机"控制台窗口，右击要创建组策略对象的域控制器下的 Domain Controllers 文件夹，从弹出的快捷菜单中选择"属性"命令，在打开的"Domain

Controllers 属性"对话框中选择"组策略"选项卡，从中选择以前创建的"测试的组策略对象"，并单击"属性"按钮打开该策略的"属性"对话框。选择"安全"选项卡，单击"添加"按钮并选取要添加到策略中的组。按照默认设置，这个组将给予对这个策略的"读取"权限，也可以在"权限"列表框中选中其他权限。如果有必要，也可以单击"高级"按钮以进一步自定义具有策略对象的这个组的权限，如图 6-25 所示。

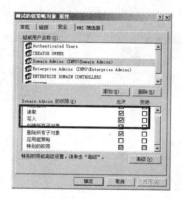

图 6-25　为组策略对象的管理访问添加新组

6.4.3　管理链接到站点、域或组织单位的组策略对象

策略创建和设置后，必须把它应用到对象以便发挥作用。组策略对象只能够用于站点、域或组织单位。要指定什么对象与组策略对象相关联，必须设置到该站点、域或组织单位的链接。要为新组创建管理组策略对象链接的能力，需要使用 Windows Server 2003 提供的委派控制向导。

下面是委派组策略链接管理的具体步骤。

(1) 在"Active Directory 用户和计算机"控制台窗口中右击站点、域或组织单位，从弹出的快捷菜单中选择"委派控制"命令，打开"控制委派向导"首页，如图 6-26 所示。

(2) 在"欢迎使用委派控制向导"对话框中单击"下一步"按钮，打开"用户和组"对话框，如图 6-27 所示。可以在"选定的用户和组"列表框中选定一个或多个要委派控制的用户和组，也可以单击"添加"按钮，从"选择用户、计算机和组"对话框中选择要添加的用户和组。

图 6-26　"控制委派向导"首页

图 6-27　"用户和组"对话框

(3) 选定用户和组后，单击"下一步"按钮打开"要委派的任务"对话框。在该对话框中可以选择"委派下列常见任务"单选按钮，然后在任务列表框中选择相应的任务；也可以选择"创建自定义任务去委派"单选按钮，如图 6-28 所示。

(4) 如果选择系统默认的委派任务，则单击"下一步"按钮，将出现完成创建的对话框，单击"完成"按钮即可。如果选择了自定义委派任务，则单击"下一步"按钮后会打开"Active Directory 对象类型选择"对话框，用户可以指定要委派的对象范围，如图 6-29 所示。

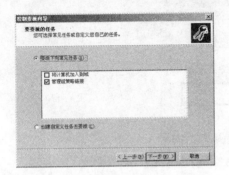

图 6-28　"要委派的任务"对话框

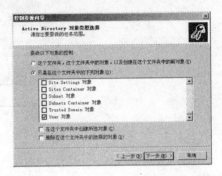

图 6-29　"对象类型选择"对话框

(5) 在自定义了委派对象的范围后，单击"下一步"按钮将打开"权限"对话框，用户可以从中设置委派对象的权限，如图 6-30 所示。

(6) 确定好委派的权限后，单击"下一步"按钮，将打开完成创建的对话框，如图 6-31 所示，单击"完成"按钮，即可完成委派控制的设置。

图 6-30　"权限"对话框

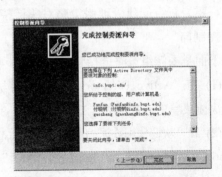

图 6-31　完成控制委派的设置

第三篇 资源管理与系统维护

性能监视与优化

第 7 章

Windows Server 2003 内部集成了许多自动的网络性能优化功能，从而确保基于 Windows Server 2003 为服务器的网络在大多数环境下都能表现出良好的性能。了解一些关于 Windows Server 2003 的网络维护与管理方面的知识，学会以最快的速度找到最大程度减慢网络速度的资源，以使 Windows Server 2003 服务器可以满足网络上客户机的需求，是管理员的重要工作。本章将着重介绍如何在 Windows Server 2003 系统下进行网络维护与管理方面的知识。

 本章知识点

- 网络性能的瓶颈
- 使用性能监视器监控网络
- 使用网络监视器监控网络
- 创建捕获程序
- 提高网络性能

7.1 添加网络组件

用户在安装 Windows Server 2003 之后，可能遇到这样的情况，即用户在安装系统时没有将所有的网络服务、网络协议或网络工具组件都安装在系统中。当用户需要服务器系统启动某项管理或服务功能(如 DHCP 服务、Windows Internet 命名服务或网络监视功能)时，由于缺少这些网络组件而使该功能或服务无法启动。这时用户便需要手动为系统添加网络组件。

下面就介绍如何将未安装的网络组件添加到系统中。

(1) 打开"开始"菜单，选择"控制面板"|"添加或删除程序"命令，打开"Windows 组件向导"对话框。在该对话框的"组件"列表框中，系统给出了用户可以选择安装的网络组件，其中包括"管理和监视工具"、"其他的网络文件和打印服务"和"网络服务"3 大类网络组件，如图 7-1 所示。

(2) 用户可以选中组件选项前面的复选框以便确认安装该类组件。如果用户选定某类组件后，复选框显示为灰色，则表示系统只安装该组件的一部分。此时可以单击"详细信息"按钮或者双击该组件选项，打开该类组件的详细内容对话框来选择要安装的子组件。

(3) 在"组件"列表框中双击"管理和监视工具"选项，打开"管理和监视工具"对话框，如图 7-2 所示。

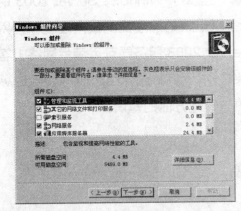

图 7-1 "Windows 可选的网络组件向导"对话框   图 7-2 "管理和监视工具"对话框

(4) 在"管理和监视工具的子组件"列表框中选中"连接点服务"选项前边的复选框，单击"确定"按钮将返回到"Windows 组件向导"对话框。

(5) 在"Windows 组件向导"对话框中的"组件"列表框中双击"网络服务"选项，打开"网络服务"对话框，如图 7-3 所示。

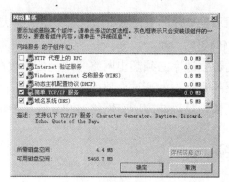

图 7-3 "网络服务"对话框

(6) 单击"确定"按钮后，在"Windows 组件向导"对话框中单击"下一步"按钮，系统将自动在 Windows Server 2003 的安装光盘中查找安装组件所需的文件。如果用户仍未将安装光盘放入到光盘驱动器中，系统将自动打开一个对话框，提示用户插入 Windows Server 2003 安装光盘。

(7) 用户需要将 Windows Server 2003 的安装光盘插入到光盘驱动器，然后单击"确定"按钮，系统将自动对选择安装的网络组件进行安装配置。完成网络组件的安装和配置工作后，系统会提示用户网络组件安装完成。

7.2 网络性能概述

在使用 Windows Server 2003 提供的性能监视器和网络监视器等性能监视工具对网络性能进行监控之前，还应了解一些网络性能方面的基础知识。例如，管理员或用户必须知道 Windows Server 2003 是否存在性能瓶颈，如何才能发现性能瓶颈的存在，以及判定网络性能优劣的标准等问题。本节将介绍有关网络性能方面的基础知识。

7.2.1 网络性能优劣的判定标准

在一般的计算机网络中，客户机工作的速度通常与客户机所访问的网络的运行速度紧密相连，因此，网络的速度会限制连接在网络上的每台计算机的速度。从客户机的角度来看，有许多影响网络响应速度的因素，但影响最大的两个因素就是网络带宽的可利用率和网络中服务器的响应速度。

那么，管理员或用户应以何种标准来区分网络的速度是否会限制客户机的速度呢？当有很多的计算机竞争使用单一共享介质的子网或者计算机能够比网络数据链路所支持的数据速率(或者带宽)更快地处理数据时，亦或是网络服务器的性能过低而不能快速地响应客户机的请求时，管理员或用户就可以判定该网络将限制网络客户机的速度。相反，如果网络立即可利用或者数据链路带宽大于客户机所能处理的数据总量以及服务器能够快速地响应客户计算机请求，那么网络的速度将不会限制网络客户机的速度。因此，一个快速的网络必须具备以下条件。

- 数据链路所支持的数据速率必须超出网络客户机处理数据的能力。
- 访问网络共享介质的竞争不能超过介质的负载限度。
- 服务器必须足够地快，足以响应所有网络客户计算机的请求。

7.2.2　网络性能瓶颈

这里所讲的瓶颈主要是指安装有 Windows Server 2003 操作系统的服务器中限制网络性能的因素。例如，较小的内存限制了处理器可以运算数据的速度，从而限制了服务器的处理器可以访问内存的速度的处理性能。如果内存可以比处理器更快地响应请求，那么处理器就是瓶颈。

网络的性能总是要受到服务器性能瓶颈的影响。也许用户或管理员根本不会注意到瓶颈的存在，因为服务器也许比所干的工作需要的速度运行更快。如果仅仅把服务器用于字处理，那么服务器的速度就不会限制工作的速度；但是，如果服务器需要响应几百台客户机甚至是几千台客户机的请求，那么发现瓶颈的代价就是客户机必须花费许多时间等待服务器的响应。

用户或管理员总是可以对服务器进行优化，查找其面临最大负载量的资源，然后来减轻资源的负载量，使服务器具有更高响应能力。理解 Windows Server 2003 如何获得其最佳性能以及如何增加 Windows Server 2003 服务器的性能是重要的。即使并不需要服务器的速度有多快，理解服务器中何处存在瓶颈，对于管理员进行服务器的性能调整也是很有用的。

要想查找网络性能的瓶颈，就必须测量系统中不同资源的运行速度。速度测量使用户能够找到一种处于峰值执行状态因而导致了瓶颈的资源。不同的资源需要不同的衡量方法，例如，网络流量以利用率百分比来衡量，而磁盘吞吐率则以每秒兆字节来衡量。

要想查找服务器中的瓶颈，应该首先运行本章后面将要讨论的性能监视器应用程序。然后把服务器的负荷降低至引起所想要的性能更坏的范围之下。把多台客户机连接到网络文件服务器并开始复制文件。

性能与网络监视器会提示用户几个方便的衡量方法并进行更深入地搜索，查找精确的瓶颈所在。例如，如果显示了处理器时间及磁盘时间之后，掌握了磁盘正处于运行峰值，那么就知道应该集中精力于与磁盘相关的衡量方法。或者如果网络监视器显示网络处于界限负荷之下，那么就争取查找正在处于极限传输状态的客户机，并确定那些客户机的信息流量是否合适。如果情况果真如此，那么应该争取把子网进一步分成两个以上的子网段或者更新至更快的数据链路技术。

查找瓶颈仅仅是成功的一半，更重要的工作是如何消除查找到的瓶颈。通常用户能够使用更详细的测量方法，以确定使网络负载下降的具体活动。例如，如果确定网络利用率高，那么应该使用网络监视器确定是哪一台计算机产生了那么大的负荷，原因又是什么。也许会发现网络上存在一台失灵的设备，其产生了沉重的信息量；或者复制或备份计划产生了远远超过了所设想的网络流量。以上这些问题都易于纠正，然而有时却会发现网络不仅仅是速度不够快，而且主要结构在顺序上也发生了改变。

使网络达到最高性能是一种连续不断的进程。一旦已经消除了系统中的主要瓶颈之后，就又重新开始查找并消除下一个新的瓶颈。系统中总是有瓶颈存在，因为一种资源总会导致其他资源等待。因此，查找影响网络性能的瓶颈并且将其消除的工作需要管理员重复不断地进行。

7.3　使用性能监视器监控网络

网络会导致很多性能问题，如果问题涉及到网络硬件、缆线或网络流量，那么该问题就很难发现。"性能监视器"提供了衡量通过服务器的网络流量的计数器，网络流量由重定向器和服务器软件处理。

Windows Server 2003 的重定向软件(RDR.SYS)可以转发请求，而服务器软件(SRV.SYS)接收并解释传入的消息，每台计算机至少使用一种协议来处理分组格式化和路由。Windows Server 2003 支持几种服务器协议，包括 NeBEUI 和 TCP/IP。服务器、重定向器、NeBEUI 和 TCP/IP 均能产生一组表现为"性能监视器"的计数器的统计信息。不正常的网络计数器值表明服务器的内存、处理器或磁盘出了问题。因而，监控服务器的最好方法是与其他计数器如 %Processor Time，%Disk Time 和 Pages/sec 一起使用。

用户可以参考如下步骤来使用"性能监视器"跟踪 TCP/IP 的性能。

(1) 打开"开始"菜单，选择"管理工具"|"性能"命令，系统将打开"性能"窗口，如图 7-4 所示。

(2) 在"性能"窗口的工具栏中单击"+"按钮，系统将打开"添加计数器"对话框，如图 7-5 所示。

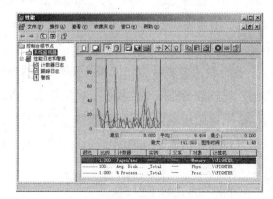

图 7-4　"性能"窗口

图 7-5　"添加计数器"对话框

(3) 在"添加计数器"对话框中，用户首先需要选择希望监控的计算机，可以选择"使用本地计算机计数器"单选按钮使监视器监控本机的某项性能；也可以选择"从计算机选择计数器"单选按钮，然后再从下面的下拉列表框中选择本机或已经连接的网络计算机作为监控的对象。接下来需要在"性能对象"下拉列表框中选择要监控的性能对象。例如，Server、DNS、DHCP Server 等。这里主要添加了前面提到的一些针对网络性能的对象类型。选定一种性能对象后，该对象的计数器便显示在"计数器"列表框中，选定所需的计数器并单击"添加"按钮即可。

(4) 单击"关闭"按钮后，系统将返回"性能"窗口，这时便可看到系统已经开始用选定的计数器对相应的对象进行监控，如图 7-6 所示。

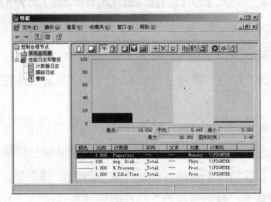

图 7-6   性能监视器对网络进行监控

7.4   网络监视器监控网络

Windows Server 2003 的网络监视器实现了第三方网络分析器的许多相同功能。网络监视器是专用的硬件工具，很容易适应不同类型的网络，物理电缆布线，大型捕获缓冲器以及较高操作，尽管在网络访问和速度方面受到运行其中的宿主机的限制，但 Windows Server 2003 网络监视器仍然易于操作且可被快速配置和设置以捕获数据。

Windows Server 2003 网络监视器可以运行在一台或者多台客户机和服务器上。网络监视器必须能够通过网络从网络计算机上获取数据，这就需要跟网络监视器连接的任意一台计算机上装入 Windows Server 2003 网络监视器代理，网络监视器会穿过网络直接与装在网络计算机上的协议堆栈中的监控代理打交道，通过交互作用在本地计算机或者网络上的任何一台计算机上进行监控，达到捕获网络信息流量的目的。

Windows Server 2003 网络监视器捕获信息流量的方式如下。

- 捕获所有网络数据并用显示过滤器显示出有意义的数据包。
- 限制捕获通过捕获过滤器定义的数据。
- 直到特定触发器事件出现才停止捕获网络信息流量，可以通过创建定制的捕获触发器在指定事件出现后停止数据捕获。识别出触发器后，Microsoft 网络监视器将关闭捕获模式并等待操作员动作。

注意

Windows Server 2003 网络监视器对计算机系统的内存要求比较高，一般至少需要32M 内存。这是因为网络监视器使用内存捕获文件，捕获文件填满后会覆盖已存在的数据，从而造成数据的丢失。而且网络监视器对内存的要求主要取决于网络流量，网络流量的范围越大捕获文件就越大，对运行监视器的计算机的内存要求也就越高。

7.4.1 网络监视器窗口

Windows Server 2003 网络监视器的主窗口主要由 4 个平铺的窗格组成，包括 Network Graph(网络图表窗格)、Session Statistics(会话统计窗格)、Station Statistics(站统计窗格)、Total Statistics(汇总统计窗格)。要打开网络监视器窗口，可以打开"开始"菜单，选择"管理工具"|"网络监视器"命令即可，如图 7-7 所示。

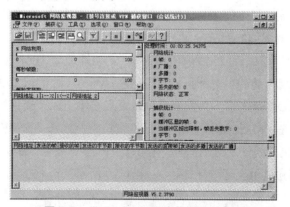

图 7-7 "Microsoft 网络监视器"窗口

1. 网络图表窗格

网络图表窗格主要是以图表的形式显示某一瞬间网络的使用情况。在"Microsoft 网络监视器"窗口中，打开"窗口"菜单取消选择"总共统计"、"会话统计"和"机器统计"3个命令选项，而只选择"图表"命令，使"Microsoft 网络监视器"窗口单独显示网络图表窗格，其中包含 5 个条状图形，每个图形显示单个值的瞬间读取结果，如图 7-8 所示。

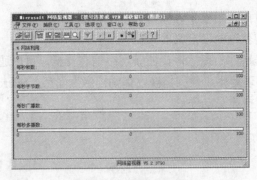

图 7-8　图表窗格信息

图 7-8 中的 5 个条状图形的说明如下。

- 网络利用：显示网络带宽被利用的百分率。
- 每秒帧数：显示网络上传送的帧数。
- 每秒字节数：显示统计的网络上传输的字节数。
- 每秒广播数：显示统计的每秒网络上广播数据包数。
- 每秒多播数：显示每秒网络上统计到的多址发送的数据包数。

通过网络图表窗格可以快速查看网络的运行状况。图表上有用的主要部分是"网络利用"、"每秒广播"和"每秒多播数"，如果这 3 部分显示的值比较高，则说明网络中可能有太多不必要的信息流量。

2. 会话统计窗格

会话统计窗格中显示了不同网络计算机间会话的概要列表，网络计算机被标记为 1 和 2，列 1—>2 显示计算机 1(左边的列)向计算机 2(右边的列)发送的字节数；列 1<—2 显示计算机 2 向计算机 1 发送的字节数；列"网络地址 1"和"网络地址 2"分别显示宿主计算机的 MAC 地址。如果管理员发现一边的宿主计算机发送信息，而另一边的宿主计算机没有应答，则表明此种信息流属于 UDP 或者广播信息和多地址发送传输组成。会话统计窗格对检测支配网络的宿主机很有用。在"Microsoft 网络监视器"窗口中，打开"窗口"菜单取消选择"总共统计"、"图表"和"机器统计"3 个命令选项，只选择"会话统计"命令选项即可使"Microsoft 网络监视器"窗口单独显示会话统计窗格，如图 7-9 所示。

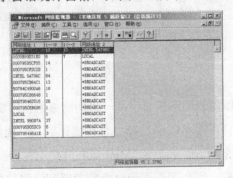

图 7-9　会话统计窗格

3. 机器统计窗格

机器统计窗格显示出所捕获的每个宿主计算机发送的总帧数的概要信息。宿主计算机的传送情况通过发送和接收的帧数、发送和接收的字节数、直接帧发送数以及多地址传送的帧数和发送的广播信息来表示，在"Microsoft 网络监视器"窗口中，打开"窗口"菜单取消选择"总共统计"、"图表"和"会话统计" 3 个命令选项，只选择"机器统计"命令选项即可使"Microsoft 网络监视器"窗口单独显示机器统计窗格，如图 7-10 所示。

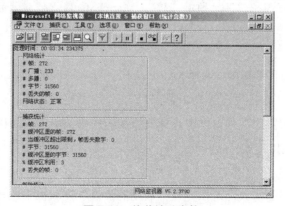

图 7-10　机器统计窗格

机器统计窗格在比较每台宿主机发送和接收到的信息时是非常有用的，如果一个单独的宿主计算机在网络中占据支配地址，则该主机的字节统计数将提升网络的利用百分比。

4. 总共统计窗格

总共统计窗格显示的统计信息描述了检测到的网络流量，包括捕获到的帧和字节数、缓冲区里的帧和字节数、每秒网络使用统计、网络的使用状况及网络状态统计。这些统计信息是作为时间的函数被捕获的。在"Microsoft 网络监视器"窗口中，打开"窗口"菜单取消选择"机器统计"、"图表"和"会话统计" 3 个命令选项，只选择"总共统计"命令选项即可使"Microsoft 网络监视器"窗口单独显示总共统计窗格，如图 7-11 所示。

图 7-11　总共统计窗格

总共统计窗格对管理员全面监控网络活动、管理捕获文件以及观察错误是非常有用的。

7.4.2 创建捕获筛选器

由于许多协议都是同多个信源、信宿地址以及消息类型混合在一起的，所以网络数据的出现和消失都是随机的。Microsoft 网络监视器的出现有利于管理员区分通过网络传递的看似随机的数据。

在 Microsoft 网络监视器中可以判断数据通过网络时的方向，这意味着所创建的筛选器可以指定是否将捕获流入或流出特定设备的数据。也可以把数据方向设置为捕获传入或者传出指定地址的数据包。数据方向使得管理员不用捕获网络上传送的所有数据即可观察到发向用户计算机的数据。

捕获过滤程序使用以下参数对网络流量进行过滤。

- 网络地址：如果在捕获过滤器中配置了地址，Microsoft 网络监视器会用适当的 MAC 地址测试每个网络数据包。如果信息流量中包含正确地址，就会被收集在捕获缓冲区中。
- 捕获协议：可以把捕获过滤器配置为只捕获与指定协议匹配的数据包。
- 捕获模式：创建的过滤器可以按照数据包中指定的模式来匹配数据包数据。
- 方向：Microsoft 网络监视器可以观察数据的方向，通过该特性可以用地址、协议、模式或方向隔离特定的站点，以便观察流入或流出该计算机的数据。

下面是创建捕获筛选器的具体操作步骤。

(1) 在 "Microsoft 网络监视器" 窗口中，选择 "捕获" | "筛选器" 命令，打开 "捕获筛选器" 对话框，如图 7-12 所示。

注意

在创建 "捕获筛选器" 之前必须停止 Microsoft 网络监视器的捕获工作，可以通过选择 "捕获" | "停止" 命令来停止 Microsoft 网络监视器。

(2) 在列表框中的目录树中，选择 SAP/ETYPE=Any SAP or Any ETYPE 节点。然后单击 "编辑" 按钮，打开 "捕获筛选器 SAP 和 ETYPE" 对话框，如图 7-13 所示。

(3) 在 "被禁用的协议" 列表框中选择要添加的协议，单击 "启用" 按钮即可允许该协议有效并添加到 "启用的协议" 列表框中；如果要添加全部的禁用协议，可以单击 "全部启用" 按钮。

(4) 要禁用已启用的协议，可以先在 "启用的协议" 列表框中选择要禁用的协议，然后单击 "禁用" 按钮即可；如果要禁用全部已启用协议，可以直接单击 "全部禁用" 按钮。

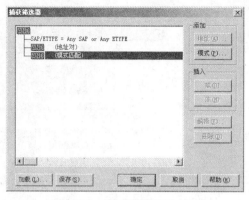

图 7-12　"捕获筛选器"对话框

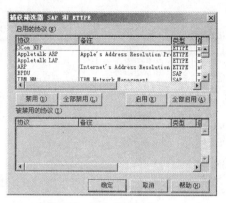

图 7-13　添加捕获协议

(5) 单击"确定"按钮返回到"捕获筛选器"对话框。

(6) 要添加捕获筛选器地址及设置数据方向，可以在目录树中选择"AND(地址对)"节点，然后单击"地址"按钮，打开如图 7-14 所示的"地址表达式"对话框。

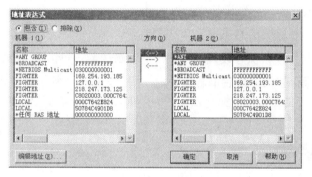

图 7-14　添加地址和设置数据方向

(7) 在"地址表达式"对话框中可以选择"包含"或者"排除"单选按钮。如果选择"包含"单选按钮，则意味着如果一个数据包符合捕获筛选器的地址表达式，则该数据包会被捕获；如果选择"排除"单选按钮，则意味着如果一个数据包符合捕获筛选器的地址表达式要求，则该数据包不会被 Microsoft 网络监视器所捕获，即使该数据包符合一个或者多个地址表达式的要求。

(8) 要编辑地址，可以单击"编辑地址"按钮打开"地址数据库"对话框，如图 7-15 所示。

(9) 编辑完地址后，返回"地址表达式"对话框，从"机器(1)"列表框中选择一个机器，再从"机器(2)"列表框中选择一个相对应的机器，然后从"方向"文本框中选择一个方向：<——>、——>或者<——。

(10) 单击"确定"按钮，完成地址的添加并返回到"捕获筛选器"对话框。

(11) 要添加捕获模式，可以在目录树中选择"AND(模式匹配)"节点，单击"模式"按钮打开 "模式匹配"对话框，如图 7-16 所示。

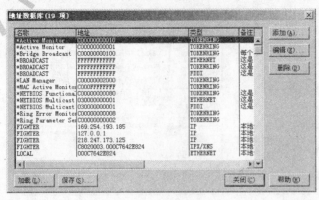

图 7-15 "地址数据库"对话框   图 7-16 添加捕获模式

(12) 在"模式"文本框中输入模式名称，注意如果选中"十六进制"单选按钮，则输入的模式为十六进制捕获模式；如果选择 ASCII 单选按钮，输入的模式则为 ASCII 码捕获模式。在"偏移值(十六进制)"文本框中输入一个十六进制数来指定出现在帧中的多少字节处。要从帧的开始处开始搜索模式，则选择"从帧的开头"单选按钮；要从拓扑标头之后开始搜索模式，则选择"从拓扑标头信息末尾"单选按钮。

(13) 单击"确定"按钮保存设置并返回"捕获筛选器"对话框。单击"保存"按钮，可以将捕获过滤程序保存起来。最后单击"确定"按钮，关闭"捕获筛选器"对话框，完成捕获过滤程序的配置。

7.4.3 创建触发器

触发器是一种当符合一系列指定条件时被执行的动作。使用 Microsoft 网络监视器从网络捕获数据之前，可以设置触发器来停止捕获或者执行命令文件。如果使用 Microsoft 网络监视器代理进行远程捕获，则可以在远程系统上设置触发器。在远程捕获上所设置的运行触发器常常在远程系统上运行。如果触发器涉及程序或批处理文件的执行，则该执行对于远程系统上的用户是不可见的。

要创建触发器，可以参照下面的步骤。

(1) 在"Microsoft 网络监视器"窗口中，选择"捕获"|"触发器"命令，打开"捕获触发器"对话框，如图 7-17 所示。

注意

在创建捕获触发器之前，必须先停止 Microsoft 网络监视器捕获网络信息。

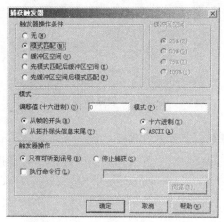

图 7-17 "捕获触发器"对话框

(2) 在"触发器操作条件"选项区域中选择一个单选按钮。例如，选择"先缓冲区空间后模式匹配"单选按钮将使触发器先检查缓冲区，然后再进行模式匹配。

(3) 在"缓冲区空间"选项区域中选择启动触发器之前捕获缓冲区必须填满的最大百分比。例如，选择75%单选按钮，则当捕获缓冲区被填满75%时启动触发器。

(4) 在"模式"选项区域中，在"偏移值(十六进制)"文本框中输入一个十六进制数，用来指定模式出现在帧中的多少字节处；要从帧的开头开始搜索模式，则选择"从帧的开头"单选按钮，要从拓扑标头之后开始搜索模式，则选择"从拓扑标头信息末尾"单选按钮；在"模式"文本框中输入要的匹配模式，但在输入十六进制模式前应先选择"十六进制"单选按钮，在输入 ASCII 码模式前应选择 ASCII 单选按钮。

(5) 在"触发器操作"选项区域中，可以指定触发器匹配之后 Microsoft 网络监视器要采取的动作。如果只需要讯号提示，可以选择"只有可听到讯号"单选按钮；如果要停止捕获，可以选择"停止捕获"单选按钮。另外，还可以选中"执行命令行"复选框，并在其后的文本框中输入可执行文件的路径。

(6) 单击"确定"按钮保存设置。

7.4.4 缓冲区设置

Microsoft 网络监视器器可以捕获的数据总量依赖于捕获缓冲区大小，首次启动 Microsoft 网络监视器时，其默认的缓冲区大小为 1MB，管理员应设置缓冲区增大其值，因为一个良好的工作缓冲区其大小应为 10MB 或者更多。

要配置捕获缓冲区，可以参照下面的步骤。

(1) 在"Microsoft 网络监视器"窗口中，选择"捕获"|"缓冲区设置"命令，打开"捕获缓冲区设置"对话框，如图 7-18 所示。

图 7-18　设置缓冲区

(2) 从"缓冲区大小(MB)"下拉列表框中选择一个新值或者直接输入一个新值,来更改捕获缓冲区大小。从"帧大小(字节)"下拉列表框中选择或者直接输入一个值,来改变每帧捕获到的数据字节数目。

(3) 单击"确定"按钮完成设置。

注意

　　如果所设置的缓冲区的大小超过了物理内存总量,则会因为内存与分页文件之间的互换而丢失帧。而且每帧捕获到的数据字节数严格依赖于试图解决的问题,如果问题与数据损坏或者特定的数据序列有关,则必须捕获尽可能多的数据。

7.4.5　捕获数据

　　前面详细介绍了捕获过滤程序和触发器的创建以及缓冲区的设置,本节将在此基础上介绍数据捕获的过程。用 Microsoft 网络监视器进行数据捕获既快又简单,可以先按照上面所述创建捕获过滤程序和触发器,并设置缓冲区大小,然后选择"捕获"|"开始"命令,开始捕获进程。捕获完毕,选择"捕获"|"停止且查看"命令,停止捕获进程并查看捕获缓冲区中的数据,如图 7-19 所示。

图 7-19　查看缓冲区捕获的数据

7.5 提高性能

当网络开始运行较慢时，提高网络运行速度可能会很困难。但可以采用以下几种可行的方式来提高网络性能，主要包括：减少信息流量、增加子网数目和提高网络速度 3 种方式。本节便对这 3 种提高网络性能的方式分别进行介绍。

7.5.1 减少信息流量

当环境允许时，减少信息流量的方式是最好的。因为，不论当前网络的结构如何，这种方式都会起作用，而且并不需要任何物理改变。减少信息流量也许意味着本地化部门子网中的服务器，或者把网络应用程序迁移到较低带宽的 Internet 客户机/服务器协议。

无系统的方式减少网络信息流量必须使用本章后面所讨论的工具监控网络，来决定是否可以减轻网络上的信息流量负荷。然而用户可以查看以下几个问题区域。

- 产生过量信息流量的用户并查找其过量的原因，如果并没有有效的与工作相关的理由，则应鼓励那些用户停止使用网络。
- 运行 Windows 的无盘工作站，这些 Windows 无盘工作站产生了网络上的巨大负荷。硬盘的价格与网络升级费用相比是很便宜的，所以考虑为那些无盘工作站计算机添加硬盘，并从本地硬盘上引导操作系统。
- 争取存储在真正客户机/服务器应用网络上的数据逐年的降低。例如，有时需要把一个存储在服务器上的 Access 数据库迁移到使用 Access 的前端客户机应用程序与后端 SQL 服务器的客户机/服务器数据库。

减轻网络负荷通常包括找出产生最大网络负荷的计算机，确定该计算机产生如此大的网络负荷的原因，如果可能的话可以减轻由某一具体计算机所产生的网络负荷。重复执行以上过程，直到不可能进一步减轻网络负荷为止，这样就把网络信息流量降至了某种可行的程度。

7.5.2 增加子网数目

增加子网数目是次要的方法。这种方法等价于构建更多的通路，从而可以减轻信息流量拥塞，而不是仅仅提高速度限制。除非网络远远落后于信息流量的要求，否则简单地将该共享介质型网络拆分为多个由网桥、路由器或者执行路由服务的服务器所连接的子网，将能够从中获得诸多好处。

与高速公路相比，拆分网络与建设更多的高速公路相同。在理论上讲，加倍了冲突域的数量也就减少了每部分一半的信息流量。然而，这种方法仅仅可用于保证转换双方都处于同一子网络的情况。例如，如果拆分了网络，而网络上花费大多数时间进行通信的计算机处于不同的子网上，那么就还没有解决问题。这两台计算机的信息流量将仅仅在两个子网上进行传输。

通常情况下，把一台交换式以太网交换机(Ethernet Switch)放置于多个 Ethernet 子网段的核心位置，是一种拆分网络与重连接网络而不花费太多时间改变网络体系结构的易行而又可以解决障碍的方法。确保把子网段中的服务器旋转于最高效使用的地方。

拆分时必须确保把花费时间互相通信的计算机单独放置于同一子网上，也就是为什么基于一些真实个体组织拆分子网的原因。例如，按部门拆分子网通常效果很好。处于同一子网上的计算机用户将花费大多数时间进行子网内部的通信。

客户机/服务器局域网络中所有网络信息流量的绝大多数在于客户机与服务器两者之间。对等型网络也许与网络上的任何其他计算机进行通信，也就是说这种网络拆分比较困难。然而，大多数客户机花费它们的大多数时间与单个服务器进行通信，所以通常可以简单地使服务器成为每个子网的一部分。

当网络中存在多台服务器时这种方案并不容易实现，但是仍然可以识别每台客户机通常与哪台服务器进行通信，而把那台客户机放置于该服务器的子网内。然后，通过把所有服务器连接到单一高速子网，从而可以通过更高速链路与其他服务器路由任何信息流量，而不是升级整个网络的链路技术。

当客户计算机必须访问许多不同的服务器而不指定某台具体的服务器时，也许需要在高速主干网上实现多个服务器，使用专用的路由器连接客户子网络。这种网络结构存在的缺点是需要连接到主干网络的昂贵的路由器。这也意味着以前每个传输到服务器的信息包必须穿过主干网络，迫使主干网处理网络上所有信息流量的绝大多数信息量。

有些时候，客户机不仅仅要访问其部门级服务器，而且也需要访问许多其他服务器(如 Intranet 服务器、信息传递服务器以及 Internet 网关等)。一种简单的解决方案是仅仅把所有服务器集中于主干网络上并提供到那些服务器的路由，但是这样的配置也许把客户机直接连到其部门级服务器，而使用其部门级服务器提供到包含其他服务器的主干网络的路由。注意，剔除主干网的每个信息提都会使主干网运行速度更快。例如，拥有 4 台部门级服务器的网络，将能够处理其客户机请求的 25%，而不再向前转发至骨干网，这样将减少主干网一半的信息流量。所减少的网络负荷也可以延迟好几年迁移到更高速网络技术的时间。

路由是服务器显示的性能暗示。无论何时配置服务器执行路由功能时，都应该周期性地监控这些执行路由功能的服务器，以确保这些服务器不会导致显著的网络瓶颈。如果这些服务器真的导致了网络瓶颈，那么应该把服务器移到部门内部，而使用一台专用的桥或路由器来执行路由功能。

7.5.3　提高网络速度

提高网络速度的方式对于提高网络性能也能很好的起到作用，但是费用很昂贵，因为这种方式需要替换网络中的每种数据链路设备。用户应该视这种方式为主要的网络体系结构改变，过一段时间才能逐渐地实现。

如果不可能再减少信息流量或者有效地拆分子网，那么将不得不更新物理数据链路网络协议。通常，这种升级就是指从以太网(Ethernet)或令牌环网(Token Ring)升级到快速以太网(Fast Ethernet)或者光纤分布式数据接口(Fiber Distributed Data Interface)网络。虽然这种方式比较昂贵，但用户可以不必升级整个网络，也许仅仅升级主干网技术、服务器之间的链路或者某个子网至更高速网络就可以了。使用网络监视器识别网络上的大信息量的用户，并首先把那些用户迁移到更快的网络协议。

7.6　性能自动优化

通常情况下，系统管理员不必手动来调整服务器的性能，因为 Windows Server 2003 的自动调整功能对于大多数用户及大多数环境而言已经很好了。Windows Server 2003 具有很多先进的自我性能调整功能。优化 Windows Server 2003 性能的调整包括确定哪一种硬件资源处于最大负荷量之下，然后减轻该负荷量。虽然 Windows Server 2003 配备了一些辅助管理工具，但是由于 Windows Server 2003 的自动调整特性，通常可以不使用那些工具。Windows Server 2003 实现了许多自动化性能优化，其中包括对称多处理器、内存优化、优化线程与进程和磁盘高速缓存请求 4 种重要的性能优化功能。

7.6.1　多处理器

Windows Server 2003 使用对称式多处理器(Symmetric Multiprocessing)，其是一种在多个处理器之间均衡分配总处理负荷量的技术。较简单的操作系统使用非对称式多处理器(asymmetric Multiprocessing)。非对称式多处理器根据一些基于非负荷量尺度来分配处理负载。通常，那些操作系统把所有系统任务放在一个处理器上，而所有的用户任务放在剩余的处理器上。

处理器之间的时间安排与资源分配也要花费计算机时间，也就意味着 2 台处理器的处理速度并不是 1 台处理器处理速度的 2 倍。带有 2 台处理器的 Windows Server 2003 计算机通常是 1 台微处理器 Windows Server 2003 计算机速度的 1.5 倍，这主要依赖于所运行程序的类型。

而仅仅存在一个线程的应用程序不可能运行于多个处理器系统中。

在许多计算问题中，线程依赖于由其他线程所提供的结果。这种情况就像接力赛一样，运动员开始起跑之前，必须等待接力棒。显然，把这些线程分配在多个处理器间并不能使应用程序的运行速度更快。多处理器最适于大型计算数据集，它可以拆分数据块单独完成。

7.6.2 内存优化

Windows Server 2003 执行了许多优化，以便最高效地利用随机存储器(RAM)，在 Windows Server 2003 中把内存分配成称为页的 4KB 数据块。每一页可以仅仅由一个线程使用，一个线程可以存储在任意数目的页面中。其结果就是，13KB 的线程实际上占用了 16KB 的 RAM，因为最后一页所剩余的 3KB 不可能由任何其他线程使用。

一些操作系统使用 64KB 页面最大限度提高信息交换度(64KB 是传输到 SCSI 及 IDE 硬盘单一数块的最大尺寸)。不幸的是，这种优化迫使每个线程最少占用 64KB。如果要执行的线程平均大小为 96KB，那么 RAM 的 25%就浪费在未使用的存储器碎片上。Windows Server 2003 为了使更多物理内存可用，减少数据交换的必要性，而丢弃了 64KB 页面大小的存储区。

系统必须有足够的内存来存储所有正在执行的线程。如果内存总量不足，那么 Windows Server 2003 就通过将当前未使用的内存页面交换到被称为虚拟内存交换文件(Pagefile.sys)的系统文件中来仿真系统内存。当系统需要交换到磁盘上的页面时，Windows Server 2003 将硬盘的页面与 RAM 中的页面进行交换。这种过程对于线程而言完全透明，线程并不需要了解内存交换的任何情况。

所拥有的内存越多，页面交换所花费的时间也就越少。内存少于 64MB 的 Windows Server 2003 系统将花费大量的时间进行内存页面与虚拟内存页文件的交换，尤其是在同时运行多个应用程序时更是如此。这种交换活动显著地减慢了计算机的速度，因为硬盘与物理 RAM 相比速度要慢很多。

页面交换得越快对系统响应性能的影响就越低。为了加速页面交换过程，Windows Server 2003 支持其虚拟内存页面交换文件同时写入多块硬盘。因为物理驱动器可以同时运转，可以把虚拟内存页交换文件分配于多块不同硬盘之间，这将允许花费的处理虚拟内存交换页面的时间与物理硬盘的数目成反比。

虽然 Windows Server 2003 允许将虚拟内存交换文件分布于同一硬盘的不同卷之间，但是这样做并没有与性能相关的原因。事实上，这种配置由于迫使驱动器头在交换期间的移动次数大大超过了正常的移动次数，所以增加了交换时间。因此，每块物理磁盘上建议用户仅设置一个交换文件。

7.6.3 优先线程与进程

在多任务操作系统中，如果每个进程的每个线程都获得相同的处理机时间而不分先后，那么计算机将缓慢地响应用户的请求。而诸如移动鼠标、光标或者更新屏幕之类的系统进程必须随时发生，这几种进程远比其他的系统进程更经常。

Windows Server 2003 根据线程对系统响应能力的重要性，或者线程不得不及时响应外部(实时)事件请求的优先级来处理每个线程。Windows Server 2003 虽然默认地执行许多设置线程的工作，但是 Microsoft 不可能精确地预计用户将如何使用计算机，所以 Microsoft 把调整线程优先级的权力留给了用户。

在进程的优先权范围内，优先级别从 0~31，进程的起始优先权为 7。进程的每个线程继承了该进程的基优先权 7。随着系统的运行，Windows Server 2003 可以向上或向下浮动 2 个优先权级别且自动地进行，允许系统可以优先处理时就优先处理。用户也可以以比正常优先权更高的优先权开始执行进程。

实时应用程序的优先权最高为 23，这些实时进程很频繁地请求处理机时间，以确保这些实时进程可以响应外部实时事件。必须响应硬件事件的驱动程序与运行于这些优先权级别上的设备所需要的注意时间密切相关。

只有管理员可以以高于 23 优先权的级别启动进程，这些进程需要如此多的处理器时间，以致于使其他进程运行很慢。如果以这样高的优先权启动一个正规的应用程序甚至会使移动鼠标这样的进程也变得很慢，而且很费力。

7.6.4 磁盘请求缓冲

Windows Server 2003 的 I/O 系统包括一个磁盘缓冲管理器组件，通过在 RAM 中维持经常访问的文件而减少磁盘访问。磁盘缓冲管理器有助于提高 I/O 系统的性能。

磁盘缓冲的特点如下。

- 缓冲机制是动态的。
- 随可用 RAM 的数量不同而不断改变文件缓冲大小。
- 操作系统不需要的内存都可用作缓冲。
- 自适应的缓冲机制为应用程序提供了文件 I/O 性能的优化。

磁盘缓冲管理器使用任何系统中的可用内存。如果用户查询系统中可用内存的数量，它或许会显示几乎所有内存都被使用。这是因为磁盘缓冲管理器利用了所有可用内存。如果 Windows Server 2003 需要这些内存，磁盘缓冲管理器就会释放它。

Windows Server 2003 系统中的这种缓冲区的大小是不允许人为调整的。因为它受到系统中使用的资源及动态应用程序的影响。

第三篇 资源管理与系统维护

磁盘管理

第8章

Windows Server 2003 的磁盘管理技术主要用于管理计算机的磁盘、各种卷或者分区系统，以提高磁盘的利用率和确保系统访问的便捷与高效，同时提高系统文件的安全性、可靠性、可用性和可伸缩性。现在，Windows Server 2003 在磁盘管理方面引入了新的增强功能，使得管理及维护磁盘和卷、备份和恢复数据及连接存储区域网络(SAN)更为简易和可靠。本章将从磁盘的基本概念开始逐步分析基本磁盘、动态磁盘和容错磁盘的管理应用，以及进行磁盘连接、磁盘配额和磁盘整理等高级功能的方法。

 本章知识点

- ☒ 创建磁盘分区
- ☒ 创建简单卷
- ☒ 磁盘碎片整理
- ☒ 磁盘配额管理
- ☒ 磁盘连接技术

8.1 Windows 磁盘概述

磁盘就是通常意义上的硬盘，在使用之前都必须先进行分区并决定所要使用的文件系统。Windows Server 2003 根据磁盘分区的方式不同将磁盘分为两种类型：基本磁盘和动态磁盘。

8.1.1 基本磁盘的概念

基本磁盘就是采用传统的磁盘分区方式进行分区的磁盘。DOS、Windows 9x/NT/2000 等操作系统都支持和使用的磁盘类型都可归为基本磁盘类。Windows Server 2003 默认的也是采用基本磁盘。基本磁盘在使用前需要进行分割，形成一块或几块较小的磁盘空间，这些磁盘空间被称为磁盘分区。

基本磁盘的磁盘分区又可以分为两种：主分区和扩展分区。

1. 主分区

主分区又称为主磁盘分区，是用来启动操作系统的分区，也就是系统的引导文件所在的分区。通常计算机在检查系统配置之后会自动在物理硬盘上按照设置找到主分区，然后在这个主分区中寻找用来启动系统的引导文件。每块基本磁盘最多可以被划分成 4 个主分区，主分区的大小可以和实际的物理硬盘的大小一样或者小于其容量。当主分区被划分好之后通常使用盘符"C:"。

2. 扩展分区

在划分好磁盘主分区之后，剩余的空间就可以被划分为扩展分区。一般情况下，每块硬盘上只能有一个扩展分区，也就是说磁盘空间中除了主分区以外的所有空间都是扩展分区。扩展分区不能用来启动操作系统，并且扩展分区划分好以后不能直接被赋予盘符，必须要在其中划分逻辑驱动器之后才可以使用。逻辑驱动器是在扩展分区内进行划分的。划分后每个逻辑驱动器就可以被赋予盘符"D:"、"E:"等。

8.1.2 动态磁盘的概念

动态磁盘的概念最先是在 Windows Server 2000 中提出的，然后在 Windows Server 2003 中得到了更好的支持。对于动态磁盘一般并不使用分区的概念，而是使用动态卷(Volume)来称呼动态磁盘上的可划分区域。动态卷的使用方式与基本磁盘的主分区或逻辑驱动器的操作相似，也可以为其指派驱动器盘符。

1. 动态磁盘的特点

与基本磁盘相比，动态磁盘的优点比较突出：动态磁盘的卷数目不受限制，基本磁盘由于受到分区表的限制，最多只能建立 4 个磁盘分区；动态磁盘则不使用分区表，而是将相关的信息另外记录在一个小型数据库中，使动态磁盘上可以容纳 4 个以上的卷；而且同一台计算机上的动态磁盘都会复制彼此数据库的内容，进而提高了容错程度；它不像基本磁盘那样，一旦磁盘的分区表损坏，就不能恢复其中的数据了。

动态调整卷时，可以不像使用基本磁盘时那样，在每次添加、删除磁盘分区后都必须重新启动才能生效。如果在动态磁盘上建立、删除、调整卷的话，不需要经过重新启动就能生效，大大提高了磁盘处理的方便性。而且当在动态磁盘上还有未分配的空间时，可以将这些空间变成现成卷的一部分，动态扩展卷的大小，也不需要重新启动。

Windows Server 2003 在支持动态磁盘操作的同时仍然保留了基本磁盘，其主要原因在于兼容性的限制，因为当前只有 Windows Server 2000、Windows Server 2003 操作系统才能访问动态磁盘，如果还想使用 Windows 9x 或其他操作系统，就不适合使用动态磁盘。

2．卷的分类

动态磁盘可以支持 5 种类型的动态卷，其中两种为非磁盘阵列卷，其余 3 种属于磁盘阵列卷。这 5 种类型的卷与基本磁盘中的主分区或逻辑驱动器的操作类似，可以将卷格式化为 FAT、FAT32 或 NTFS 格式的文件系统，同样也可以指派驱动器盘符而成为驱动器。

下面就简单介绍一下这 5 种类型的动态卷。

- 简单卷：必须建立在同一块硬盘上的连续空间，创建好之后也可扩展至同硬盘的非连续空间。
- 跨区卷：可由两块或多块硬盘上的存储空间组成，每块硬盘所提供的磁盘空间可以不相同。例如，第一块硬盘提供 400MB 的空间，第二块硬盘提供 500MB 的空间，所组合起来的跨区卷就有 900MB 的空间。
- 带区卷：其功能同跨区卷类似，也是使用两块或两块以上硬盘所组成，但是每块硬盘所贡献的空间大小必须相同。当将文件存到带区卷时，系统会将数据分散存于等量磁盘位于各块硬盘的空间。若配合支持 DMA 的硬件设备，将可提高文件的访问效率，并降低 CPU 的负荷。
- 镜像卷：它的构成同带区卷相似，只是带区卷并未提供容错功能。换言之，若其中的任意一块硬盘发生故障，就不能读出磁盘中的数据了。镜像卷则是利用两块硬盘中相同大小的磁盘空间所组成，存放数据时会在两块硬盘上各存一份。
- RAID-5 卷：也是具有容错功能的磁盘阵列，需要使用至少 3 块硬盘才能建立，每块硬盘必须提供相同的磁盘空间。使用 RAID-5 卷时，数据除了会分散写入各块硬盘中外，也会同时建立一份奇偶校验数据信息，保存在不同的硬盘上。例如，若以 4 块硬盘建立 RAID-5 卷，那么第一组数据可能分散存于第 1、2、3 块硬盘中，而校验信息则写到第 4 块硬盘上，但下一组数据则可能存于第 1、2、4 块硬盘，校验则存于第 3 块硬盘上。当有一块硬盘发生故障时，可以由剩余的磁盘数据结合校验信息计算出该硬盘上原有的数据。而且与镜像卷相比，RAID-5 卷有较高的磁盘利用率。后面章节会详细介绍使用 RAID-5 卷来进行容错磁盘管理。

8.2 Windows 磁盘管理

Windows Server 2003 提供的磁盘管理功能包括基本磁盘、动态磁盘和容错磁盘的管理，并把磁盘管理的功能集成在"计算机管理"的控制台中，系统管理员可以很方便地通过该控制台进行创建分区或卷等磁盘管理操作。

8.2.1 基本磁盘的管理

在 Windows Server 2003 中，基本磁盘的管理主要体现在创建或删除磁盘分区、建立逻辑驱动器、格式化磁盘分区和把基本磁盘升级到动态磁盘等操作。

对于一块物理磁盘，在划分分区之前是不能使用的，所以首先需要为基本磁盘创建磁盘分区。基本磁盘上的分区包括主分区和扩展分区，而在扩展分区中可以进一步划分出一个或多个逻辑驱动器。逻辑驱动器就是在扩展分区内划分的，在指派了驱动器盘符以后就可以直接存放数据了。

下面就介绍一下创建和管理磁盘分区的具体步骤。

1. 创建磁盘主分区

(1) 通过"开始"菜单，选择"管理工具"|"计算机管理"命令，打开"计算机管理"控制台窗口，在该窗口左边区域的项目列表中选择"磁盘管理"选项，如图 8-1 所示。

(2) 如果要创建磁盘主分区，可以在"计算机管理"窗口右边显示的未分区的磁盘图标上右击，从弹出的快捷菜单中选择"新建磁盘分区"命令，打开"新建磁盘分区向导"对话框，如图 8-2 所示。

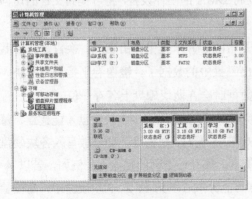

图 8-1 "计算机管理"窗口

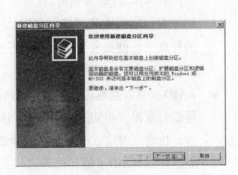

图 8-2 "新建磁盘分区向导"对话框

（3）单击"下一步"按钮，在打开的"选择分区类型"对话框中选择所要创建的分区类型，只能选择创建主磁盘分区或扩展磁盘分区。因为磁盘分区时需要先创建主分区，所以此处选择"主磁盘分区"单选按钮，如图 8-3 所示。

（4）选择创建磁盘主分区之后，单击"下一步"按钮，在"指定分区大小"对话框中需要指定主分区的大小，同时列出了可选择的最大和最小的磁盘分区空间量，需要创建的分区的大小可以由用户根据实际情况具体设置，如图 8-4 所示。

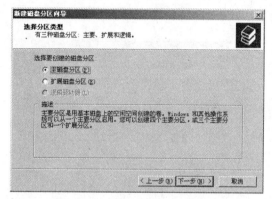

图 8-3 "选择分区类型"对话框

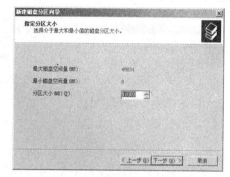

图 8-4 "指定分区大小"对话框

（5）在指定了磁盘的主分区大小之后，单击"下一步"按钮，打开"指派驱动器号和路径"对话框，要求为新创建的主分区指派一个驱动器号。也可以将分区装入一个支持驱动器路径的空文件夹中，但该文件夹必须是在 NTFS 分区中，这样操作该磁盘分区时就像是在操作某个文件夹一样。当然，也可以先不指派驱动器号或路径，而在后续操作中再进行设置，如图 8-5 所示。

（6）继续单击"下一步"按钮，分区向导会要求格式化刚创建的主分区。关于格式化的操作将在后面详细介绍，此处按照向导页的指示逐步操作即可，最后单击"完成"按钮，系统就完成了创建磁盘主分区的操作，如图 8-6 所示。

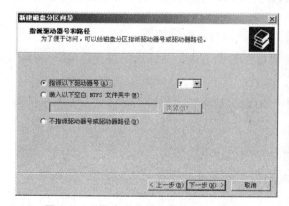

图 8-5 "指定驱动器号和路径"对话框

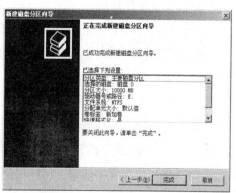

图 8-6 "创建完成"对话框

2. 磁盘扩展分区

创建磁盘扩展分区与创建主分区的步骤类似，可参考前面的操作步骤。

(1) 在"计算机管理"窗口中的未分配空间的磁盘图标上右击，从弹出的快捷菜单中选择"新建磁盘分区"命令，进入"新建磁盘分区向导"，在"选择分区类型"对话框中选择"扩展磁盘分区"单选按钮，如图 8-7 所示。

(2) 单击"下一步"按钮，在"指定分区大小"对话框中列出了可选择的最大和最小的磁盘分区空间，并要求指定待创建的分区的大小，如图 8-8 所示。

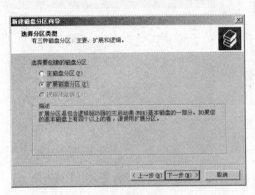

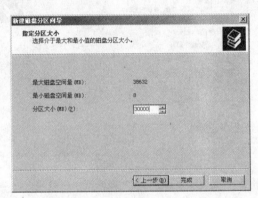

图 8-7　"选择分区类型"对话框　　　　图 8-8　"指定分区大小"对话框

(3) 然后在向导的提示下，逐步进行设置，指定要分配给创建的扩展分区的驱动器号，再按照后面将要介绍的格式化分区方法对分区选择是否格式化，最后单击"完成"按钮，系统即可完成创建磁盘扩展分区的操作。

3. 创建磁盘逻辑驱动器

创建完磁盘的扩展分区之后，才能把文件存放在扩展分区中。但还不能直接使用扩展分区，因为操作系统不能直接将文件保存到扩展分区，所以，必须在扩展分区内建立逻辑驱动器，才能在其中保存数据。

在磁盘扩展分区中创建一个或多个逻辑驱动器的具体步骤如下。

(1) 在扩展分区中标为"可用空间"的磁盘图标上右击，从弹出的快捷菜单中选择"新建逻辑驱动器"命令，如图 8-9 所示。

(2) 在打开的"新建磁盘分区向导"中，根据可创建的磁盘最大和最小空间量来指定实际的分区大小，如图 8-10 所示。

(3) 单击"下一步"按钮，在弹出的对话框中指定驱动器号，然后单击"完成"按钮，系统就会创建一个逻辑驱动器，这样用户就可以进行文件的存储和读取了。

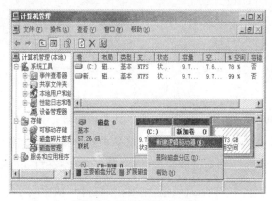

图 8-9　新建逻辑驱动器

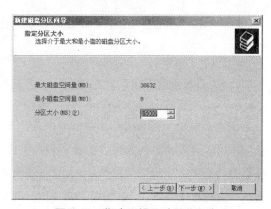

图 8-10　指定逻辑驱动器分区大小

4. 格式化磁盘分区

格式化磁盘分区的主要目的是为了在分区空间建立文件系统，在 Windows Server 2003 系统下推荐采用 NTFS 格式的文件系统。通常格式化磁盘分区的任务可以在每个分区创建的时候立即执行，也可以在全部分区创建完之后再集中进行格式化。

格式化磁盘分区的具体操作步骤如下。

(1) 在新建的磁盘主分区或逻辑驱动器图标上右击，从弹出的快捷菜单中选择"格式化"命令，如图 8-11 所示。

(2) 在打开的"格式化"对话框中，可以选择要使用的文件系统，一般有 FAT、FAT32 和 NTFS 格式等类型。为配合使用 Windows Server 2003 强大的磁盘管理功能，推荐把磁盘格式化为 NTFS 格式。接着指定分配空间的大小，一般采用默认值。然后在"卷标"文本框中输入分区(或逻辑驱动器)的名称。如果选中"执行快速格式化"复选框，则在格式化之前不执行对磁盘坏扇区的检测，当格式化镜像集和带奇偶校验的带区集时，此复选框将不可用。如果前面选择的文件系统类型为 NTFS，还可以选中"启动文件和文件夹压缩"复选框，以便节省更多的磁盘空间，如图 8-12 所示。

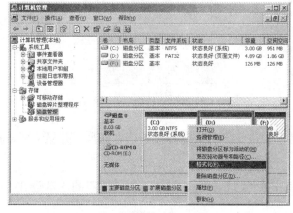

图 8-11　格式化磁盘分区

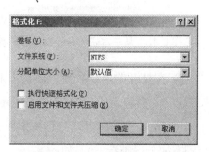

图 8-12　设置格式化参数

(3) 单击"确定"按钮，系统开始格式化。然后在弹出的警告框中单击"确认"按钮即可。

5. 从基本磁盘升级到动态磁盘

动态磁盘是一种高级的磁盘管理模式，在 Windows Server 2003 的"计算机管理"控制台窗口中可以直接将当前的磁盘由基本磁盘模式升级为动态磁盘模式。当从基本磁盘升级到动态磁盘时，必须在磁盘中保留至少 1MB 未分配的空间。当通过向导创建分区时，系统会自动保留这一未分配的空间。但是如果之前使用过其他操作系统，那就可能无法保留这样一块空间了。

> 在升级基本磁盘之前，必须先关闭在该磁盘上运行的所有程序。

下面将介绍从基本磁盘升级到动态磁盘的具体步骤。

(1) 在"计算机管理"窗口中右击需要进行升级的基本磁盘图标，从弹出的快捷菜单中选择"转换到动态磁盘"命令，如图 8-13 所示。需要注意的是，如果是在分区、卷或驱动器上右击，或者当前磁盘已是动态磁盘，则弹出的快捷菜单中没有"转换到动态磁盘"命令。

(2) 在打开的"转换为动态磁盘"对话框中列出了本地计算机中所有可用的基本磁盘，选择要升级的一个或多个基本磁盘，然后单击"确定"按钮，如图 8-14 所示。

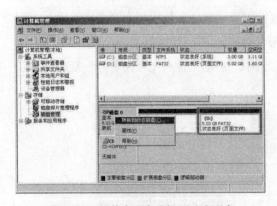

图 8-13　从基本磁盘升级到动态磁盘　　　　图 8-14　选择要升级的基本磁盘

(3) 在打开的"要转换的磁盘"对话框中进一步确认要升级的基本磁盘，并显示要转换的磁盘的内容和名称，如图 8-15 所示。

在"要转换的磁盘"对话框中单击"详细信息"按钮，可以查看待升级的基本磁盘的详细信息(如分区情况等)，如图 8-16 所示。

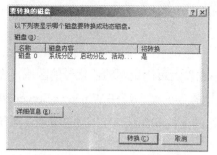

图 8-15　要转换的基本磁盘信息

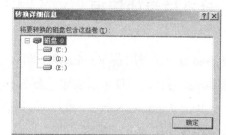

图 8-16　要转换的磁盘的详细信息

(4) 单击"要转换的磁盘"对话框中的"转换"按钮，系统会弹出一个信息框，说明基本磁盘一旦升级为动态磁盘后，将无法从这些磁盘的卷启动其他已安装的操作系统。单击"是"按钮即可开始磁盘升级，如图 8-17 所示。

(5) 系统完成磁盘升级以后，在"计算机管理"窗口中可以看到原来的基本磁盘已经转换成动态磁盘了，如图 8-18 所示。

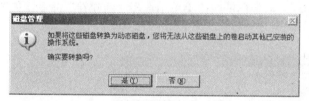

图 8-17　升级前的提示信息框

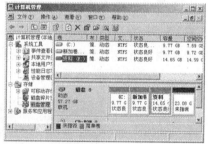

图 8-18　升级后的动态磁盘

当从基本磁盘升级到动态磁盘后，就可以创建动态卷。后面将介绍各种动态卷的创建和管理过程。

注意

从基本磁盘升级到动态磁盘时，如果磁盘含有覆盖多个磁盘的卷(如镜像集、带区集等)，则必须全部升级卷中的所有磁盘。将包含系统分区或启动分区的基本磁盘升级到动态磁盘后，那些分区会变为简单系统卷或启动卷。如果磁盘上既含有系统或启动分区，又包含卷集(或带区集、镜像集)的一部分，则不能升级该磁盘。

另外，需要特别注意的是，把基本磁盘升级到动态磁盘之后，将无法直接将动态卷转回到基本磁盘分区。唯一的方法就是先删除该磁盘上的所有动态卷，然后执行"返回基本磁盘"命令。但在此过程中，磁盘上的所有数据都将丢失，要提前做好准备好备份。

8.2.2 动态磁盘的管理

在动态磁盘中，采用卷(Volume)来称呼动态磁盘上可制定驱动器代号的区域，在将基本磁盘升级到动态磁盘之后便可以创建动态卷了。动态卷的概念是在 Windows Server 2000 中首先提出的，并在 Windows Server 2003 中得到很好的支持和加强。使用动态磁盘，系统将不再限制每个磁盘仅使用 4 个动态卷。

动态卷分为 5 种类型：简单卷、跨区卷、镜像卷、带区卷和 RAID-5 卷，下面将分别介绍各种动态卷的创建和管理过程。

1. 简单卷

简单卷是动态磁盘的一部分，但它在使用中就像是物理上的一个独立单元。当用户只有一个动态磁盘时，简单卷是唯一可以创建的卷。

下面介绍创建简单卷的具体操作步骤。

(1) 打开"计算机管理"控制台窗口，选择"磁盘管理"选项，在一个具有未分配空间的动态磁盘上右击"未指派"的磁盘图标，从弹出的快捷菜单中选择"新建卷"命令，如图 8-19 所示，即可启动"新建卷向导"。

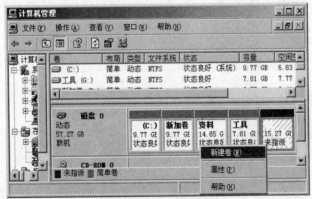

图 8-19　创建简单卷

(2) 由于简单卷是由单一动态磁盘上的空闲空间组成的，所以要求在磁盘上有足够的空间，当然也可以将一个简单卷扩展到本地计算机上的其他磁盘空间。在打开的"新建卷向导"对话框中选择要创建的卷类型为简单卷，如图 8-20 所示。

(3) 单击"下一步"按钮，在打开的"选择磁盘"对话框中设置要创建的卷的空间大小，如图 8-21 所示。

图 8-20　选择卷的类型

图 8-21　设置卷的空间大小

(4) 与前面创建磁盘分区的步骤一样，可以为新创建的动态卷指定驱动器号，或将该卷装入一个支持驱动器路径的目录中，如图 8-22 所示。

(5) 按照向导页指示，提示需要格式化指定的磁盘空间。这时可以选择立即格式化，并指定一些格式化参数，即文件系统(选择 NTFS 或 FAT32 等文件系统格式)、分配单位大小(一般采用默认值)和卷标(即用来标识该逻辑驱动器的名称)，当然也可以先不格式化，以后再执行格式化操作，如图 8-23 所示。

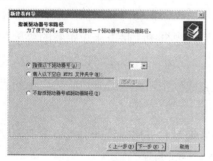

图 8-22　为卷指定盘符

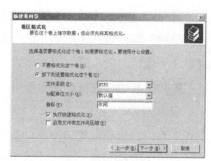

图 8-23　选择是否格式化卷

(6) 在选择了相关的格式化操作之后，单击"下一步"按钮即开始创建简单卷，系统将会打开一个对话框显示用户利用向导所作的选项，如图 8-24 所示。

(7) 最后单击"完成"按钮，系统将完成简单卷的创建操作，此时可以在"计算机管理"控制台窗口中看到刚刚创建的"休闲"简单卷，如图 8-25 所示。

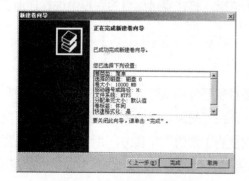

图 8-24　简单卷的创建向导

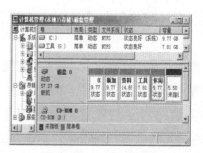

图 8-25　创建完成简单卷

在创建的简单卷中，包含启动和操作系统文件的卷通常称为系统卷和引导卷。系统卷就是包含加载 Windows 操作系统所需的硬件配置文件的卷。系统卷是为引导而标记为活动的主要卷，而且必须位于启动系统时计算机所访问的磁盘空间上。引导卷是包含 Windows 操作系统及其支持文件的卷，它可以与系统卷相同，但不能是跨区卷或带区卷的一部分。

2. 跨区卷

跨区卷可以由两块或多块硬盘上的存储空间组成，每块硬盘所提供的磁盘空间不必相同。例如，第一块硬盘提供 700MB 的空间，第二块硬盘提供 800MB 的空间，把两块磁盘空间组合起来创建的跨区卷就有 1500MB 空间。

创建跨区卷的步骤与创建简单卷类似，只是它将来自多个磁盘的未分配空间合并到一个逻辑卷中。一般情况下，如果需要创建卷，但没有足够的未分配空间分配给单个磁盘上的卷时，即可创建跨区卷。如前所述，打开"计算机管理"控制台窗口，选择"磁盘管理"项，在要创建的未指派空间上右击，从弹出的快捷菜单中选择"新建卷"命令，启动"新建卷向导"。在打开的"选择卷类型"对话框中选择"跨区"单选按钮，然后进入"选择磁盘"对话框。因为跨区卷来自两个或多个不同的硬盘，所以需要在"可用的"列表框中选择另一个磁盘，单击"添加"按钮将其添加到"已选的"列表框中。接下来设定卷的容量并为新创建的跨区卷制定一个盘符。然后进入"卷格式化"对话框，在这里可以选择如何格式化该卷，以及卷所使用的文件系统和卷标。最后单击"完成"按钮，系统开始将来自不同磁盘的空间组合到一个卷中来创建跨区卷。

跨区卷可以让用户更有效地使用驱动器号。通过合并磁盘空间，可以释放驱动器号用于其他用途，也可以为文件系统创建一个具有较大空间的卷。

3. 带区卷

带区卷和跨区卷类似，也是由两块或两块以上的硬盘组成，但是每块硬盘所贡献的空间大小必须相同。当将文件存储到带区卷时，系统会将数据分散存储到不同磁盘上的空间，若配合使用 DMA 的硬件设备，将可以提高文件的访问效率并降低 CPU 的负荷。

至于镜像卷和 RAID-5 卷的创建和使用情况，将在容错磁盘的管理中进行详细讲解。

8.2.3　容错磁盘的管理

系统在实际运行过程中，难免会出现各种软硬件的故障或系统状态数据的丢失和损坏，这时就要求系统具备一定的容错能力，以保证在不间断运行的情况下程序能继续正常工作。而当错误发生之后系统应能尽快地修复并恢复到正常的工作状态，并尽最大可能恢复到系统错误发生之前的状态。Windows Server 2003 系统提供的容错磁盘管理，主要是通过使用 RAID 卷来实现系统容错的。

Windows Server 2003 提供容错管理的 RAID 卷有 3 种类型：RAID-0、RAID-1 和 RAID-5。RAID 的全称是 Redundant Array of Independant Disks 即独立磁盘冗余阵列，它是为了防止硬盘出现故障而导致数据丢失，系统不能正常工作的一组硬盘阵列。其保护数据的主要方法就是保存冗余数据，以保证在硬盘发生故障时数据也可以被读取。所谓冗余数据就是将重复的数据保存在多个硬盘上，以保证数据的安全性。Windows Server 2003 内置提供容错能力的硬件卷只有 RAID-1 和 RAID-5。

1. RAID-1 卷

RAID-1 也被称为磁盘镜像卷，它将需要保存的数据同时保存在两块硬盘上，分为主盘和辅助盘，将写入主盘的数据镜像到辅助盘中。当其中一块硬盘出现故障而无法工作时，其镜像硬盘仍可以使用，而不会出现中断服务和丢失数据。RAID-1 提供了很高的容错能力，但磁盘的利用率较低，所有的数据都要写入两个地址，至少需要两块磁盘。例如，如果镜像 8GB 盘，则需要两个 8GB 盘，而系统中只能存放 8GB 的数据。RAID-1 可以支持 FAT 和 NTFS 的文件系统，并能保护系统的磁盘分区和引导分区。

要创建镜像卷，需要使用另一个磁盘上的可用空间创建卷。其创建的步骤与前面介绍的跨区卷的过程差不多。如前所述，打开"计算机管理"控制台窗口选择"磁盘管理"项，在要创建的未指派空间上右击，从弹出的快捷菜单中选择"新建卷"命令，启动"新建卷向导"。选择创建卷的类型为镜像卷，然后输入镜像卷的大小以后，为新创建的镜像卷指定一个驱动器号。然后选择如何格式化该卷，以及卷所使用的文件系统和卷标。最后系统将开始将来自不同磁盘的空间组合到一个卷中并格式化该卷。

如果想把镜像卷中的空间用于其他方面，则必须先中断镜像卷之间的关系，然后删除其中的一个卷。特别地，如果镜像卷中的某个卷出现了不可恢复的错误，也需要中断镜像卷的关系，并把剩余的卷作为独立卷。然后可以在其他的磁盘上重新分配一些空间，继续创建新的镜像卷。

2. RAID-5 卷

RAID-5 又被称为带有奇偶校验的条带化集。它将需要保存的数据分成相同大小的数据块，分别保存在多块硬盘中，数据在条带卷中被交替、均匀的保存。在写入数据的同时，还写入一些校验信息。这些校验信息是由被保存的数据通过数学运算得出的，使得当源数据的一部分丢失时，可以通过剩余的数据和校验信息来恢复丢失的数据。RAID-5 具有良好的数据读取和容错性能，且其容错性能需要比 RAID-1 更少的磁盘空间。但它的主要缺点是当一块盘出现故障时，系统性能可能会受到影响，直到重建 RAID-5 为止。RAID-5 支持 FAT 和 NTFS 文件系统，但不能保护系统的磁盘分区，不能包含引导分区和系统分区。

RAID-5 卷的创建过程跟 RAID-1 的过程差不多，可参考前面的步骤进行创建和使用。但创建 RAID 5 卷时必须注意两个要点：一是来自不同硬盘的空间大小必须相同，二是组成 RAID-5 卷最少需要 3 块硬盘，最多可以使用 32 块硬盘。

注意

如果想把 RAID-5 卷中的空间用于其他用途，则需要先备份卷中的信息然后再删除卷，以避免丢失用户的数据信息。

8.3 磁盘的检查和碎片整理

经常使用计算机的人一般都有这样的体会，使用新硬盘在进行文件复制、移动和其他操作时，其速度比旧的硬盘要快。实际上，文件在磁盘上都是分成许多小段来存放的，这些文件小段分别存放在不同的磁盘位置上。特别是当复制一个较小的文件后，经过一段时间又添加一些内容时，磁盘上的文件小段更多，位置也更分散。这是因为文件开始在磁盘上存放时基本上是连续放置的，随着用户对文件的修改、删除或保存新文件的频繁操作，磁盘上就会留下许多文件小段，称为磁盘碎片。这些磁盘碎片在逻辑上是连续的，并不影响用户的正常使用，但是，随着时间的延长，磁盘碎片越积越多，在读取文件时，磁头必须频繁移动查找逻辑上连续的文件小段，导致读取时间延长，降低文件的操作速度，包括删除、复制、移动等操作，同时还会影响磁头的寿命。这就需要经常对磁盘进行检查和整理，使数据文件的存储位置尽可能的连续，增加磁盘的可用连续空间。Windows Server 2003 的碎片整理工具可以优化磁盘中的文件，来提高磁盘的利用率和读写性能。Windows Server 2003 的碎片整理速度和效率都要比 Windows Server 2000 高。此外，Windows Server 2003 还支持联机对主文件表(MFT)进行碎片整理，并且能对任何簇大小的 NTFS 卷进行碎片整理。

8.3.1 磁盘清理

对磁盘定期执行清理可以更有效地利用磁盘空间。系统提供的"磁盘清理"程序可以将一些无用的文件收集起来，待用户确认以后将其删除或压缩，以节省磁盘空间；还可以清空回收站、删除上次索引操作留下的分类分件等。

下面是清理磁盘的具体操作步骤。

(1) 在"开始"|"程序"|"附件"|"系统工具"菜单中选择"磁盘清理"命令；或者在"我的电脑"窗口中右击所要检查的驱动器盘符，从弹出的快捷菜单中选择"属性"命令，打开本地磁盘属性对话框，选择"常规"选项卡，如图 8-26 所示，单击"磁盘清理"按钮。

图 8-26　磁盘属性对话框

(2) 系统将开始清理选定的磁盘驱动器，收集该磁盘上的垃圾文件和长期没有使用的旧文件，如图 8-27 所示。

(3) 在系统扫描完选定磁盘上的所有文件后，会弹出询问对话框，选择"磁盘清理"选项卡，其中列出了要删除的文件类别以及对应的可节省的空间大小，在该对话框中选择需要清理的文件，单击"确定"按钮系统即可进行磁盘清理，如图 8-28 所示。

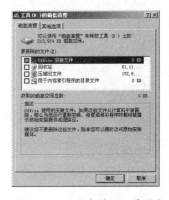

图 8-27　"磁盘清理"对话框　　　　图 8-28　"磁盘清理"选项卡

(4) 选择"其他选项"选项卡，可以选择清理系统不必要的 Windows 组件或程序以释放磁盘空间，如图 8-29 所示。

(5) 最后，系统会根据用户的选择开始磁盘清理操作，如图 8-30 所示。

图 8-29　"其他选项"选项卡　　　　图 8-30　"磁盘清理"对话框

8.3.2　磁盘检查

在对磁盘进行碎片整理之前，最好先进行"磁盘检查"操作，以确定磁盘上是否存在文件系统错误或损坏的扇区，如果有，则进行相应的修复后再开始整理磁盘碎片。

对磁盘进行检查的具体步骤如下。

(1) 在磁盘属性对话框中选择"工具"选项卡，如图 8-31 所示。

(2) 当需要在整理磁盘前检查是否存在文件系统错误时，可以在"工具"选项卡中单击"开始检查"按钮，系统将打开"检查磁盘"对话框，如图 8-32 所示，如果选中"自动修复文件系统错误"复选框，系统会在检查磁盘过程中修复发现的文件系统错误；如果选中"扫描并试图恢复坏扇区"复选框则表示系统将修复发现的坏扇区。单击"开始"按钮，系统将开始磁盘检查操作。

图 8-31　"工具"选项卡

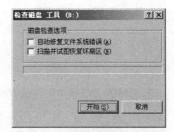

图 8-32　"检查磁盘"对话框

注意

在运行"检查磁盘"操作时，必须关闭系统正在运行的程序。如果准备整理的磁盘正在使用，则系统会停止检查，并询问用户是否安排在下一次重新启动系统时再检查该卷。

8.3.3　磁盘碎片整理

随着时间的推移，磁盘中的碎片会越来越多，导致磁盘空间变得越来越凌乱，文件存储也越来越分散，磁盘的读写性能也随之下降，文件系统存取出错的几率也会逐渐增大。Windows Server 2003 提供的"磁盘碎片整理程序"就是通过重新安排磁盘上的数据文件并把文件存储在连续的空间块中，以提高磁盘整体的读取效率和性能。

磁盘碎片整理的具体步骤如下。

(1) 在"磁盘属性"对话框中选择"工具"选项卡,然后单击"开始整理"按钮,将打开"磁盘碎片整理程序"对话框,如图8-33所示。

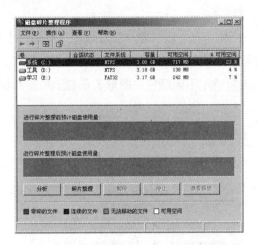

图8-33 "磁盘碎片整理程序"对话框

(2) "磁盘碎片整理程序"对话框分为上下两个主要区域,上方的区域列出了本地计算机中的磁盘分区或卷,下方的区域用不用颜色的图形来显示卷中出现碎片的程度和整理碎片后的情况。在整理磁盘前可以先分析一下该磁盘的碎片情况,以确定是否有必要进行磁盘的碎片整理操作。在卷的列表框中选择要整理的卷,然后单击"分析"按钮系统将分析该卷上出现的碎片情况,如图8-34所示。

如果需要进一步了解磁盘的碎片情况,可以单击"查看报告"按钮,打开"分析报告"对话框,如图8-35所示。

图8-34 磁盘碎片的分析结果

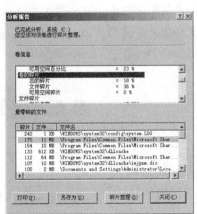

图8-35 "分析报告"对话框

"分析报告"对话框的"卷信息"列表框中显示了关于扫描零碎文件和文件夹的卷的详

细信息，包括卷的大小、可用空间大小、零碎文件和文件夹的数量以及系统文件信息等。"最零碎的文件"列表框中显示了磁盘上最零碎文件的路径和名称以及包含这些文件的碎片数量，如果频繁使用这些文件，就会严重影响系统的性能。用户可以把系统的分析报告打印或保存起来，供下次进行碎片整理时参考。

(3) 对磁盘碎片分析完毕后，在"磁盘碎片整理程序"对话框中单击"碎片整理"按钮，程序将开始分析磁盘碎片程度并进行碎片整理。碎片整理的时间取决于硬盘的大小和数据空间的大小。在碎片整理完成后会用不同颜色的图形表示卷上数据存储的分布和改进情况，如图 8-36 所示。

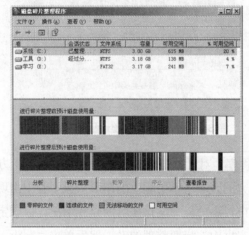

图 8-36　完成磁盘碎片整理

注
释

　　如果在卷上经常创建和删除文件就很容易产生大量的磁盘碎片，这种情况下就需要经常对磁盘进行碎片整理，以提高磁盘的利用率。

8.4　管理磁盘配额

　　当系统管理员建立了新帐户，并以此帐户进行登录时，系统会默认在 Documents and Settings 文件夹内创建一个与该帐户同名的文件夹，用户便能使用该文件夹，而没有磁盘空间大小的限制。但是，这样一来可能会出现因为用户占用了太多的磁盘空间而使系统空间不足。所以 Windows Server 2003 通过磁盘配额功能来限制每个帐户所能使用的空间大小，保证系统空间的可用。磁盘配额功能可以指定用户在 NTFS 卷上可用的磁盘空间，而且既可以对所有用户指定磁盘配额，也可以对各个用户分别指定不同的磁盘配额。

8.4.1 默认的磁盘配额管理

一般情况下，磁盘配额功能只能应用于 NTFS 卷，而且磁盘配额不能针对实际硬盘来设置空间大小，而必须是针对单个的驱动器进行配置。磁盘配额是根据文件的所有权来计算所属空间大小的。用户创建、复制或取得文件所有权时，则该用户就是文件的拥有者。用户安装应用程序时使用的磁盘空间也是根据磁盘配额来计算的，而不是卷中的实际空间。

默认的磁盘配额管理时会有两个设置值：配额限制和警告等级。通常，磁盘空间的配额限制会大于警告等级，系统管理员可以在用户的磁盘使用空间达到警告等级时通知用户。

下面就介绍一下默认磁盘配额功能的设置。

(1) 在"我的电脑"中右击要分配磁盘空间的驱动器盘符，从弹出的快捷菜单中选择"属性"命令，在打开的"磁盘属性"对话框中选择"配额"选项卡，如图 8-37 所示。

(2) 默认情况下，系统的磁盘配额功能是禁用的，选中"启用配额管理"复选框即可启用磁盘配额管理。

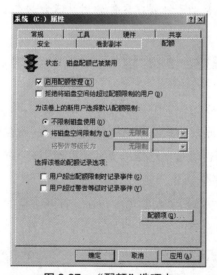

图 8-37 "配额"选项卡

注释

在"配额"选项卡左上角的交通指示图标中"红灯"表示关闭磁盘配额功能；"黄灯"表示 Windows Server 2003 重建磁盘配额信息；"绿灯"表示磁盘配额已启用并处于活动状态。

(3) 接下来用户可以设置默认的磁盘配额。在"配额"选项卡的"为该卷上的新用户选择默认配额限制"选项区域中可以设置默认的配额限制和警告等级，其中"不限制磁盘使用"单选按钮表示给用户配置的磁盘空间不限制大小；若选择"将磁盘空间限制为"单选按钮就需要在后面的文本框中为用户设置磁盘配额和警告等级的具体空间大小。

(4) 在"配额"选项卡中，用户还需要进一步设置当用户的磁盘空间达到配额限制或警告等级时系统如何反应。如果选中"拒绝将磁盘空间给超过配额限制的用户"复选框，则表示当用户配置的磁盘空间达到限制时就不能再使用新的磁盘空间；如果选中"用户超出配额限制时记录事件"复选框，则表示用户配置的磁盘空间达到限制时，可以继续使用新的磁盘空间，但系统会在日志中记录此事件；如果选中"用户超过警告等级时记录事件"复选框，则表示用户配置的磁盘空间达到警告等级时，可以继续使用新的磁盘空间，但系统会在日志中记录此事件。

注意

当给卷上的新用户设置默认磁盘配额时，这个磁盘配额功能只适用于卷上还没有创建文件的用户，而在卷上已经创建文件的用户不受这个磁盘配置策略的限制。

8.4.2 单个用户的磁盘配额管理

当然，系统管理员也可以为各个用户分别设置磁盘配额，这样可以让经常更新应用程序的用户有一定的磁盘空间，而限制其他非经常登录的用户的磁盘空间；也可以对经常超支磁盘空间的用户设置较低的警告等级。这样也更利于管理用户，提高磁盘空间的利用率。

下面介绍相关的具体操作步骤。

(1) 在"配额"选项卡中单击"配额项"按钮，打开磁盘的配额项窗口，系统管理员可以通过"配额项目"列表框来修改每个用户的磁盘配额设置，如图 8-38 所示。

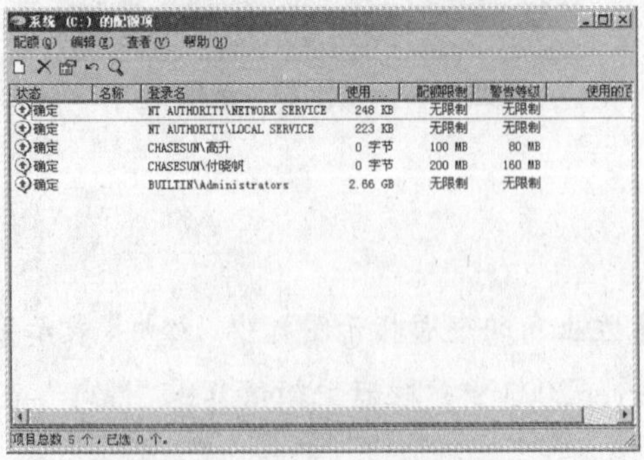

图 8-38　磁盘的配额项窗口

(2) 如果系统管理员要修改单个用户的磁盘配额,可以在用户列表中先选定一个用户。然后右击选定的用户,从弹出的快捷菜单中选择"属性"命令或双击选定的用户,即可打开该用户的"配额设置"对话框,如图8-39所示。在该对话框中系统管理员可以具体指定是否限制用户的磁盘配额空间、极限值和警告等级。

(3) 如果系统管理员需要为新添加的用户设置磁盘配额,则可以在磁盘的配额项窗口中选择"配额"|"新建配额项"命令,即可打开"选择用户"对话框,如图8-40所示。

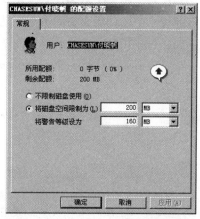

图 8-39 单个用户的磁盘配额设置

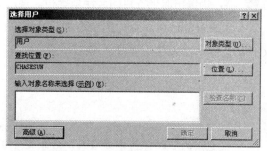

图 8-40 "选择用户"对话框

(4) 在"选择用户"对话框中单击"对象类型"按钮,可以选择要添加的用户名称。如果需要查找用户,可以单击"位置"按钮选择要查找的用户位置是在"本地"还是在"域"中,同时在"输入对象名称来选择"文本框中输入用户名,单击"检查名称"按钮确认。如果仍然没有找到用户,则可以单击"高级"按钮打开"高级查找"对话框,并单击"立即查找"按钮,在出现的"搜索结果"列表框中选择要添加的用户,单击"确定"按钮即可,如图8-41所示。

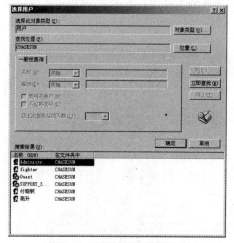

图 8-41 查找要添加的用户

8.5 磁盘连接

以往的 Windows 操作系统都是使用驱动器的概念,即用户必须通过驱动器盘符来访问计算机中的文件。而 Windows Server 2003 提供的是类似 UNIX 挂载功能的磁盘连接技术,可以使系统管理员将某个驱动器连接到 NTFS 分区的驱动器下的一个文件夹上,这样用户在访问该被连接的驱动器的文件时,就可以直接访问连接的文件夹,完全感觉不到文件其实是存放在被连接的驱动器上。而且经过磁盘连接后,用户还可以通过一个驱动器来访问多个驱动器中的文件,从而方便了系统操作。但实际上被连接的驱动器和负责连接的驱动器还是两个独立的驱动器,仍保留原来各自的文件系统和设置,而磁盘连接操作提供的只是访问文件的便利。

要实现磁盘的连接,首先需要在 NTFS 格式的驱动器中建立一个用来连接的新文件夹,用来把某个驱动器连接到该文件夹上。

注意

　　被连接的驱动器可以是 FAT 格式或 NTFS 格式,但负责连接的文件夹必须是在 NTFS 格式的驱动器内,而且该文件夹必须是空文件夹,不能有任何文件或子文件夹。

下面是磁盘连接的具体操作步骤。

(1) 打开"计算机管理"控制台窗口,选择"磁盘管理"选项,在要被连接的驱动器盘符上右击,从弹出的快捷菜单中选择"更改驱动器号和路径"命令,如图 8-42 所示。

(2) 在打开的"更改磁盘驱动器号和路径"对话框中单击"添加"按钮,打开"添加驱动器号或路径"对话框,为被连接的驱动器添加新的驱动器路径。然后在该对话框中单击"浏览"按钮,选择用来连接驱动器的文件夹路径,当然也可以在文本框中输入用来连接的文件夹路径,如图 8-43 所示。

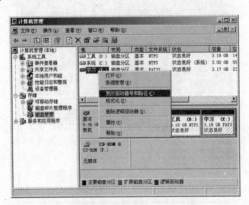

图 8-42 选择"更改驱动器号和路径"命令

图 8-43　添加用来连接磁盘的文件夹路径

　　(3) 单击"确定"按钮，即可完成连接磁盘的操作，从图 8-44 中可以看到，用来连接磁盘的文件夹图标已经变成了磁盘的图标。此时，通过该文件夹实际访问的是某个驱动器中的文件，但操作起来就象浏览该文件夹中的文件一样，方便了文件的读取。

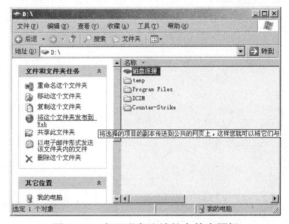

图 8-44　实现磁盘连接的文件夹图标

存储与备份

第9章

磁盘容量和磁盘管理是今后计算机发展的一个方向，随着信息的发展和数据容量的增加，存储和备份变得越来越重要。Windows Server 2003 增强了系统存储、备份和故障恢复实用程序，备份实用程序是为保护系统而设计的，用于防止由于硬件或媒体失效或者其他损坏事件的故障而丢失数据。如果系统中的数据丢失，则备份实用程序可以方便地从存档的拷贝中恢复数据，同时能将系统从各种故障中恢复正常运行。

 本章知识点

- ✄ 存储的方式、存储的发展趋势
- ✄ RAID 的级别和特点
- ✄ 系统存储和备份
- ✄ 数据的还原方式
- ✄ 备份权限
- ✄ 系统恢复设置

9.1 数据存储简介

随着计算机技术的飞速发展，计算机各部件性能的发展速度越来越快，计算机处理和产生数据的也越来越重要，数据一旦丢失，所有的计算能力变得毫无价值，必须看到，数据逐步成为一个自有存储的、不属于任何特定系统的实体，就像资本或智力财产一样，数据也成为一种可以共同享用的财富，需要加以存储和保护。

9.1.1 数据存储方式

数据存储有 3 种方式，即在线、近线和离线存储。在线存储是把数据存放在被主机的文件系统直接管理的磁盘存储设备中，其特点是利用了系统底层的 I/O 技术，优点是可以实时访问和改变数据，性能出色，能够满足应用对 I/O 性能的要求。近线存储是指把数据存放在另外一套主机的文件系统直接管理的磁盘存储设备中，这个方式通常借助一定的软件和网络来实现不同系统间的数据异地存放，以及需要时的数据回迁，其优点是数据同样存放在正加电运行的系统上，能够保证数据存放和回迁的传输性能。离线存储是指系统运行的情况下，把数据存放在可随时脱离系统的磁带设备中，其最大的特点是借助了磁带技术，优点是可以在系统运行时得到一份脱离系统的数据拷贝，便于存放在异地。这 3 种方式的组合应用，将会带给用户完善的数据存储和管理方案。

9.1.2 存储发展趋势

随着存储技术的发展，存储出现了 3 个趋势：独立化、集中化和网络化。SCSI 技术实现了存储的独立化，使得存储从主机系统中独立出来，成为独立的设备。Fibre Channel 技术的出现，产生了 FC 交换机、HBA 卡和 FC 磁盘阵列，允许用户独立于企业局域网络，在信息中心后台，设计出一个统一的数据在线存储系统，也就是存储区域网络(FC-SAN)。最近出现的 iSCSI 技术，成为 Fibre Channel 技术的有力竞争，使得用户在同一套以太网络上，构建出数据传输系统和数据存储系统(IP-SAN)。信息化规划中，可从这 3 种技术中选择最恰当者，来构成数据在线存储系统。

数据在线存储归根到底是一个模式问题。无论存储技术如何发展，目前看，存储模式始终脱离不了 DAS、NAS、SAN 这 3 种，其中 DAS、SAN 模式是以"块方式"进行数据存储的，NAS 是在以太网络上，以"文件方式"进行数据存储。无论应用系统差异多大，其数据读写方式无外乎两种：块方式、文件方式。通常情况下，各类数据库应用，如 ERP、MIS、HIS、DM、KM、CRM 等等，都需要"块方式"来保证数据库的性能；而各类多媒体数据应用，如数字文件、数字图片、数字视频、数字音频等数据，以及 Email、Ftp、Web、E-Game 等网络应用的数据，是以文件形式被存储和利用的，可以根据系统规模和并发请求数对系统性能的要求，来选择"块存储"还是"文件存储"方式。把握住系统的数据处理方式，清楚数据是如何产生的，以何种方式被存储和利用，进而考虑各子系统在存储性能、容量、扩展性、可用性、可管理性方面的要求，即可为各子系统设计出合适的存储模式，解决数据存储问题。

9.2 数据管理

数据管理有别于存储管理，存储管理的对象是存储空间(或称存储资源)，其主要内容是存储设备状态监控、存储空间在线动态扩展和调整、存储空间的统一管理和分配等，目的是为了向主机及其应用提供稳定可靠的存储空间。数据管理的对象是在线存储系统内的数据，其管理内容主要有：利用各种不同的手段获取数据拷贝以实现各种级别的数据安全和高可用特性、在不同的存储设备中迁移数据、管理数据内容。存储管理针对在线存储系统，而数据管理则更多地利用了数据的近线存储和离线存储方式。

设计数据管理方案，首先必须目的清晰。数据管理的目的主要有：保障系统生命可持续、提高存储资源利用率(或节省存储成本)、进行数据共享或再利用(从而进行效益增值)。数据管理是依附于在线存储系统的，因此设计数据管理方案时，必须考虑在线存储系统的模式。明确了存储模式和数据管理目的之后，才可以在各种数据管理手段中，一般来说，数据管理有如下手段：高可用集群、备份、复制、容灾、迁移、内容管理等，用户可选择合适的手段，实现理想的数据管理。

9.2.1 高可用集群

高可用集群，是在存储在磁盘阵列中的同一数据上，连接 2 个或者多个相同的主机，通过特殊的软件，使多个主机对外虚拟为一个应用系统，对内可以在多个主机间分配负载实现负载均衡，或者指定主机和备机系统，以在主系统宕机下，备机系统接管应用，保证应用继续运行，从而实现应用高可用的技术。高可用集群可以有效保障系统的可持续性，尤其适合关系数据库，如 SQL、Oracle、Sybase、Informix、Mysql、DBII 上的各类应用。

9.2.2 备份

备份是指用一定的方式形成数据拷贝，以在源数据遭到破坏的情况下，可以恢复数据。备份有近线备份和离线备份两种方式，其区别主要在于备份设备是磁盘设备还是磁带设备。

根据不同的规模和不同的存储模式，备份有单机备份、网络备份、Sever Free 和 LAN Free 备份等几种方式。比较而言，单机备份仅仅适合于单一应用系统；同一网络下的多个应用系统，适合采用网络备份；在采用 SAN 存储模式的环境下，Server Free 和 LAN Free 则更有效率。

9.2.3 复制

复制是指将系统主磁盘设备内的数据复制到其他系统内，数据复制有同步复制和异步复制。通过不同的软硬件设备，不仅可实现局域网内，还可实现广域网上的数据复制。数据复制软件和近线存储结合，可以形成高性能的数据备份解决方案，相比较磁带备份而言，这种方式可以做到数据更新时的实时备份，更可在源数据丢失后，短时间内完全恢复数据。同步数据复制软件和高可用软件结合，则可以实现系统容灾。

9.2.4 容灾

容灾是指在主应用系统之外，在异地建立一套备份系统，通过数据复制软件，把数据同步复制到备份系统中，通过高可用集群软件，监控主系统的运行状态，一旦主系统因为各类灾难而宕机，备份系统即可接替主系统的工作，保证系统实时在线可用。容灾可以带来很高的可靠性，但容灾的建设投入相对非常大。

9.2.5 迁移

迁移是指将高速、高容量的存储设备(如非在线的大容量磁带库、在线的磁盘设备)作为主磁盘设备(磁盘阵列)的下一级，把主磁盘设备中不常用的数据，按照指定的策略自动迁移到二级存储设备上。当需要这些数据时，自动把这些数据调回主磁盘设备中。通过数据迁移，可以实现把大量不经常访问的数据放置在离线或近线设备上，而只在主磁盘设备上保存少量高频率访问的数据，从而提高存储资源利用率，大大降低设备和管理成本。数据迁移技术通常适合医疗行业的 PACS 系统、气象、地震、水文的 HPC 和 HPS 系统、传播媒体、专利、保险、图书、银行、会计、档案管理行业，以及工业设计和市场推广行业。

9.2.6 内容管理

内容管理是数据管理中的新兴技术。传统的数据管理方式采用结构性关系数据库，仅能处理结构化数据，而绝大多数的信息，如文件、报告、视频、音频、照片、传真、信件等，都是非结构化的，这类信息的管理成为数据管理的难题，内容管理技术由此而生，内容管理要解决结构化和非结构化数字资源的采集、管理、利用、传递和增值等工作。

同种管理手段在实际应用中的方式千变万化，但在实现原理上是类似的。在实际应用中，要考虑每个子系统的情况，考虑其应用关键性高低、系统节点数量多少、数据类型和读写方式、数据规模大小、是否跨平台、是否跨网络等因素，紧紧把握数据管理的核心目的，按需定制，选择一种或多种管理手段，达到数据管理的理想状态。

9.3 RAID

9.3.1 RAID 简介

RAID 是由美国加州大学伯克利分校的 D.A.Patterson 教授在 1988 年提出的。RAID 是 Redundent Array of Inexpensive Disks 的缩写，直译为"廉价冗余磁盘阵列"，也简称为"磁盘阵列"。后来 RAID 中的字母 I 被改作了 Independent，RAID 就成了"独立冗余磁盘阵列"，但这只是名称的变化，实质性的内容并没有改变。可以把 RAID 理解成一种使用磁盘驱动器的方法，它将一组磁盘驱动器用某种逻辑方式联系起来，作为逻辑上的一个磁盘驱动器来使用。一般情况下，组成的逻辑磁盘驱动器的容量要小于各个磁盘驱动器容量的总和。RAID 的具体实现可以靠硬件也可以靠软件，Windows NT 操作系统就提供软件 RAID 功能。RAID 一般是在 SCSI 磁盘驱动器上实现的，因为 IDE 磁盘驱动器的性能发挥受限于 IDE 接口(IDE 只能接两个磁盘驱动器，传输速率最高 1.5MB/s)。IDE 通道最多只能接 4 个磁盘驱动器，在同一时刻只能有一个磁盘驱动器能够传输数据，而且 IDE 通道上一般还接有光驱，光驱引起的延迟会严重影响系统速度。SCSI 适配器保证每个 SCSI 通道随时都是畅通的，在同一时刻每个 SCSI 磁盘驱动器都能自由地向主机传送数据，不会出现像 IDE 磁盘驱动器争用设备通道的现象。

9.3.2 RAID 的优点

1. 成本低，功耗小，传输速率高

在 RAID 中，可以让很多磁盘驱动器同时传输数据，而这些磁盘驱动器在逻辑上又是一个磁盘驱动器，所以使用 RAID 可以达到单个的磁盘驱动器几倍、几十倍甚至上百倍的速率。这也是 RAID 最初想要解决的问题。因为当时 CPU 的速度增长很快，而磁盘驱动器的数据传输速率无法大幅提高，所以需要有一种方案解决二者之间的矛盾。RAID 最后成功了。

2. 提供容错功能

普通磁盘驱动器无法提供容错功能，RAID 和容错是建立在每个磁盘驱动器的硬件容错功能之上的，所以它提供更高的安全性。

3. 具备数据校验(Parity)功能

校验可被描述为用于 RAID 级别 2，3，4，5 的额外的信息，当磁盘失效的情况发生时，校验功能结合完好磁盘中的数据，可以重建失效磁盘上的数据。对于 RAID 系统来说，在任何有害条件下绝对保持数据的完整性(Data Integrity)是最基本的要求。数据完整性指的是阵列面对磁盘失效时保持数据不丢失的能力，由于数据的破坏通常会带来灾难性的后果，所以选择 RAID 阵列的基础条件是它能提供什么级别的数据完整性。

4. RAID 相比于传统磁盘驱动器而言，在同样的容量下，价格要低许多

9.3.3 RAID 级别

目前就 RAID 的应用来说，RAID 可以提供 RAID 0、1、3、5，而 RAID 0 又可以配合后 3 种进行更多的功能组合，也就是 RAID 10、30、50 的工作方式。

9.3.4 RAID 0 级(Stripe)

RAID0 级，即无冗余无校验的磁盘阵列。数据同时分布在各个磁盘驱动器上，工作状态是几个磁盘同时工作，系统传输来的数据，经过 RAID 控制器通常是平均分配到几个磁盘中。而这一切对于系统来说是完全不用干预的，从系统的角度看，N 个硬盘是一个容量为 N 个硬盘容量之和的"大"硬盘。RAID 0 的主要工作目的是获得更大的"单个"磁盘容量。另一方面就是多个硬盘同时读取，从而获得更高的存取速度。没有容错能力，读写速度在 RAID 中最快，但因为任何一个磁盘驱动器损坏都会使整个 RAID 系统失效，所以安全系数反倒比单个的磁盘驱动器还要低。一般用在对数据安全要求不高，但对速度要求很高的场合。

9.3.5 RAID 1 级(Mirror)

RAID1 级，即镜像磁盘阵列。每一个磁盘驱动器都有一个镜像磁盘驱动器，镜像磁盘驱动器随时保持与原磁盘驱动器的内容一致。RAID1 具有最高的安全性，但只有一半的磁盘空间被用来存储数据。主要用在对数据安全性要求很高，而且要求能够快速恢复被损坏的数据的场合。

9.3.6 RAID 1+0

如果同时对 RAID 0 中写往两个硬盘的数据再做两个镜像如何呢？这就是 RAID 1+0 的方案。RAID 1+0 至少使用 4 个硬盘，这样，RAID 1+0 在理论上同时保证了 RAID 0 的性能和 RAID 1 的安全性，代价是比 RAID 0 或 1 再多一倍的硬盘数量。但应该注意，这仅仅是

理论上的，因为实际中 IDE RAID 这样的软件 RAID 系统会消耗 CPU 运算时间，RAID 1+0 比起 RAID 0 或 1 来讲，同样多消耗一倍的 CPU 时间，所以性能最后不一定能提升到 RAID 0 那样的比例，甚至有可能总体性能不升反降。

9.3.7 RAID 3 和 RAID 4

任何一个单独的磁盘驱动器损坏都可以进行恢复。RAID 3 和 RAID 4 的数据读取速度很快，但写数据时要计算校验位的值以写入校验盘，速度有所下降。RAID 3 和 RAID 4 的使用也不多。

9.3.8 RAID 5 级

RAID 5 级，即无独立校验盘的奇偶校验磁盘阵列。同样采用奇偶校验来检查错误，但没有独立的校验盘，校验信息分布在各个磁盘驱动器上。RAID5 对大小数据量的读写都有很好的性能，被广泛地应用。

从 RAID 1 到 RAID 5 的几种方案中，不论何时有磁盘损坏，都可以随时拔出损坏的磁盘再插入好的磁盘(需要硬件上的热插拔支持)，数据不会受损，失效盘的内容可以很快地重建，重建的工作也由 RAID 硬件或 RAID 软件来完成。但 RAID 0 不提供错误校验功能，所以有人说它不能算作是 RAID。

当前的 PC 机，整个系统的速度瓶颈主要是硬盘。虽然不断有 Ultra DMA33、 DMA66、DMA100 等快速的标准推出，但收效不大。在 PC 中，磁盘速度慢一些并不是太严重的事情。但在服务器中，这是不允许的，服务器必须能响应来自四面八方的服务请求，这些请求大多与磁盘上的数据有关，所以服务器的磁盘子系统必须要有很高的输入输出速率。为了数据的安全，还要有一定的容错功能。RAID 提供了这些功能，所以 RAID 被广泛地应用在服务器体系中。 RAID 提供的容错功能是自动实现的(由 RAID 硬件或是 RAID 软件来做)。它对应用程序是透明的，即无需应用程序为容错做半点工作。要得到最高的安全性和最快的恢复速度，可以使用 RAID 1(镜像)；要在容量、容错和性能上取折衷可以使用 RAID 5。在大多数数据库服务器中，操作系统和数据库管理系统所在的磁盘驱动器是 RAID 1，数据库的数据文件则是存放于 RAID 5 的磁盘驱动器上。

9.4 系统备份

系统文件是整个操作系统的基石，如果系统文件遭到破坏，将导致整个操作系统瘫痪。因此，对系统文件进行备份是操作者必须掌握的基本技巧之一。系统文件损坏的原因有很多，如操作失误、磁盘故障、突然停电、病毒感染及其他原因等。通过对系统文件进行备份，可以在系统文件受到损坏而导致系统不能自检或死机时，利用备份文件迅速还原系统。另外，还可以创建紧急修复磁盘，在紧急修复磁盘中保存系统文件和系统设置的信息。每当对系统做出改变时，如添加新的硬件或安装新的软件后，都应该运行该紧急修复磁盘。当系统文件受到损坏或意外被删除时，使用紧急修复磁盘可以快速修复系统。

利用备份实用程序可以帮助用户在遇到硬件或存储媒体发生故障时，保护数据以避免意外丢失。例如，使用备份实用程序可以创建硬盘上的数据备份，然后把这些数据保存到其他存储设备上。在硬盘上的原始数据由于硬盘故障而被意外删除、覆盖或无法访问时，可以轻而易举地从备份文件还原数据。

9.4.1 备份整个系统

在备份系统文件时，可以根据备份向导的提示逐步进行，也可以直接对选中的文件进行备份。

下面是备份整个系统的具体操作步骤。

(1) 选择"开始" | "附件" | "系统工具" | "备份"命令，打开"备份工具"对话框，如图 9-1 所示。

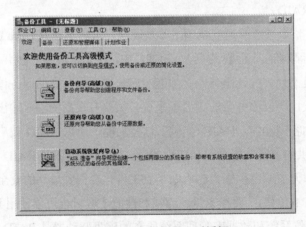

图 9-1　"备份工具"对话框

(2) 在"备份工具"对话框中，单击"备份向导"按钮，打开"备份向导"对话框，如图 9-2 所示。

(3) 在"备份向导"对话框中，单击"下一步"按钮，将打开"要备份的内容"对话框，如图 9-3 所示。

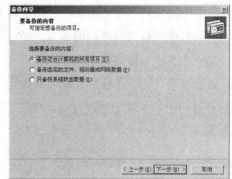

图9-2 "备份向导"对话框   图9-3 "要备份的内容"对话框

(4) 在"要备份的内容"对话框中，系统提供了 3 种备份方式："备份这台计算机的所有项目"、"备份选定的文件、驱动器或网络数据"和"只备份系统状态数据"。

如果需要备份整个系统，可以选择"备份这台计算机的所有项目"单选按钮；如果需要通过自己选择来备份一部分系统文件或其他文件，可以选择"备份选定的文件、驱动器或网络数据"单选按钮；如果只需要备份系统状态数据的文件，可以选择"只备份系统状态数据"单选按钮。此处在"要备份的内容"对话框中，选中"备份整个系统"单选框，然后单击"下一步"按钮，系统打开"备份类型、目标和名称"对话框，如图9-4所示。

(5) 在"备份类型、目标和名称"对话框的"选择备份类型"下拉列表框中，系统默认备份媒体类型为"文件"，文件名为 Backup.bkf，用户也可以输入其他类型和文件名取代默认值。可以单击"浏览"按钮，打开"打开"对话框，在磁盘上选择保存备份的位置，然后再返回到"备份类型、目标和名称"对话框。做好上述选择后，单击"下一步"按钮，系统将打开"完成备份向导"对话框，如图9-5所示。

图9-4 "备份类型、目标和名称"对话框   图9-5 "完成备份向导"对话框

(6) 在"完成备份向导"对话框中，显示了系统备份的一系列信息，包括创建时间、创建的内容、媒体类型、备份方式等内容。如果需要指定更多的备份选项，可以单击"高级"按钮，打开"备份类型"对话框，如图9-6所示。

(7) 在"备份类型"对话框中，可以按需要运行不同类型的备份。在"选择要备份的类型"下拉列表框中可以选择不同的备份类型，其中包括"正常"、"副本"、"增量"、"差异"和"每日"5 种备份类型。

(8) 如果选中"备份迁移的远程存储数据"复选框，则在备份的同时可以将系统文件保存到远程计算机上。完成上述设置后，单击"下一步"按钮，将打开"如何备份"对话框，如图 9-7 所示。

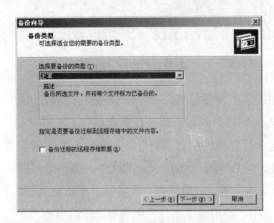
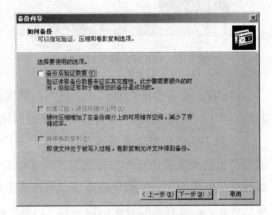

图 9-6 "备份类型"对话框   图 9-7 "如何备份"对话框

(9) 在"如何备份"对话框中，系统提示指定验证和压缩选项，对备份文件进行验证和压缩。选中"备份后验证数据"复选框，可以通过验证读取备份数据来验证备份的完整性。当选中该复选框进行验证时，系统需要额外的时间，但验证有助于确保备份的成功。选中"如果可能，请使用硬件压缩"复选框，这样增加在备份媒体上占用的存储空间，降低了存储成本。但是，压缩备份只能在支持压缩的驱动器上才能还原。

(10) 完成上述设置后，单击"下一步"按钮，打开"备份选项"对话框。在该对话框中，可以指定是否改写数据还是限制对数据的访问。在"如果用来备份数据的媒体已含有备份，选择下列一个选项"选项区域中，如果选择"将这个备份附加到现有备份"单选按钮，则可以把备份附加到选中的备份中；如果选择"替换现有备份"单选按钮，则可以将媒体上已有的数据用当前的备份替换。如果选中"只允许所有者和管理员访问备份数据，以及附加到这个媒体上的备份"复选框，则在备份后，除了所有者和管理员之外，其他人不能访问备份数据。该复选框适用于备份到媒体上的所有备份，只有在替换媒体的当前内容时才能使用这些选项，如图 9-8 所示。

(11) 完成上述设置后，单击"下一步"按钮，打开"备份时间"对话框，在该对话框中，可以指定运行备份的时间，既可以现在运行，也可以计划以后再运行。选择"现在"单选按钮可以立即运行备份，如图 9-9 所示。

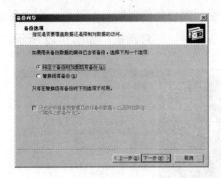

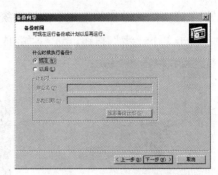

图 9-8 "备份选项"对话框   图 9-9 "备份时间"对话框

(12) 如果选择"以后"单选按钮,可以计划以后运行备份,则需要在"计划项"选项区域中的"作业名"文本框中输入作业的名称,同时系统默认起始日期为当前日期。单击"设定备份计划"按钮,打开"计划作业"对话框,系统默认打开的是"日程安排"选项卡,如图 9-10 所示。

图 9-10 "日程安排"选项卡

(13) 在"日程安排"选项卡中可以设置计划任务的类型,包括"每天"、"每周"、"每月"、"一次性"、"在系统启动时"、"在登录时"和"在空闲时"7 种类型;在"起始时间"微调框中可以设置计划任务的起始时间;单击"高级"按钮可以继续设置一些高级选项;选中"显示多项计划"复选框,可以在该对话框中同时显示多项计划,这时在对话框的上部会出现一个下拉列表框,从中可以新建或查看多项计划。

(14) 在"计划作业"对话框中,单击"设置"标签打开"设置"选项卡。在"设置"选项卡中,对于已经完成的计划任务可以选中"如果不计划再重新运行任务,请删除该任务"或"如超出××小时××分钟后,停止任务"复选框。在"空闲时间"选项区域中,可以设置"仅当计算机空闲时间超过××分钟后,启动计划的任务";"如果计算机还没有空闲很久,在××分钟后重试";"如果计算机在使用中,停止任务"。在"电源管理"选项区域中可以设置"如果计算机使用电池来运行,不要启动任务"、"如果启动电池模式,停止任务"或"唤醒这台计算机,运行此任务",如图 9-11 所示。

（15）设置完毕后，单击"确定"按钮系统返回到"备份时间"对话框。在"备份时间"对话框中，单击"下一步"按钮，进入"完成备份向导"对话框，如图 9-12 所示。

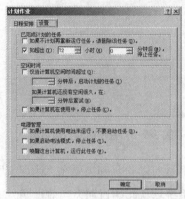

图 9-11 "设置"选项卡　　　　　　图 9-12 "完成备份向导"对话框

（16）在"完成备份向导"对话框中显示了前面做的一些设置信息。单击"完成"按钮，开始进行备份，备份完以后系统将返回到如图 9-1 所示的"备份工具"对话框。

9.4.2 备份选定的内容

备份选定的内容与备份系统的操作类似。

（1）在如图 9-3 所示的"要备份的内容"对话框中，选中"备份选定的文件、驱动器或网络数据"单选按钮，可以对选定的文件、驱动器或网络数据进行备份，如图 9-13 所示。

（2）单击"下一步"按钮，打开"要备份的项目"对话框，如图 9-14 所示。

（3）在"要备份的项目"对话框中，左侧的目录区显示要备份的项目所在的目录，可以从中选择某个目录。然后在右侧的文件显示区中选择要备份的具体项目文件名。只需选中所需项目前面的复选框，即可选中相应的驱动器、文件夹或文件。完成上述选择后，单击"下一步"按钮，将打开"备份类型、目标和名称"对话框，后面的操作步骤与前面备份系统的完全一样。

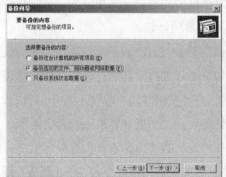

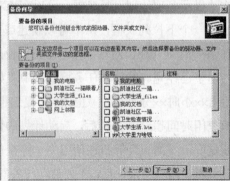

图 9-13 "要备份的内容"对话框　　　　图 9-14 "要备份的项目"对话框

9.4.3 备份系统状态数据

备份系统状态数据的操作与前面的备份略有不同，下面简单介绍其步骤。

(1) 在如图 9-3 所示的"要备份的内容"对话框中，选择"只备份系统状态数据"单选按钮，则可只备份系统文件，如图 9-15 所示。

(2) 单击"下一步"按钮，打开如图 9-4 所示的"备份类型、目标和名称"对话框。在该对话框的"键入这个备份的名称"文本框中输入要备份的媒体名或文件名(Backup.bkf)。也可以单击"浏览"按钮，在打开的"打开"对话框中选择文件名和文件类型，然后单击"打开"按钮返回到上一级对话框，单击"下一步"按钮打开"完成备份向导"对话框，然后单击"完成"按钮打开"备份进度"对话框，如图 9-16 所示。

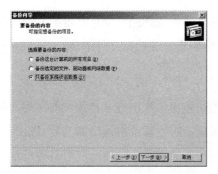

图 9-15 "要备份的内容"对话框

图 9-16 "备份进度"对话框

(3) 在"备份进度"对话框中，显示了备份的进程及各项参数的当前设置状态，包括"驱动器"、"标签"、"状态"、"进度"及已用时间和估计剩余时间、"正在处理"的文件名、"已经处理"的"文件数"和"字节数"等。完成备份后单击"报表"按钮，将打开备份文件的记录报表，如图 9-17 所示。

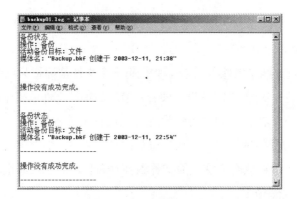

图 9-17 备份文件的记录报表

(4) 在"备份进度"对话框中单击"关闭"按钮即完成备份，此时系统生成一个名为

Backup.bkf 的备份文件。同时返回到如图 9-1 所示的"备份工具"对话框。

9.4.4 备份数据的方法

备份实用程序支持以下 5 种方法将数据备份到计算机或网络上。

1. 复制备份

复制备份是复制选定的所有文件，但不对正在被备份的每一个文件都做标记(换句话说，就是不设置档案文件的位)。如果读者希望在正常备份和增量备份之间备份文件，那么复制备份是非常有效的，因为复制操作不影响其他备份操作。

2. 定期备份

定期备份是把选定的已经修改的所有文件按事先安排的日期进行定期复制。备份的文件也不必标记为已经被备份(换句话说，定期备份也不设置档案文件的位)。

3. 差异备份

差异备份是复制自最后一次正常备份或增量备份以来创建或修改过的文件。同样，增量备份后也不将文件标记为已经做过备份。如果正在进行按正常备份和差异备份的联合备份，那么还原增量备份文件和文件夹时，则要求用户已经进行了最后一次正常备份及最后一次差异备份。

4. 增量备份

增量备份是只备份自最后一次普通备份或增量备份以来又创建或修改过的文件。增量备份会把文件标记为已经做过备份(换句话说，就是要设置档案文件的位)。如果使用了普通备份和增量备份的联合备份，那么将需要进行最后的普通备份集及所有的增量备份集，以便还原数据。

5. 正常备份

正常备份是将选定的文件都复制下来，并把每一个文件都标记为已经备份(换句话说，就是要设置档案文件的位)。对于正常备份，只需要最新的备份文件或磁带的副本，以便还原所有的文件。通常情况下，在首次创建备份设置时应进行正常备份。

使用正常备份和增量备份联合的方法备份数据时，所要求的存储空间最小，也是速度最快的备份方法。但是，这种联合方法还原文件消耗时间长，而且还原也较困难，因为备份集可以存放在几个磁盘或磁带上。

使用正常备份和差异备份联合方法备份数据是比较消耗时间的，当数据变化非常频繁时尤为如此，但是这种方法还原数据时非常容易，因为备份集通常只存放在少数几张磁盘或磁带上。

9.5 数据的还原

通过系统文件或其他重要文件的备份，一旦系统发生故障或出现其他意外情况导致系统不能正常运行时，可以利用备份的数据文件迅速还原，从而确保系统的安全性和稳定性。

9.5.1 利用还原向导还原备份

当出现硬件故障、意外删除或其他数据丢失或损坏时，利用还原向导可以还原以前备份的数据。

下面介绍数据还原的具体操作步骤。

(1) 在如图 9-1 所示的"备份"对话框中单击"还原向导"按钮，将打开"欢迎使用还原向导"对话框，如图 9-18 所示。

(2) 在"欢迎使用还原向导"对话框中，系统提示可以利用该向导帮助还原以前备份到磁盘或磁带上的数据。单击"下一步"按钮，打开"还原项目"对话框。该对话框中的各选项与如图 9-14 所示的"要备份的项目"对话框中的相应选项的含义基本相同，在此不再赘述，如图 9-19 所示。

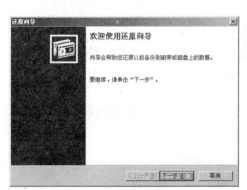

图 9-18 "欢迎使用还原向导"对话框

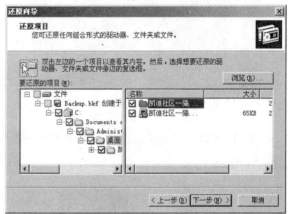

图 9-19 "还原项目"对话框

(3) 设置好各选项之后，单击"下一步"按钮，打开"完成还原向导"对话框，如图 9-20 所示。

(4) 在"完成还原向导"对话框中，列出了还原选项的各项设置。如果需要指定额外的选项，还可以单击"高级"按钮，打开"还原位置"对话框。在该对话框中可以指定还原的位置，包括"原位置"、"备用位置"和"单个文件夹"3 种选择，如图 9-21 所示。如果选择"备用位置"和"单个文件夹"选项，则提示指定"备用位置"。

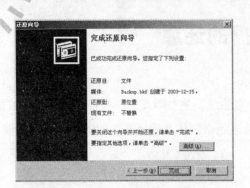

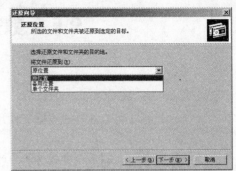

| 图 9-20 "完成还原向导"对话框 | 图 9-21 "还原位置"对话框 |

    (5) 当设置好还原的位置后,单击"下一步"按钮,系统将打开"如何还原"对话框。在该对话框中,可以选择还原已经在磁盘上的文件的方法,包括"保留现有文件"、"如果现有文件比备份文件旧,将其替换"和"替换现有文件"3 种,如图 9-22 所示。

    (6) 单击"下一步"按钮,打开"高级还原选项"对话框。在该对话框中可以选择还原安全措施或特殊系统文件,如图 9-23 所示。

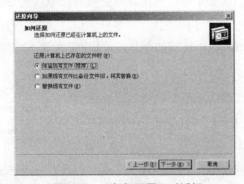

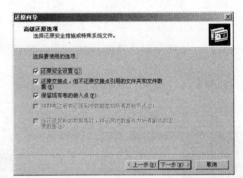

| 图 9-22 "如何还原"对话框 | 图 9-23 "高级还原选项"对话框 |

    (7) 设置好还原安全措施后,单击"下一步"按钮,打开"完成还原向导"对话框,如图 9-24 所示。

图 9-24 "完成还原向导"对话框

(8) 单击"完成"按钮，系统将打开"还原进度"对话框并开始还原。还原完成后，在该对话框中将显示还原的各项状态，单击"关闭"按钮完成备份文件的还原，系统返回到"备份"对话框。

9.5.2 文件和文件夹的简单还原

在备份-还原操作中，文件和文件夹的备份-还原是使用最为普遍的。下面就介绍一下简单还原文件、文件夹操作的基本功能和步骤。

1. 选择要还原的文件和文件夹

备份实用程序在备份时提供了文件和文件夹的树状视图，可以使用该树状视图选择要还原的文件和文件夹。这种树状视图的使用方法与 Windows 资源管理器的使用方法相同，可以直接从中打开驱动器和文件夹，然后选择要还原的文件。

2. 选择还原位置

备份实用程序允许用户选择以下 3 种目标之一作为还原的文件。

- 可以把备份的数据还原到原来的文件夹或备份时数据所在的文件夹。对还原已经受到损坏或丢失的文件和文件夹，该选项是非常有效的。
- 可以把备份的数据还原到另一个文件夹。如果选择这个选项，备份文件夹的结构和其中的文件则保留在另一个文件夹中。如果用户已经知道将需要某些旧文件夹，但不想覆盖或改变磁盘上的当前文件或文件夹，则使用此选项是非常有效的。
- 可以把备份的文件还原到单一文件夹中。使用此选项将不保留备份文件夹和文件的结构，只有备份的文件才能定位在单一文件夹中。如果正在查找某个文件但又不知道它的位置，这时使用该选项是非常有效的。

3. 设置还原选项

备份实用程序在"选项"对话框中为用户提供了如何还原的选项设置，利用该对话框可以选择还原文件和文件夹的各种方法。供选择的有以下 3 个选项。

- "保留现有文件"单选按钮：选择该选项后，可以防止硬盘上的文件被覆盖。这是还原文件最安全的一种方法。
- "如果现有文件比备份文件旧，将其替换"单选按钮：选择该选项后，如果自最后一次备份数据以来已经损坏了文件，那么该选项可以保证对文件所作的修改丝毫无损。
- "替换现有文件"单选按钮：即用备份集中的文件替换硬盘上的全部文件。如果自最后一次备份数据以来已经对数据做过修改，则该选项将删除这些修改。

4. 开始还原操作

当开始还原操作时，备份实用程序将提示用户确认是否已经做好数据还原的准备，此时还有机会设置高级还原选项，包括是否想恢复安全设置、活动存储设备数据库和连接点数据等。

用户既可以使用备份实用程序以 FAT 容量备份和还原数据，也可以以 NTFS 容量备份和还原数据。然而，如果已经在 Windows Server 2003 中使用了 NTFS 容量备份数据，那么该备份实用程序会推荐将数据还原成在 Windows Server 2003 中使用的 NTFS 容量，否则可能会丢失数据及某些文件和文件夹特性。例如，如果在 Windows Server 2003 中使用 NTFS 容量备份数据，然后将其还原为在 Windows 2000 中使用的 FAT 容量或 NTFS 容量，那么许可文件、加密文件系统(EFS)设置、磁盘配额信息、已安装的驱动器信息和远程存储器信息等都将丢失。

注意

只有管理员或备份操作者才能备份文件和文件夹。注册表、活动文件夹目录服务和其他关键系统组件都包含在"系统状态"数据中。如果用户希望备份和还原这些组件，就必须备份该"系统状态"数据。

如果还原"系统状态"数据，并且不为还原的数据指定具体的可替换位置，那么备份实用程序将删除该"系统状态"数据。这时该"系统状态"数据当前位于计算机上，并用正在还原的"系统状态"数据替换它。同样，如果将"系统状态"数据还原到一个可替换位置，那么只有注册表文件、SYSVOL目录文件和系统引导文件还原到该可替换位置。如果指定了一个可替换的位置，则活动文件夹目录服务数据库、验证服务数据库和 COM+类注册数据库将不能还原。

为了还原域控制器上的"系统状态"数据，必须首先以目录服务还原模式启动计算机，这样将允许还原 SYSVOL 目录和活动目录。另外，用户只能还原本地计算机上的"系统状态"数据，而不能还原远程计算机上的"系统状态"数据。管理员和备份操作者不必解密文件和文件夹就可以还原加密的文件和文件夹。

9.5.3　备份作业计划

用户也可以事先为备份制订作业计划，确定了备份的日期和时间后，当系统时间到指定的时间时，可以自动按事先设定的备份选项和安排进行备份。

下面是备份作业计划的具体操作步骤。

(1) 在"备份"对话框中，单击"计划作业"标签，打开"计划作业"选项卡，如图 9-25 所示。

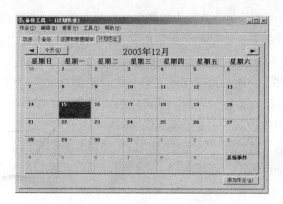

图 9-25 "计划作业" 选项卡

(2) 在"计划作业"选项卡中,单击"添加作业"按钮,打开如图 9-2 所示的"备份向导"的欢迎画面,从中单击"下一步"按钮,打开如图 9-3 所示的"要备份的内容"对话框,从中选择要备份的资料类型。

(3) 单击"下一步"按钮,打开如图 9-4 所示的"备份类型、目标和名称"对话框,在该对话框中确定备份媒体类型和文件名之后,单击"下一步"按钮打开"如何备份"对话框,在此对话框中可以设置在备份后是否进行验证。

(4) 然后单击"下一步"按钮,打开"备份选项"对话框,在该对话框中可以指定是否要改写数据还是限制对数据的访问。继续单击"下一步"按钮打开"备份标签"对话框,在该对话框中需要指定备份的标签和正在使用的标签。然后单击"下一步"按钮,在打开的对话框中指定是现在运行备份还是以后再运行。若要以后再运行,可以选中"以后"单选按钮,此时在"作业名"文本框中输入该作业的名称。

(5) 单击"下一步"按钮,打开"完成备份向导"对话框,单击"完成"按钮,系统返回图 9-25 所示的"计划作业"选项卡。至此,一个备份作业计划就完成了。

9.6　备份操作者和用户权限

为了系统的安全和操作的可靠性,必须对备份和还原操作设置必要的访问权限,这样可以防止未经授权而擅自闯入者的破坏而造成数据的损失和泄密。为此,Windows Server 2003 对系统备份和还原提供了设置用户访问权限的功能。

9.6.1　访问许可和用户权限

要备份文件和文件夹,必须具有确定的许可和用户权限。如果用户是一位系统管理员或备份操作员,那么,可以备份本地计算机上的任何文件和文件夹,以供本系统的应用。同样,如果用户是域控制器的管理员或备份操作员,那么可以备份该域中任何计算机,或者与用户建立了双向信任关系的域中的任何计算机上的任何文件和文件夹("系统状态"数据除外)。然而,如果用户不是管理员或备份操作员但又想备份文件,则必须是要备份的文件和文件夹的拥有者,或者对要备份的文件和文件夹具有一项或多项许可如读、读和运行、修改或全面控制等。

要备份文件和文件夹,还必须确保没有限制访问硬盘的磁盘配额限制,否则备份数据将无法进行。通过右击要保存数据的磁盘,从弹出的快捷菜单中选择"特性"命令,然后打开"配额"选项卡,从中检查是否有磁盘配额限制。

在"备份作业信息"对话框中通过选择"只允许拥有者和管理员访问备份数据"单选按钮,也可以限制访问备份文件。如果选择了此选项,则只有管理员或创建备份的人才能还原这些文件和文件夹。

只能在本地计算机上备份"系统状态"数据。即使是远程计算机上的管理员,也不能备份远程计算机上的"系统状态"数据。

9.6.2 向备份操作员组增加用户

为了加强数据备份的管理,可以建立操作者组,只有该组的成员才能备份和访问备份数据。有时需要向该组增加新的成员,以便加强管理。

下面就介绍向备份操作员组添加新用户的操作步骤。

(1) 选择"开始" | "管理工具"|"Active Directory 用户和计算机"命令,打开"Active Directory 用户和计算机"窗口,如图 9-26 所示。

(2) 在"Active Directory 用户和计算机"窗口左侧的树状目录中展开 Users 节点,在右侧的详细资料窗格中右击 Backup Operators 选项,从弹出的快捷菜单中选择"属性"命令,打开"Backup Operators 属性"对话框,如图 9-27 所示。

图 9-26 "Active Directory 用户和计算机"窗口

图 9-27 "Backup Operators 属性"对话框

(3) 在"Backup Operators 属性"对话框中，单击"成员"标签，打开"成员"选项卡，单击下方的"添加"按钮，打开"选择用户、联系人、计算机或组"对话框，如图 9-28 所示。

(4) 在"选择用户、联系人、计算机或组"对话框中的"名称"文本框中输入希望成为备份操作者的域和用户名，单击"确定"按钮即可。

(5) 最后依次单击"确定"按钮，直到返回最顶层的对话框。至此输入的用户名即可成为备份操作员。

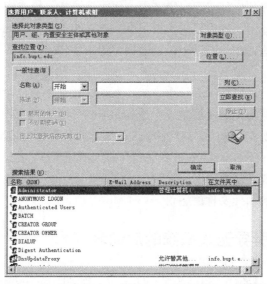

图 9-28 "选择用户、联系人、计算机或组"对话框

注意

只有管理员组的成员才能指派用户成为备份操作员。

9.7 系统恢复

同其他操作系统一样，Windows Server 2003 也可能因为系统或用户操作失误而导致系统崩溃。一旦系统发生问题，就需要使用各种恢复方法和手段来解决问题。本节将详细介绍如何解决系统可能出现的几种问题、如何使用有助于启动系统的选项(否则就不能启动)、如何使用 Windows Server 2003 中的修复和恢复选项，以及关于故障排除的信息。

9.7.1 恢复系统前的准备

在系统出现故障之前，用户通常需要事先采取一些安全措施，以便预防磁盘损坏或者其他严重的系统故障。其中要做的主要工作包括定期备份系统文件、硬件配置文件，设置系统异常停止时 Windows Server 2003 的对应策略，以及制作系统启动盘和紧急修复磁盘等。下面针对这几项不同的措施进行详细介绍。

- 执行常规的系统备份，配置容错能力。如磁盘镜像、检查病毒，以及进行其他标准管理例程，如使用"性能日志和警报"来检查事件日志。如果磁盘或其他硬件无法工作，那么这些工作将有助于保护数据并提出警告。
- 设置系统异常停止时 Windows Server 2003 的反应措施。例如，可以指定计算机自动重新启动，并且可以控制其日志方式。要指定这些选项，可以在"我的电脑"图标上右击，然后从弹出的快捷菜单中选择"属性"命令。在打开的"属性"对话框选择"高级"选项卡，选中"启动和恢复"复选框，即可对启动和恢复选项进行设置。
- 使用 Windows Server 2003 备份程序制作(并定期更新)紧急修复磁盘。
- 使用"自动系统恢复准备"向导制作并定期更新系统文件和 Windows Server 2003 所使用的分区上的其他文件的备份。

9.7.2 制作用于引导无效系统的启动盘

对于不能从光盘引导的计算机，为了预防系统出现故障而无法引导，则应该制作用来引导计算机的启动软盘。不过，在用户决定用光驱或软盘引导之前，应该首先尝试用"安全模式"启动计算机。用软盘启动计算机之后，可以设置"恢复控制台"、"紧急修复磁盘"(如果已经事先准备了)或"自动系统恢复"(如果用户准备好了需要的备份介质)等选项。

在运行 Windows 或 MS-DOS 的计算机上可以使用 Windows Server 2003 安装光盘来制作用于引导无效系统的启动盘。用户需要准备 4 张空白的、格式化好的 3.5 英寸 1.44MB 软盘。把它们分别标注为"启动盘 1"、"启动盘 2"、"启动盘 3"和"启动盘 4"。

要制作启动(或引导)系统的软盘，可以参照以下步骤进行操作。

(1) 将空白的、格式化好的 1.44MB 软盘插入计算机的软盘驱动器中，当前计算机运行的可以是 Windows 或 MS-DOS 操作系统。然后将 Windows Server 2003 光盘放入光驱。

(2) 选择"开始"菜单的"运行"命令，在"运行"对话框的"打开"文本框中，输入 G:\bootdisk\makeboot.bat(G 盘是分配给光驱的驱动器号)，然后单击"确定"按钮，系统将打开命令提示符窗口。

(3) 在该窗口中，系统会提示用户准备 4 张已格式化好的空软盘，并输入软盘驱动器号(通常软盘驱动器号为 A)，输入后系统提示用户插入空白软盘，开始制作引导盘。

(4) 依次插入软盘并按照屏幕提示即可完成其余操作。

9.7.3 系统不能启动时的解决方案

Windows Server 2003 提供了许多在系统不能启动时可以采用的方法。第一种方法是"安全模式"和相关的启动选项，该方法仅使用必需的服务来启动系统。如果新安装的驱动程序是引起系统启动失败的原因，那么使用"安全模式"选项中的"最后一次正确的配置"会非常有效。

如果"安全模式"没有起作用，则可以考虑使用"恢复控制台"，这种方法只推荐给高级用户或管理员使用。启动的方法是先使用安装光盘或用光盘制作的软盘引导，然后访问恢复控制台(命令行式的界面)，可以用它完成诸如启动和停止某项服务、读取或修改本地驱动器(包括 NTFS 格式的驱动器)之类的操作。

如果安全模式和恢复控制台都不能修复系统，还可以尝试使用"紧急修复磁盘"或"自动系统恢复"方案，它们都是 Windows Server 2003 备份工具的一部分。Windows Server 2003 备份程序可以帮助用户制作相应的备份用于修复和恢复。当出现系统故障时，可以先使用安装光盘或制作的引导软盘来启动系统，然后使用这些事先准备好的备份介质恢复系统功能。"紧急修复磁盘"只能修复核心系统文件，而"自动系统恢复"则能够制作用于恢复本地系统分区上所有文件的扩展系统备份。

1. 使用安全模式修复系统

当计算机不能启动时，可以使用"安全模式"或者其他启动选项以最少服务的方式来启动计算机。如果用"安全模式"成功地启动了计算机，那么用户就可以更改配置来排除导致故障的因素(如删除或重新配置引起问题的新安装的驱动程序)。

下面将介绍"安全模式"和 Windows Server 2003 中的其他类型的高级启动选项。"安全模式"可以访问所有的分区，不管是何种文件系统：FAT、FAT32 或者 NTFS(磁盘本身功能正常)。

如果用户在计算机上正在使用远程安装服务安装 Windows Server 2003，那么高级启动选项除了包含下面的这些选项，还会有与使用远程安装服务恢复系统相关的选项。

- 基本安全模式

仅使用最基本的系统模块和驱动程序启动 Windows Server 2003，不加载网络支持。加载的驱动程序和模块用于鼠标、监视器、键盘、海量存储器、基本视频和默认系统服务。安全模式也可以启用启动日志。

- 带网络连接的安全模式

仅使用基本的系统模块和驱动程序启动 Windows Server 2003，并且加载网络支持，但不支持 PCMCIA 网络。带网络连接的安全模式也可以启用启动日志。

- 带命令行提示的安全模式

仅使用基本的系统模块和驱动程序启动 Windows Server 2003，不加载网络支持，并且只显示命令行提示。带命令行提示的安全模式也可以启用启动日志。

- 启用启动日志模式

生成正在加载的驱动程序和服务的启动日志文件。该日志文件命名为 Ntbtlog.txt，并保存在系统根目录中。

- 启用 VGA 模式

使用基本的 VGA(视频)驱动程序启动 Windows Server 2003。如果导致 Windows Server 2003 不能正常启动的原因是安装了新的视频卡驱动程序，那么该模式将很有用。其他安全模式也只使用基本的视频驱动程序。

- 最后一次正确的配置

使用 Windows 在最后一次关机时保存的设置(注册信息)来启动 Windows Server 2003。仅在配置错误时使用，不能解决由于驱动程序或文件破坏或丢失而引起的问题。

注意

当用户选择"最后一次正确的配置"选项时，则在此最后一次正确的配置之后所做的修改和系统设置将丢失。

- 目录服务恢复模式

恢复域控制器的活动目录信息，该选项只用于 Windows Server 2003 域控制器，而不能用于 Windows Server 2003 Professional 或者成员服务器。

- 调试模式

启动 Windows Server 2003 时，通过串行电缆将调试信息发送给另一台计算机。

用户要使用安全模式或其他启动选项启动计算机，可以参照以下步骤进行操作。

(1) 重新启动计算机。

(2) 当"启动"菜单出现时，按 F8 键。

(3) 使用方向键选择要使用的"高级启动"选项，然后按 Enter 键。要直接返回"启动"菜单，请按 Esc 键。

(4) 使用方向键选择用来启动计算机的 Windows Server 2003 操作系统。如果用户选择了某种"安全模式"选项，此时请选择某个版本的 Windows Server 2003，而不要选择 Windows Server 2003 之前的 Windows 版本。

2. 使用恢复控制台的方式修复系统

如果安全模式和其他启动选项都不能成功启动 Windows Server 2003，那么用户可以考虑使用恢复控制台。这种方法只推荐给高级用户和管理员使用，他们能够使用基本命令来识别和确定有问题的驱动程序和文件。恢复控制台是命令行式的控制台，需要先用安装光盘或者用光盘制作的软盘来启动计算机，然后使用该控制台。

要使用恢复控制台，必须使用管理员帐户登录。它提供的命令包括查看目录或改名的常规命令以及一些高级命令，如检修引导扇区。在恢复控制台命令行提示符下输入 help 可以查看命令的帮助信息。

使用恢复控制台，可以启动或停止某项服务功能、读写本地驱动器上的数据(包括 NTFS 格式的驱动器)、从软盘或光盘复制数据、格式化驱动器、检修引导扇区或者主引导记录，或执行其他管理任务。在很多情况下恢复控制台非常有用，如要修复系统必须把某些文件从软盘或光盘复制到硬盘中，或者需要重新配置用于启动的服务时。这些情况下，可以使用"恢复控制台"把正确的文件从软盘直接复制到硬盘，替代那些被破坏的驱动程序和文件。

要启动计算机并使用恢复控制台，可以参照以下步骤进行操作。

(1) 插入 Windows Server 2003 安装光盘或者是用光盘创建的第一张软盘(不能从光驱引导的系统必须使用软盘)。如果使用软盘，就需要重新启动计算机并按照要求依次更换软盘。

(2) 安装程序的界面出现以后系统会显示提示，按 R 键即可选择"修复或者恢复"选项。在提示出现后，按 C 键可选择"恢复控制台"。

(3) 按照屏幕上的提示重新插入一张或多张用于启动系统的软盘。

(4) 如果系统配置了双重启动或多重启动，那么应该选择"恢复控制台"要操作的是哪个 Windows Server 2003 系统。

(5) 根据提示输入管理员密码，在系统提示符后，可输入"恢复控制台"所支持的操作命令。输入 help 可以显示命令列表，输入"help 命令名称"可以显示命令的帮助信息。

(6) 要退出"恢复控制台"，并重新启动计算机可以输入 exit。

如果用户要在正常运行 Windows Server 2003 的计算机上使用恢复控制台，可以参照以下步骤进行操作。

(1) 将 Windows Server 2003 安装光盘插入光驱中。

(2) 选择"开始"菜单的"运行"命令，在"运行"对话框的"打开"文本框中输入合适的命令，对于基于 Pentium(基于 Intel)的计算机，可以输入 G:\i386\winnt32/cmdcons(其中 G:是光驱的盘符)。

(3) 如果配置了双重启动或多重启动，需要选择恢复控制台要操作的 Windows Server 2003 系统。

(4) 根据提示输入管理员密码，在系统提示符后，可以输入"恢复控制台"所支持的操作命令。

(5) 要退出"恢复控制台"并重新启动计算机可以输入 exit。

9.7.4 使用"自动系统恢复向导"修复损坏的系统

如果 Windows Server 2003 系统不能启动，而且使用安全模式或者恢复控制台的方式都不管用，那么可以使用创建紧急修复磁盘或还原整个系统数据的方式对系统进行修复。当发生硬盘被破坏或者系统文件被删除的情况时，管理员都可以使用这些方法对系统进行修复。这些修复系统的方法要求用户事先使用 Windows Server 2003 中的"备份/还原"工具对系统数据进行了备份。

在计算机正常运行时，用户可以通过"备份"向导备份整个系统的数据，用于在系统出现故障时恢复本地系统。当 Windows Server 2003 恢复正常后，用户可以使用备份工具的还原向导，根据需要还原已备份的程序和其他分区的数据文件。

使用"备份"向导对系统数据进行备份的时机，最好是在每次对系统做出重大改动之后。要使用该向导必须作为系统管理员登录，以备份操作者的身份不允许执行此操作。另外，使用"备份"向导仅能备份 Windows Server 2003 所在分区上的信息，如果其他分区有需要备份的数据，用户必须另外作单独备份。对于企业应用软件和服务，如 SQL Server、Exchange Server 或者 Internet Information Server 等，"备份"向导不需要备份所有文件。除了对系统数据进行备份以外，还需要制作启动系统的引导软盘。要制作启动损坏系统的引导软盘，可以使用 Windows Server 2003 的安装光盘。即使是用软盘启动系统，也需要 Windows Server 2003 安装光盘来启动"自动系统恢复"功能。自动系统恢复成功，将使系统返回到"自动系统恢复准备向导"最后一次运行时的配置状态，其后的配置变化信息将丢失。

要使用"自动系统恢复"功能恢复系统，可以参照以下步骤进行操作。

(1) 准备一张空白的、格式化的 1.44MB 软盘和备份存储设备。存储设备可以是磁带机，或者是一些可换介质的存储设备，如 Zip 驱动器或 Jaz 驱动器，只要在 Windows Server 2003 的"兼容硬件列表"中有就可以。

(2) 在 Windows Server 2003 中，选择"开始"|"程序"|"附件"|"系统工具"|"备份"命令，系统将打开"备份"窗口。在"欢迎"界面中，单击"自动系统恢复向导"按钮，打开"自动系统故障恢复准备向导"对话框，如图 9-29 所示。

(3) 单击"下一步"按钮，打开"备份目的地"对话框，用户可以选择接收备份数据的媒体名或者文件名，如图 9-30 所示。

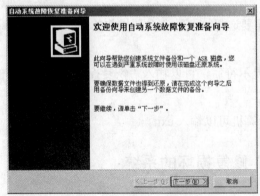

图 9-29　"自动系统故障恢复准备向导"对话框

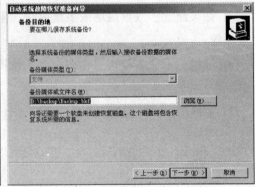

图 9-30　"备份目的地"对话框

(4) 继续单击"下一步"按钮，打开"正在完成自动系统故障恢复准备向导"对话框，如图 9-31 所示，单击"完成"按钮，向导将为系统创建备份，然后用户在系统提示下插入软盘即可。

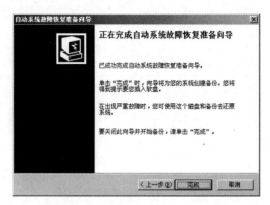

图 9-31 完成准备向导的对话框

(5) 然后系统即可完成"自动系统故障恢复"的设置。

要使用"自动系统故障恢复向导"来修复系统，可按如下步骤操作。

(1) 当安装程序的字符界面出现后会显示提示，按 R 键选择"修复或者恢复"选项。按照屏幕上的提示进行操作即可，在正确的驱动器中插入 Windows Server 2003 安装光盘。

(2) 按照屏幕上的提示进行操作，按 D 键选择"自动系统恢复"功能。

(3) 按照屏幕上的提示进行操作。在修复过程中，如果需要硬盘将被分区和格式化，系统将返回到用户运行"自动系统恢复准备"向导时所处的状态。

(4) 如果修复成功，则结束该过程，并重新启动计算机。当计算机重新启动时，替换文件将被成功地复制到硬盘上。

DFS服务器的配置和管理

第10章

分布式文件系统(Distributed File System，简称 DFS)是 Windows Server 2003 为用户更好地共享网络资源而提供的一个功能强大的工具，它可以将那些跨网络分布的不同共享文件夹用链接的形式集中显示在同一个窗口中。通过分布式文件系统，系统管理员可以使用户更加方便地访问和管理物理上跨网络分布的文件，而用户在访问文件时无须知道文件的实际物理位置。此外，Windows Server 2003 提供了强大的文件资源管理功能以及先进的 NTFS 文件系统所提供的权限管理，用户可以很方便地在计算机或者网络上使用、管理、共享和保护文件及文件夹资源。

 本章知识点

- ☒ DFS 和 NTFS 权限的概念
- ☒ 创建 DFS 根目录
- ☒ 新建 DFS 链接和 DFS 根目录目标
- ☒ 管理 NTFS 权限
- ☒ 创建和管理共享文件夹

10.1 DFS 简介

分布式文件式系统(DFS)是一个单层文件系统,它提供了文件系统资源的逻辑树结构,该资源可能处于网络的任何地方。通过分布式文件系统,系统管理员可以使分布在多个服务器上的文件在用户面前显示时,就如同位于网络上的同一个位置。用户在访问文件时不再需要知道和指定它们的实际物理位置。

系统管理员可以利用分布式文件系统使用户访问和管理那些物理上跨网络分布的文件变得更加容易。例如,如果用户的销售资料分散在某个域中的多个服务器上,则可以利用 DFS 使其显示时就好像所有的资料都位于一台服务器上,这样用户就不必到网络上的多个位置去查找他们所需的信息了。

下面介绍一下关于 DFS 的几个基本概念。

1. DFS 类型

通过 DFS 控制台,用户可以按下面两种方式中的任何一种来实施分布式文件系统:作为独立的分布式文件系统,作为基于域的分布式文件系统。

2. DFS 体系结构

除了 Windows XP 中基于服务器的 DFS 组件外,还有基于客户的 DFS 组件。DFS 客户程序可以将对 DFS 根目录或 DFS 链接的引用缓存一段时间,该时间由管理员来指定。 运行 DFS 客户程序的计算机必须是 DFS 根目录域的成员。

3. 分布式文件系统特性

分布式文件系统提供了以下重要特性。

● 容易访问文件

分布式文件系统使用户可以更容易地访问文件。即使文件在物理上跨越多个服务器,用户也只需要转到网络中的某个位置即可访问文件。

而且,当更改共享文件夹的物理位置时,不会影响用户访问文件夹。因为文件的位置看起来仍然相同,所以可以仍然以与以前相同的方式访问文件夹。用户不再需要多个驱动器映射来访问文件。

最后,计划文件服务器维护、软件升级和其他任务(一般需要服务器脱机)可以在不中断用户访问的情况下完成。这对 Web 服务器特别有用。通过选择 Web 站点的根目录作为 DFS 根目录,可以在分布式文件系统中移动资源,而不中断任何 HTML 链接。

● 可用性

基于域的 DFS 以两种方法确保用户保持对文件的访问。首先,Windows XP 自动将 DFS

拓扑发布到 Active Directory，这可以确保 DFS 拓扑对域中所有服务器上的用户总是可见的。其次，作为管理员，用户可以复制 DFS 根目录和 DFS 共享文件夹。复制意味着可以在域中的多个服务器上复制 DFS 根目录和 DFS 共享文件夹。这样，即使这些文件驻留的一个物理服务器不可用，用户也仍然可以访问文件。

- 服务器负载平衡

DFS 根目录可以支持物理上通过网络分布的多个 DFS 共享文件夹。这一点很有用，例如，当目录中有一个被用户大量访问的文件时，并非所有的用户都在单个服务器上物理地访问此文件，因为这将会增加服务器的负担，而 DFS 确保访问文件的用户分布于多个服务器。然而，在用户看来，文件就好像一直驻留在网络上的相同位置。

4. 分布式文件系统拓扑

分布式文件系统拓扑由 DFS 根目录、一个或多个 DFS 链接、一个或多个 DFS 共享文件夹，或每个 DFS 所指的副本组成。DFS 根目录所驻留的域服务器被称为"宿主服务器"。通过在域中的其他服务器上创建"根目录共享"，可以复制 DFS 根目录。这将确保在宿主服务器不可用时，文件仍可使用。

对于用户，DFS 拓扑对所需网络资源提供统一和透明的访问。对于系统管理员，DFS 拓扑是单个 DNS 名称空间：使用基于域的 DFS，将 DFS 根目录共享的 DNS 名称解析到 DFS 根目录的宿主服务器。因为基于域的分布式文件系统的宿主服务器是域中的成员服务器，在默认情况下，DFS 会将 DFS 拓扑自动发布到 Active Directory 中，因而提供了跨越主服务器的 DFS 拓扑同步。这反过来又对 DFS 根目录提供了容错性，并支持 DFS 共享文件夹的可选复制。

通过将 DFS 链接添加到 DFS 根目录可以扩展 DFS 拓扑。对 DFS 拓扑中分层结构的层数的唯一限制是对任何文件路径最多使用 260 个字符。新 DFS 链接可以引用共享文件夹或子文件夹或整个 Windows 卷。如果用户有足够的权限，也可以访问任何本地子文件夹，该子文件夹存在于或被添加到 DFS 共享文件夹中。

5. 分布式文件系统和安全性

除了创建必要的管理员权限之外，分布式文件系统服务不实施任何超出 Windows XP 系统所提供的其他安全措施。指派到 DFS 根目录或 DFS 链接的权限决定了可以添加新 DFS 链接的用户。

共享文件的权限与 DFS 拓扑无关。例如，假定有一个名为 MarketingDocs 的 DFS 链接，并且有适当的权限可以访问 MarketingDocs 所指的特殊 DFS 共享文件夹。在这种情况下，用户就可以访问该 DFS 文件夹组中的其他所有 DFS 共享文件夹，而不管是否有访问其他共享文件夹的权限。然而，有权访问这些共享文件夹的权限将决定用户是否可以访问文件夹中的任何信息。此访问由标准 Windows 安全控制台决定。

总之，当用户尝试访问 DFS 共享文件夹和它的内容时，FAT 和 NTFS 格式的文件系统将强制具有安全性。因此，FAT 卷提供文件上的共享级安全，而 NTFS 卷则提供了完整的 Windows Server 安全性。

10.2 创建 DFS 根目录

要在 Windows Server 2003 中使用 DFS 系统，首先需要创建 DFS 根目录。基于 DFS 类型的不同，DFS 根目录也相应地分为两类：基于域的 DFS 根目录和独立的 DFS 根目录。创建不同类型的根目录，其操作步骤也不尽相同。

10.2.1 创建基于域的 DFS 根目录

创建基于域的 DFS 根目录有一个前提条件，即宿主必须在域成员服务器上。另外，相应的 DFS 拓扑要可以自动发布到活动目录中，它可以有根目录级的 DFS 共享文件夹。与独立的 DFS 根目录不同的是，此种方式的层次结构不受限制，即基于域的 DFS 根目录可以有多级 DFS 链接。

下面是创建基于域的 DFS 根目录的具体操作步骤。

(1) 通过"开始"菜单，选择"管理工具"子菜单中的"分布式文件系统"命令，打开空白的 DFS 控制台窗口，如图 10-1 所示。

(2) 要创建新的 DFS 目录，可以选择"操作"|"新建根目录"命令，打开"新建根目录向导"对话框，如图 10-2 所示。

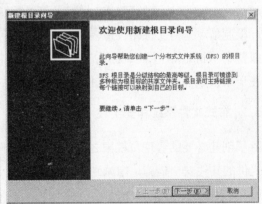

图 10-1　空白的 DFS 控制台窗口　　　图 10-2　"新建根目录向导"对话框

(3) 在向导首页单击"下一步"按钮将打开"根目录类型"对话框，提示用户选择将要创建的 DFS 根目录类型。因为要创建基于域的 DFS 根目录，所以在该对话框中选择"域根目录"单选按钮，启用活动目录(AD)存储 DFS 树状拓扑结构，同时也可以使 DFS 文件系统支持 DNS 命名和文件副本复制的新特性，如图 10-3 所示。

图 10-3 "根目录类型"对话框

(4) 在选择"域根目录"类型后，单击"下一步"按钮将打开"主持域"对话框，在此需要输入某个域名来与新的 DFS 根目录相关联，或者从"信任域"列表框中选择一个域来主持 DFS 根目录，默认情况下向导会将计算机所在的域作为主持域，并将该域的域名和域的图标分别显示在"域名"文本框和"信任域"列表框中。一般情况下用户可以使用系统默认域选项，如图 10-4 所示。

(5) 在选取域后，单击"下一步"按钮将打开"主服务器"对话框，用户必须选择服务器以主持这个 DFS 根目录，系统默认的选择是当前服务器，用户也可以输入需要的服务器的 DNS 名称，或者通过单击"浏览"按钮选择域内的任何服务器，如图 10-5 所示。

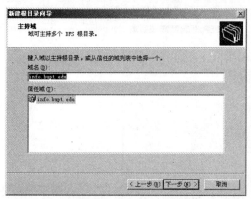
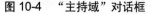

图 10-4 "主持域"对话框

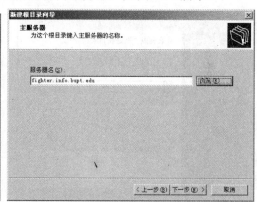

图 10-5 "主服务器"对话框

(6) 指定服务器之后，单击"下一步"按钮将打开"根目录名称"对话框。在该对话框中必须为新建的 DFS 根目录提供一个唯一的名称，同时加上注释，如图 10-6 所示。

(7) 指定好根目录名称后，单击"下一步"按钮，将打开"根目录共享"对话框。在"共享的文件夹"文本框中输入共享路径，或者单击"浏览"按钮，选择一个共享的文件夹路径，如图 10-7 所示。

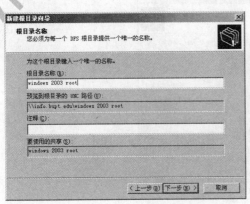

图 10-6 "根目录名称"对话框

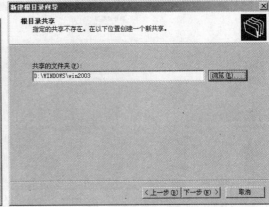

图 10-7 "根目录共享"对话框

(8) 在确定好共享路径之后,单击"下一步"按钮,将会打开"正在完成'新建根目录向导'"对话框。在该对话框中,向导将用户新建的 DFS 根目录的所有信息都显示在对应的文本框中,验证配置正确后,单击"完成"按钮即可完成安装 DFS 域根目录的操作,如图 10-8 所示。

(9) 最后,在提示安装根目录成功的对话框中单击"确定"按钮,即可返回到"分布式文件系统"控制台窗口。此时,在控制台窗口中用户可以看到新建的 DFS 根目录已经显示在"分布式文件系统"列表框中了,如图 10-9 所示。

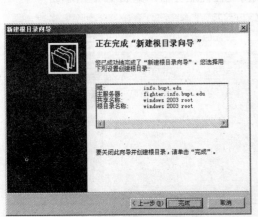

图 10-8 "正在完成'新建根目录向导'"对话框

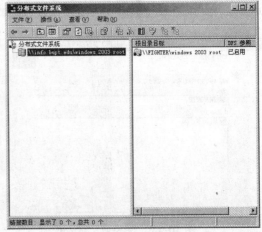

图 10-9 创建 DFS 根目录后的 DFS 控制台窗口

10.2.2 创建独立的 DFS 根目录

独立的 DFS 根目录不使用活动目录(Active Directory),而且没有根目录级的 DFS 共享文件夹。同时这种根目录类型的层次结构有限,标准的 DFS 根目录只能有一级 DFS 链接。

创建独立的 DFS 根目录的具体操作步骤如下。

(1) 在 DFS 控制台窗口中选择"操作"|"新建根目录"命令，启动"新建根目录向导"，单击"下一步"按钮将打开"选择根目录类型"对话框，从中选择"独立的根目录"单选按钮即可创建独立的 DFS 根目录，如图 10-10 所示。

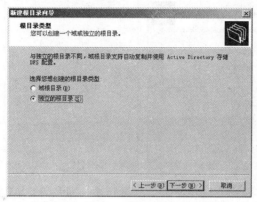

图 10-10　选择"独立的根目录"类型

(2) 独立的 DFS 根目录只与驻留在 DFS 根目录的特定服务器相关联。单击"下一步"按钮，将会打开"主服务器"对话框，在此为创建的根目录指定一个主服务器，如图 10-11 所示。

(3) 在指定服务器之后，单击"下一步"按钮，将打开"根目录名称"对话框，必须为新建的 DFS 根目录提供一个唯一的名称，同时加上注释，如图 10-12 所示。

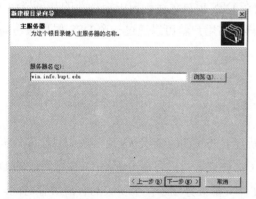

图 10-11　指定一个服务器

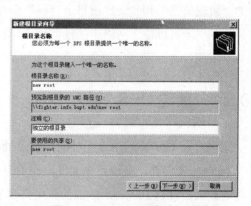

图 10-12　"根目录名称"对话框

(4) 在指定根目录名称之后，单击"下一步"按钮，将打开"根目录共享"对话框，要求用户在用来作为服务器的 DFS 根目录上选取共享，可以选取现有的共享或者指定新的共享路径和共享名让 DFS 创建新共享，如图 10-13 所示。

(5) 在确定好根目录名称之后，单击"下一步"按钮将打开"正在完成'新建根目录向导'"对话框。在该对话框中，向导将用户新建的 DFS 根目录的所有信息都显示在对应的文本框中，验证配置正确后，单击"完成"按钮即可完成安装 DFS 根目录的操作，如图 10-14 所示。

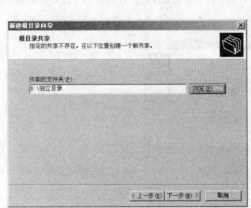

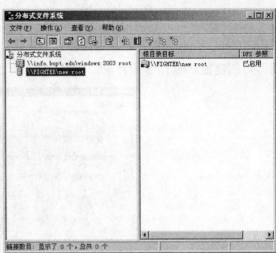

图 10-13　"根目录共享"对话框　　　　图 10-14　创建 DFS 独立根目录后的 DFS 控制台窗口

10.3　管理 DFS 根目录

通过上述操作完成了创建 DFS 根目录的工作，接下来系统管理员即可使用"操作"菜单中的"新建链接"和"新建根目录目标"命令在 DFS 根目录结构树中添加新的共享资源了，而且这些资源可以位于网络中的任何地点。这样网络用户就可以通过一个 DFS 根目录访问多个共享资源，并且无须知道共享资源的网络路径。

10.3.1　新建 DFS 链接

系统管理员可以在 DFS 拓扑的根目录处新建 DFS 链接。如果 DFS 链接的目标文件夹不是 Windows 文件夹，则该目标文件夹不能有子文件夹。目前可以分配给 DFS 根目录的 DFS 链接的最大数目是 1000，所添加的每个共享文件夹都被分配了一个相关的客户缓存时间。该缓存时间决定了共享文件夹信息在客户端缓存的时间。当缓存时间到期时 DFS 客户必须访问 DFS 宿主服务器以更新引用的信息。用户还可以调整缓存时间，使得与共享文件夹有关的客户使用和网络通信因素达到最佳平衡。

下面是新建 DFS 链接的具体操作步骤。

(1) 打开"分布式文件系统"控制台窗口，选定新建的根目录，选择"操作"|"新建链接"命令，打开"新建链接"对话框，如图 10-15 所示。

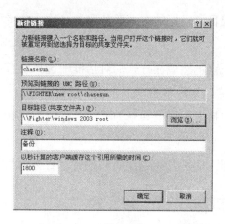

图 10-15 "新建链接"对话框

(2) 在"链接名称"文本框中输入要设置的链接名称，在"目标路径(共享文件夹)"文本框中输入共享目录或者单击"浏览"按钮选择要链接的共享目录，用户也可以在"注释"文本框中输入该链接的说明性文字。在"以秒计算的客户端缓存这个引用所需的时间"文本框中用户可以设置客户机缓存此引用的时间。

(3) 最后，单击"确定"按钮完成添加工作。

10.3.2 新建 DFS 根目录目标

新建根目录目标就是将 DFS 根目录复制到域中的另一台服务器上，这样可以确保在由于某种原因宿主服务器不可用时，域中的用户仍然能够使用与该 DFS 根目录关联的分布式文件系统。

下面是新建根目录目标的具体操作步骤。

(1) 打开"分布式文件系统"控制台窗口，右击新建的 DFS 根目录，从弹出的快捷菜单中选择"新建根目录目标"命令，打开"新建根目录向导"的"主服务器"对话框，如图 10-16 所示。

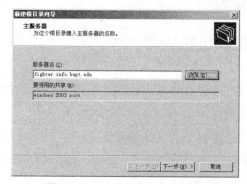

图 10-16 "主服务器"对话框

(2) 在对话框中输入根目录目标的宿主服务器的名称，或者单击"浏览"按钮选择可用的服务器。

(3) 单击"下一步"按钮，然后在打开的对话框中选择现有共享文件夹或指定要创建的新共享文件夹的路径和名称，然后单击"下一步"按钮。

(4) 在打开的对话框中接受根目录共享的默认名称或指定新名称，然后单击"下一步"按钮。

(5) 单击"完成"按钮，即可开始创建新的根目录目标。

10.3.3　新建 DFS 目标

用户也可以为根目录下的链接新建目标，其具体步骤如下。

(1) 打开"分布式文件系统"控制台窗口，右击 DFS 链接，从弹出的快捷菜单中选择"新建目标"命令，打开"新建目标"对话框，如图 10-17 所示。

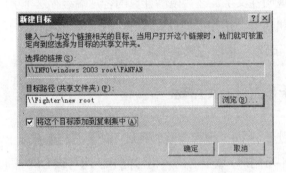

图 10-17　"新建目录"对话框

(2) 在该对话框的"目标路径"文本框中输入一个与这个链接相关的目标，当打开这个链接时就能被重定向到选择为目标的共享文件夹，同时选中"将这个目标添加到复制集中"复选框。

(3) 单击"完成"按钮完成新目标的创建。

10.3.4　查看根目录和链接内容

在用户创建了 DFS 根目录和 DFS 根目录副本或新建 DFS 链接后，可以通过 DFS 控制台方便地查看 DFS 根目录中的内容。

下面是查看创建的 DFS 根目录的具体操作步骤。

(1) 打开"分布式文件系统"控制台窗口，选择"操作"|"显示根目录"命令，打开"显示根目录"对话框，如图 10-18 所示。

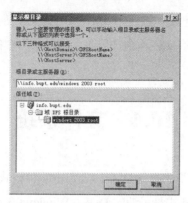

图 10-18　"显示根目录"对话框

(2) 在"根目录或主服务器"文本框中，输入现存的 DFS 根目录的 UNC 名称，或者展开"信任域"列表框从中选择 DFS 根目录。

(3) 选择要显示的 DFS 根目录之后，单击"确定"按钮即可。

10.3.5　删除 DFS 根目录和链接

在维护 DFS 根目录时会存在一些无效的目录，这就需要系统管理员定期对 DFS 根目录进行附加、修改和删除等操作。

1. 删除 DFS 链接

要删除 DFS 链接，可以在 DFS 控制台窗口中选取要删除的链接，然后选择"操作"|"删除链接"命令，在打开的确认信息框中单击"是"按钮即可，如图 10-19 所示。

图 10-19　删除链接的信息提示框

删除该链接后所有的副本也将被删除，但不会删除链接的目标上的任何数据。

2. 删除根目录

要删除 DFS 根目录，可以在 DFS 控制台窗口中先选取要删除的根目录，然后选择"操作"|"删除根目录"命令，在打开的确认信息框中单击"是"按钮即可，如图 10-20 所示。

图 10-20　删除根目录的信息提示框

删除 DFS 根目录之后这个名称空间就会从网络中删除，所有的链接和副本也会被删除。但是，目标共享和共享中的所有文件不会被删除，只是网络中的客户端将不能再访问该 DFS 根目录了。

10.4　文件系统

Windows Server 2003 系统的磁盘分区一般使用 3 种格式的文件系统：NTFS、FAT 和 FAT32。其中 FAT 和 FAT32 格式是早期的 DOS、Windows 3.x 操作系统中使用的文件系统。由于当时计算机各种软、硬件仍处于发展阶段，因此这两种文件系统所能管理的磁盘簇的大小、文件的最大尺寸及磁盘空间总量都有一定的局限性。但是，从 Windows NT 开始，Microsoft 公司在其推出的操作系统中采用了一种新的文件系统格式—— NTFS 文件系统。NTFS 文件系统比 FAT 和 FAT32 格式的功能更加强大，该文件系统不仅可以管理超过 32G 的磁盘卷和更大的文件尺寸，而且 Windows Server 2003 新增的 Active Directory 目录功能也必须有 NTFS 文件系统的支持才能够实现。由于 FAT 和 FAT32 很相似，只是 FAT32 更适合于较大容量的硬盘。因此，下面将主要针对 FAT 格式和 NTFS 格式这两种文件系统进行比较，使用户能够全面了解 NTFS 的优点和特性。

10.4.1　FAT

FAT(File Allocation Table)是一种适合小卷集与需要双重引导的用户应该选择使用的文件系统。对于使用一般操作系统(如 DOS、Windows 3.x 等)且对系统安全性要求不高的用户来说，FAT 是一种合适的文件管理系统。但对于使用 Windows XP 和 Windows Server 2003 的用户来说，FAT 文件系统已不能满足用户的各项要求。

FAT 文件系统最初是设计用于小型磁盘和简单文件夹结构的简单文件系统。它的主要特点是适于向后兼容。FAT 文件系统得名于它的组织方法：放置在卷起始位置的文件分配表。为了保护卷，它使用了两份拷贝，以确保即使损坏了一份磁盘也能正常工作。另外，为了确保正确装卸启动系统所必须的文件，文件分配表和根文件夹必须放在固定的位置。

从 Windows NT 开始，在保持了 MS-DOS 或 OS/2 兼容性的同时，通过使用属性位在 FAT 卷中创建或者更名的文件可以使用长文件名。在创建一个长文件名文件的同时，Windows Server 2003 为该文件创建了一个 4.3 格式的名字。除了这个常规入口外，Windows Server 2003 还为该文件创建了一个或多个辅助文件夹入口项。每个入口项用于容纳长文件名中的 13 个字符，以 Unicode 编码存储长文件名中的对应部分。Windows Server 2003 设置了辅助文件夹入口项的卷、只读、系统和隐藏属性来标志它为长文件名的一部分，而 MS-DOS 和 OS/2 通常会忽略设置了所有这4种属性的文件夹入口项中的4.3常规文件名访问该文件。

10.4.2　NTFS

NTFS(New Technology File System)是Windows Server 2003推荐使用的高性能的文件系统，它支持许多新的文件安全、存储和容错功能，而这些功能也正是FAT文件系统所缺少的。

Windows Server 2003中的NTFS文件系统提供了FAT文件系统所没有的全面的性能、更强的可靠性和兼容性。NTFS的设计目标就是在很大的硬盘上能够很快地执行诸如读、写和搜索这样的标准文件操作，甚至包括像文件系统恢复这样的高级操作。

NTFS文件系统除满足了公司环境中对文件服务器和高端个人计算机的安全特性需求外，还支持对于关键数据完整性十分重要的数据访问控制和私有权限。除了可以赋予Windows Server 2003计算机中的共享文件夹特定权限外，NTFS文件和文件夹资源无论共享与否都可以赋予权限。NTFS格式是Windows Server 2003中唯一允许为单个文件指定权限的文件系统。但是当用户从NTFS卷移动或复制文件到FAT卷时，NTFS文件系统权限和其他的特有属性都将丢失。

NTFS文件系统是使用Windows Server 2003系统所推荐使用的文件系统。NTFS具有FAT文件系统的所有基本功能，并且提供如下的FAT或FAT32文件系统所没有的优点。

- 更为安全的文件访问权限。
- 更好的磁盘压缩性能。
- 支持最大达2TB的大容量磁盘。
- 具有双重启动配置。

除此之外，NTFS文件系统还支持以下特性。

- Active Directory：使网络管理员和用户可以方便灵活地查看和控制网络资源。
- 域：它是Active Directory的一部分，可以帮助网络管理员兼顾管理的简单性和网络的安全性。例如，只有在NTFS文件系统中用户才能设置单个文件的许可权限而不仅仅是目录的许可权限。
- 文件压缩：NTFS系统的压缩机制可以让用户直接读写压缩文件，而不需要使用解压软件将这些文件展开。
- 文件加密：能够大大提高信息的安全性。
- 稀松文件：应用程序生成的一种特殊文件，它的文件尺寸非常大，但实际上只需要少部分的磁盘空间，就是说NTFS只需要给这种文件实际写入的数据分配磁盘存储空间即可。
- 磁盘活动的恢复日志：它将帮助用户在电源失效或其他系统故障时快速恢复信息。
- 磁盘配额：管理者可以管理和控制每个用户所能使用的最大磁盘空间。
- 对于大容量驱动器的良好扩展性：NTFS中最大驱动器的尺寸远远大于FAT格式，而且NTFS的性能和存储效率并不像FAT那样随着驱动器尺寸的增大而降低。

Windows Server 2003 提供的系统工具可以很轻松地把磁盘分区转化为新版本的 NTFS 文件系统，即使以前的分区使用的是 FAT 或 FAT32。安装程序会检测现有的文件系统格式，如果是 NTFS，则自动进行转换；如果是 FAT 或 FAT32，会提示安装者是否转换为 NTFS。无论是在运行安装程序过程中还是在运行安装程序之后，这种转换都不会使用户的文件受到损害。

10.5 NTFS 权限管理 DFS 资源

Windows Server 2003 在 NTFS 格式的卷上提供了 NTFS 权限，允许为每个用户或者组指定 NTFS 权限，以保护文件和文件夹资源的安全。通过允许或禁止访问某些文件和文件夹或是限制访问的类型，NTFS 权限提供了对资源的保护。不论用户是访问本地计算机上的文件、文件夹资源，还是通过网络来访问，NTFS 权限都是有效的。

10.5.1 NTFS 权限简介

使用 NTFS 权限可以指定用户和组具有访问文件和文件夹资源的权限，以及他们能够对文件和文件夹执行的操作。

NTFS 文件系统为卷上的每一个文件和文件夹都建立了一个访问控制表(ACL)。ACL 中列出了所有拥有该文件和文件夹的授权用户和组，以及他们所拥有的访问权限类型。当用户想要访问某一文件资源时，ACL 必须包含该用户帐户或组的入口，通常这个访问入口被称为访问控制入口(ACE)。入口所允许的访问类型必须和所请求的访问类型一致，这样才允许用户访问该文件资源。如果在 ACL 中没有一个合适的 ACE，那么该用户就无法访问该项文件资源。系统管理员可以为文件和文件夹指定不同的权限，而分配的访问权限类型是根据文件选项不同而不同的。

1. NTFS 文件夹权限

文件夹权限是用来控制用户对文件夹及文件夹内文件和子文件夹的访问。下面列出了可以指定的 NTFS 文件夹权限以及每个权限所提供的访问类型，权限列出的先后顺序表示各个权限从最严格的约束到最少约束的变化趋势。

- 读取：允许用户查看文件夹内的文件和文件夹，查看文件夹的属性、所有者和权限。
- 写入：允许用户在文件夹中创建新文件和子文件夹、改变文件夹的属性、查看文件夹的所有者及其权限。
- 列出文件夹内容：允许用户查看文件夹内的文件和子文件夹的内容。
- 读取和执行：允许用户遍历文件夹，并通过这些文件夹移动到其他的文件和文件夹，而不论用户遍历过的文件夹是否具有权限。

- 修改：允许用户删除文件夹，并且具有对文件夹的读写权限和执行权限。
- 完全控制：允许用户更改文件夹权限、获得文件夹的所有权、删除子文件夹和文件等 NTFS 文件夹权限允许的操作。如果禁止了该权限，就表示拒绝了用户或组对某个文件夹进行任何形式的访问。

2. NTFS 文件权限

NTFS 文件权限能够应用于包含在文件夹中的文件，控制用户对文件资源的访问。下面列出了可以指定的 NTFS 文件权限及每个权限所提供的访问类型，权限列出的先后顺序表示各个权限从最严格的约束到最少约束的变化趋势。

- 读取：允许用户读取文件、查看文件的属性、所有者和权限。
- 写入：允许用户改写文件、改变文件的属性、查看文件的所有者及其权限。
- 读取和执行：允许用户执行读取提供的操作。如果文件是应用程序，还可以执行文件。
- 修改：允许用户执行读取、写入以及读取和执行的操作，还可以修改或删除文件。
- 完全控制：允许用户执行所有其他权限提供的操作，并且还能够更改权限和取得文件的所有权。

注意

只有在 NTFS 卷上才可以使用 NTFS 权限，在 FAT 或 FAT32 格式的卷上则不能使用 NTFS 权限。

10.5.2 NTFS 权限的规则

Windows Server 2003 允许单独地为用户指定权限，同时也可以为用户所隶属的组指定权限，从而为一个用户帐户指定多重权限，或者利用权限的继承性为用户指定权限。

1. 权限是累积的

用户对特定资源的有效访问权限是包括指定给用户的所有访问权限的总和。如果多个条目与用户的访问权限相匹配，如特定帐户的读取权限和用户作为组成员的组写入权限，则有效的权限是读取和写入权限。

2. 文件权限覆盖文件夹权限

当确定对资源的访问时，Windows Server 2003 将用文件权限覆盖文件夹权限。用户可能没有对文件夹的任何访问权限，但却可能对包含在文件夹中的文件有完全控制的权限，这样用户虽然看不见在文件夹列表中的文件，但是可以使用通用的命名规则(UNC)路径来获得对文件的访问。一般情况下，系统管理员可以创建用户无法拥有写入权限的文件夹，然后特别地为某些用户提供具有对一个或多个文件的写入权限。

3．拒绝覆盖所有其他权限

"拒绝"权限完全覆盖用户可能拥有的任何其他访问权限，这个权限与累积的规则相抵触，但是提供了强大的手段来保证文件夹被适当的保护。拥有适当权限的系统管理员或用户可以拒绝用户或组访问文件或文件夹。这就确保没有用户是其中的成员组可以取得对文件或文件夹的访问权限。当应用于组时，"拒绝"权限会应用于组内的所有成员。

4．权限继承

按照系统的默认设置，权限是从父文件夹继承的。通过确保在文件夹中创建的任何新文件和文件夹都具有与其父文件夹相同的访问控制表，就使其更加容易管理共享文件夹环境。用户也就不必担心在新文件夹或文件中调整权限。

当然，用户也可以停止权限继承。如果在给定的文件夹中停止权限继承，就可以把它的权限设置为与其父文件夹不同，除非是权限被用户重新配置，否则任何新文件或文件夹都将继承权限。

10.5.3　管理 NTFS 权限

在创建 NTFS 文件系统时，需要在关键的文件夹上修改权限设置和继承关系。下面是修改文件或文件夹的 NTFS 权限的具体操作步骤。

(1) 在"我的电脑"窗口中右击要修改权限的文件或文件夹，本例选择的是"我的文档"，从弹出的快捷菜单中选择"属性"命令，打开相应的"属性"对话框，选择"安全"选项卡，如图 10-21 所示。

(2) 在"组或用户名称"列表框中通过选择组或用户名称，可以查看其访问权限，系统管理员可以在需要时调整这些权限。

(3) 如果系统管理员要为该文件夹添加访问的用户，可以在"安全"选项卡中单击"添加"按钮，打开"选择用户、计算机或组"对话框，从中选取要添加的用户或组并且可以同时添加多个组，如图 10-22 所示。

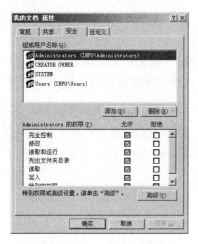

图 10-21 "安全"选项卡

图 10-22 "选择用户、计算机或组"对话框

(4) 系统管理员可以选取某个组,为其设置需要的权限。

(5) 如果系统管理员要防止用户从父文件夹继承权限,则可以右击选定的文件或文件夹,打开其属性对话框并选择"安全"选项卡,从中单击"高级设置"按钮,打开"高级安全设置"对话框,在该对话框中取消对"允许父项的继承权限传播到该对象和所有子对象,包括那些在此明确定义的项目"复选框的选中,如图 10-23 所示。

(6) 这时,系统会弹出一个"安全"信息提示框,提示用户选择应用到子对象的父权限项目是否应用到这个对象上,如图 10-24 所示。

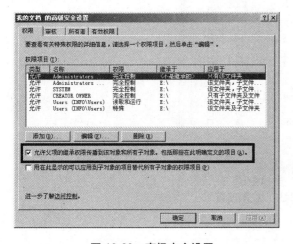

图 10-23 高级安全设置

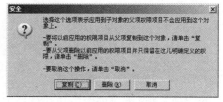

图 10-24 "安全"信息提示框

(7) 选择相应的设置后,单击"确定"按钮,关闭属性对话框即可。

10.5.4 管理特殊的访问权限

Windows Server 2003 还提供了特殊的访问权限，这些权限提供了超出普通 ACL 访问权限的能力。例如，"取得所有权"权限可以把文件或文件夹的所有权从一个用户传递到另一个用户；"修改"权限允许用户给予其他用户修改文件权限的能力，而不必给予他们完全控制的权限。这就给予了用户在文件上定义权限的灵活性，而不用完全放开对象的访问权限。

特殊的访问权限允许用户更详细地定义对文件夹和文件的访问，同时授予"取得所有权"或更改权限，下面就介绍一下如何管理特殊的访问权限。

1. 设置特殊的访问权限

在权限设置方面，特殊访问权限很像普通权限，可以把它们看成是高级的安全设置，从而来方便地设置特殊的访问权限。

(1) 右击需要更改权限的文件或文件夹，从弹出的快捷菜单中选择"属性"命令，在打开的属性对话框中选择"安全"选项卡，单击"高级"按钮，打开"高级安全设置"对话框，然后选择"权限"选项卡，如图 10-23 所示。

(2) 在"权限"选项卡中选择要更改其权限的用户，然后单击"编辑"按钮，打开权限项目对话框，在"权限"列表框中即可调整其权限，如图 10-25 所示。

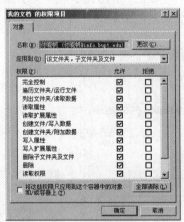

图 10-25　权限项目

(3) 最后，单击"确定"按钮使设置生效。

2. 取得文件所有权

一旦用户被授予特殊访问权限，该用户就可以取得相应的文件所有权。

(1) 右击要更改权限的文件或文件夹，从弹出的快捷菜单中选择"属性"命令，在其属性对话框中选择"安全"选项卡，单击"高级"按钮，打开其高级安全设置对话框，然后选择"所有者"选项卡，如图 10-26 所示。

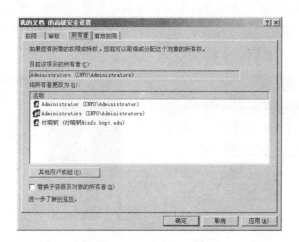

图 10-26 "所有者"选项卡

(2) 在"所有者"选项卡中可以单击"其他用户或组"按钮，添加该项目的其他所有者。同时选中"替换子容器及对象的所有者"复选框。

(3) 最后单击"确定"按钮使设置生效。

10.6 创建与管理共享资源

共享文件或文件夹是网络操作系统的主要特点之一，工作组或成员在使用文件之前，用户必须先共享包含这些文件的文件夹，即把文件的父文件夹设置为"共享文件夹"之后，用户才可以访问该文件夹中的子文件夹、文件等数据。共享文件夹在 Windows Server 2003 中是用手握住的文件夹图标表示的。用户只能对整个共享文件夹应用共享文件夹权限，而不能对共享文件夹中的文件或子文件夹应用共享文件夹权限。因此，共享文件夹权限所提供的安全性不如 NTFS 权限所提供的详细。

10.6.1 创建共享文件夹

在 Windows Server 2003 网络中，如果要将文件夹与其中的文件提供给网络上的用户使用，就必须将该文件夹设置为"共享文件夹"。

下面以 NTFS 类型的文件夹为例，介绍创建共享文件夹的具体步骤。

(1) 打开"开始"菜单，选择"程序"|"管理工具"|"计算机管理"命令，打开"计算

机管理"窗口。在该窗口的"计算机管理"目录树中展开"共享文件夹"子节点，然后双击"共享"子节点，打开如图 10-27 所示的窗口。

(2) 在右侧窗格中显示了该计算机中所有的共享文件夹信息。要建立新的共享文件夹，可以选择"操作"|"新建共享"命令，系统将打开"共享文件夹向导"对话框，如图 10-28 所示。

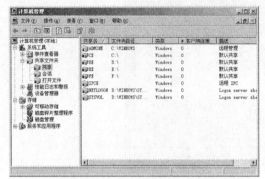

图 10-27 "计算机管理"窗口

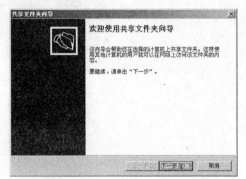

图 10-28 "共享文件夹向导"对话框

(3) 单击"下一步"按钮，打开"文件夹路径"对话框。在该对话框中用户要在"文件夹路径"文本框中输入希望共享的文件夹的完整路径，也可以通过单击"浏览"按钮从本地磁盘中选择需要共享的文件夹，如图 10-29 所示。

(4) 指定共享文件夹路径后，单击"下一步"按钮，将打开"名称、描述和设置"对话框。用户需要在"共享名"文本框中输入该共享资源的名称。在"描述"文本框中，用户可以输入一些关于该共享资源的描述性信息，以方便网络用户了解该共享资源的内容，如图 10-30 所示。

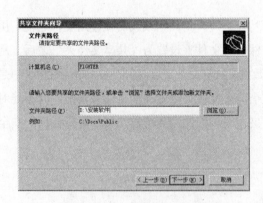

图 10-29 "文件夹路径"对话框

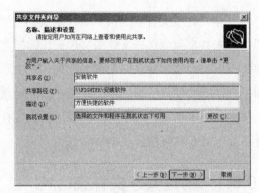

图 10-30 "名称、描述和设置"对话框

在该对话框中，用户也可以设置对该共享文件夹在脱机时的设置，单击"更改"按钮打开"脱机设置"对话框，可以从中选择脱机用户是否可以使用及如何使用共享内容的方式，如图 10-31 所示。

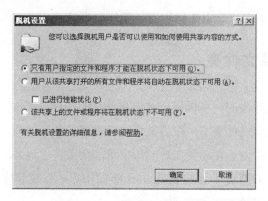

图 10-31 "脱机设置"对话框

(5) 然后单击"下一步"按钮，打开"权限"对话框。在该对话框中，向导要求设置网络用户的访问权限。权限的设置只对通过网络访问的用户有效，如果用户从本机登录，则不受此权限的约束。权限的默认值为所有用户对此共享文件夹都具有完全控制的权限，也就是拥有所有权限。另外，用户可以选择"管理员有完全访问权限；其他用户有只读访问权限"单选按钮以拒绝一般用户对该共享资源的访问。除了使用系统已设定的权限，用户还可以选择"使用自定义共享和文件夹权限"单选按钮，然后，通过"自定义"按钮自定义网络用户的访问权限，如图 10-32 所示。

(6) 设置完网络用户的访问权限后，单击"完成"按钮即可完成创建共享文件夹的操作。

另外，要添加共享文件夹，也可以通过"我的电脑"来实现，具体操作步骤如下。

(1) 双击桌面上"我的电脑"图标，然后打开要设置为共享文件夹的驱动器并选择文件夹。选择"文件"|"共享"命令，系统将打开选定文件夹的"属性"对话框，选择"共享"选项卡，如图 10-33 所示。

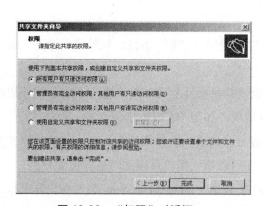

图 10-32 "权限"对话框

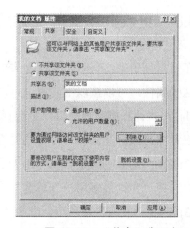

图 10-33 "共享"选项卡

(2) 在该选项卡中选择"共享该文件夹"单选按钮，并根据需要设置文件夹的共享名、备注信息及用户数限制等。同时还可以为通过网络访问该文件夹的用户设置访问许可权限。

(3) 设置完毕后，单击"确定"按钮即可使设置生效。

10.6.2 停止共享文件夹

当不想共享某个文件夹时，可以停止对该文件夹的共享。文件夹一旦停止了共享，网络上的用户就无法再访问该文件夹了。在将某个文件夹停止共享之前，首先要确定已经没有用户与该文件夹连接了，否则正在连接用户的数据可能会丢失。另外，并不是所有的用户都可以停止文件夹的共享，只有属于 Administrators 组的用户才有权利停止文件夹的共享。

下面是停止文件夹共享的操作步骤。

(1) 在"计算机管理"窗口中选择要停止共享的文件夹。

(2) 选择"操作"|"停止共享"命令，系统将弹出确认对话框，单击该对话框中的"是"按钮即可，如图 10-34 所示。

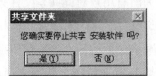

图 10-34　确认停止共享

另外，用户也可以通过"我的电脑"窗口停止对文件夹的共享，操作步骤如下。

(1) 双击桌面上"我的电脑"图标，选择已设置为共享的文件夹。

(2) 选择"文件"|"共享"命令，在弹出的对话框中打开"共享"选项卡，从中选择"不共享该文件夹"单选按钮即可。

10.6.3 更改共享文件夹的属性

在日常使用中，有时需要更改共享文件夹的用户个数、备注、权限等属性。要更改文件夹的这些属性，可以按以下步骤进行。

(1) 在"计算机管理"窗口中选择要修改共享属性的文件夹，选择"操作"|"属性"命令，或者双击鼠标左键即可打开其属性对话框，如图 10-35 所示。

(2) 在"常规"选项卡中，用户可以设置允许多少个网络用户同时访问该共享文件夹，也可以选择"允许最多用户"单选按钮以使所有网络用户可以同时访问该文件夹。

(3) 选择"发布"选项卡，选中"将这个共享在 Active Directory 中发布"复选框，便可将该共享文件夹发布到域中，也可以在"描述"文本框中输入一些关于该共享资源的描述性信息，以方便网络客户了解该共享资源的内容，如图 10-36 所示。

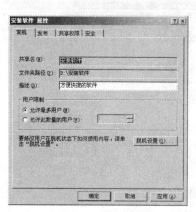

图 10-35　属性对话框

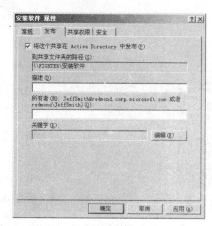

图 10-36　"发布"选项卡

(4) 设置完所有属性后，单击"确定"按钮即可使设置生效。

同样也可以利用"我的电脑"来修改共享文件夹的属性。只要选定共享文件夹，然后选择"菜单"|"属性"命令，打开其属性对话框，进行相应的修改即可。

10.6.4　映射网络驱动器

在实际应用中，通常要为共享资源分配一个网络驱动器，把共享文件夹映射成驱动器。这样在使用时非常方便，特别是对经常使用的共享文件夹。

下面是映射驱动器的具体操作步骤。

(1) 双击桌面上"我的邻居"图标，找到要共享的文件夹所在的计算机。打开该计算机，找到共享文件夹。或者在本地计算机上双击"我的电脑"图标，根据文件夹路径找到共享文件夹。

(2) 选择"文件"|"映射网络驱动器"命令，或者选择"工具"|"映射网络驱动器"命令，也可以单击鼠标右键，在弹出的快捷菜单中选择"映射网络驱动器"命令，打开"映射网络驱动器"对话框，如图 10-37 所示。

(3) 在"驱动器"下拉列表框中选择一个本机没有使用的磁盘盘符作为共享文件夹的映射驱动器盘符。如果希望下次登录时自动建立与共享文件夹的连接，可以选中"登录时重新连接"复选框。

(4) 单击"完成"按钮，即可完成共享文件夹到本机的映射。这时在"我的电脑"窗口中会发现本机物理磁盘的后面多了一个驱动器符，通过该驱动器符可以直接访问共享文件夹，就如同访问本机物理磁盘一样，如图 10-38 所示。

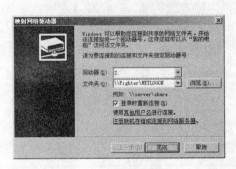

图 10-37 "映射网络驱动器"对话框   图 10-38 通过映射的磁盘访问网络中的共享文件夹

10.6.5 断开网络驱动器

如果要断开映射的网络驱动器，可以按如下步骤进行。

(1) 打开"我的电脑"窗口，选择想要断开的驱动器。

(2) 选择"工具"|"断开映射驱动器"命令，系统将打开"中断网络驱动器连接"对话框，如图 10-39 所示。

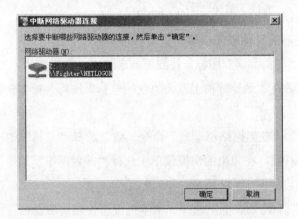

图 10-39 "中断网络驱动器连接"对话框

(3) 单击"确定"按钮，完成操作。

WWW服务器的配置和管理

第11章

信息服务器(即 Internet Information Server，简称 IIS)是用户创建信息服务器的最重要的组件，它是微软公司主推的服务器，其最新的版本是 Windows 2003 中包含的 IIS 6.0。IIS 与 Window NT Server 完全集成在一起,因而用户能够利用 Windows NT Server 和 NTFS(NT File System，NT 的文件系统)内置的安全特性，建立强大、灵活且安全的 www 站点。

IIS 支持 HTTP(Hypertext Transfer Protocol，超文本传输协议),FTP(File Transfer Protocol，文件传输协议)以及 SMTP 协议，通过使用 CGI 和 ISAPI，IIS 可以得到高度的扩展。通过 IIS，开发人员就可以开发出新一代动态的、富有魅力的 Web 站点。IIS 不需要开发人员学习新的脚本语言或者编译应用程序，它完全支持 VBScript,JScript 开发软件以及 Java，它也支持 CGI 和 WinCGI，以及 ISAPI 扩展和过滤器。

 本章知识点

- ✍ www 的概念和特点
- ✍ IIS 6.0 的概念
- ✍ 创建和管理 Web 网站
- ✍ 应用程序管理
- ✍ 服务器安全管理

11.1 WWW 概述

WWW 是 World Wide Web 的缩写，即"万维网"，是 Internet 上发展最快和使用最多的一项服务，其可以提供包括文本、图形、声音和视频等在内的多媒体信息的浏览。

WWW 服务的基础是 Web 页面，每个服务站点都包括若干个相互关联的页面，每个 Web 页面既可以展示文本、图形图像和声音等多媒体信息，又可以提供一种特殊的链接点。这种链接点指向一种资源，可以是另一个 Web 页面、另一个文件、另一个 Web 站点，这样可使全球范围的 WWW 服务连成一体，这就是所谓的超文本和超链接技术。用户只要用鼠标在 Web 页面上单击这些超链接，就可以获得全球范围的多媒体信息服务。WWW 的核心是 Web 服务器，由它提供各种形式的信息，用户采用 Web 浏览器软件来使用这些服务。

11.1.1 Web 浏览器的工作原理

WWW 基于客户机/服务器模式，Web 浏览器将请求发送到 Web 服务器，服务器响应这种请求，将其所请求的页面或文档传送给 Web 浏览器，浏览器获得 Web 页面，这就是所谓的下载过程。Web 浏览就是一个从服务器下载页面的过程。

用户输入不同的域名地址，如 www.edu.cn，可以打开特定的 Web 服务器的相应文档，下载到浏览器上，浏览器解释 HTML 所描述的动画、声音、文本和图形图像，以及需要进一步链接的 URL，展现给用户的是极其丰富的超文本信息。

11.1.2 与 WWW 服务相关的术语

1. 统一资源定位器 URL

统一资源定位器 URL(Uniform Resource Locator)用于在因特网上进行资源的定位，其构成格式为：

Protocol://machine.name[:port]/directory/filename

其中各项含义如下。

(1) Protocol：是访问该资源所采用的协议，即访问该资源的方法，它可以是以下几种。

- HTTP——超文本传输协议，该资源是 HTML 文件。
- FTP——文件传输协议，用 FTP 访问该资源。
- MAILTO——采用简单邮件管理传输协议 SMTP，提供电子邮件服务。

(2) machine.name：是存放资源主机的 IP 地址，通常以字符形式出现，如 www.edu.cn。

(3) port(端口号)：是服务器在其主机上所使用的端口号。一般情况下端口号不需要指定，因为通常这些端口号都有一个默认值，只有当服务器所使用的端口号不是默认的端口号时才需要指定。

(4) directory 和 filename：是该资源的路径和文件名。

2. 超文本传输协议 HTTP

超文本传输协议 HTTP(Hyper Text Transfer Protocol)从 1990 年开始应用于 WWW，它可以简单地被看成是浏览器和 Web 服务器之间的会话。由于通过该协议在网络上查询的信息中，包含了用户可以实现进一步查询的链接，因此，用户可以只关心要检索的信息，而无需考虑这些信息存储在什么地方。

为了从服务器上把用户需要的信息发送回来，HTTP 定义了简单事物处理程序，由以下 4 个步骤组成。

(1) 客户机与服务器建立连接。

(2) 客户机向服务器递交请求，在请求中指明所要求的特定文件。

(3) 如果请求被接纳，那么服务器便发回一个应答。在应答中至少应当包括状态编号和该文件内容。

(4) 客户机与服务器断开连接。

HTTP 协议提供了一种简单算法，使得服务器能迅速为客户机作出应答。为此 HTTP 协议应当是一个无状态协议，即从一个请求到另一个请求不保留任何有关连接的信息。另外，每次连接，HTTP 只完成一个请求，在一次请求完成以后，服务器与客户机之间的连接便断开。

11.2 IIS 6.0 的概念

IIS 6.0 是 Windows Server 2003 的一个组件，可以使 Windows Server 2003 成为一个 Internet 信息的发布平台，为系统管理员创建和管理 Internet 信息服务器提供各种管理功能和操作方法。但系统管理员在利用 IIS 6.0 创建 Internet 信息服务器之前，必须确认在安装系统时已经安装了 IIS，否则还需要另外单独安装 IIS 6.0。

在 Windows Server 2003 中，IIS 6.0 与系统进行了很好的集成，它提供了许多一级组件，其中一些与相关的服务和工具绑定在一起，管理员可以根据需要的服务来选择所需的组件。IIS 的核心组件包括 Internet 服务管理器(安装基于 HTML 版本的 IIS 管理界面)、FrontPage 服务器扩展(以方便使用 FrontPage 和 Visual InterDev 来创建和管理站点和发布内容)、Internet 信息服务管理单元(可以将 IIS 的管理界面安装到 MMC 中)、Web 服务(可以使 HTTP 协议响应 TCP/IP 网络上的 Web 客户端请求)、文件传输协议服务(为建立用于上传或下载的 FTP 站点提供支持)、NNTP Service(提供简单网络新闻服务)、SMTP Service(提供简单邮件传输功能)

和公用文件(提供所需要的 IIS 程序文件)等。另外，IIS 还支持其他一些功能强大的组件，如 XML、ASP、ISAPI(Internet 服务器应用程序编程接口)、IDC(Internet 数据连接器)、JVM(服务器端的 Java 虚拟机)、JSP、JavaScript、VBScript 和 CGI(公共网关接口)等，这些组件直接影响到服务器所提供的内容和功能。

IIS 6.0 与 Windows Server 2003 中的其他组件不同，它是一个 Internet 信息服务平台。IIS 6.0 提供的众多服务都是用来完成它的核心功能的，而且这些服务都可以应用到 Internet 上的信息服务中，其中最常用、最重要的服务是 Web 服务和 FTP 服务，它们也是在安装 IIS 6.0 时默认安装的服务。安装了 IIS 6.0 的服务器就成为了 Internet 信息服务器，它对内可以服务本地局域网络，对外可以服务于 Internet。

11.3　安装 IIS 6.0

为了更好地防止用户的恶意攻击，保护系统安全，在默认情况下，Windows Server 2003 没有自动安装 IIS 6.0，系统管理员需要单独安装 IIS 6.0，以创建 Internet 信息服务器。管理员可通过使用控制面板中的"添加或删除程序"向导来安装此组件，具体操作步骤如下。

(1) 打开"开始"菜单，选择"控制面板" | "添加或删除程序"命令，即可打开"添加或删除程序"窗口。在窗口的左边列表框中，单击"添加/删除 Windows 组件"按钮，即可启动 Windows 组件安装向导，打开"Windows 组件向导"对话框，如图 11-1 所示。

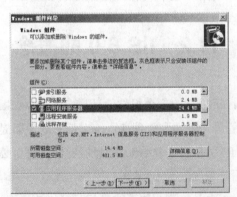

图 11-1　"Windows 组件向导"对话框

(2) 在"组件"列表框中，选中"应用程序服务器"左侧的复选框。"应用程序服务器"包括 ASP.NET、Internet 信息服务(IIS)和应用程序服务器控制台等。要查看和设置组件的详细信息，可以单击"详细信息"按钮，打开"应用程序服务器"对话框，选中"Internet 信息服务(IIS)"复选框，如图 11-2 所示。

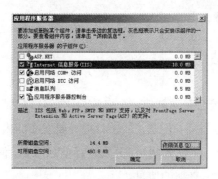

图 11-2　"应用程序服务器"对话框

(3) 如果要查看和设置 IIS 6.0 的详细内容，可以双击该选项，或者单击"详细信息"按钮，打开如图 11-3 所示的"Internet 信息服务(IIS)"对话框。在该对话框中，"Internet 信息服务(IIS)的子组件"列表框中列出了所有 IIS 6.0 支持的子组件，用户可以通过选中子组件左侧的复选框来决定安装哪些组件，然后单击"确定"按钮，返回"Windows 组件向导"对话框。

(4) 选定要安装的组件后，单击"下一步"按钮，系统即可开始进行 IIS 6.0 的安装，同时打开 Windows 组件向导的"正在配置组件"对话框，如图 11-4 所示。

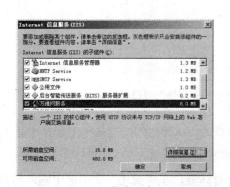

图 11-3　"Internet 信息服务(IIS)"对话框

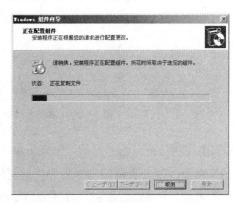

图 11-4　"正在配置组件"对话框

(5) 因为 IIS 6.0 是 Windows Server 2003 的一个组件，在后续安装时系统也会提示要求插入系统盘。用户插入光盘后单击"确定"按钮。在完成 IIS 6.0 的安装之后，向导进入最后的完成安装对话框，单击"确定"按钮即可完成创建。

11.4　创建和管理 Web 站点

在服务器上安装了 IIS 6.0 之后，管理员就可以着手组建 Internet 信息服务器了。通过 Internet 信息服务器，管理员可以提供多种信息服务，其中，最重要的服务功能是 Web 服务，因此首先要为服务器创建 Web 服务。

11.4.1 创建 Web 站点

在安装 IIS 6.0 时，系统会自动创建一个名称为"默认网站"的 Web 网站，管理员通过它可以实现 Web 内容的快速发布。但是，如果管理员要发布的内容比较多，而且具有不同的主题，应在服务器上创建不同的 Web 网站，分别进行信息服务，使得一个站点具有一个主题，这样有利于访问者查找自己感兴趣的信息。

创建 Web 网站的具体操作步骤如下。

(1) 单击"开始"菜单，选择"管理工具" | "Internet 服务管理器"命令，打开"Internet 信息服务(IIS)管理器"窗口，在控制台目录树中展开服务器节点，如图 11-5 所示。

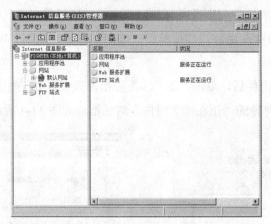

图 11-5　"Internet 信息服务(IIS)管理器"窗口

(2) 在控制台窗口的"网站"节点上单击鼠标右键，从弹出的快捷菜单中选择"新建" | "网站"命令，打开"网站创建向导"对话框，如图 11-6 所示。

(3) 单击"下一步"按钮，打开"网站描述"对话框，在"描述"文本框中输入站点说明即站点名称，用于帮助管理员识别站点，如图 11-7 所示。

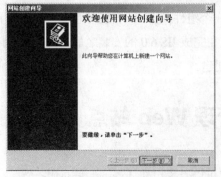

图 11-6　"欢迎使用网站创建向导"对话框

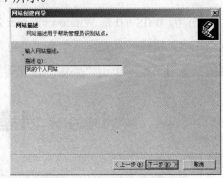

图 11-7　"网站描述"对话框

(4) 然后，单击"下一步"按钮，打开"IP 地址和端口设置"对话框，在"网站 IP 地址"下拉列表框中选择或直接输入 IP 地址；在"网站 TCP 端口"文本框中输入 TCP 端口值，其默认值为80；如果有主机头，可在"此网站的主机头"文本框中输入主机头，系统默认为"无"，如图 11-8 所示。

(5) 单击"下一步"按钮，打开"网站主目录"对话框，在"路径"文本框中输入主目录的路径，或单击"浏览"按钮选择路径。如果允许访问者匿名访问此站点，则选中"允许匿名访问网站"复选框，如图 11-9 所示。

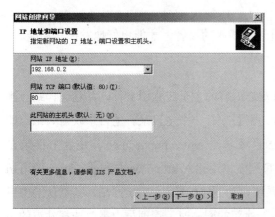

图 11-8 "IP 地址和端口设置"对话框　　　图 11-9 输入主目录的路径

(6) 单击"下一步"按钮，打开"网站访问权限"对话框，在"允许下列权限"选项区域中设置主目录的访问权限，如图 11-10 所示。

(7) 单击"下一步"按钮，打开"完成网站创建向导"对话框。单击"完成"按钮，即可完成站点的创建，如图 11-11 所示。

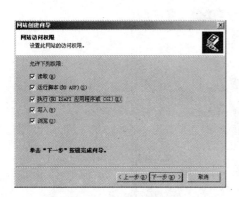

图 11-10 设置主目录的权限

图 11-11 创建好的新网站

为了站点安全，在"网站访问权限"对话框中不要轻易选中"读取"和"写入"复选框，这样网站访问者将能够查看和修改站点文件的内容，从而对站点构成威胁。

11.4.2 设置 Web 站点的属性

在创建了网站之后，还需要对网站的属性进行相应的设置，才能更好地发挥其功能。

1. 设置网站主目录

主目录是站点的中心，通常，它包含带有欢迎内容的主页或索引文件，并且包含站点到其他主要 Web 页面的所有链接。每个 Web 网站都必须有一个主目录。主目录映射为站点的域名或服务器名。例如，如果站点的 Internet 域名是 www.bupt.edu.cn，并且主目录是 C:\MyWebsite\info，则在浏览器的"地址"下拉列表框中输入 http:// www.bupt.edu.cn 即可访问文件夹 C:\MyWebsite\info 中的文件。对于系统自动创建的默认 Web 网站，其默认的主目录是"%系统文件夹%\Inetpub\Wwwroot"。在创建新的网站时，管理员也需要选择站点的主目录。确定主目录之后，管理员只需将要发布的内容复制到该目录下即可。

设置主目录的具体操作步骤如下。

(1) 单击"开始"菜单，选择 "管理工具"|"Internet 信息服务管理器"命令，打开"Internet 信息服务"窗口。在控制台目录树中展开服务器节点，在要设置主目录的网站列表选项上单击鼠标右键，在弹出的快捷菜单中选择"属性"命令，打开其属性对话框后，选择"主目录"选项卡，如图 11-12 所示。

图 11-12 "主目录"选项卡

(2) 在"主目录"选项卡中,管理员通过 3 个单选按钮可以选择主目录内容的来源位置。如果选中"此计算机上的目录"单选按钮,管理员可以将本地计算机上的目录作为该站点的主目录;如果选中"另一台计算机上的共享"单选按钮,管理员可以从本地局域网络中的其他计算机上查找目录并作为主目录;如果选中"重定向到 URL"单选按钮,管理员可以将主目录的目录内容重定向到 Internet 上的某个 Web 网站。

(3) 在该选项卡中,将目录本地路径、权限及应用程序设置好之后,单击"确定"按钮即可完成主目录的设置。

2. 添加虚拟目录

虚拟目录是网站中除主目录之外的其他发布目录。要从主目录以外的其他目录中进行内容发布,就必须创建虚拟目录。虚拟目录不包含在主目录中,但在显示给客户浏览器时就像位于主目录中一样。虚拟目录有一个"别名",以供 Web 浏览器用于访问此目录。别名通常比目录的路径名短,这样便于访问者输入;而且使用别名更安全,因为访问者不知道文件是否真的存在于服务器上,所以便无法使用这些信息来修改文件;使用别名还可以更方便地移动站点中的目录。一旦要更改目录的 URL,只需更改别名与目录实际位置的映射即可。

对于简单的网站一般不需要添加虚拟目录,可以将所有文件放置在站点的主目录中,但是,如果站点比较复杂或者需要为网站的不同部分指定不同的 URL,可以按需要创建虚拟目录。

添加虚拟目录的具体步骤如下。

(1) 打开"Internet 信息服务"窗口,在控制台目录树中展开服务器节点,在要创建虚拟目录的站点或者其下级目录上单击鼠标右键,在弹出的快捷菜单中选择"新建"|"虚拟目录"命令,打开"虚拟目录创建向导"对话框,如图 11-13 所示。

(2) 单击"下一步"按钮,打开"虚拟目录别名"对话框,在"别名"文本框中输入用于获得此网站的虚拟目录访问权限的别名,如图 11-14 所示。

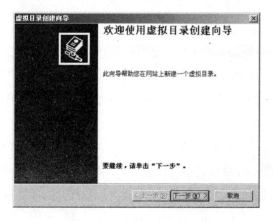

图 11-13　虚拟目录创建向导

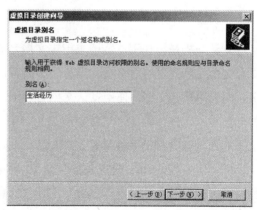

图 11-14　"虚拟目录别名"对话框

（3）输入别名后，单击"下一步"按钮，打开"网站内容目录"对话框，在"路径"文本框中输入或者选择虚拟目录的来源路径，如图 11-15 所示。

（4）单击"下一步"按钮，打开"虚拟目录访问权限"对话框，在"允许下列权限"选项区域中为此目录设置访问权限，如图 11-16 所示。

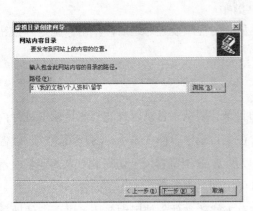
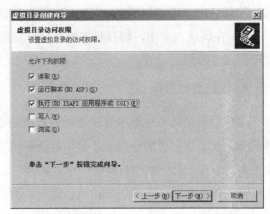

图 11-15　"网站内容目录"对话框　　　　图 11-16　"虚拟目录访问权限"对话框

（5）访问权限设置完成后，单击"下一步"按钮，打开"虚拟目录创建完成"对话框，单击"完成"按钮，虚拟目录即可创建完成。在控制台窗口中，虚拟目录和实际目录(不带别名的目录)都显示在 Internet 服务管理器中。虚拟目录由角上带有地球的文件夹图标来表示。

注
释

　　如果管理员需要创建多个虚拟目录，使用上面的方法就显得不太方便，这时可以直接在资源管理器中找到需要发布的目录，然后将其设置为 Web 共享，这样也可达到此目的。

3. 设置默认文档

默认文档是指在浏览器请求指定文档名的时候提供的文档，它可以是目录的主页或包含站点文档目录列表的索引页。当其他访问者访问管理员的站点时，如果不提供目录下的文档名，则启用默认文档。使用默认文档有利于访问者快速访问站点上的的内容，并减少访问者的地址输入工作，因此，管理员应为每一个主目录和虚拟目录指定默认文档。

启用默认文档的具体操作步骤如下。

（1）打开"Internet 信息服务"窗口，在控制台目录树中，在需要启用默认文档的 Web 网站或虚拟目录上单击鼠标右键，在弹出的快捷菜单中选择"属性"命令，在打开的属性对话框中选择"文档"选项卡，如图 11-17 所示。

(2) 在该选项卡中选中"启用默认内容文档"复选框,系统默认的文档为 Default.htm、Default.asp 和 Index.htm。如果管理员要添加一个新的默认文档,可以单击"添加"按钮打开"添加内容页"对话框,在"默认内容页"文本框中输入文档名,然后单击"确定"按钮即可,如图 11-18 所示。

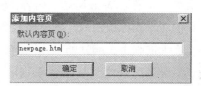

图 11-17   "文档"选项卡   图 11-18   "添加内容页"对话框

(3) 管理员可以通过"添加"按钮指定多个默认文档,系统会按出现在列表框中的名称顺序提供默认文档,并返回所找到的第一个文档。如果要更改搜索顺序,选择一个文档并单击"上移"或"下移"按钮即可。

(4) 要从列表框中删除默认文档,单击"删除"按钮即可。

(5) 默认文档设置完毕,单击"确定"按钮关闭对话框。

注意

管理员为站点设置了主目录和虚拟目录之后,即可将创建的内容复制到相应的目录中,然后根据 Web 页面的文件名设置默认文档,此时其他基于局域网络或者 Internet 的访问者即可访问管理员的 Web 网站。

11.4.3 管理 Web 网站服务

为了使网站有效的运行和提供最新的页面内容,管理员在创建 Web 网站之后,还必须对 Web 网站及其他相关内容进行管理,如设置内容过期和分级、启用文档页脚和设置服务器属性等。Web 服务的管理是一个长期而且复杂的工作,管理员需要在实践中逐步地应用和掌握。

在"Internet 信息服务"窗口中,在需要操作的 Web 网站上单击鼠标右键,通过选择快捷菜单中的各项命令,管理员可以对当前站点进行浏览、删除、重命名等各种操作。

1. 查看内容

如果管理员要查看站点主目录下的文件夹和文件，可以通过"开始"|"资源管理器"命令来完成。可以通过选择"资源管理器"命令打开"资源管理器"窗口来查看主目录下的文件内容；也可以选择"打开"命令，打开"我的电脑"窗口来查看主目录下的文件内容。

如果管理员直接通过浏览器来浏览当前 Web 网站的默认文档的 Web 页面内容，可以选择"浏览"命令，则系统会启动默认的浏览器进行浏览，这样有利于管理员及时发现 Web 页面中的问题。

2. 启用文档页脚

在网站管理中，管理员经常在每一个 Web 页的前面插入一个由 HTML 语言编写的文件作为文档页脚，以增加 Web 网站的内容，例如，一个用 HTML 语言编写的文件为 Web 页增加一些简单的文本和标识图形，甚至包括个人网站管理和个人网站的服务方向等内容。这些内容不但会大大增强个人网站的可读性，而且还可以引导访问者对个人网站以后内容的阅读。另外，网页页脚还可以减少 Web 服务器的执行时间，如果管理员的个人 Web 网站被其他访问者频繁的访问，使用文档页脚是非常有用的。

启用文档页脚的具体操作步骤如下。

(1) 利用写字板或记事本等文本编辑器创建一个 HTML 文件并将其保存到服务器上作为文档页脚。然后打开"Internet 信息服务"窗口，在控制台目录树中，在需要添加页脚文件的 Web 网站或目录上单击鼠标右键，在弹出的快捷菜单中选择"属性"命令，在打开的对话框中选择"文档"选项卡，如图 11-19 所示。

图 11-19 "文档"选项卡

(2) 在该选项卡中选中"启用文档页脚"复选框，并输入或者选择页脚文件所在的路径，然后单击"确定"按钮关闭对话框。

文档页脚文件不是一个完整的HTML文档。一般情况下，它只包含用于格式化页脚内容外观所需的那些HTML标签。例如，对用于将公司名称添加到所有Web页底部的页脚文件，应该包含文本和定义文本字体，以及颜色格式所必需的HTML标签。

3. 停止、启动和暂定站点服务

在站点维护中，停止、启动和暂定站点服务是经常要进行的工作，例如，当某个站点的内容和设置需要进行比较大的修改时，管理员可将该站点的服务停止或者暂停以便操作。当已经停止或暂停的站点需要启动自己的服务时就再次启动它。如果要暂停当前Web的信息服务，选择"暂停"命令即可；如果要停止当前Web的信息服务，选择"停止"命令即可；如果要启动当前Web的信息服务，选择"启动"命令即可。

4. 设置内容分级

创建好Web网站之后，管理员可以配置Web服务器的内容分级功能，将说明性标签嵌入到Web页的HTTP头中。某些Web浏览器(如Microsoft Internet Explorer 6.0或更高版本)可以检测到这些内容标签并帮助访问者识别潜在的危险的Web内容。一般情况下，管理员的Web网站不需要使用内容分级，但是如果管理员的站点的内容有暴力等成分时，就需要使用分级设置。

设置内容分级的具体操作步骤如下。

(1) 打开"Internet信息服务"窗口，在控制台目录树中在需要进行内容分级的Web网站或者某个虚拟目录单击鼠标右键，在弹出的快捷菜单选择"属性"命令，打开其属性对话框并选择"HTTP头"选项卡，然后单击其中的"编辑分级"按钮，打开"内容分级"对话框，如图11-20所示。

图11-20 "内容分级"对话框

(2) 在"分级"选项卡的"类别"列表框中，可以选择"暴力"、"性"、"裸体"和"语言"(language) 4 个类别中的一种。选择类别后分级滑块将显示出来，调节该滑块可以改变所选类别的分级级别。如果用户希望对自己的电子邮件进行分级服务，可以在"内容分级人员的电子邮件地址"文本框中输入自己的电子邮件地址。如果希望单独为分级服务设置失效时间，可单击"截止日期"下拉列表框的下三角按钮，从弹出的电子日历中选择一个日期。

(3) 设置好之后，单击"确定"按钮保存设置即可。

5. 设置内容过期

如果所创建的网站上有时效性很强的信息，管理员可以通过设置来保证网站的过期信息不会被发布出去。使用"HTTP 头"属性对话框，可以将网站内容配置为在某个时间点自动过期。当启用内容截止日期后，Web 浏览器将比较当前日期和截止日期，以便决定是显示高速缓存页还是从服务器请求更新的页。这样，访问者只能查看比较新的信息，这样便于用户查找有用的信息。

设置内容过期的具体操作步骤如下。

(1) 打开"Internet 信息服务"窗口，在控制台目录树中展开服务器节点，在希望启用过期内容的网站或者一个目录上单击鼠标右键，在弹出的快捷菜单中选择"属性"命令，打开"属性"对话框，并选择"HTTP 头"选项卡，如图 11-21 所示。

(2) 在"HTTP 头"选项卡中，选中"启用内容过期"复选框，在"启用内容过期"选项区域中，管理员可以设置内容过期的时间。如果选择"在此时间段后过期"单选按钮，还需在其右侧的文本框中输入一个值并在其右侧的下拉列表框中选择一个时间单位；如果选中"过期时间"单选按钮，在其右侧的下拉列表框中选择日期，并调节其右侧的时间微调器的值，管理员可直接为过期内容设置过期时间。例如，所选择的时间是 2007 年 12 月 1 日 12:00:00，那么该站点目前的信息将在 2007 年 12 月 1 日 12:00:00 过期，不能再被访问。如果选中"立即过期"单选按钮，将使该站点目前的信息马上过期。

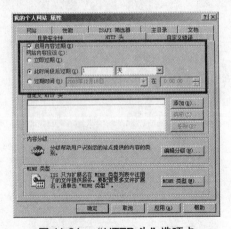

图 11-21 "HTTP 头"选项卡

(3) 过期内容设置完毕，单击"确定"按钮关闭对话框。

11.5 应用程序管理

在 Windows Server 2003 中，IIS 的应用程序管理功能比 Windows 2000 强大，管理员不仅可以单独对每一个 Web 网站进行应用程序管理，此外，IIS 还提供了一个名称为"应用程序池"的功能选项。通过它，管理员可以对服务器的所有应用程序进行统一管理，大大减少了管理员的应用程序管理的难度。

11.5.1 创建应用程序

IIS 中的应用程序是在 Web 站点所定义的一组目录中执行的任何文件。当创建一个应用程序时，可以在 Web 站点上指定应用程序的起点目录。Web 站点的起点目录中的每个文件和目录均被认为是应用程序的一部分，直至找到另一个起点目录为止。因此可以使用目录边界来定义应用程序的范围。

要创建应用程序，首先应将目录指定为应用程序的起点(应用程序根)，然后再为应用程序设置属性。每个应用程序都应有一个便于记忆的名称，该名称出现在 Internet 信息服务管理器中，并给定一种区分应用程序的方法，而且该应用程序名称不在其他任何地方使用。管理员希望对应用程序边界下的目录及其子目录中文件的请求不再启动该应用程序，可以从应用程序边界删除该目录。从应用程序边界中删除目录并不会从 Web 站点或计算机硬盘上删除该目录。

创建应用程序的具体步骤如下。

(1) 打开"Internet 信息服务"窗口，在控制台目录树中选择作为应用程序起点的目录。管理员也可以将 Web 网站的主目录指定为应用程序起点。在选定的目录上单击鼠标右键，在弹出的快捷菜单中选择"属性"命令，打开该目录的属性对话框，打开其中的"虚拟目录"选项卡，如图 11-22 所示。

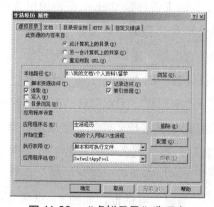

图 11-22 "虚拟目录"选项卡

(2) 在"应用程序设置"选项区域中单击"创建"按钮，该选项区域中的所有选项都将被激活，"创建"按钮变成"删除"按钮，如图 11-22 所示。在"应用程序名"文本框中，输入应用程序名称。

(3) 通过"执行权限"下拉列表框可以为应用程序设置权限，系统提供了以下 3 种执行权限。

- "无"：可以防止任何程序或脚本运行。
- "纯脚本"：可以在无须设置"执行"权限的情况下，启用映射到脚本引擎的应用程序在该目录中运行，它使用包含 ASP 脚本、Internet 数据库连接器(IDC)脚本或其他脚本所在目录的"脚本"权限。"脚本"权限比"执行"权限更安全，因为可以限制在该目录中运行的应用程序。
- "脚本和可执行程序"：可以允许任何应用程序在该目录中运行，包括映射到脚本引擎和 Windows 二进制文件(.dll 和.exe 文件)的应用程序。

(4) 单击"确定"按钮，即可使设置生效。

注意

　　要终止应用程序并将其从内存中卸载，只需单击"卸载"按钮即可。如果"卸载"按钮无效，则表明没有位于应用程序的起始点目录。要将主目录与应用程序分离，可以单击"删除"按钮。

11.5.2　设置应用程序映射

　　在 Web 网站中，管理员可以大量开发以编程和脚本语言写成的 Web 应用程序。但是，必须进行应用程序映射，使文件扩展名与 ISAPI 、CGI、ASP 和 XML 等程序之间建立关联。这样，IIS 6.0 就可以使用 Web 站点上请求资源的文件扩展名来确定运行相应的程序处理请求。例如，以.asp 扩展名结束的文件请求将导致 Web 服务器调用 ASP 程序(Asp.dll) 来处理请求。

　　设置应用程序映射的具体操作步骤如下。

　　(1) 在"Internet 信息服务管理器"窗口中，选择应用程序的起始点目录或站点，然后打开该目录的属性对话框，并打开其中的"虚拟目录"选项卡。在"应用程序设置"选项区域中，单击"配置"按钮，打开"应用程序配置"对话框。在该对话框的"映射"选项卡中，管理员可以将文件扩展名映射到处理这些文件的程序或解释器，如图 11-23 所示。

　　(2) 该选项卡的"应用程序扩展"列表框中列出了与可执行文件相关联的文件扩展名、可执行文件路径及动作。如果要添加新的应用程序扩展名映射，可以单击"添加"按钮，打开"添加/编辑应用程序扩展名映射"对话框，如图 11-24 所示。

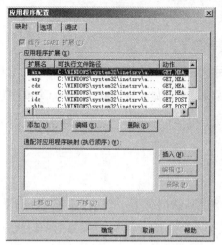

图 11-23 "映射"选项卡　　　　图 11-24 "添加/编辑应用程序扩展名映射"对话框

在"可执行文件"文本框中，输入将要处理文件的程序的路径(必须在 Web 服务器的本地目录中指定程序)，或者通过单击"浏览"按钮来选择处理程序。 在"扩展名"文本框中输入要与程序相关联的文件扩展名。当服务器接收到标识带有该扩展名文件的 URL 时，它将调用相关的处理程序来处理该请求。

要将所有请求传递到应用程序，需要在"动作"选项区域中选中"全部动作"单选按钮；如果不将所有请求传递到应用程序，则选中"限制为"单选按钮，并在其右侧的文本框中输入目标应用程序的 HTTP 动作，方法名称之间用英文逗号(,)分隔。

若要在没有"执行"权限的目录中运行应用程序，应选中"脚本引擎"复选框。此项设置主要用于基于脚本的应用程序，如映射到解释器的 ASP 和 IDC 等。运行脚本映射的应用程序时，必须在应用程序所在目录中设置"脚本"或"执行"权限。例如，对只允许运行脚本映射的应用程序设置"脚本"访问权限。

如果选中"确认文件是否存在"复选框，服务器将会验证请求的脚本文件是否存在，并确认发出请求的访问者是否有权访问该脚本文件。如果脚本不存在或访问者没有相应的访问权限，浏览器将收到相应的警告消息，并且不调用脚本引擎。该选项适用于映射到非 CGI 可执行文件的脚本，这些非 CGI 可执行文件(如 Perl 解释器)在脚本不可以访问时不会发送 CGI 响应。

(3) 设置完毕后，单击"确定"按钮，返回到"映射"选项卡。在该选项卡中，可以选择文件扩展名，然后单击"删除"按钮删除该应用程序扩展名映射内容。

(4) 选择文件扩展名，然后单击"编辑"按钮，可以对应用程序扩展名映射内容进行修改。最后单击"应用"按钮即可应用设置。

11.5.3 创建和管理应用程序池

随着 Internet 信息服务器中的 Web 网站和虚拟目录的增多,其中的应用程序也必然增多,从而使管理员的应用程序管理变得非常复杂。为了解决这个问题,Windows Server 2003 中的 IIS 提供了"应用程序池"的管理工具,通过它,管理员可以将需要管理的应用程序集中到一起进行管理,以减少应用程序的管理难度。

1. 创建应用程序池

要统一管理应用程序,首先必须创建应用程序池。默认情况下,IIS 在安装时会自动创建名称为 DefaultAppPool 和 PBSAppPool 的应用程序池,并将 Internet 信息服务器中的所有应用程序放置在这些应用程序池中。管理员也可以创建多个应用程序池,然后分类对应用程序池进行管理。

创建应用程序池的具体操作步骤如下。

(1) 打开"Internet 信息服务"窗口,在控制台目录树中的"应用程序池"节点上单击鼠标右键,在弹出的快捷菜单中选择"新建"|"应用程序池"命令,打开"添加新应用程序池"对话框,如图 11-25 所示。

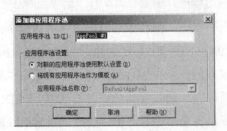

图 11-25 "添加新应用程序池"对话框

(2) 在"应用程序池 ID"文本框中输入应用程序在 Internet 信息服务器中的管理次序。如果要对该应用程序池设置使用默认的设置,就在"应用程序池设置"选项区域中,选中"对新的应用程序池使用默认设置"单选按钮,也可以将现有的应用程序池作为模板。

(3) 单击"确定"按钮,即可完成应用程序池的创建。

2. 设置应用程序池属性

通过对应用程序池属性的设置,管理员可以对应用程序池的进程回收、性能、运行状况和标识等进行详细的设置。选择要设置属性的应用程序池,例如,在 DefaultAppPool 节点单击鼠标右键,在弹出的快捷菜单中选择"属性"命令,打开"DefaultAppPool 属性"对话框,如图 11-26 所示。

图 11-26 "DefaultAppPool 属性" 对话框

在"回收"、"性能"、"运行状况"和"标识"选项卡中，系统管理员可以分别对应用程序池的进程回收、队列和 CPU 的性能、运行状况、应用程序池的安全帐户调试进行设置。

注释

在需要操作的应用程序池单击鼠标右键，在弹出的快捷菜单中选择所需命令，通过这些命令，管理员可以对应用程序池进行各种管理操作。例如，选择"停止"命令，可以停止应用程序池的工作状态。

11.5.4 配置 ASP 应用程序

IIS 6.0 允许管理员为安装在服务器上的每个 ASP 应用程序设置属性，例如，可以在应用程序中打开会话状态或设置默认脚本语言。应用程序的属性将被应用于该应用程序中的所有 ASP 页面，除非在某个单独页面中直接覆盖该属性。

配置 ASP 应用程序的具体操作步骤如下。

(1) 在"Internet 信息服务"窗口中，选择应用程序的起始点目录，然后打开站点或者目录的属性对话框。在该对话框的"虚拟目录"选项卡的"应用程序设置"选项区域中，单击"配置"按钮，打开"应用程序配置"对话框，然后选择"选项"选项卡，如图 11-27 所示。

图 11-27 配置 ASP 应用程序

(2) 选中"启用会话状态"复选框，可以启用或禁用会话状况。当启用会话状态时，ASP 将为每个访问 ASP 应用程序的访问者创建一个会话，以便标识访问应用程序中不同页面的访问者。当禁用会话状态时，ASP 无法跟踪访问者，也不允许 ASP 脚本在会话对象中存储信息或使用 Session_OnStart 或 Session_OnEnd 事件。如果超时期间结束时访问者没有请求或刷新应用程序中的页面，会话将自动结束。要更改超时时间，可以在"会话超时"文本微调框中进行设置。

(3) 选中"启用缓冲"复选框，可以对输出到浏览器的内容进行缓冲。启用该复选框时，先将所有由 ASP 页面生成的输出收集到一起，然后再发送到浏览器。取消该复选框的选中时，页面处理的输出内容随时返回到浏览器。缓冲输入允许在 ASP 脚本的任何位置设置 HTTP 头。可以使用 Response.Buffer 方法在脚本中覆盖该选项。

(4) 选中"启用父路径"复选框，系统将允许 ASP 使用当前目录中父目录的相对路径。在选中该复选框时不要授予父目录"执行"权限，否则，脚本可能会试图运行父目录中未授权的程序。

(5) 在"默认 ASP 语言"文本框中可以指定 ASP 的首要脚本语言，该语言用来处理 ASP 分隔符内(<%和%>)的命令。要为所选应用程序中所有页面选择其他首要脚本语言，可以在该文本框中输入语言名称，如 VBScript、Jscript 等。"默认 ASP 语言"的初始值为 VBScript。管理员可以指定任何语言名称，但服务器中必须已经安装该语言的 ActiveX 脚本引擎。在"ASP 脚本超时"文本微调框中可以指定 ASP 允许脚本运行的时间长度。如果在超时期间结束时脚本没有完成，ASP 将停止脚本并向 Windows 事件日志中写入事件。超时期间可以是介于 1~2 147 483 647 之间的值。

(6) 单击"应用"按钮，即可应用设置。

11.5.5 启用 ASP 调试

IIS 允许管理员使用 Microsoft 脚本调试程序在 ASP 脚本中查找错误，这种 ASP 调试包括服务器端脚本调试和客户端脚本调试。但是，要在服务器上使用调试程序，必须配置服务器以便进行调试，因为系统在默认情况下不启用 ASP 调试。

启用 ASP 调试的操作步骤如下。

(1) 在"Internet 信息服务"窗口中，选择应用程序的起始点目录，然后打开站点或者目录的属性对话框。在"应用程序设置"选项区域中，单击"配置"按钮，打开"应用程序配置"对话框，然后打开"调试"选项卡，如图 11-28 所示。

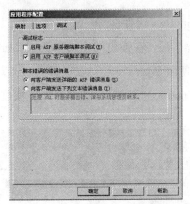

图 11-28　启用 ASP 调试

(2) 要启用 ASP 服务器端调试，应选中"启用 ASP 服务器端脚本调试"复选框。当脚本产生错误或 ASP 在脚本中遇到断点时，服务器将调入 Microsoft 脚本调试器，随后即可使用调试器检查脚本。但是，启用 ASP 服务器端调试将导致 ASP 在单一线程模式下运行。

(3) 在"脚本错误的错误消息"选项区域中，选中"向客户端发送详细的 ASP 错误消息"单选按钮，可以发送特定的调试信息(包括文件名、错误消息和行号)到浏览器。如果选中"向客户端传送下列文本错误消息"单选按钮，并在下方的文本框中输入默认的错误信息，那么，当任何错误阻止服务器处理 ASP 脚本时，系统将发送默认错误消息到浏览器。

(4) 单击"确定"按钮保存并应用设置。

11.6　Web 接口管理

Web 管理接口(Web Management Interface)在 Windows Server 2003 中是一项非常值得网络用户使用的功能，这项功能的主要目的是为了向一些有权限的网络用户在无法进行本机维护时，提供远程的 Web 管理接口服务。下面对 4 项常见的 Web 接口管理服务进行简单的介绍。

11.6.1　打印服务器的 Web 接口

打印服务器是 Windows Server 2003 服务器中的一种，它是实现资源共享的重要组成部分。在 Windows Server 2003 中，如果打印服务器安装了 IIS 服务器，则拥有权限的网络用户就可以通过 IE 等浏览器来管理打印服务器，域中的用户也可以通过浏览器来安装打印机、管理自己打印的文档等。这种方便的管理模式就是"打印机服务器 Web 接口管理方式"。其实现的过程如下。

(1) 首先，安装 IIS 6.0 和相关的远程管理组件。单击"开始"按钮，选择"控制面板"|"添加/删除程序"命令，在打开的"添加或删除程序"窗口中单击"添加/删除 Windows 组

件"按钮，接着在弹出的"Windows 组件向导"窗口中选择"应用程序服务器"选项。

(2) 双击"应用程序服务器"后，在弹出的窗口中选中"Internet 信息服务(IIS)"复选框。因为要设置打印机服务器可以使用 Web 接口方式的管理，所以还需要接着单击"详细信息"按钮。在弹出的窗口中选中"Internet 打印"复选框，才能实现 Web 打印及管理打印机，如图 11-29 所示。

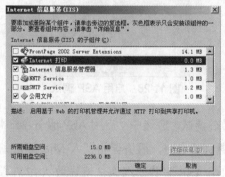

图 11-29　管理打印机

(3) 在组件安装完毕后，即可在局域网中的任何一台计算机上输入"http://打印服务器名称/printers/"(如 http://192.168.0.11/printers/)、进入打印机服务器的 Web 接口管理页面。在该页面中可以看到这台服务器上的所有打印机及其状态。

11.6.2　流媒体服务器的 Web 接口

在 Windows Server 2003 中，架设既支持网络广播又可进行视频点播的 Windows Media 流媒体服务器是一件很容易的事情，而且同样可以通过 Web 接口来管理流媒体服务器。

在"Windows 组件向导"窗口中选中"Windows Media Services"复选框，并打开该选项的详细设置窗口，选中"用于 Web 的 Windows Media Services 管理器"复选框，如图 11-30 所示。从弹出的"Windows Media Services 安装警告"提示对话框中可以看到，当前选中的组件需要 IIS 6.0 的支持。此时单击"确定"按钮，IIS 6.0 组件将被自动选中。

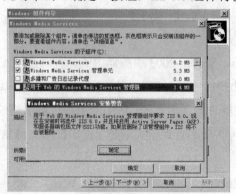

图 11-30　管理流媒体服务器

在上述组件安装完毕后，即可在远程计算机上的 IE 浏览器地址栏中输入"http://流媒体服务器 IP 地址:8080"，如 http://192.168.0.11:8080/default.asp，来使用 Web 接口管理流媒体服务器。输入网址并按回车键后，即可看到 Windows Media Services 的 Web 接口管理页面。

11.6.3 终端服务器的 Web 接口

终端服务器是一种允许有权限的远程网络用户，通过桌面界面登录的方式对服务器进行管理的服务。一般来说，都是通过"远程桌面连接"功能实现客户端与终端服务器之间的连接。

在 Windows Server 2003 中，用户只要让终端服务器搭配 IIS 服务器，就可以在客户端通过使用 IE 浏览器(4.0 以上版本)完成与终端服务器的连接、登录与管理操作。这项功能就是下面将要介绍的"远程桌面 Web 连接"功能。它的主要目的就是使管理员不必在每台计算机上都安装"远程桌面连接"程序，就可以通过 Web 接口(浏览器)来连接终端服务器。

首先安装 IIS 6.0，并在安装的过程中双击"Internet 信息服务(IIS)"选项，在打开的窗口中选中"万维网服务"复选框。接着双击"万维网服务"选项，在弹出的窗口中选中"远程桌面 Web 连接"复选框后，如图 11-31 所示，系统开始安装选中的组件。

在安装该组件后，可以在远程计算机的 IE 地址栏中输入"http://服务器 IP 地址或名称/tsWeb/"，如 http://192.168.0.11/tsWeb/，访问终端服务器。在"远程桌面 Web 连接"页面中输入服务器的 IP 地址并设置好分辨率大小后，单击"连接"按钮即可登录到终端服务器的登录界面。输入正确的用户名和密码即可登录到该服务器。

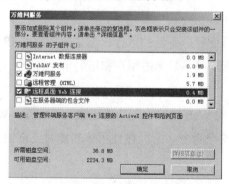

图 11-31 远程桌面 Web 连接

注意

如果出现无法连接到终端服务器的情况，请确认终端服务器的远程桌面功能是否激活，即在"我的电脑"上单击鼠标右键，在弹出的快捷菜单中选择"属性"命令，在打开的属性窗口的"远程"选项卡中设置界面，选中"允许用户远程连接这台计算机"复选框即可。

11.6.4 远程维护 Web 接口

远程维护功能是一项非常重要的功能,它可以帮助网络管理员通过 Web 接口来完成服务器的多个具体服务项目的管理维护操作, 也就是远程进入 IIS 6.0 Web 接口管理页面。

在"Windows 组件向导"窗口中依次选择"应用程序服务器"|"Internet 信息服务(IIS)"|"万维网服务"选项,并在"万维网服务"中选中"远程管理(HTML)"复选框,最后单击"确定"按钮进行组件的安装。如图 11-32 所示。

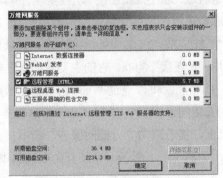

图 11-32　安装远程维护功能

在完成上述操作后, 即可在局域网中输入"https://服务器名称或 IP 地址:8098"这样的地址(在远程计算机中只能输入"https://服务器 IP 地址:8098")来访问 Windows Server 2003 的 IIS 6.0 的 Web 接口管理页面。

在该页面中可以查看或配置服务器的运行日志文件、网站 IP 地址、DNS 后缀、域。此外, 还能够创建、编辑、删除服务器上的用户和组名单, 甚至可以远程重新启动服务器或关闭服务器。

Windows Server 2003 的 Web 接口管理功能很强大, 但是, Web 接口管理会因用户的管理不妥当出现不同等级的安全隐患, 所以在使用该功能时要谨慎。

FTP服务器的配置和管理

第12章

　　FTP 服务是一个非常有用的 Internet 服务，它允许任何位置上的访问者下载服务器上的指定文件，例如，允许访问者下载最新的驱动程序等。如果服务器上提供了可写的磁盘空间，它还允许访问者将自己的文件上传到服务器中，例如，如果服务器提供了主页空间，访问者就可以将个人 Web 文件上传到主页空间，实现 Web 的 Internet 发布。

　　FTP 服务的提供也是通过站点的方式实现的，管理员选择或者创建一个所需的 FTP 站点，并设置它的主目录和虚拟目录，然后再进行一些简单的操作即可完成 FTP 服务的创建和管理。

 本章知识点

- Ø　FTP 简介
- Ø　FTP 基本工作原理
- Ø　创建 FTP 站点
- Ø　管理 FTP 站点
- Ø　用 Serv-U 建立 FTP 服务器

12.1 FTP 概述

12.1.1 什么是 FTP 协议

FTP 即文件传输协议，全称是 File Transfer Protocol，顾名思义，它是专门用来传输文件的协议。它支持的 FTP 功能是网络中最重要、用途最广泛的服务之一，实现了服务器和客户机之间的文件传输和资源再分配，是普遍采用的资源共享方式之一。该协议定义的是一个在远程计算机系统和本地计算机系统之间传输文件的标准，是 Internet 文件传送的基础。

FTP 是 TCP/IP 的一种具体应用，它工作在 OSI 模型的第七层、TCP 模型的第四层，即应用层，它使用 TCP 传输而不是 UDP，这样 FTP 客户在和服务器建立连接前就要经过一个"三次握手"的过程，它的意义在于客户与服务器之间的连接是可靠的，而且是面向连接的，为数据的传输提供了可靠的保证。另外，FTP 服务还有一个非常重要的特点是它可以独立于平台，也就是说在 UNIX、Linux 和 Windows 等操作系统中都可以实现 FTP 的客户端和服务器，相互之间可以跨平台进行文件传送。

FTP 由一系列的规格说明文档组成，目标是提高文件的共享性，提供非直接使用远程计算机文件的方法，使存储介质对用户透明和可靠高效地传送数据。简单而言，FTP 就是完成两台计算机之间的复制，从远程计算机复制文件至本地的计算机上，称之为"下载(download)"文件。若将文件从本地计算机中复制至远程计算机上，则称之为"上传(upload)"文件。在 TCP/IP 协议中，FTP 标准命令 TCP 端口号为 21。

与大多数 Internet 服务一样，FTP 也是采用客户机/服务器模式。用户通过一个客户机程序连接到远程计算机上运行的服务器程序。依照 FTP 协议提供服务，进行文件传送的计算机就是 FTP 服务器；而连接到 FTP 服务器，并使用 FTP 协议与 FTP 服务器进行文件传送的计算机就是 FTP 客户端。

12.1.2 FTP 的工作原理

文件传送协议 FTP 只提供文件传送的一些基本的服务，它使用 TCP 可靠的运输服务。FTP 的主要功能是减少或消除在不同操作系统下处理文件的不兼容性。

一个 FTP 服务器进程可同时为多个客户进程提供服务。FTP 的服务器进程由两大部分组成：一个是主进程，负责接受新的请求；另外有若干个从属进程，负责处理单个请求。主进程工作步骤如下。

(1) 打开熟知端口(端口号为 21)，使客户进程能连接上。

(2) 等待客户进程发起连接建立请求。

(3) 启动从属进程来处理客户进程发来的请求。从属进程对客户进程的请求处理完毕后即终止，但从属进程在运行期间根据需要还可能创建其他一些子进程。

(4) 回到等待状态，继续接受其他客户进程发来的请求。主进程与从属进程的处理是并发地进行的。

在进行文件传输时，FTP的客户和服务器之间要建立两个连接——控制连接和数据连接。

控制连接发起方是 FTP 客户，数据连接发起方是 FTP 服务器。客户发起连接建立时，首先寻找服务器进程的熟知端口(端口21)，同时告诉服务器进程自己的一个端口号码，用于建立连接，连接建立时，控制进程和控制连接随之创建。控制进程在接收到 FTP 客户发送过来的文件传输请求后就创建数据传输进程和数据连接。服务器进程用传输数据的熟知端口(端口20)与客户进程所提供的端口号尽力数据传输简介。由于 FTP 使用了两个不同的端口号，所以数据连接与控制连接不会发生混乱。

12.1.3 FTP 用户授权

要使用 FTP 服务器，必须要拥有该 FTP 服务器的授权帐号，也就是说只有在有了一个用户标识和一个口令后才能登陆到 FTP 服务器，享受 FTP 服务器提供的服务。FTP 地址如下：

ftp://用户名：密码@FTP 服务器 IP 或域名：FTP 命令端口/路径/文件名

上面的参数除了 FTP 服务器 IP(或域名)为必要项外，其他项都是可选项。

12.1.4 FTP 的传输模式

FTP 协议的任务是从一台计算机将文件传送到另一台计算机，它与这两台计算机所处的位置、连接的方式、是否使用相同的操作系统无关。假设两台计算机通过 FTP 协议进行对话，并且能访问 Internet，可以用 FTP 命令来传输文件。每种操作系统在使用上有一些细微差别，但是每种协议基本的命令结构是相同的。

FTP 的传输有两种模式：一种是 ASCII 传输模式，另一种是二进制数据传输模式。

(1) ASCII 传输模式。假定用户正在复制的文件包含简单 ASCII 码文本，如果在远程机器上运行的不是 UNIX，当文件传输时 FTP 通常会自动调整文件的内容以便于把文件解释成另外那台计算机存储文本文件的格式。

(2) 二进制传输模式。在二进制传输中，保存文件的位序，以便原始的和复制的是逐位一一对应的，即使目的地机器上包含位序列的文件是没有意义的。

12.1.5 FTP 的使用方法

FTP 是以客户机/服务器模式工作的，即通过 FTP 客户端使用 FTP 服务。在客户端，使用 FTP 服务通常有两种方式，即命令交互方式和客户工具软件方式。

(1) FTP 交互方式

当用户交互使用 FTP 时，FTP 发出一个提示，用户输入一条命令，FTP 执行该命令并发出下一提示。FTP 允许文件沿任意方向传输，即文件可以上传与下载，在交互方式下，也提供了相应的文件上传与下载的命令。如前所述，FTP 有文本方式与二进制方式两种文件传输类型，所以用户在进行文件传输之前，还要选择相应的传输类型：若远程计算机文本所使用的字符集是 ASCII，用户可以用 ASCII 命令来指定文本方式传输；所有非文本文件如声音剪辑或者图像等都必须用二进制方式传输，用户输入 "binary" 命令可将 FTP 置成二进制模式。在命令提示符下，键入 "FTP"，进入 FTP 交互方式，出现 ">" 提示符，输入相应 FTP 命令进行操作。

FTP 交互方式中常用命令说明。在 FTP 的命令交互方式中，所有的命令需在 ">" 提示符后面输入，常用命令有以下几种。

- help：显示命令帮助信息。
- open 服务器 IP 地址：与 FTP 服务器建立连接。
- ascii：设置传输类型为 ASCII。
- binary：设置传输类型为 BINARY。
- ls：列出服务器端当前目录下的所有文件和目录。
- cd 目录名：进入服务器端相应子目录。
- get 服务器端文件名 本地文件路径名：将服务器端文件下载到本地。
- put 本地文件路径名：将本地文件上传至服务器端。
- close：关闭与 FTP 服务器的连接。
- quit：退出 FTP 交互方式。

(2) 客户工具软件

由于 FTP 的命令交互方式在使用时对用户有较高的要求，所以有许多工具软件被开发出来用于实现 FTP 的客户端功能，如 CuteFTP、FlashFXP、LeafFTP 等，另外 Internet Explorer 也提供了 FTP 客户软件的功能。这些软件的共同特点是采用直观的图形界面来方便用户使用 FTP 服务。另外，大部分的 FTP 工具软件还实现了文件传输过程中的断点续传和多路传输功能。

12.2 创建和管理 FTP 站点

12.2.1 创建 FTP 站点

前面已经介绍过，在安装 IIS 6.0 时，系统会自动创建一个名称为"默认 FTP 站点"的 FTP 站点，管理员通过它即可进行 FTP 服务的创建。但每一个 FTP 站点在内容上都要求有一个主题，以便其他访问者快速进行信息查找。如果有多个主题的信息文件需要在 Internet 上发布，应该在服务器上创建多个 FTP 站点，分别进行信息服务。

创建 FTP 站点的操作步骤如下。

(1) 选择"开始"|"管理工具"|"Internet 信息服务器"命令，打开"Internet 信息服务"窗口。在 Internet 服务管理器窗口的控制台目录树中的"FTP 站点"节点上单击鼠标右键，在弹出的快捷菜单中选择"新建"|"FTP 站点"命令，打开"FTP 站点创建向导"对话框，如图 12-1 所示。

(2) 单击"下一步"按钮，可打开"FTP 站点描述"对话框，在"描述"文本框中输入站点的说明，如图 12-2 所示。

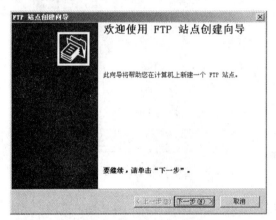

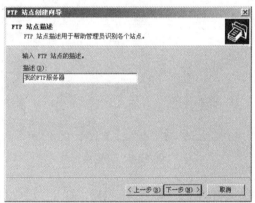

图 12-1　FTP 站点创建向导　　　　　　　图 12-2　输入 FTP 站点描述

(3) 单击"下一步"按钮，将打开"IP 地址和端口设置"对话框，在"输入此 FTP 站点使用的 IP 地址"组合框中选择或直接输入 IP 地址；在"输入此 FTP 站点的 TCP 端口"文本框中输入 TCP 端口值，其默认值为 21，如图 12-3 所示。

(4) 单击"下一步"按钮，将会打开"FTP 用户隔离"对话框，通过选择是否隔离用户以限制不同的用户访问此 FTP 站点上其他用户的 FTP 主目录，如图 12-4 所示。

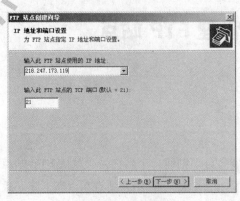

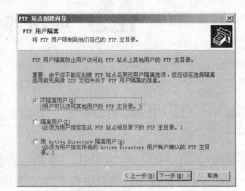

图 12-3　设置 IP 地址和端口　　　　　图 12-4　"FTP 用户隔离"对话框

(5) 单击"下一步"按钮，将打开"FTP 站点主目录"对话框，在"路径"文本框中输入主目录的路径，或者通过单击"浏览"按钮选择路径，如图 12-5 所示。

(6) 单击"下一步"按钮，将会打开"FTP 站点访问权限"对话框，在"允许下列权限"选项区域中设置主目录的访问权限。如果选中"读取"复选框，则只赋予访问者读取权限；如果选中"写入"复选框，则赋予访问者修改权限；一般情况下都不选中"写入"复选框，不赋予访问者修改权限，如图 12-6 所示。

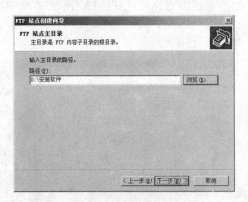

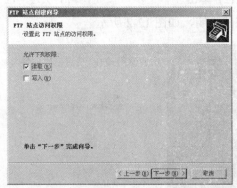

图 12-5　设置主目录　　　　　图 12-6　"FTP 站点访问权限"对话框

(7) 单击"下一步"按钮，打开"已成功完成 FTP 站点创建向导"对话框，单击"完成"按钮，即可完成 FTP 站点的创建。

12.2.2　设置 FTP 站点的主目录

在 FTP 站点中，管理员也需要设置主目录，主目录的作用同 Web 网站一样，不需要访问者输入即可确定。在创建 FTP 站点时，管理员已经指定了一个主目录，另外将允许下载的文件复制到该目录中即可。但是，如果管理员所需要的文件都处在某一个目录中，修改主目录的路径要比复制文件要方便得多。

设置FTP站点主目录的操作步骤如下。

(1) 打开"Internet信息服务"窗口,在控制台目录树中需要修改主目录的FTP站点上单击鼠标右键,在弹出的快捷菜单中选择"属性"命令,打开其属性对话框,选择"主目录"选项卡。如果主目录在服务器上,则选中"此计算机上的目录"单选按钮;如果主目录在其他网络计算机上,则应选中"另一台计算机上的目录"单选按钮,如图12-7所示。

图12-7 设置FTP站点的主目录

(2) 在"FTP站点目录"选项区域中,单击"浏览"按钮选择主目录的路径,或者直接在"本地路径"文本框中输入主目录的路径,通过选中复选框来设置目录权限。通常会选中"读取"和"写入"复选框,禁用"记录访问"复选框。在"目录列表样式"选项区域中,通过选中单选按钮来设置目录列表的风格,包括UNIX和MS-DOS风格。

(3) 单击"确定"按钮保存设置。

12.2.3 添加FTP虚拟目录

FTP虚拟目录是指在FTP中除去主目录以外的所有发布目录。与Web服务一样,添加FTP虚拟目录也是FTP服务发布信息文件的主要方式。在添加虚拟目录时,管理员可以根据访问者的权限来添加虚拟目录,也可以根据主题内容来添加虚拟目录。如果FTP站点的文件内容不需要具备很高的安全性,则可按主题来添加,但是如果对安全性要求较高,则必须按照访问者的权限来添加。

添加FTP虚拟目录的操作步骤如下。

(1) 打开"Internet信息服务"窗口,在控制台目录树中需要添加虚拟目录的FTP站点上单击鼠标右键,在弹出的快捷菜单中选择"新建"|"虚拟目录"命令,打开"虚拟目录创建向导"对话框,如图12-8所示。

(2) 单击"下一步"按钮,打开"虚拟目录别名"对话框,在"别名"文本框中输入用于获得此虚拟目录访问权限的别名，如图 12-9 所示。

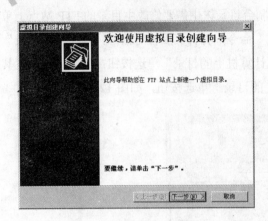
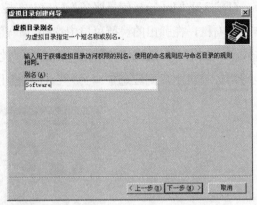

图 12-8　虚拟目录创建向导　　　　　图 12-9　"虚拟目录别名"对话框

(3) 输入别名后，单击"下一步"按钮，打开"FTP 站点内容目录"对话框，单击"浏览"按钮选择目录路经，也可直接在"路径"文本框中输入目录路径，如图 12-10 所示。

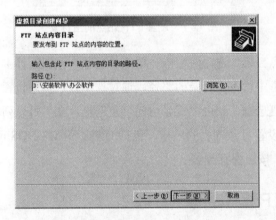

图 12-10　"FTP 站点内容目录"对话框

(4) 单击"下一步"按钮，打开"访问权限"对话框，在"允许下列权限"选项区域中，管理员可以为此目录设置访问权限。访问权限设置完成后，单击"下一步"按钮可打开"完成虚拟目录创建向导"对话框，单击"完成"按钮，即可完成虚拟目录的创建。

12.2.4　管理 FTP 站点

在"Internet 信息服务"窗口中选择需要操作的 FTP 站点，然后打开其"操作"菜单，与操作 Web 网站相似。通过这个"操作"菜单，管理员可以对当前 FTP 站点进行浏览、删除、重命名等各种操作。

有关当前 FTP 站点的查看、启动、停止、暂停、子站点和虚拟目录的添加、重命名、刷新和删除等操作,与 Web 网站的操作基本相同,管理员只需简单的操作即可完成。如果管理员需要设置 FTP 站点的属性,在该站点上单击鼠标右键,从弹出的快捷菜单中选择"属性"命令,打开其属性对话框,如图 12-11 所示。

图 12-11 设置 FTP 站点的属性

在"FTP 站点"选项卡中,通过"FTP 站点标识"选项区域中的 3 个选项来设置站点的说明(站点名称)、服务器 IP 地址和 TCP 端口。在"FTP 站点连接"选项区域中,选中"连接限制为"单选按钮,并在其右侧的文本框中输入连接个数,可以限制同时连接当前 FTP 站点的连接数。如果对每一个连接进行连接超时限制,可在"连接超时"文本框中输入超时秒数,一般不超过 900 秒。为了后期维护方便,可选中"启用日志记录"复选框,并在"活动日志格式"下拉列表框中选择日志格式。如果要对日志的常规和扩展属性进行详细的设置,可通过单击"属性"按钮来完成。

完成"FTP 站点"选项卡中的选项设置后,可以分别通过"安全帐户"、"消息"、"主目录"和"目录安全性"选项卡来设置,最后单击"确定"按钮保存所设置内容。

12.3 使用 Serv-U 建立 FTP 服务器

Serv-U 是一款非常流行的 FTP 服务器端软件。它之所以流行是因为它的易用性,可以在短时间内迅速地组建功能强大的 FTP 服务器。Serv-U 最初在 1994 年被作为一个 Rob Beckers 的个人项目而开发,那时候没有人能够想象得到它会像今天一样如此的流行。它除了拥有大部分 FTP 服务器端拥有的功能外,还支持实时的多用户连接,支持匿名用户的访问;通过限制同一时间最大的用户访问人数来确保服务器的正常运转;在目录和文件层次都可以设置安全防范措施;能够为不同用户提供不同的设置,支持分组可以管理数量众多的用户;基于 IP 对用户授予或拒绝访问权限。断点续传,上传下载带宽限制,远程管理,虚拟主机,可设置在用户登录或退出时的显示信息等。它友好的图形管理界面以及拥有安全稳定的性能,也是被广泛使用的原因。

12.3.1 下载并安装 Serv-U

如果安装了 IIS，在配置 Serv-U 之前，首先必须把 IIS 的 FTP 服务器关闭，打开控制面板，选择"管理工具"|"服务"|FTP Publishing Service 命令，在打开的对话框中把"启动类型"设为手动，然后单击"停止"按钮。Serv-U 是 Windows 平台上最流行的 FTP 服务器软件，其官方网站是http://www.serv-u.com/。可以从官方网站下载，也可以从其他网站下载。

12.3.2 设置 Serv-U

安装完毕后，出现如下界面，如图 12-12 所示。设置 Serv-U 的具体操作步骤如下。

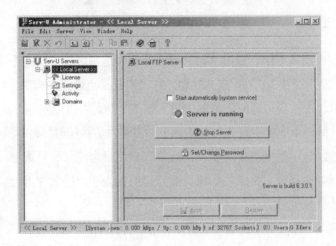

图 12-12　启动 Serv-U

(1) 在 Domains 选项上单击鼠标右键，在弹出的快捷菜单中选择 New Domain 命令，添加新域名，如图 12-13 所示。

(2) 输入 IP 地址。一般来说，不需要输入，留空即可，Serv-U 会绑定在本机所有的 IP 地址上，包括拨号上网得到的动态 IP 地址。单击 Next 按钮，如图 12-14 所示。

图 12-13　添加新域名

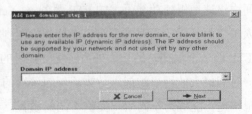

图 12-14　输入 IP 地址

(3) 输入域名，单击 Next 按钮，如图 12-15 所示。

(4) 输入端口号，使用默认值 21 即可。单击 Next 按钮，如图 12-16 所示。

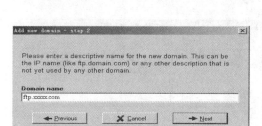
图 12-15 输入域名

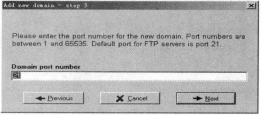
图 12-16 输入端口号

(5) 选择域名的存放位置，使用默认值即可。单击 Finish 按钮，如图 12-17 所示。

(6) 域名设置完毕。需要注意的是，若是采用网关端口映射而使用公网动态域名的用户，请在这里选择 Enable dynamic DNS 选项，如图 12-18 所示。

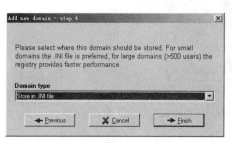
图 12-17 选择域名的存放位置

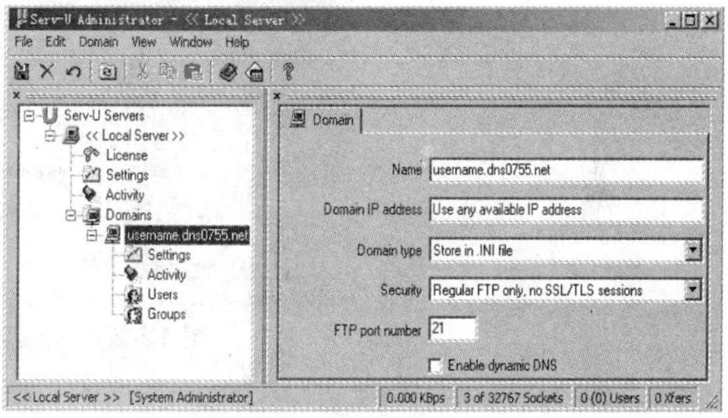

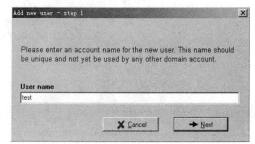
图 12-18 设置完毕

(7) 在 Users 选项上单击鼠标右键，在弹出的快捷菜单中选择 New User 命令，添加新用户，如图 12-19 所示。

(8) 在打开的对话框中输入用户名，然后单击 Next 按钮，如图 12-20 所示。

图 12-19 添加新用户

图 12-20 输入用户名

(9) 在打开的对话框中输入密码，然后单击 Next 按钮，如图 12-21 所示。

(10) 在打开的对话框中输入用户的根目录，然后单击 Next 按钮，如图 12-22 所示。

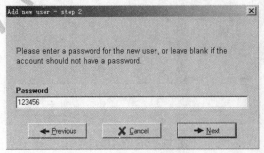
图 12-21　输入密码

图 12-22　输入用户根目录

(11) 然后选择是否把用户锁定在根目录。为了安全起见，最好锁定。单击 Next 按钮之后，设置完毕，Serv-U 已经可以正常工作，如图 12-23 所示。

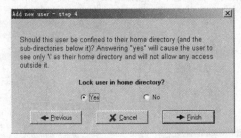
图 12-23　锁定根目录

12.3.3　Serv-U 的其他设置

默认情况下，用户只能下载文件，如果需要赋予用户更多的权限，需要在这个界面中选择右边红色框里的选项，如图 12-24 所示。

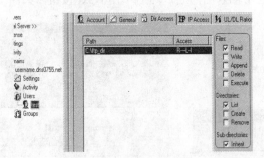
图 12-24　设置 Serv-U

1. 匿名登录

打开 Serv-U，在左边的列表框中展开 Domains | user.dns0755.net 节点，在子节点 Users 上单击鼠标右键，在弹出的快捷菜单中选择 New User 命令，新建一个用户，命名为 anonymous，并配置好该用户的目录，即可匿名登录 Serv-U。

2. 流量限制

打开 Serv-U，进入 Domains | user.dns0755.net | Users | "用户名"，其各项设置如下：

> Allow only ( ) login(s) from same IP address:允许同一个 IP 多少个连接
> Max. upload speed： 最大上传速度(KBytes/s)
> Max. download speed：最大下载速度(KBytes/s)
> Max. no. of users：最大用户数

3. UL/DL Ratios(上传/下载比例)限制

UL/DL Ratios 是上传/下载比例限制，设置了这个选项，需要上传一定数量的文件后才能下载文件，如果 FTP 网站不能下载文件，将会出现下面的错误信息：

> 550 Sorry, insufficient credit for download - upload first

可通过在 Serv-U 中取消 UL/DL Ratios 限制来解决该问题。设置方法为：进入 Domains | user.dns0755.net | Users | username | UL/DL Ratios，取消对 Enable upload/download ratios 复选框的选择，默认情况下，这个功能是关闭的。

DNS服务器的配置和管理

第13章

　　在 Internet 中，计算机之间的 TCP/IP 通信都是通过 IP 地址来进行的，因此，Internet 中的计算机都应有一个 IP 地址作为它们的唯一标识。不过，用户很难将需要访问的所有 Web 站点和网络计算机的 IP 地址记住，所以，人们便在操作系统中引入了域名系统(DNS)。域名系统是一个用于在网络上寻找计算机和其他资源的等级性命名系统。它最常见的用途便是提供一项服务将好记的 DNS 域名映射到网络资源和 IP 地址，于是在 IP 地址和主机名之间便建立起了一种映射关系，DNS 服务器将会保存和管理这种映射关系，以便为网络中的客户机提供域名解析服务。在 Windows Server 2003 中提供的是功能强大的 DNS 6.0 系统，该系统集成了一些新的功能与特性，如与 Active Directory 的集成以及动态的 DNS 功能等。

 本章知识点

- ⌀ DNS 简介
- ⌀ DNS 的特征及查询过程
- ⌀ DNS 工作原理
- ⌀ 创建和管理 DNS 服务器
- ⌀ 设置 DNS 服务器的属性

13.1　DNS 简介

　　域名系统(DNS，Domain Name System)在 TCP/IP 结构的网络中是一种很重要的 Internet 和 Intranet 服务，它是一种组织成域层次结构的计算机和网络服务命名系统，通过 DNS 服务可以将易于记忆的域名和不易记忆的 IP 地址进行转换，从而使得人们能通过简单好记的域名来代替 IP 地址访问网络。是由 Peggy Karp 在 1971 年的 Request for Comments(RPC)226 中首次提出来的。承担 DNS 解析任务的网络主机，被称为 DNS 服务器(DNS Server)。建立一台企业网络的 DNS 服务器，需要具备以下条件：

　　(1)　一个 IP 地址

　　(2)　域名

　　(3)　网络与 Internet 连接(不包括用调制解调器进行的连接)

　　本章将详细介绍 Windows Server 2003 系统下各种域名服务器的配置方法。

13.1.1　DNS 特征及组成

　　通常认为 DNS 只是将域名转换成 IP 地址，然后再使用查到的 IP 地址连接目标主机，这个过程称为"正向查找"。事实上，将 IP 地址转换成响应域名的功能也经常使用到，当客户机登录到一台服务器时，服务器就会找出客户机是从哪个地方连接的，这个过程称为"反向查找"。

1. DNS 的特征

DNS 具有以下一些重要特征。

　　(1)　适合于任何网络规模，DNS 工作不依赖于大规模的 IP 地址映射表。

　　(2)　采用分布式数据系统结构，易于管理，网络运行可靠性高。

　　(3)　在 DNS 系统中，新入网的 IP 信息可以在需要时自动广播至网络的任意一处。

2. DNS 的组成

DNS 系统依赖于一种层次化的域名空间分布式数据结构。具体地讲，它由 3 部分组成。

　　(1)　域名或资源记录(Domain Name and Resource Records)：用来指定结构化的域名空间和相应的数据。

　　(2)　域名服务器(Domain Name Server)：它是一个服务器端程序，包括域名空间树结构的部分信息。

　　(3)　解析器(Resolves)：它是客户端用户向域名服务器提交解析请求的程序。

13.1.2　DNS 的层次结构与域名分配

　　DNS 在运行中需要进行委派，这项工作由 Internet 协会的授权委员会完成，该协会管理 Internet 的地址和域名的登记。下属的 3 个机构，分别管理全球不同地区的域名和地址分配：欧洲信息网络中心，负责管理欧洲的域名分配；InterNIC，负责管理南北美和非亚太所属区的域名；亚太地区的 APNIC，负责管理该地区域名和地址的分配。

　　中国属于亚太地区，所以这里重点介绍 APNIC 分配地址的两种方式。

　　(1) 下属 3 个国家和一个地区网络中心，即日本、韩国、泰国和中国台湾地区，APNIC 向其授权域名分配的权利，它们所属的机构可向各自主管申请域名。

　　(2) 没有被授权的国家网络中心的机构：例如中国，APNIC 成立了 ISP 机构负责该项工作。由 APNIC 把地址分给 ISP，再由大的 ISP 分给小的 ISP，层层划分域名。

　　出于分散并行处理的需要，与 Windows 文件系统相类似，DNS 采用树型层次结构。虽然 DNS 被用于域名与 IP 地址之间的映射，但在广域网中并未保存有整个广域网 IP 地址信息的设备，也没有必要这么做。

　　在局域网中，IP 地址信息被有规律地分散在各子域的域名服务器中。在 DNS 系统内，存在着一个最上级服务器，通常被称为根节点服务器(Root Server)。各国家和地区的根节点服务器只为该国家和地区间的网络提供 IP 查询服务，而具体的映射是由其下属的各级服务器来实现的。

　　各根节点下的一级域名服务器仅负责管理其二级域的 IP 地址信息，二级域名服务器则仅为其所属范围内的各个三级域提供服务，三级域以下的各子域则由各个入网单位自己管理。三级域的域名一般由各个国家的网络管理中心(Network Information Center)统一分配和管理。

　　一级域名，也叫根域名，世界各国或地区的根域名均依照国际标准化组织的规定，采用双字符方式来表示。例如在中国，ChinaNet 的根域(Top Domain)名为 cn。

　　关于二级域名，各国有各国的规定。例如，ChinaNet 的二级域名定义如下。

　　edu：教育科研机关

　　com：企事业单位

　　gov：政府机关

　　net：网络管理机关

　　org：网络服务性机关

　　在 ChinaNet 上，还采用下述局域名表示法。

　　beijing：北京地区

　　shanghai：上海地区

　　guangzhou：广州地区

　　……

在中国，ChinaNet 由 CNIC(China Network Information Center)统一负责 IP 地址分配及二级域名的命名。

三级域名，常常以各单位的英文缩写来命名。例如，北京大学为 pku，清华大学为 tsinghua 等。因此，这些单位的三级域名表示为：

> pku.edu.cn
>
> tsinghua.edu.cn

四级及其以下域名，由各三级域名所属单位各自命名，一般为各个下属机关、部门的英文缩写，但必须唯一。如：

> cs.pku.edu.cn
>
> lib.pku.edu.cn
>
> nnc.tsinghua.edu.cn
>
> …… …

为书写方便，各子域名的字符数也不宜太长。

13.1.3 DNS 查询过程

DNS 是典型的客户机/服务器(C/S)模式结构。

DNS 的查询过程如下：请求程序通过客户端解释器(Client-Resolver)向服务器端(Server)发出查询请求，等待由服务器端数据库(Server-Database)给出应答，并解释 Server 给出的答案，然后把所得信息传给提出请求的程序。

例如，假设查询某计算机的 FQDN(Full Qualified Domain Name)为 http://dns.test.net.cn，那么 DNS 的查询过程如下。

(1) 客户端送出请求给这台计算机所设置的 DNS Server，询问 http://dns.test.net.cn/的 IP 地址是多少。

(2) 指定的 DNS Server 先查看该域名是不是在它的缓存文档中。如果是，则回复答案；如果不是，就从最上一级查起。在 DNS Server 配置文件中有 "." 的设置，表示往上一层的任何一台 DNS 服务器查询。它会问.cn 要向谁查询。

(3) . 层的 DNS Server 会回答：.cn 要向.cn 所在的 DNS Server1 查询。

(4) 接着向 DNS Server1 询问：.net.cn 要向谁查询。DNS Server1 回答：.net.cn 要向.net.cn 所在的 DNS Server2 查询。

(5) 接着向 DNS Server2 询问 test.net.cn 要向谁查询，回答是要向 test.net.cn 所在的 DNS Server3 查询。

(6) 在 DNS Server3 确定 dns.test.net.cn 要向 www.test.net.cn 查询：www.test.net.cn 域下的 dns.test.net.cn 的 IP 是什么。

(7) www.test.net.cn会回答 dns.test.net.cn 的 IP 是什么。

3. DNS 的类别

每个 DNS 服务器在进行域名到 IP 地址的解析时，如果对某个域名不能解析，则该 DNS 服务器能够知道到什么地方去找别的 DNS 服务器进行解析。域名服务器分为 3 类：

1) 本地域名服务器。一般在客户机上设置 DNS 服务器的 IP 地址时，这个 DNS 服务器一般都是指向本地域名服务器。

2) 根域名服务器。当一个本地域名服务器不能解析一个域名时，该域名服务器就以 DNS 客户的身份向某个根域名服务器进行查询。

3) 授权域名服务器。每一个主机都必须在授权域名服务器处注册登记。通常，一个主机的授权域名服务器就是它的本地 ISP(Internet 服务提供商)的一个域名服务器。

在每一个 DNS 服务器中都有一个高速缓存区(Cache)，这个缓存区的主要作用是将该 DNS 服务器所查询出来的名称及相对的 IP 地址记录在该缓存区中，这样当下一次还有另外一个客户端再到服务器上去查询相同的名称时，DNS 服务器就不用再到其他主机上去寻找，而可以直接从缓存区中找到该记录，传回给客户端，加速客户端对域名的查询速度。

13.2　DNS 解析种类

13.2.1　主机名解析

主机名解析就是将主机名映射为 IP 地址。主机名是分配给 IP 节点用来标识 TCP/IP 主机的别名。主机名最多可以有 255 个字符，可以包含字母和数字符号、连字符和句点，还可以对同一主机分配多个主机名。例如，Internet Explorer 和 FTP 实用程序，可以使用待连接目标的两个值中的一个：IP 地址或主机名。指定 IP 地址时，不需要名称解析。指定主机名时，在开始与所需资源进行基于 IP 的通信之前，主机名必须解析成 IP 地址。

主机名可以采用不同的形式，两种最通用的形式是昵称和域名。昵称是个人指派并使用的 IP 地址的别名。域名是在称为"域名系统(DNS)"的分层结构名称空间中的结构化名称，www.microsoft.com 就是域名的一个典型范例。昵称通过 Hosts 文件中的项目来解析，Hosts 文件存储在 systemroot\System32\Drivers\Etc 文件夹中。域名是通过向所配置的 DNS 服务器发送 DNS 名称查询而解析的。DNS(域名服务器)就是一台能使具有普通名称的设备转换成某个特定的网络地址的计算机。例如，一个国家的网络无法访问另一个国家网络中名为 IBM 的系统，除非使用某种方法检查本地计算机的名称才行。DNS 提供了将计算机的普通名字转换为设备的网络连接的专用物理地址。

13.2.2　NetBIOS 名称解析

NetBIOS 名称解析就是将 NetBIOS 名称映射成 IP 地址。NetBIOS 名称是用于标识网络上的 NetBIOS 资源的 16 字节地址。NetBIOS 名称要么是唯一的(独占)，要么是组(非独占)名称。当 NetBIOS 进程与特定计算机上的特定进程通信时将使用唯一名称。当 NetBIOS 进程与多台计算机上的多个进程通信时将使用组名称。

一个使用 NetBIOS 名称的进程范例就是运行 Windows 的计算机上的"Microsoft 网络的文件和打印机共享"服务。启动计算机时，该服务器根据计算机名注册唯一的 NetBIOS 名称。服务使用的准确名称是 15 个字符的计算机名加上第 16 个字符 0x20。如果计算机名称不是 15 个字符，则可以插入空格一直到长度为 15 个字符为止。当用户尝试与运行 Windows 的计算机通过名称建立共享文件连接时，在指定的文件服务器上的"Microsoft 网络的文件和打印机共享"服务对应于特定的 NetBIOS 名称。例如，当尝试连接名称为 fighter 的计算机时，与那台计算机上的"Microsoft 网络的文件和打印机共享"服务相应的 NetBIOS 名称应该是 fighter [20]。在这里，Windows 系统正是使用了空格来填充计算机名。计算机之间建立文件和打印共享连接之前，必须先创建 TCP 连接。要建立 TCP 连接，NetBIOS 名称"fighter[20]"必须被解析成 IP 地址。

这里建议用户对运行 Windows Server 2003 的计算机配置 WINS 服务器的 IP 地址，以便解析远程 NetBIOS 名称。如果与不是基于活动目录的运行 Windows Server 2003、Windows 2000 或 Windows 98 的计算机通信，则必须对基于活动目录的 Windows Server 2003 的计算机配置 WINS 服务器。

13.3　DNS 服务器的安装与配置

通常用户会混淆域名系统服务器和域名系统这两个概念，其实域名系统服务器只是域名系统中的工具，正是通过域名系统服务器不停地工作才使域名系统的名称解析功能得以实现。通过对前面一些基础知识的了解，相信用户已经对域名系统服务器的作用有了相当的认识。为启用域名系统的解析功能，需要用户必须创建与配置 DNS 服务器。

13.3.1　安装 DNS 服务器

(1) 单击"开始"按钮，选择"管理工具"|"配置您的服务器向导"命令，在打开的向导对话框中依次单击"下一步"按钮。配置向导自动检测所有网络连接的设置情况，若没有发现问题则进入"服务器角色"对话框。

(2) 在"服务器角色"列表中单击"DNS 服务器"选项，如图 13-1 所示。然后单击"下一步"按钮，打开"选择总结"对话框，如果列表中出现"安装 DNS 服务器"和"运行配置 DNS 服务器向导来配置 DNS",则直接单击"下一步"按钮,否则单击"上一步"按钮重新配置。

(3) 向导开始安装 DNS 服务器,并且系统可能会提示插入 Windows Server 2003 的安装光盘或指定安装源文件,如图 13-2 所示。

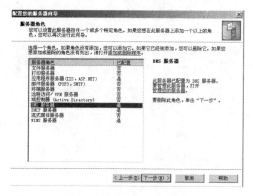

图 13-1 选择"DNS 服务器"角色

图 13-2 指定系统安装盘或安装源文件

13.3.2 创建 DNS 服务器

DNS 服务器安装完成以后会自动打开"配置 DNS 服务器向导"对话框,用户可以在该向导的指引下创建区域,具体操作步骤如下。

(1) 在"配置 DNS 服务器向导"的欢迎页面中单击"下一步"按钮,打开"选择配置操作"对话框。在默认情况下适合小型网络使用的"创建正向查找区域"单选按钮处于选中状态,如图 13-3 所示。

(2) 单击"下一步"按钮,打开"主服务器位置"对话框,如果所部署的 DNS 服务器是网络中的第一台 DNS 服务器,则应该保持"这台服务器维护该区域"单选按钮的选中状态,将该 DNS 服务器作为主 DNS 服务器使用,如图 13-4 所示。

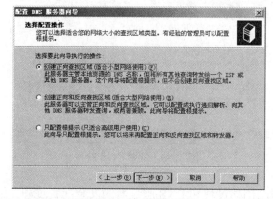

图 13-3 选择配置操作

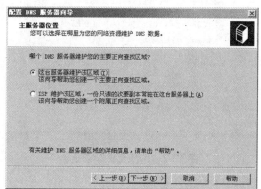

图 13-4 确定主服务器的位置

(3) 单击"下一步"按钮,打开"区域名称"对话框,在"区域名称"文本框中输入区域名称,然后单击"下一步"按钮,如图 13-5 所示。

(4) 在打开的"区域文件"对话框中已经根据区域名称默认输入了一个文件名。该文件是一个 ASCII 文本文件,里面保存着该区域的信息,默认情况下保存在 windows\system32\dns 文件夹中。保持默认值不变,然后单击"下一步"按钮,如图 13-6 所示。

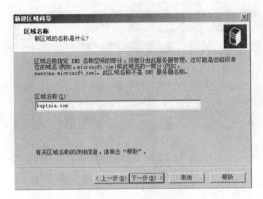

图 13-5　填写区域名称

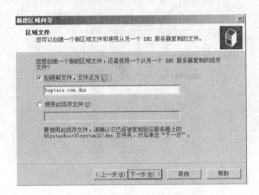

图 13-6　创建区域文件

(5) 在打开的"动态更新"对话框中指定该 DNS 区域能够接受的注册信息更新类型。允许动态更新可以让系统在 DNS 中自动地注册有关信息,在实际应用中比较有用,因此选中"允许非安全和安全动态更新"单选按钮,然后单击"下一步"按钮,如图 13-7 所示。

(6) 打开"转发器"对话框,保持"是,应当将查询转送到有下列 IP 地址的 DNS 服务器上"单选按钮的选中状态。在 IP 地址文本框中输入 ISP(或上级 DNS 服务器)提供的 DNS 服务器 IP 地址,然后单击"下一步"按钮,如图 13-8 所示。

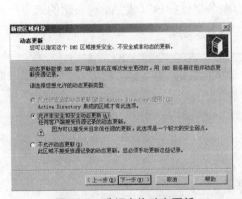

图 13-7　选择允许动态更新

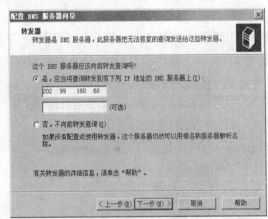

图 13-8　配置 DNS 转发

(7) 依次单击两个"完成"按钮结束区域的创建过程和 DNS 服务器的安装配置过程。

13.3.3 创建域名

虽然利用向导成功创建了区域，可是内部用户还不能使用这个名称来访问内部站点，因为它还不是一个合格的域名，还需要在其基础上创建指向不同主机的域名才能提供域名解析服务。若创建一个用于访问 Web 站点的域名 www.xxx.com，其具体操作步骤如下。

(1) 单击"开始"按钮，选择"管理工具"|DNS 命令，打开 dnsmgmt 控制台窗口。

(2) 在左窗格中依次展开 ServerName|"正向查找区域"目录，然后用鼠标右键单击之前建立的区域，执行快捷菜单中的"新建主机"命令，如图 13-9 所示。

(3) 打开"新建主机"对话框，在"名称"文本框中输入一个能代表该主机所提供服务的名称(本例输入 www)。在"IP 地址"文本框中输入该主机的 IP 地址(如 192.168.0.11)，然后单击"添加主机"按钮，很快系统就会提示已经成功创建了主机记录，如图 13-10 所示。

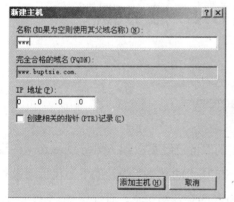

图 13-9 执行"新建主机"命令

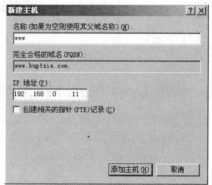

图 13-10 创建主机记录

最后单击"完成"按钮结束操作。

13.3.4 DNS 客户端设置

尽管 DNS 服务器已经建立，并且创建了合适的域名，可是如果是在客户机的浏览器中却无法使用 www.yesky.com 这样的域名访问网站。这是因为虽然已经有了 DNS 服务器，但客户机并不知道 DNS 服务器在哪里，因此不能识别用户输入的域名。用户必须手动设置 DNS 服务器的 IP 地址才行。在客户机上选择"控制面板"|"网络连接"|"本地连接"命令，单击"属性"按钮，打开"Internet 协议(TCP/IP)属性"对话框，然后在"常规"选项卡的"首选 DNS 服务器"编辑框中设置刚刚部署的 DNS 服务器的 IP 地址，如图 13-11 所示。

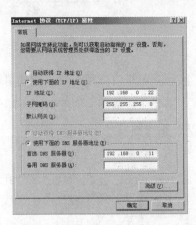

图 13-11　设置客户端 DNS 服务器地址

13.4　管理 DNS 服务器

13.4.1　集成 DNS 与 Active Directory

对于 Windows Server 2003，DNS 服务器的服务已经集成到 Active Directory 的设计和实现中，它是由 Microsoft 公司为使用 Windows NT 技术的网络所设计的下一代目录服务。Active Directory 提供了用于组织、管理和定位网上资源的企业级工具，通过与 Active Directory 的集成，DNS 系统可以更好地实现域名解析工作。

DNS 通过与 Active Directory 区域的集成可以简化网络的规划，例如，每个 Active Directory 的域控制器在直接一对一映射中与 DNS 服务器对应。因为在两种拓扑结构中都使用相同的服务器计算机，这可以简化 DNS 及 Active Directory 复制问题的规划及疑难解答。

在服务器计算机上安装 Active Directory 时，用户必须将域中的服务器升级为域控制器 (DC)。完成该过程时，系统将提示用户为要加入或升级服务器的 Active Directory 指定 DNS 域名。如果在该过程中，对所指定的域拥有授权的 DNS 服务器，将会出现不能在网络上找到它，或者该服务器不支持 DNS 动态更新协议的情况，则系统将提示用户选择安装 Windows Server 2003 中的 DNS 服务器。由于要求 DNS 服务器支持使用 Active Directory 且支持计算机定位这台服务器或该域的其他域控制器，因此系统提供了该选项。一旦安装了 Active Directory，对于在新的域控制器上运行 DNS 服务器时存储和复制区域，用户可以进行以下两种选择。

● 使用文本文件的标准区域存储

按这种方式存储的区域位于.Dns 文件中，该文件存储在运行 DNS 服务器的每台计算机上的%SystemRoot%\System32\Dns 文件夹中。区域文件名称对应于创建区域时为区域选择的名称，例如，如果创建的区域名称为 example.microsoft.com，则创建的区域文件名称为 Example. microsoft.com.dns。

● 使用 Active Directory 数据库的目录集成区域存储区·

按这种方式存储的区域位于 Active Directory 树中该域对象容器之下。每个目录集成区域都存储在按照创建该区域时为它选择的名称标识的 dnsZone 容器对象中。

如果用户要配置 DNS 以支持 Active Directory 的网络，可以在标准区域存储模式中以单主机更新模式为基础进行 DNS 更新。在该模式中，区域的单个授权 DNS 服务器被指派为该区域的主要来源。该服务器在本地文件中保留了区域的主控副本。通过该模式，区域的主服务器代表单个固定的故障点，如果该服务器不可用，则来自 DNS 客户机的更新请求不对该区域进行处理。但通过目录集成的存储区，对 DNS 的动态更新在多主机更新模式的基础上进行。在该模式下，任何授权 DNS 服务器，如运行 Windows Server 2003 的 DNS 服务的域控制器(DC)，都将被指定为区域的主要来源。因为区域的主控副本保留在完全复制到所有域控制器的 Active Directory 数据库中，所以，该区域可由在该域的任何 DC 上运行的 DNS 服务器更新。

通过 Active Directory 的多宿主更新模式，只要 DC 在网络上可以使用而且可以访问，目录集成区域的任何主服务器就可以处理来自 DNS 客户机的更新区域请求。同时，在使用目录集成的区域时，用户可以编辑访问控制列表(ACL)，以保证目录树中 dnsZone 对象容器的安全性。该功能提供了至区域或区域中指定 RR 的分散访问，例如，可对区域 RR 的 ACL 进行限制，以便只允许指定的客户机或像域管理员组这样的安全组进行动态更新，而标准主要区域没有该安全功能。

尽管 DNS 服务可以有选择性地从 DC 中删除，但目录集成区域已存储在每个 DC 中，因此区域存储和管理不是附加的资源。同时，与可能需要传送整个区域的标准区域更新方法相比，用于同步化目录存储信息的方法提高了性能。

通过将 DNS 区域数据库的存储集成到 Active Directory 中，可以简化针对网络规划的数据库复制过程。当 DNS 和 Active Directory 名称空间分别进行存储和复制时，用户需要分别规划和潜在地管理每个名称空间，例如，将标准 DNS 区域存储与 Active Directory 一同使用时，用户需要设计、实现、测试和维护两个不同的数据库复制拓扑结构。一种复制拓扑结构用于在域控制器之间复制目录数据，另一种用于在 DNS 服务器之间复制区域数据库。不过，这可能会在规划和设计网络及允许进行最终的增长方面产生额外的管理复杂性。通过集成

DNS 存储区，用户可以将 DNS 和 Active Directory 的存储管理和复制问题统一起来，将它们合并为一个管理实体并作为一个管理实体查看。

现在用户已经了解到，只要将新的 DNS 搜索区域添加到 Active Directory 中，区域就会自动复制并同步至新的 DC，同时将 DNS 区域数据库的存储集成到 Active Directory 中，可以简化针对网络规划的 DNS 区域数据库复制过程。

把 DNS 中新建的搜索区域与 Active Directory 集成的具体操作步骤如下。

(1) 在 DNS 控制台窗口中，打开"操作"菜单选择"新建区域"命令，打开"新建区域向导"对话框，如图 13-12 所示。

(2) 单击"下一步"按钮，打开"区域类型"对话框，在"区域类型"对话框中有 3 个选项，分别是主要区域、辅助区域和存根区域。用户可以根据区域存储和复制的方式选择一个区域类型。为了使 DNS 服务器用于 Active Directory，这里还需要选中"在 Active Directory 中存储区域"复选框，如图 13-13 所示。

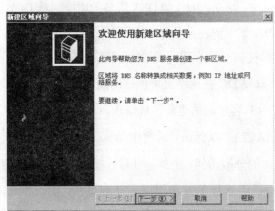

图 13-12　"欢迎使用新建区域向导"对话框

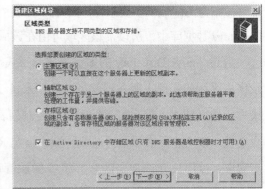

图 13-13　"区域类型"对话框

(3) 单击"下一步"按钮，将打开"Active Directory 区域复制作用域"对话框，用户可以选择在网络上如何复制 DNS 数据，如图 13-14 所示。

(4) 单击"下一步"按钮，打开"正向或反向查找区域"对话框。在该对话框中，用户可以选择"反向查找区域"或"正向查找区域"单选按钮。如果用户希望创建的区域是一个名称到地址的数据库，且此数据库将帮助计算机将 DNS 名称转换为 IP 地址，并提供可用服务的信息，应选中"正向查找区域"单选按钮。如果用户希望创建的区域是一个地址到名称的数据库，且该数据库可以帮助计算机将 IP 地址转换为 DNS 名称，应选中"反向查找区域"单选按钮。本例选中的是"正向查找区域"单选按钮。如图 13-15 所示。

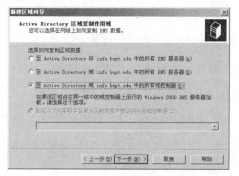
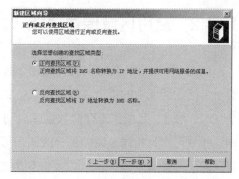

图 13-14 "Active Directory 区域复制作用域"对话框　　图 13-15 "正向或反向查找区域"对话框

(5) 选择了新区域的搜索方向后，单击"下一步"按钮，打开"区域名称"对话框，在该对话框中输入新建区域的名称，如图 13-16 所示。

(6) 单击"下一步"按钮，打开"动态更新"对话框，用户可以指定这个 DNS 区域是否接受安全、不安全或动态的更新，如图 13-17 所示。

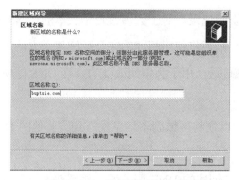
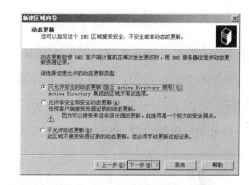

图 13-16 "区域名称"对话框　　　　　图 13-17 "动态更新"对话框

(7) 单击"下一步"按钮，打开"正在完成新建区域向导"对话框，如图 13-18 所示。

(8) 在"正在完成新建区域向导"对话框中，系统显示了用户对新建区域进行配置的信息，如果用户认为某项配置需要调整，可以单击"上一步"按钮返回到前面的对话框中重新配置。如果确认配置正确，可以单击"完成"按钮结束新建区域的操作。

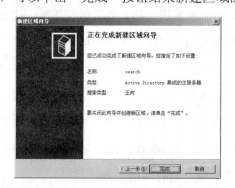

图 13-18 "正在完成新建区域向导"对话框

13.4.2　启用区域传送功能

DNS 允许 DNS 名称空间分成几个区域，它存储着一个或多个 DNS 域的有关名称信息。对于包括在区域中的每个 DNS 域名，该区域成为该域的有关信息的权威性信息源。对于单个 DNS 域名，区域作为存储数据库启动。如果其他的域被添加到用于创建该区域的域下面，则这些域可作为相同区域的部分或属于另一个区域。一旦添加了子域，则它可以作为源区域记录的一部分来管理，也可以委派到为支持子域而创建的另一区域中。

由于区域在 DNS 中发挥着重要的作用，因此在网络上的多个 DNS 服务器中提供区域将可以提供解析名称查询时的可用性和容错。否则，如果使用单个服务器而该服务器没有响应，则该区域中的名称查询会失败。对于提供区域的其他服务器，要求进行区域传送来复制和同步在配置为提供区域的每个服务器上使用的所有区域副本。

当新的 DNS 服务器添加到网络并且配置为现有区域的辅助服务器时，它执行该区域的完全初始传送，以获得和复制区域的一份完整的资源记录。对于大多数较早版本的 DNS 服务器实现方式，在区域更改后如果区域请求更新，则还将使用相同的完全区域传送方法。对于 Windows Server 2003，DNS 服务支持递增区域传送，用于为中间改变的修订 DNS 区域传送过程。

如果用户需要启用 DNS 中的区域复制功能，以便将区域副本信息发送到给其他的 DNS 服务器，可进行以下操作。

(1) 打开 DNS 控制台窗口，在域树窗格中选定创建的 DNS 服务器，然后双击该服务器打开其子节点。在已经建立的正向查找区域或反向查找区域上单击鼠标右键，在弹出的快捷菜单中选择"属性"命令后，系统将打开其属性对话框。在该对话框中，单击"区域复制"标签，打开"区域复制"选项卡，如图 13-19 所示。

(2) 在"区域复制"选项卡中，用户首先需要选中"允许区域复制"复选框，这样才能使 DNS 服务器自动将区域的副本发送到请求的其他服务器，接着便需要用户决定将区域副本发送到哪些服务器上，系统为用户提供了 3 个选项，分别是"到所有服务器"、"只有在'名称服务器'选项卡中列出的服务器"和"只允许到下列服务器"。如果用户选中了"到所有服务器"单选按钮，则服务器会将区域信息发送到与之连接的所有 DNS 服务器上。如果用户选中"只有在'名称服务器'选项卡中列出的服务器"单选按钮，则区域信息只发送到在"名称服务器"选项卡中列出的服务器。如果选中了"只允许到下列服务器"单选按钮，可以指定允许从该区域接受区域复制的其他服务器。

(3) 选中了"只允许到下列服务器"单选按钮后，需要用户在"IP 地址"文本框中输入希望指定的服务器的 IP 地址，然后单击"添加"按钮将该 IP 地址添加到服务器列表框中。

(4) 如果用户希望该区域改动时，其他的辅助服务器能够自动接受更新通知，可单击"通知"按钮，打开"通知"对话框，如图 13-20 所示。

图 13-19 "区域复制"选项卡   图 13-20 "通知"对话框

(5) 在"通知"对话框，首先选中"自动通知"复选框，以便激活该功能。然后用户还需要在区域更改时创建通知其他 DNS 服务器的列表。如果用户选择使用默认的"在'名称服务器'选项卡上列出的服务器"单选按钮，则只允许在通知列表中包含那些在"名称服务器"选项卡上按 IP 地址显示的服务器。 如果用户希望直接指定通知列表，需选中"下列服务器"单选按钮，通过"添加"按钮将指定的服务器 IP 地址添加到服务器通知列表框中。

(6) 完成设置后，单击"确定"按钮结束设置操作。

13.4.3 启用 DNS 的反向搜索功能

在大多数的 DNS 搜索中，客户机一般执行正向搜索，正向搜索是基于存储在地址资源记录中的另一台计算机的 DNS 名称的搜索。这类查询希望将 IP 地址作为应答的资源数据。同时，Windows Server 2003 中的 DNS 还提供反向搜索过程，允许客户机在名称查询期间使用已知的 IP 地址并根据它的地址搜索计算机名称。反向搜索采取问答形式进行，如"请告诉我使用 IP 地址 192.168.0.11 的计算机的 DNS 名称"。

DNS 最初在设计上并不支持这类查询。支持反向查询过程可能存在一个问题，即 DNS 名称空间组织和索引名称的方式及 IP 地址指派的方式不同。如果回答以前问题的唯一方式是在 DNS 名称空间中的所有域中搜索，则反向查询会花很长时间而且需要进行很多有用的处理。为了解决该问题，在 DNS 标准中定义了特殊域，并保留在 Internet DNS 名称空间中以提供实际可靠的方式来执行反向查询。为了创建反向名称空间，info.bupt.edu.cn 域中的子域是通过 IP 地址的点分十进制来划分的。

因为与 DNS 名称不同，当 IP 地址从左向右读时它们是以相反的方式解释的，所以对于每个 8 位字节值需要使用域的反序。从左向右读 IP 地址时，是从地址中第一部分的最一般信息(IP 网络地址)到最后 8 位字节中包含的更具体信息(IP 主机地址)，因此，建立 info.bupt.edu.cn 域树时，IP 地址 8 位字节的顺序必须倒置。这样安排以后，在向公司分配一组特定或有限的、且位于 Internet 定义的地址类别范围内的 IP 地址时，可为公司提供 DNS 域树中的较低层分支的管理。

如果用户为网际协议版本 6(IPv6)的网络安装 DNS 并配置反向搜索区域，则用户可在"新建区域"向导中指定一个确切的名称。它允许用户在可用于支持 IPv6 网络的 DNS 控制台中创建反向搜索区域，该网络使用不同的特殊域名即 ip6.int 域。

在 Windows Server 2003 中选择"高级"查看方式时，DNS 管理单元会为用户提供一种配置子网反向搜索"无类别"区域的方法。它允许用户可为一组有限的已分配 IP 地址在 in-addr.arpa 域中配置区域，在该地址中非默认 IP 子网掩码与这些地址一起使用。

如果用户希望 DNS 服务器能够提供反向搜索功能，以便客户机在名称查询期间使用已知的 IP 地址并根据它的地址搜索计算机名，首先需要创建反向搜索区域。

创建反向查找区域的具体操作步骤如下。

(1) 在 DNS 控制台窗口中，首先打开 DNS 服务器的目录树，然后选中"反向查找区域"子节点，选择"操作" | "新建区域"命令，打开"新建区域向导"对话框。

(2) 单击"下一步"按钮，打开"区域类型"对话框，接着单击"下一步"按钮，系统将打开"反向查找区域名称"对话框，如图 13-21 所示。

在该对话框中，用户可以通过选中"网络 ID"单选按钮，然后输入 DNS 区域的网络 ID 的方式来标识反向搜索区域，另外，也可以通过直接输入倒置的网络 ID 名称的方式来标识反向搜索区域。例如，网络 ID 为 189.56.11，则用户输入的名称应该为 11.56.189.in-addr.arpa。

(3) 单击"下一步"按钮，打开"正在完成新建区域向导"对话框，在该对话框中，向导将用户创建的反向查找区域的有关信息显示出来，如果用户确定创建的新区域符合的要求，则可单击"完成"按钮结束创建反向查找区域的操作，如图 13-22 所示。

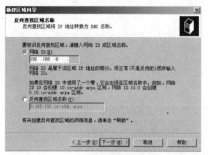

图 13-21 "反向查找区域名称"对话框　　　　图 13-22 "正在完成新建区域向导"对话框

用户在 DNS 中建立了 in-addr.arpa 域树后，还要求用户定义其他资源记录(RR)类型，如指针(PTR)RR。这种 RR 用于在反向查找区域中创建映射，该反向查找区域一般对应于其正向查找区域中主机的 DNS 计算机名的主机(A)命名 RR。

下面介绍如何创建指针资源记录，其具体操作步骤如下。

(1) 在 DNS 控制台窗口的 DNS 域树中选定新建的反向查找区域 192.168.0.x.Sunet，然后选择"操作"|"新建指针"命令，如图 13-23 所示。

(2) 系统将打开"新建资源记录"对话框，在"新建资源记录"对话框中，用户需要在"主机 IP 号"文本框中输入希望作为反向查找区域主机的 IP 号，本例输入的是本机 DNS 服务器的 IP 号，它的 IP 号为 11。然后，用户还必须在"主机名"文本框中输入该主机的名称。另外，用户还可以通过"浏览"按钮直接在域中指定主机，如图 13-24 所示。

图 13-23 在反向查找区域中创建指针　　　　图 13-24 "新建资源记录"对话框

(3) 单击"确定"按钮后，系统将自动为反向查找区域创建指针记录。

13.5　测试 DNS

13.5.1　DNS 正向解析测试

(1) 在客户端打开"开始"菜单，选择"运行"命令，在弹出的对话框中输入 cmd，打开命令窗口。

(2) 输入 ping www.buptsie.com。观察是否获得了主机的 IP 地址，或者是否有丢包现象，主要是指参数 Lost=x 的 x 值是否为零。如果为零，则连接正常，否则，连接不畅或是没有连接上，如图 13-25 所示。

图 13-25　DNS 正向解析测试结果

从图 13-25 中可以看出 Lost=0，说明无丢包率，获得了域名 www.buptsie.com 所对应的 IP 地址，DNS 解析正确。

13.5.2　DNS 反向解析测试

反向解析测试主要是测试 DNS 服务器是否能够提供名称解析功能。方法如下。

(1) 在客户端打开"开始"菜单，选择"运行"命令，在打开的对话框中输入 cmd，打开命令窗口。

(2) 输入 ping –a 192.168.0.11，以监测 DNS 服务器是否能够将 IP 地址解析成主机名，如图 13-26 所示。

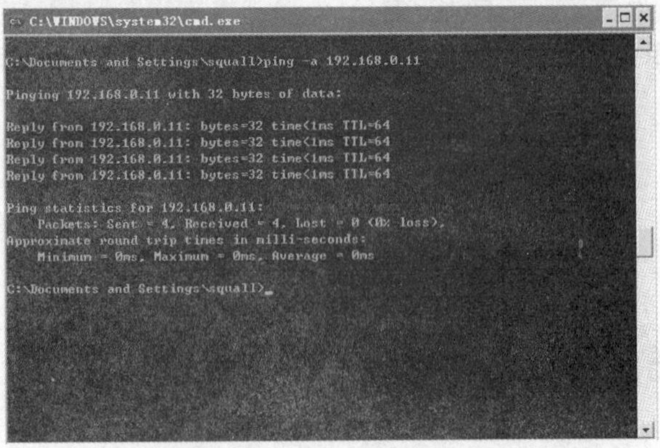

图 13-26　DNS 反向解析测试结果

13.5.3　使用 nslookup 进行测试

使用 nslookup 正向解析测试的方法是在命令行输入 nslookup www.buptsie.com，按回车键后即可获得域名的 IP 地址，如图 13-27 所示。

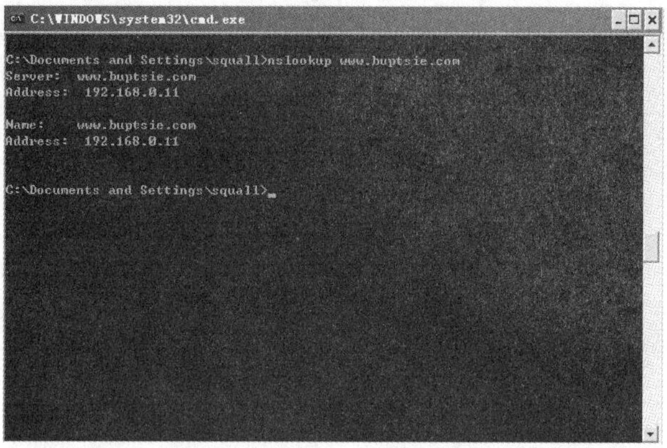

图 13-27　使用 nslookup 检测 DNS 正向解析

反向解析测试方法的操作正好相反，在命令行输入 nslookup 192.168.0.11，按回车键后即可获得域名，如图 13-28 所示。

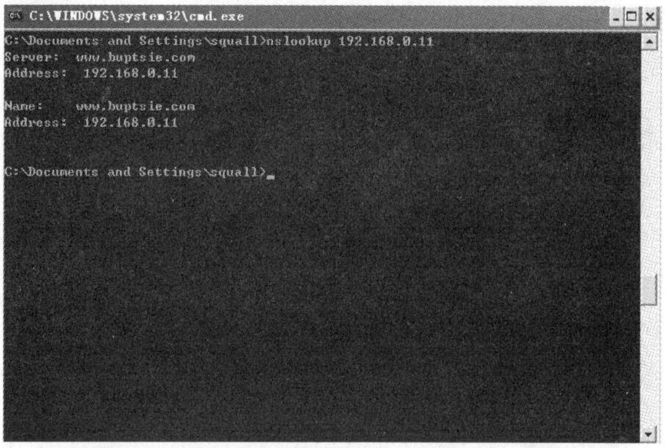

图 13-28　使用 nslookup 检测 DNS 反向解析

另外，nslookup 命令还可以在交互状态下运行。方法是直接在命令行中输入 nslookup 并按回车键。有关 nslookup 交互状态下的解析方法可以参考有关资料，这里不再详细介绍。

DHCP服务器的配置和管理

第14章

　　DHCP 是一种 TCP/IP 协议标准，旨在通过服务器来集中管理网络上的 IP 地址和其他相关配置信息，以减少管理地址配置的复杂性，实现对网络中的客户机进行集中、统一的管理。

　　Windows Server 2003 提供的 DHCP 服务允许服务器履行 DHCP 服务器的职责并在网络上配置 DHCP 的客户机，使整个网络中的计算机都由 DHCP 服务器来动态分配 IP 地址。当客户机登录 Windows Server 2003 服务器时，客户机会向服务器发出一个地址请求，然后 DHCP 服务器将根据地址池中的地址分配情况为该请求提供一个未被分配的 IP 地址，作为该客户机的临时 IP。这样该客户机便可以通过分配的 IP 地址与网络中的其他计算机进行连接并实现资源共享。而当客户机关闭计算机或重新启动时，将自动释放该 IP 地址以便 DHCP 服务器收回。

 本章知识点

- DHCP 的概念
- 创建 DHCP 服务器
- 创建 DHCP 作用域
- 设置 DHCP 服务器
- 维护 DHCP 服务器

14.1　DHCP 概述

DHCP 是"动态主机配置协议"(Dynamic Host Configuration Protocol)的简写，是一个简化主机 IP 地址分配管理的 TCP/IP 协议。DHCP 可以为连接到 TCP/IP 网络的系统提供网络配置信息。网络上的主机作为 DHCP 客户端可以从网络中的 DHCP 服务器下载网络的配置信息，这些信息包括 IP 地址、子网掩码、网关、DNS 服务器和代理服务器地址。通过使用 DHCP 服务器，不再需要手工设定网络配置信息，从而为网络中集中管理不同的系统带来了方便，网络管理员可以通过配置 DHCP 服务器来实现对网络中不同系统的网络配置。

DHCP 的原理是：当网络内配置了 DHCP 的计算机一开机，就会强制发送一个有限地址广播(32 位全为 1 的 IP 地址即 255.255.255.255 被称为有限广播地址，对此地址的广播称为有限地址广播或本地网络广播)。本地网络中的 DHCP 服务器收到广播后，会根据收到的物理地址(Physical Address)在服务器上查找相应的配置，并从划定的 IP 区中发送某个 IP 地址、附加选项(如租用到期时间等)及子网掩码、网关和 DNS 等信息给该计算机，该计算机收到响应后还要发送一条注册消息，以告诉服务器该 IP 已被租用，防止 IP 地址冲突。整个注册过程实际上是一套相当复杂的程序，双方要进行多次的信息交换，最终才能注册成功。注册成功后该计算机就可以直接上网了。

DHCP 服务器支持以下 3 种方式的 IP 地址分配：自动、动态和手动方式。自动方式为主机分配永久性的 IP 地址；手动方式是由管理员专门指定 IP 地址；动态方式是在主机需要 IP 地址的时候，从 IP 地址区中分配一个 IP 地址让主机租用，用完后可以自动释放该 IP 地址。

14.1.1　何时使用 DHCP 服务器

在网络内使用 DHCP 服务器一般适合于以下两种情况。

(1) IP 地址有限，而且租用 IP 地址的主机在同一个时间段内不是很多。

例如说某个办公局域网内有 50 台计算机，但目前只有 30 个 IP 地址可供使用，而且在该局域网内，同时上网的计算机一般来说不超过 30 台，这时就可以配置一台 DHCP 服务器来动态管理该局域网内的计算机的 IP 地址分配。

(2) 大型网络，且网络内的计算机用户不固定。

一般来说，目前在设计中小型的网络时采用的都是用手动方式分配固定的 IP 地址，因为这样不容易造成 IP 地址冲突，管理起来非常方便，当然，这是从方便管理的角度来说的。在大型网络中，每个基于 TCP/IP 协议的网络主机(Host)都需要一个唯一确定的 32 位 IP 地址来与网络通信，如果每台主机的 IP 地址都用手工设定的话，工作量将是不可想象的，而且容易产生 IP 地址冲突。如果这种网络采用 DHCP 服务器模式进行 IP 地址设定，只需在服务器端进行相应的设定，而不需管网络中的主机 IP 是如何设定的，则可大大简化 IP 地址的设定工作，节省管理员的工作量。例如 IP 地址为 A 类的网络(电信网络)，网络内上网的用户不固定，要在网络中添加和删除网络主机或要重新配置网络参数时，使用手工分配 IP 地址的方式显然不合适，这时就要考虑使用 DHCP 服务器来管理网络中计算机的 IP 分配。

14.1.2　DHCP 地址租约方式

DHCP 服务器在工作的时候是以地址租约的方式向客户端提供 IP 地址分配服务，它一般有两种方配方式。

1. IP 地址租期约定

IP 地址租期约定是指当一台 DHCP 客户机租用到一个 IP 地址后，它有一个约定的租期。当 DHCP 客户机向 DHCP 服务器租用到 IP 地址后，客户机可以使用该 IP 地址一段时间，当使用时间达到租用周期的一半时，客户机必须向 DHCP 服务器提出续约请求，请求成功后可以继续使用该 IP 地址，如果客户机没有续约或续约不成功，服务器就会将该 IP 地址回收，分配给其他 DHCP 客户机使用。当然原 DHCP 客户机还继续需要 IP 地址时，它还可以向 DHCP 服务器重新租用新的 IP 地址。这种 IP 地址分配方式，可以很好地解决 IP 地址不够用的问题，是在网络中配置 DHCP 服务器的最重要原因。

2. IP 地址被永久租用

根据需要，一些客户机必须永久占用一个 IP 地址，如网络中的 WEB 服务器，它的 IP 地址不能随便被更改，所以，当这种客户机向 DHCP 服务器租用到一个 IP 地址后，这个地址就永久地分配给这个 DHCP 客户机使用，这样的 DHCP 客户机就不必频繁地向 DHCP 服务器提出续约请求。

14.2　创建 DHCP 服务器

创建 DHCP 的具体步骤如下。

(1) 打开"开始"菜单，选择"程序"|"管理工具"|"配置您的服务器向导"命令，启动"配置您的服务器向导"，如图 14-1 所示。

(2) 直接单击"下一步"按钮，界面如图 14-2 所示。

图 14-1　配置服务器向导

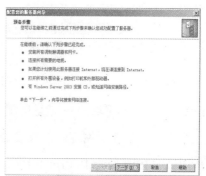

图 14-2　配置服务器向导

（3）系统会自动扫描当前开启的服务及其状态，根据服务器硬件配置所需时间也会不同，一般为2分钟左右，如图14-3所示。

（4）如果本机没有开启DHCP服务，则在服务器角色中显示DHCP服务器已配置状态为"否"，如图14-4所示。

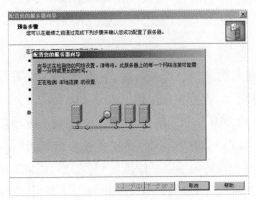

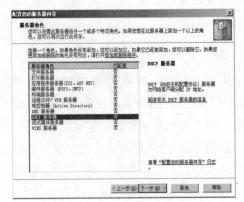

图14-3 自动扫描状态　　　　　　　　图14-4 DHCP服务器配置状态

（5）在上面窗口中选中"DHCP 服务器"，然后单击"下一步"按钮，开始安装 DHCP服务器，并自动建立一个新的作用域，如图14-5所示。

（6）系统会配置DHCP服务组件，并自动安装到本地计算机的硬盘中。当组件安装完毕后系统会自动启用"新建作用域向导"，让用户建立一个新的作用域，如图14-6所示。

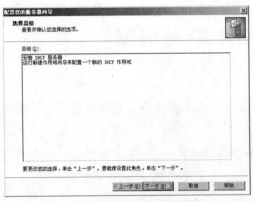

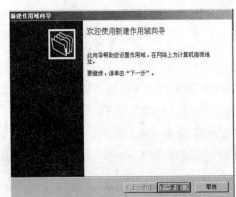

图14-5 安装DHCP服务器　　　　　　　图14-6 新建作用域向导

（7）第一步是为建立的作用域起一个名字，如图14-7所示。

（8）接着，配置作用域的IP地址范围，设置起始IP地址和结束 IP地址，以及子网掩码的长度及设置。可以在子网掩码的长度处输入数字来快速定位子网掩码的参数。这里设置DHCP作用域的IP地址为192.168.0.190到192.168.0.220，如图14-8所示。

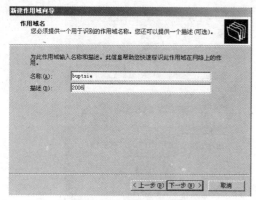
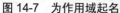

图 14-7　为作用域起名

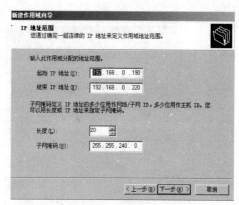

图 14-8　配置作用域的 IP 地址范围

14.3　配置 DHCP 服务器

14.3.1　配置作用域

用户在创建了新的作用域之后，还需要对作用域选项进行一些相关的配置才能正常启动作用域中众多的选项功能。

1. 配置作用域选项

要配置作用域选项，可以参照下面的操作步骤。

(1) 打开"开始"菜单，选择"管理工具"| DHCP 命令，打开 DHCP 控制台窗口。在目录树中单击服务器节点并展开"作用域"节点及其子节点。右击选定的"作用域选项"节点，从弹出的快捷菜单中选择"配置选项"命令，打开"作用域选项"对话框，选择"常规"选项卡，如图 14-9 所示。

(2) 在"可用选项"列表框中，当用户选中了某选项前面的复选框时，系统将自动在"数据输入"选项区域中打开该选项对应的设置。例如，选定"005 名称服务器"复选框后，在"数据输入"选项区域中会让用户输入名称服务器的新 IP 地址及服务器名称。用户在"IP 地址"文本框中输入新的 IP 地址，然后单击"添加"按钮将该地址添加到名称服务器列表中。用户也可以在"服务器名"文本框中输入某台服务器的名称，然后单击"解析"按钮，系统会自动将该服务器对应的 IP 地址解析到"IP 地址"文本框中。

(3) 当对所选定的作用域选项进行正确设置后，单击"确定"按钮即可使设置生效。

(4) 对常规选项设置完毕后，可以单击"高级"标签，打开"高级"选项卡，如图 14-10 所示。

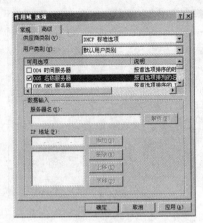

图 14-9　"常规"选项卡　　　图 14-10　"高级"选项卡

(5) 在"高级"选项卡中，用户可以对作用域的高级选项进行配置。其中在"供应商类别"下拉列表框中有 4 种选项可供选择："DHCP 标准选项"、"Microsoft 98 选项"、"Microsoft 2000 选项"和"Microsoft 选项"。当用户选择了一种供应商类别后，其对应的可选项将显示在"可用选项"列表框中。如果用户已经创建了 DHCP 服务器以及作用域的话，则在"用户类别"下拉列表框中，系统会默认设置该选项为"默认用户类别"。

(6) 如同在"常规"选项卡中的设置操作一样，用户在"可用选项"列表框中选定某选项后，可在"数据输入"选项区域中对该选项进行相应的设置。

(7) 完成所有设置后，单击"确定"按钮使设置生效。

2. 删除作用域

删除作用域就是从 DHCP 服务器中彻底地清除作用域中的 IP 地址对 DHCP 客户的分配。但是，在删除作用域之前请务必停用作用域足够长的时间，以便能将客户机转移到不同的作用域。一旦所有客户机均已移动或强制在另一个作用域中搜索了，管理员就可以安全地删除非活动的作用域。

要删除作用域，可以打开 DHCP 控制台窗口，在控制台目录树中展开要操作的服务器，右击要删除的作用域，然后从弹出的快捷菜单中选择"删除"命令即可。

14.3.2　创建超级作用域

在 Windows Server 2003 中，用户除了可以使用 DHCP 服务器中标准的作用域来进行地址分配和地址管理外，还可以使用超级作用域来更好地分配和管理网络地址。因为，超级作用域允许用户将几个不同的作用域在逻辑上组合在一起，并使用单一的作用域名称，这样，通过超级作用域用户就可以对多个逻辑子网进行管理。

1. 超级作用域的概念

超级作用域是可以通过 DHCP 控制台创建和管理的 Windows Server 2003 的 DHCP 服务器的管理功能。使用超级作用域，可以将多个作用域组合为单个管理实体。利用此功能，DHCP 服务器可以在使用多个逻辑 IP 网络的单个物理网段(如单个以太网的局域网段)支持 DHCP 客户机。在每个物理子网或网络上使用多个逻辑 IP 网络时，这种配置通常称为多网。它还能支持位于 DHCP 和 BOOTP 中继代理远端的远程 DHCP 客户机，并在中继代理远端的网络上使用多网配置。

在多网配置中，可以使用 DHCP 超级作用域来组合并激活网络上使用的单独作用域范围内的 IP 地址。在这种情况下，DHCP 服务器可以为单个物理网络上的客户机激活并提供来自多个作用域的租约。

超级作用域可以解决多网结构中的某种 DHCP 配置问题。例如，当前活动作用域的可用地址池几乎已耗尽，而还需要向网络添加更多的计算机。最初的作用域包括指定地址类别的单个 IP 网络的一段完全可寻址范围，需要使用另一个 IP 网络地址范围以扩展同一物理网段的地址空间。

2. 创建超级作用域

由于超级作用域可以包含其他分离的作用域的 IP 地址，所以当管理员需要使用另外一个 IP 网络地址范围以扩展同一个物理网段的地址空间时，就可以通过创建超级作用域来实现。

注意

服务器要至少包含一个已创建的作用域，新建超级作用域的命令才能使用。

要创建超级作用域，可以参考以下步骤。

(1) 打开 DHCP 控制台窗口，在控制台目录树中单击要创建超级作用域的 DHCP 服务器。选择"操作"|"新建超级作用域"命令，打开"新建超级作用域向导"对话框，如图 14-11 所示。

(2) 单击"下一步"按钮，在打开的"超级作用域名"对话框中输入超级作用域的名称，如图 14-12 所示。

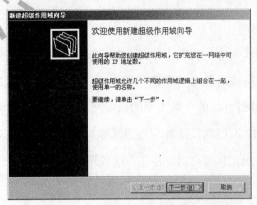

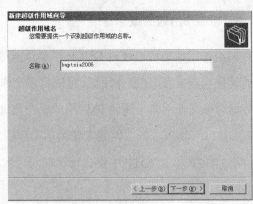

图 14-11 "新建超级作用域向导"对话框   图 14-12 "超级作用域名"对话框

(3) 单击"下一步"按钮，打开"选择作用域"对话框，在该对话框中可以选择该超级作用域所要包含的成员作用域(或称子作用域)。在"可用作用域"列表中选择作用域时，如果需要选择多个作用域，可以在按下 Shift 键的同时单击作用域来选择多个连续作用域，或在按下 Ctrl 键的同时依次单击作用域来选择多个不连续作用域，如图 14-13 所示。

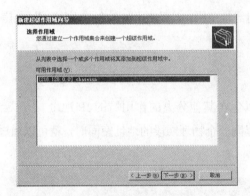

图 14-13 选择所要包含的作用域

(4) 单击"下一步"按钮，系统将打开"创建完成"对话框，显示出所设置的作用域选项，单击"完成"按钮即可完成创建过程。

14.3.3 设置 DHCP 服务器的属性

配置一台 DHCP 服务器的属性在创建该服务器的整个过程中是最关键的一步。合理的属性配置能够保证该服务器正常、顺利地运行，也只有这样，DHCP 服务器才能对客户机的地址请求作出正确应答——为客户机分配一个可用的动态 IP 地址。对 DHCP 服务器的属性中一些关键项目进行合理地设置是用户完成创建一台 DHCP 服务器的必要工作。

下面将介绍如何对 DHCP 服务器的属性进行设置。

1. 设置"常规"选项卡

(1) 打开"开始"菜单,选择"管理工具"|DHCP命令,打开DHCP控制台窗口。右击选定的服务器,从弹出的快捷菜单中选择"属性"命令,打开该服务器的"属性"对话框,如图14-14所示。

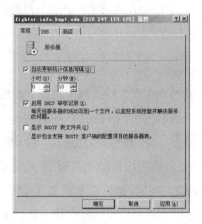

图 14-14 服务器属性对话框

(2) 在"常规"选项卡中,用户可以选中"自动更新统计信息间隔"复选框,然后通过"小时"和"分钟"微调器调整统计信息的刷新时间间隔。这样DHCP服务器将按用户设定的时间间隔自动统计信息。

(3) 如果用户要启用DHCP日志记录,使该日志记录每天都将服务器的活动记录到一个文件中以供用户查询,可以选中"启用DHCP审核记录"复选框。另外,如果选中"显示BOOTP表文件夹"复选框,则可以使用户在DHCP控制台窗口中查看到BOOTP表文件夹消息。

2. 设置DNS选项卡

(1) 在选定的DHCP服务器的"属性"对话框中打开DNS选项卡,如图14-15所示。

图 14-15 DNS 选项卡

(2) 在 DNS 选项卡中,如果用户希望 DNS 服务器的正向和反向查找能够在客户从 DHCP 服务器那里获得租约时自动更新,则可以选中"根据下面的设置启用 DNS 动态更新"复选框。该功能还包括两种可选的方式:根据客户请求更新方式和总是动态更新 DNS 和 PTR 记录的方式。用户可以根据需要选择"只有当 DHCP 客户端请求时才动态更新 DNSA 和 PTR 记录"单选按钮或"总是动态更新 DNSA 和 PTR 记录"单选按钮中的任意一个,以便使用该方式启用 DNS 的客户信息更新功能。

3. 设置"高级"选项卡

(1) 在选定的 DHCP 服务器的"属性"对话框中打开"高级"选项卡,如图 14-16 所示。

(2) 在"高级"选项卡中,如果用户希望 DHCP 在把 IP 地址租给客户之前,DHCP 服务器能够对将要分配的 IP 地址进行一定次数的冲突检测,可以通过"冲突检测次数"微调器来调整冲突检测的次数,以使 DHCP 按照指定的次数对 IP 地址进行检测。

(3) 如果用户希望更改 DHCP 中的数据库和审核文件在硬盘中的存储位置,可以分别在"审核日志路径"文本框和"数据库路径"文本框中输入指定的完整路径,或者单击"浏览"按钮,从打开的窗口中为审核日志或数据库选择一个存储路径。

(4) 如果用户需要更改 DHCP 服务器连接的绑定,可以单击"绑定"按钮,系统将打开"绑定"对话框。在该对话框中,用户可以选择 DHCP 服务器为客户提供服务所支持的连接,单击"确定"按钮完成所有属性设置操作,如图 14-17 所示。

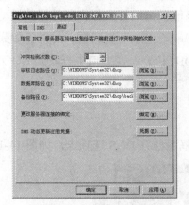

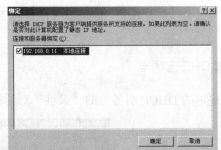

图 14-16   "高级"选项卡   图 14-17   "绑定"对话框

14.4   管理 DHCP 服务器

在 DHCP 服务器运行过程中,DHCP 服务的网络和 DHCP 服务器本身都有可能出现这样或那样的问题,需要管理员对 DHCP 服务器进行断开、停止、暂停、重新开始等处理,以便解决问题。例如，WINS 服务器出现名称解析错误时，管理员就需要暂停 WINS 服务，然后查看 DHCP 数据库、作用域和选项等内容找到解决问题的办法。

要处理 WINS 服务器，可以参照下面的步骤。

(1) 打开 DHCP 控制台窗口，在控制台目录树中，单击要处理的 DHCP 服务器。

(2) 要对服务器进行停止和启动等操作，可以打开"操作"|"所有任务"子菜单，然后选择下列命令之一。

- 要启动 DHCP 服务，请单击"开始"命令。
- 要停止 DHCP 服务，请单击"停止"命令。
- 要中断 DHCP 服务，请单击"暂停"命令。
- 要重新开始 DHCP 服务，请单击"重新开始"命令。

(3) 在暂停 DHCP 服务之后，将出现"恢复"命令选项，单击该命令选项可立即继续 WINS 服务。要断开服务器的连接，可以选择"操作"|"删除"命令，出现信息提示框之后，单击"是"按钮即可。

WINS服务器的配置和管理

第15章

Windows Internet 名称服务(WINS)提供了动态复制数据库服务，此服务可以将 NetBIOS 名称注册并解析为网络上使用的 IP 地址。Windows Server 2003 提供了 WINS 服务，它启用服务器计算机来充当 NetBIOS 名称服务器并注册和解析网络上的 WINS 客户名称。WINS 与 DHCP 通常要一起工作，当使用者向 DHCP 服务器请求一个 IP 地址时,DHCP 服务器所提供的 IP 地址被 WINS 服务器记录下来，使 WINS 可以动态地维护计算机名称地址与 IP 地址的数据库。

 本章知识点

- ✗ WINS 的简介及工作原理
- ✗ 创建 WINS 服务器
- ✗ 配置 WINS 服务器的属性
- ✗ 设置复制伙伴
- ✗ 管理 WINS 数据库

15.1　WINS 概述

WINS(Windows Internet Name Service)是由 Microsoft 提出来的一种网络名称转换服务。虽然，DNS 服务也可以执行类似的功能，但它是将诸如 www.microsoft.com 类型的完全合格的域名地址转换为计算机可以识别的 IP 地址，而 WINS 是将诸如 Poweruser 类型的地址转换为 IP 地址。本节将介绍 WINS 的相关概念以及 WINS 的工作原理。

15.1.1　WINS 的概念

Windows Internet 命名服务(WINS)为注册和查询网络上的计算机和用户组 NetBIOS 名称的动态映射提供了分布式数据库。WINS 将 NetBIOS 名称映射为 IP 地址，并设计解决路由环境的 NetBIOS 名称解析中所出现的问题。WINS 对于使用 TCP/IP 的 NetBIOS 路由网络中的 NetBIOS 名称解析是最佳选择。

早期版本的 Microsoft 操作系统使用 NetBIOS 名称来标识和定位计算机及其他共享或群集资源，要在网络上使用这些资源需要注册或名称解析。在早期版本的 Microsoft 操作系统中，NetBIOS 名称对于创建网络服务是必需的。尽管可以对非 TCP/IP 的网络协议使用 NetBIOS 命名协议(如 NetBEUI 或 IPX/SPX)，但是 Microsoft 仍然专门设计了 WINS 来支持 TCP/IP 上的 NetBIOS (NetBT)。

WINS 在基于 TCP/IP 的网络中简化管理 NetBIOS 名称空间。在 Windows Server 2003 中，WINS 减少使用 NetBIOS 名称解析的本地 IP 广播，并允许用户很容易地定位远程网络上的系统。因为 WINS 注册在每次客户启动并加入网络时自动执行，所以，WINS 数据库在进行更改动态地址配置时也会自动更新。例如，当 DHCP 服务器将新的或已更改的 IP 地址发布到启用 WINS 的客户计算机时，将更新客户的 WINS 信息。这些则不需要用户或网络管理员进行手动更改。

15.1.2　WINS 基本工作原理

1. 名称注册

名称注册是指 WINS 客户请求在网络上使用 NetBIOS 名称，该请求可以是请求一个唯一(专有)名称，也可以是请求一个组(共享)名。NetBIOS 应用程序还可以注册一个或多个名称。

- 相同 IP 地址的注册名称

如果名称 HOST-C 已经输入到数据库中，而且名称 IP 地址与请求的 IP 地址相同，则所采取的操作取决于现有名称的状态和所有权。

- 不同 IP 地址的注册名称

如果 WINS 数据库中已经有该名称，但 IP 地址不同，则 WINS 服务器会避免重复的名称。如果该数据库项处于被释放或逻辑删除状态，则 WINS 服务器可以分配该名称。但是，如果该项处于活动状态，则具有该名称的节点就会被质询，以确定它是否仍在网络中。

2. 释放名称

当 WINS 客户计算机完成使用特定的名称并正常关机时，将释放其注册名称。在释放注册名称时，WINS 客户会通知其 WINS 服务器(或网络上其他可能的计算机)，将不再使用其注册名称。

如果名称项被标记为已释放，则当来自带有相同名称但 IP 地址不同的 WINS 客户的新注册请求到达时，WINS 服务器将立即更新或修订已标记的名称项。因为 WINS 数据库显示旧 IP 地址的 WINS 客户不再使用该名称，所以这是可行的。例如，当启用 DHCP 的便携式计算机更改子网时，就可能发生这种情况。

对于在网络上关闭并重新启动的客户，名称释放常用于简化 WINS 注册。如果计算机在正常关闭期间释放自己的名称，则当计算机重新连接时 WINS 服务器将不会质询该名称。如果没有正常关闭，则带有新 IP 地址的名称注册会导致 WINS 服务器质询以前的注册。当质询失败时(因为客户计算机不再使用旧的 IP 地址)注册成功。

在某些情况下，客户不能通过与 WINS 服务器联系来释放自己的名称，因此必须使用广播释放名称。当启用 WINS 的客户没有收到 WINS 服务器的名称释放确认就关闭时，也会发生这种情况。

3. 更新名称

WINS 客户需要通过 WINS 服务器定期更新其 NetBIOS 名称注册。WINS 服务器处理名称更新请求与新名称注册类似。当客户第一次通过 WINS 服务器注册时，WINS 服务器将返回带有生存时间(TTL)值的消息，该消息表明客户注册何时到期或需要更新。如果到时候还不更新，则名称注册将在 WINS 服务器上到期，最终系统便将名称项从 WINS 数据库中删除。然而，静态 WINS 名称项不会到期，因此不需要在 WINS 服务器数据库中更新。

WINS 数据库中项的默认"更新间隔"为 6 天。因为在过了 50% 的 TTL 时间值时，WINS 客户将尝试更新注册，所以大多数 WINS 客户每隔 3 天更新一次。在此时间间隔结束之前必须刷新名称，否则系统会将其释放。WINS 客户通过将名称刷新请求发送至 WINS 服务器来刷新其名称。

在大多数情况下，默认值就是相应的"更新间隔"。无论何时使用多个 WINS 服务器，都应该为所有服务器复制伙伴设置相同的"更新间隔"。如果调整"更新间隔"不当，将会影响系统和网络的性能。

4. 解析名称

WINS 客户的名称解析是网络上 TCP/IP 客户的所有 Microsoft 的 NetBIOS 的相同名称解析的扩展，它解析网络上的 NetBIOS 名称查询。实际的名称解析方法对用户是透明的。

对于 Windows Server 2003，一旦使用 net use 命令或类似的基于 NetBIOS 的应用程序进行查询时，WINS 客户都将使用下列一系列选项解析名称。

- 确定名称是否多于 15 个字符，或者是否包含小数点(.)。如果是这样，则向 DNS 查询名称。
- 确定名称是否存储在客户的远程名称缓存中。
- 联系并尝试配置了 WINS 的服务器，使用 WINS 解析名称。
- 对子网使用本地 IP 广播。
- 如果在连接的"Internet 协议(TCP/IP)"属性中启用了"启用 LMHOSTS 搜索"功能，则检查 Lmhosts 文件。
- 检查 Hosts 文件。
- 查询 DNS 服务器。

15.2 WINS 服务器配置

当用户了解了 WINS 服务器的功能与作用之后，就可以在 Windows Server 2003 中创建与配置 WINS 服务器了。不过，在此之前，用户首先需要安装网络组件 WINS 服务。通常，在安装 Windows Server 2003 的过程中便可以选择安装该组件。在默认用户已经安装该组件的情况下，下面将介绍创建与配置 WINS 服务器方面的知识。

15.2.1 创建 WINS 服务器

为了对 WINS 服务器进行管理，管理员必须将 WINS 服务器添加到控制台。默认情况下，在安装了 WINS 服务并设置了 TCP/IP 协议之后，系统会自动将 WINS 服务器添加到控制台，以减少管理员的工作量。但是，如果管理员从控制台中删除了本地 WINS 服务器，或者要在本地控制台中添加和管理其他 WINS 服务器，这时就需要管理员手动添加 WINS 服务器到控制台。

要添加 WINS 服务器，可以参照下面的步骤进行。

(1) 打开"开始"菜单，选择"设置" | "控制面板" | "添加/删除程序"命令，打开"添加/删除程序"对话框。

（2）单击"添加/删除 Windows 组件"│"组件"，启动"windows 组件向导"，单击"下一步"出现"Windows 组件"对话框，如图 15-1 所示，从列表中选择"网络服务"。

（3）单击"详细信息"按钮，打开"网络服务"对话框，从列表中选取"Windows Internet 命名访问(WINS)"组件，如图 15-2 所示。

图 15-1　添加 WINS 组件

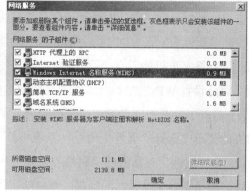

图 15-2　选取 WINS

（4）单击"下一步"按钮，输入到 Windows Server 2003 的安装源文件的路径，单击"确定"按钮，开始安装 WINS 服务。

（5）单击"完成"按钮，回到"添加/删除程序"对话框后，单击"关闭"按钮，安装完毕后在管理工具中将多了一个"WINS"控制台。

15.2.2　添加 WINS 服务器

启动 WINS 控制台然后单击左侧目录树中的 WINS 选项，选择"操作"│"添加服务器"命令，在打开的"添加服务器"对话框中输入服务器名或 IP 地址，单击"确定"按钮，这样便在 WINS 管理控制台中添加了一台 WINS 服务器，如图 15-3 所示。

图 15-3　添加 WINS 服务器

从图 15-3 中用户可以看到，在添加的服务器中包含两个组件：活动注册和复制伙伴。

15.2.3　设置 WINS 服务器的属性

创建 WINS 服务器除了需要指定一台计算机作为该服务器的硬件设备以外，用户还需要对 WINS 服务器的属性进行一些相关设置。例如，指定 WINS 数据库的备份路径、指定 WINS 服务器统计数据自动更新的时间间隔、是否启用记录 WINS 数据库变化功能等。因为，如果没有正确的属性设置，WINS 服务器的诸多功能便无法使用，这样的一台 WINS 服务器也就无法满足网络客户机的所有需要。

下面是设置 WINS 服务器属性的具体操作步骤。

(1) 打开 WINS 控制台窗口，在控制台目录树中右击要设置属性的 WINS 服务器，从打开的快捷菜单中选择"属性"命令，系统将打开其"属性"对话框，如图 15-4 所示。

(2) 在"属性"对话框的"常规"选项卡中，选中"自动更新统计信息间隔"复选框，并通过时间微调器来设置时间间隔(一般要求时间间隔比较短)。这样，WINS 服务器就会自动按照管理员的设置，定时对网络上的统计信息进行刷新了。

(3) 为了解决 WINS 数据库被损坏而导致网络注册信息丢失的问题，管理员可以通过设置来备份 WINS 数据库。在"数据库备份"选项区域中，单击"浏览"按钮选择备份路径或者在"默认备份路经"文本框中直接输入备份路径。如果用户希望在服务器关闭时系统自动备份 WINS 数据库，则可选中"服务器关闭期间备份数据库"复选框。

(4) 在 WINS 属性对话框中打开"间隔"选项卡，在该选项卡中可以通过调整时间微调器的值来设置记录更新时间间隔、记录消失时间间隔、消失超时时间和验证时间间隔。如果要使用系统默认值，可以单击"还原默认值"按钮，如图 15-5 所示。

图 15-4　服务器属性对话框

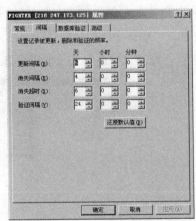

图 15-5　"间隔"选项卡

(5) 在 WINS 服务器属性对话框中打开"数据库验证"选项卡。对于 WINS 服务器，需要用户定期地检查 WINS 数据库的数据与网络实际情况是否一致，以免因不一致而导致网络连接错误。要检测 WINS 数据库，可以在"数据库验证"选项卡中选中"数据库验证间隔"

复选框，然后设置验证时间间隔和开始时间、每一周期验证的最大记录数和验证依据，如图
15-6所示。另外，用户也可以手动检查WINS服务器数据库的一致性。只要在控制台目录树
中右击WINS服务器，从弹出的快捷菜单中选择"检查WINS 数据库一致性"命令，出现信
息提示框后，单击"是"按钮即可。

(6) 在WINS 服务器属性对话框中，打开"高级"选项卡，如图15-7所示。

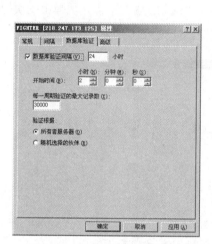
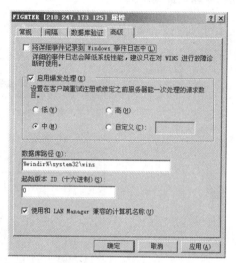

图 15-6 "数据库验证"选项卡   图 15-7 "高级"选项卡

(7) 在"高级"选项卡中，如果用户希望将详细的事件都记录到Windows事件日志中，
可以选中"将详细事件记录到Windows 事件日志中"复选框。不过，由于将详细的事件日志
记录到 Windows 事件日志中，会降低系统性能，所以建议用户只在对 WINS 服务器进行故
障诊断时使用。如果用户需要启用 WINS 服务器的突发事件处理功能，则可以选中"启用爆
发 处 理 " 复 选 框 ， 并 选 择 处 理 级 别 。 默 认 情 况 下 ， WINS 数 据 库 路 径 为
"%systemroot%\system32\WINS"，用户也可以在"数据库路径"文本框中输入数据库路经。
另外，用户还需要在"起始版本 ID(十六进制)"文本框中输入版本 ID 号的开始数值，该数
值要求为十六进制。为了和 LAN Manager 计算机名称兼容，用户可以选中"使用和 LAN
Manager 兼容的计算机名称"复选框。

(8) 设置完毕后，单击"确定"按钮，保存设置。

15.3 管理 WINS 服务器

由于网络中的计算机会不断发生变化，这就导致了计算机的名称与 IP 地址等信息也会
随之不断变化。在创建好 WINS 服务器之后，为保证该服务器能够正确运行、WINS 数据库
能够及时地更新已变化的资源记录，要求用户必须对 WINS 服务器进行必要的管理。

15.3.1 查看数据库记录

在 WINS 控制台窗口中,"活动注册"项显示了在数据库中的计算机和组名称列表。通过它,管理员可以在数据库中根据名称、所有者或者记录种类寻找、筛选并查看记录。

1. 按 IP 地址查看

要按 IP 地址查看,可以在控制台目录树中右击"活动注册"节点,从弹出的快捷菜单中选择"显示记录"命令,打开"显示记录"对话框,如图 15-8 所示。

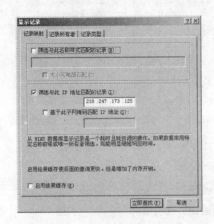

图 15-8　"显示纪录"对话框

设定查找条件之后单击"立即查找"按钮,系统便开始查找并将查找结果显示出来,如图 15-9 所示。查找结果不但显示了记录的名称、类型和 IP 地址,而且还显示了记录的状态和静态情况、所有者、版本号以及注册存在的最后日期。

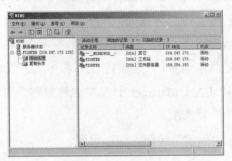

图 15-9　显示查找结果

2. 按所有者查看

要按所有者查看,可以在控制台目录树中右击"活动注册"节点,从弹出的快捷菜单中选择"显示记录"命令,打开"显示记录"对话框,然后选择"记录所有者"选项卡,如图 15-10 所示。

图 15-10 "记录所有者"选项卡

15.3.2 静态映射

在 Windows Server 2003 服务器中，可以通过两种方法向 WINS 数据库中添加名称-地址映射：动态和手工。其中，动态映射由 WINS-enabled 客户直接与 WINS 服务器联系，在服务器数据库中注册、释放或更新 NetBIOS 名称；手工映射则是由管理员使用 WINS 控制台窗口或命令行工具在 WINS 服务器的数据库中添加或删除静态映射。

一般情况下，管理员只能将静态映射指派给不能直接使用 WINS 的计算机，对于复制设置相当复杂或有多个复制伙伴的 WINS 网络更应如此。一旦静态映射复制到所有其他复制伙伴的服务器中，再从共享 WINS 数据库中删除记录就很困难了。例如，如果有运行其他操作系统的服务器，则它们不能直接使用 WINS 注册 NetBIOS 名称，此时可以使用静态 WINS 映射来识别。有了静态映射的数据后，WINS-enabled 客户机就可以通过 WINS 服务器查询不能直接使用 WINS 的计算机的 IP 地址。

注意

如果非 WINS-enabled 客户机询问 WINS-enabled 客户机的 IP 地址，可以通过 WINS Proxy 来实现。

1. 添加静态映射

要为不能直接使用 WINS 的客户机添加静态映射，管理员可以执行以下步骤。

(1) 打开 WINS 控制台窗口，在控制台目录树中单击"活动注册"节点，选择"操作"|"新建静态映射"命令，打开"新建静态映射"对话框。在"计算机名"文本框中，输入要添加静态映射的系统计算机名；如果使用了 NetBIOS 作用域，则在"NetBIOS 作用域"文本

框中输入计算机的 NetBIOS 标识；从"类型"下拉列表框中选择映射的类型，有惟一、组、域名、Internet 组或多主等类型；在"IP 地址"文本框中，输入要使用静态映射的 IP 的地址，如图 15-11 所示。

(2) 单击"应用"按钮将静态映射添加到数据库中，然后可以继续输入下一个静态映射。添加完所有静态映射信息后，单击"确定"按钮即可。

2. 编辑静态映射项目

如果管理员要编辑静态映射的项目，可以执行以下步骤。

(1) 打开 WINS 控制台窗口，展开想要编辑静态映射的服务器结点，单击"活动注册"选项。在详细资料窗格中选择要编辑的静态映射，然后选择"操作"|"属性"命令，打开其"属性"对话框，如图 15-12 所示。

图 15-11　"新建静态映射"对话框　　　　图 15-12　属性对话框

(2) 在"IP 地址"列表框中，添加、删除或改变计算机的 IP 地址，然后单击"确定"按钮，WINS 数据库将立即进行更改。如果因为输入的地址已经使用，而使数据库更改无效时，则会出现提示信息要求重新输入另一个 IP 地址。

3. 导入静态映射项目

管理员可以从与 LMHOSTS 文件具有相同格式的文件中导入静态映射项目，但导入时将忽略除＃DOM 外的域名和关键字。

要导入包含静态映射项目的 LMHOSTS 文件，可以执行以下操作。

(1) 打开 WINS 控制台窗口，展开想要编辑静态映射的服务器，单击"活动注册"选项，选择"操作"|"导入 LMHOSTS 文件"命令。

(2) 在打开的"打开"对话框中，查找并选择要用来导入静态映射的 LMHOSTS 文件，然后单击"打开"按钮开始向服务器的数据库中导入静态映射项目，如图 15-13 所示。

图 15-13 "打开"对话框

15.3.3 管理 WINS 数据库

对于 WINS 服务器的管理员来说,维护 WINS 数据库是其工作中最重要的一部分。只有不间断地更新和整理 WINS 数据库中的记录,才能保证 WINS 服务器能够正常、稳定地工作,为 WINS 客户机提供正确、及时的名称解析服务。本节将介绍一些 WINS 数据库管理方面的内容。

1. 备份数据库

WINS 控制台为 WINS 数据库提供了备份功能,在指定了数据库的备份目录后,WINS 在默认情况下每隔 3 个小时执行一次完全备份操作。管理员也可以定时备份 WINS 服务器的注册项目。

管理员最好不要将某个网络驱动器指定为备份位置,因为 WINS 不允许从其他计算机上远程还原服务器数据库。此外,如果在服务器属性中更改了 WINS 备份或数据库路径,则需要执行新的备份以确保 WINS 数据库在将来可以成功地还原。

下面就介绍一下备份 WINS 数据库的具体操作步骤。

(1) 在 WINS 控制台窗口中选择想要备份的 WINS 服务器。选择"操作"|"备份数据库"命令,控制台将打开"浏览文件夹"对话框来选择备份路径,如图 15-14 所示。

图 15-14 "浏览文件夹"对话框

(2) 指定了备份路径后,单击"确定"按钮即可开始备份。

2. 还原数据库

当 WINS 数据库损坏或需要以老的备份替代当前数据库中的数据时,管理员即可以从备份文件还原 WINS 数据库。

下面介绍还原 WINS 数据库的具体操作步骤。

(1) 首先,停止 WINS 服务,因为只有在停止 WINS 服务时才能进行数据库还原操作,有时可能需要使用"操作"|"刷新"命令刷新服务器节点,以便 WINS 控制台能够检测到 WINS 服务已经停止。

(2) 然后,管理员需要删除 WINS 数据库文件夹(该文件夹为服务器属性对话框的"高级"选项卡中设置的文件夹,默认为系统文件夹中 Windows\System32\WINS 文件夹)中的所有文件。

(3) 接着打开 WINS 控制台窗口,在控制台目录树中选择要还原的 WINS 服务器。选择"操作"|"恢复数据库"命令,在出现的"浏览文件夹"对话框中选择备份 WINS 数据库的文件夹。

(4) 最后,单击"确定"按钮即可。

注意

> 如果数据库损坏,可以从备份文件还原 WINS 数据库。但有时管理员也可以通过提高 WINS 服务器的开始版本计数并重新启动服务器来修复被损坏的 WINS 数据库。

3. 清理 WINS 数据库

与其他数据库相似,管理员必须定期维护 WINS 数据库,以便为数据库添加新的名称解析记录。另外,还需要清除没用的数据,这些数据包括一些已经释放的记录,或者在另外的 WINS 服务器上注册并复制到本地 WINS 服务器的记录,这一删除过程称为"清理"。事实上,如果在服务器属性对话框中设置了间隔自动清理服务器数据库,那么在间隔时间到达时 WINS 会自动完成"清理"数据库操作。但有时候需要立即清除数据库,而不想等到指定的验证间隔,就需要手工清除数据库。

要清理 WINS 数据库,可以打开 WINS 控制台窗口,在控制台目录树中选择要手工完成清理操作的 WINS 服务器,然后选择"操作"|"清理数据库"命令即可。

4. 验证数据库的一致性

验证数据库的一致性有助于维护大型网络中的 WINS 服务器之间的完整性。当从 WINS 控制台启用一致性检查时,即使保存注册信息的服务器不是复制伙伴,WINS 控制台也能直接从这些服务器中"拖"出所有记录,然后将从远程数据库"拖"出的记录与本地记录进行比较。如果两者相同，则更新时间信息；如果本地记录的版本号低，则将"拖"来的记录添加到本地数据库中，并将原始记录加上删除标记；如果版本号相同但名称不同，则使用"拖"来的记录替换本地记录。

在 Windows Server 2003 服务器中，可以使用 WINS 控制台完成一致性检查，如果使用的是以前的服务器版本，则必须通过改变 Windows 注册表或使用 WINS CL 程序(Windows NT 4.0 资源软件包提供的一个命令行程序)激活一致性检查。

除了可以通过设置服务器属性来自动进行一致性检查之外，还可以手工进行检查。要手工检查数据库的一致性，可以打开 WINS 控制台窗口，在控制台目录树中选择想要检查一致性的 WINS 服务器，然后选择"操作"|"验证数据库的一致性"命令，系统将打开信息提示框询问是否进行一致性检查，单击"是"按钮将开始检查版本一致性操作。

另外，管理员也可以检查服务器之间版本号的一致性，以保证 WINS 服务器在拥有记录的 WINS 服务器网络中具有最高版本号。要验证服务器间版本号的一致性，可以打开 WINS 控制台窗口，选择想要检查版本号一致性的 WINS 服务器并选择"操作"|"检查版本 ID 号的一致性"命令，在系统出现提示信息时，单击"是"按钮即可开始检查版本号一致性操作。

5. 复制 WINS 数据库

在 Windows Server 2003 中，管理员可以通过 3 种方法复制 WINS 数据库：发送"推"触发器、发送"拉"触发器和立即复制。如果为复制伙伴设置属性时设置了"推"和"拉"的触发条件，则在满足条件时会自动产生"推"或"拉"操作。但是，管理员也可以在需要时通过命令强制发送"推"或"拉"触发器进行数据复制。

要强制发送"推"或"拉"触发器进行"推"或"拉"复制的具体操作步骤如下。

(1) 在 WINS 控制台窗口中，选择要进行复制的 WINS 服务器。单击"复制伙伴"节点，在详细资料窗格中将显示出所有的复制伙伴。

(2) 要进行"推"复制，可右击要操作的复制伙伴，从弹出的快捷菜单中选择"开始'推'复制"命令，打开"启动'推'复制"对话框。在该对话框中，管理员需要选择"推"复制的方法。如果选择"仅为此伙伴启动"单选按钮，则只为选定的复制伙伴启用"推"复制；如果选择"传播到所有伙伴"单选按钮，则将"推"复制的内容传播到所有的复制伙伴，如图 15-15 所示。

(3) 单击"确定"按钮之后，在显示的信息提示框中单击"确定"按钮即可。

(4) 要进行"拉"复制，可右击要操作的复制伙伴，从弹出的快捷菜单中选择"开始'拉'复制"命令，打开"确认启动'拉'复制"对话框，单击"是"按钮之后，在出现的信息提示框中单击"确定"按钮即可，如图 15-16 所示。

图 15-15　"启动'推'复制"对话框　　　图 15-16　"启动'拉'复制"对话框

　　对 WINS 数据库完成一系列更改(如输入静态地址映射)之后，可能需要在复制伙伴之间立即进行数据库的复制，而不必等待所指定的复制条件。

　　启动复制功能的具体操作步骤如下。

　　(1) 打开 WINS 控制台窗口，展开要进行复制的 WINS 服务器，单击"复制伙伴"节点。选择"操作"|"立即复制"命令，系统将打开提示对话框询问是否立即启动复制，单击"是"按钮。

　　(2) 随后，系统还将打开一个提示对话框，提示 WINS 服务器已经将复制请求排入服务器上的队列，单击"确定"按钮即可，如图 15-17 所示。

图 15-17　WINS 提示对话框

　　"立即复制"操作将引发所有的"推"和"拉"伙伴服务器。可以使用"事件查看器"检查载入服务器的系统事件，了解复制操作实际完成的时间以及状况等信

15.3.4　启用 WINS 服务器的推/拉复制功能

　　当在网络上使用多个 WINS 服务器时，用户可以配置它们以将数据库中的记录复制到其他服务器。通过在这些 WINS 服务器之间使用复制，使得在整个网络上维护和分发一组一致的 WINS 信息。例如，子网 1 上的 WINS 客户(HOST-1)使用其主 WINS 服务器(WINS –A)注册自己的名称，子网 2 上的其他 WINS 客户(HOST-2)也使用其主 WINS 服务器(WINS –B)注册了自己的名称。如果这些主机以后要使用 WINS 定位其他主机(例如 HOST-1 查询 HOST-2 的 IP 地址)，则在 WINS 服务器之间(WINS-A 和 WINS-B)的复制使处理该查询成为可能。

　　要使服务器间复制正常工作，必须将每个 WINS 服务器至少配置为有一个其他 WINS 服务器作为其复制伙伴。这就确保通过某个 WINS 服务器注册的名称最终能够被复制到网络上的所有其他 WINS 服务器上。可以将复制伙伴添加并配置为拉伙伴、推伙伴或推/拉伙伴(同时使用两种复制类型)。推/拉伙伴类型是默认的配置,也是大多数情况下推荐使用的类型。

当 WINS 服务器复制时,在来自任何给定的服务器的客户端名称-地址映射传播到网络上所有其他 WINS 服务器之前会存在一个潜伏期。此潜伏期称为整个 WINS 系统的"集中时间"。例如,客户的名称释放请求将不会比名称注册请求传播更快。这样设计是因为当计算机重新启动或周期性关闭时,客户端名称被释放然后又使用相同的映射重新使用是很常见的,复制这些名称释放将不必要地增加复制的网络负载。而且,当 WINS 客户计算机没有正常关闭时(如意外的停电),该计算机的注册名称不会像正常情况下那样将名称释放请求发送到 WINS 服务器释放。因此,在 WINS 数据库中存在某个名称-地址记录并不意味着客户仍然使用该名称或相关的 IP 地址。而只是意味着在过去的某个时间,已注册名称的计算机声明使用映射的 IP 地址。

通常,任何客户的主、辅 WINS 服务器之间都存在推/拉关系。然而,只要在正常的复制周期内能间接获得相似的结果,就不需要直接的推/拉配置。WINS 复制总是增量复制,也就是说,每次复制时只复制数据库中的更改,而不是复制整个数据库。

用户要复制网络中的 WINS 数据库,必须为 WINS 服务器添加复制伙伴,即为复制指定对象,否则 WINS 数据库将不能进行复制。一般情况下,用户可以通过添加复制伙伴来使 Windows Server 2003 域网络中的所有 WINS 服务器相互复制 WINS 数据库;对于域以外的 WINS 服务器,只需要根据网络的使用情况添加一两个关联比较紧密的复制伙伴即可。

下面就介绍添加 WINS 数据库复制伙伴的具体操作步骤。

(1) 打开 WINS 控制台窗口,在控制台目录树中右击"复制伙伴"子节点,从弹出的快捷菜单中选择"新的复制伙伴"命令,打开"新的复制伙伴"对话框,如图 15-18 所示。

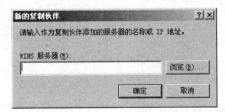

图 15-18 "新的复制伙伴"对话框

(2) 在"WINS 服务器"文本框中输入作为复制伙伴添加的 WINS 服务器名称或 IP 地址,或者单击"浏览"按钮选择要添加的 WINS 服务器。

(3) 设置完毕后,单击"确定"按钮即可完成新伙伴的创建操作。

如果管理员不再希望与某个 WINS 服务器建立复制关系，也可以将其删除。要删除复制伙伴，可以打开 WINS 控制台窗口，在控制台目录树中单击"复制伙伴"节点，然后在详细资料窗格中单击要删除的复制伙伴，选择"操作"|"删除"命令，在出现的系统提示框中，单击"确定"按钮以确认删除该伙伴。

15.3.5　设置复制伙伴

如果网络上有多个 WINS 服务器，那么管理员可以在一个服务器的数据库中记录其他服务器信息，使不同 WINS 服务器之间互相复制数据库，从而在网络上保存分布式的 WINS 信息集。但复制并非是不加区分地在网络上的 WINS 服务器之间完成的，默认情况下，WINS 服务器只与其复制伙伴建立复制关系。复制伙伴有两种："拉"伙伴和"推"伙伴，其中"拉"伙伴用来接收"推"伙伴所传送来的数据；"推"伙伴用来将其数据库中修改过的数据复制给"拉"伙伴。

建立一些复制伙伴后，为了进一步控制复制过程，管理员还需要设置复制伙伴的整体属性，因为该属性影响 WINS 服务器的所有复制伙伴与自己的复制过程。

下面是设置复制伙伴属性的具体操作步骤。

(1) 打开 WINS 控制台窗口，在控制台目录树中选择要配置复制伙伴属性的"复制伙伴"子节点，选择"操作"|"属性"命令，打开"复制伙伴 属性"对话框，如图 15-19 所示。

(2) 如果只将数据库内容在复制伙伴之间复制，可以选中"仅用伙伴复制"复选框；如果要改写服务器上的唯一静态映射，需要选中"改写服务器上的唯一静态映射(启用迁移)"复选框。

(3) 选择"'推'复制"选项卡，管理员可以设置"推"复制启动的条件。例如，可以选中"当地址更改时"复选框，则在 WINS 服务器中注册的计算机地址改变时启用"推"复制。另外，管理员还可以通过选中"为'推'复制伙伴使用持续连接"复选框来使"推"复制使用持续连接方式，如图 15-20 所示。

图 15-19　"复制伙伴属性"对话框　　图 15-20　"'推'复制"选项卡

(4) 选择"'拉'复制"选项卡，用户可以设置触发"拉"复制的条件。当初始化系统时，如果要通知复制伙伴数据库状态，可以选中"服务启动时开始'拉'复制"复选框，并设置"拉"复制的开始时间、复制的间隔时间。管理员还可以在"重试次数"微调器中调整服务器为"拉"伙伴连接的尝试次数，如图 15-21 所示。

(5) 如果网络上的 WINS 服务器数量不多，则可以使用多址广播自动配置复制。单击"高级"标签，打开"高级"选项卡，如图 15-22 所示，选中其中的"启用自动伙伴配置"复选框，并设置多址广播间隔的时间。对于 Windows Server 2003，选择"阻止下列所有者的记录"单选按钮，可以阻止非活动服务器所有的项的进一步复制。一般情况下，管理员需要阻塞那些被删除的 WINS 服务器上的记录的进一步复制。如果管理员需要阻止复制某个 WINS 复制伙伴的记录，可以单击"添加"按钮，打开"添加服务器"对话框选择要阻止的 WINS 服务器即可。

图 15-21 "'拉'复制"选项卡

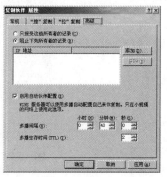

图 15-22 "高级"选项卡

(6) 单击"确定"按钮完成设置。

虽然复制伙伴的整体属性对每一个复制伙伴都有效，但是不同的复制伙伴可能会对自己的属性有特殊的要求，这时，管理员就应对需要特殊设置的复制伙伴进行单独的设置。

设置单个复制伙伴属性的具体操作步骤如下。

(1) 打开 WINS 控制台窗口，在控制台目录树中展开要配置复制伙伴属性的 WINS 服务器。单击"复制伙伴"节点，然后在详细资料窗格中右击需要设置属性的复制伙伴，从弹出的快捷菜单中选择"属性"命令，打开所选复制伙伴的"属性"对话框，如图 15-23 所示。

图 15-23 所选复制伙伴的属性对话框

　　(2) 选择"高级"选项卡，在"复制伙伴类型"下拉列表框中，管理员可以选择该复制伙伴的类型："推"/"拉"、"推"和"拉"。在"'拉'复制"选项区域中，通过设置"为复制使用持续连接方式"复选框，来决定是否为该"拉"复制关系设置持续连接，如果要使用持续连接，则选中该复选框。另外，管理员还可以通过时间微调器来设置"拉"复制的开始时间和复制的间隔时间。在"'推'复制"选项区域中，通过设置"为复制使用持续连接方式"复选框来决定是否为该"推"复制关系设置持续连接。另外，管理员还可以通过时间微调器来设置"推"复制在复制前版本 ID 改变的次数，如图 15-24 所示。

图 15-24　"高级"选项卡

　　(3) 完成所有设置后，单击"确定"按钮，保存设置。

Mail服务器的配置和管理

第16章

Mail 是利用计算机和 Internet 技术进行现代信息传递和交流的重要手段之一。随着 Internet 和信息技术的发展与普及，电子邮件已经深入到人们的工作和生活当中。利用 Windows Server 2003 系统新增的 POP3 服务组件，可以使用户无需借助任何工具即可搭建一个邮件服务器。可以在服务器计算机上安装 POP3 组件，以便将其配置为邮件服务器，管理员可以使用 POP3 服务来存储和管理邮件服务器上的电子邮件帐户。本章将详细介绍如何构建一个邮件服务器。

本章知识点

- ✗ 电子邮件概述
- ✗ 电子邮件的基本工作原理
- ✗ 电子邮件的相关协议
- ✗ 配置邮件服务器
- ✗ 使用 Outlook 测试邮件服务器
- ✗ 使用 Foxmail 发送与接受电子邮件

16.1　电子邮件概述

很多企业局域网内部都架设了邮件服务器，用于进行公文发送和工作交流。但使用专业的企业邮件系统软件需要大量的资金投入，这对于很多企业来说是无法承受的。其实可以通过 Windows Server 2003 提供的 POP3 服务和 SMTP 服务架设一个小型邮件服务器来满足一定的需求。众所周知，邮件服务器系统由 POP3 服务、简单邮件传输协议(SMTP)服务以及电子邮件客户端 3 个组件组成。其中的 POP3 服务与 SMTP 服务一起使用，POP3 为用户提供邮件下载服务，而 SMTP 则用于发送邮件以及邮件在服务器之间的传递。电子邮件客户端是用于读取、撰写以及管理电子邮件的工具软件。

16.1.1　电子邮件的工作原理

如同现实生活中的传统邮件要有邮政系统才能准确而及时地将信件从发信人手中传递到收信人手中一样，电子邮件同样也要有支撑的服务系统才能完成使命。电子邮件系统所采用的数据交换技术与大多数计算机网络采用的数据交换技术一样，即"存储转发"技术。一封电子邮件从发送端计算机发出，在网络传输的过程中，经过多台计算机中转，最后到达目的计算机，送到收信人的电子信箱中，在这个过程中，进行中转的计算机就像普通邮政系统中的邮局，这些 Internet 上的"邮局"称为邮件服务器，并且这些邮件服务器之间要遵循同样的规则才能正确地互相转达信息，这样的规则被称为协议。

电子邮件的实际传递过程要比一封普通信件的传递过程复杂的多。在 Internet 上，一封电子邮件的实际传递过程如下。

(1) 由发送方计算机(客户机)的邮件管理程序将邮件进行分拆，即把一个大的信息块分成一个个小的信息块，并把些小的信息块封装成传输层协议(TCP 层)下的一个或多个 TCP 邮包。

(2) TCP 邮包又按网际层协议(IP 层)要求，拆分成 IP 数据包(分组)，并在上面附上目的计算机的地址(IP 地址)。

(3) 根据目的计算机的 IP 地址，确定与哪一台计算机进行联系，与对方建立 TCP 连接。

(4) 如果连接成功，便将 IP 邮包送上网络。IP 邮包在 Internet 的传递过程中，将通过对路径的路由选择，经过许多路由器存储转发的复杂传递过程，最后到达接收邮件的目的计算机。

(5) 在接收端，电子邮件程序会把 IP 邮包收集起来，取出其中的信息，按照信息的原始次序还原成初始的邮件，最后传送给收信人。

如果在传输过程中发现 IP 数据包丢失，目的计算机会要求发送端重发。只有传输过程中可能出现的误码等问题，TCP 邮包将采用一种"检验和"的方法处理。即如果一个邮包在传输前后的"检验和"不一致，则表明传输出错，这种邮包必须舍弃重发。从上述过程可以看出，尽管电子邮件的具体传递过程比较复杂，但是 TCP/IP 协议采取了各种措施保证邮包的可靠传递。一般而言，电子邮件总能从发送端计算机可靠地传递到目的计算机。

16.1.2 电子邮件相关协议

电子邮件在发送和接收的过程中还要遵循一些基本的协议和标准，如 SMTP、POP3 等，这样一份电子邮件才能顺利地被发送和接受。目前，绝大多数电子邮件客户端软件都支持上述协议和标准，这些协议和标准能保证电子邮件在各种不同的系统之间进行传输。Windows Server 2003 正是通过 SMTP 与 POP3 协议来提供完整的电子邮件服务。

1. SMTP 协议

SMTP(Simple Mail Transfer Protocol，简单邮件传输协议)是 Internet 上基于 TCP/IP 应用层的协议，适用于主机之间电子邮件交换。当用户利用电子邮件客户端软件发送电子邮件时，此邮件是发送给 SMTP 服务器的，并由 SMTP 服务器负责将其发送给目的地的 SMTP 服务器。SMTP 服务器同时也负责接收由其他 SMTP 服务器发送来的电子邮件，然后将其存储到"邮件存放区"中。

2. POP3 协议

POP3(Post Office Protocol version 3，邮局协议版本 3)是 TCP/IP 的基本协议之一。在一般情况下，如果把一台服务器设置成存放用户邮件的"服务器"以后，用户就可以利用 POP3 协议来访问该服务器上的邮件信箱，接收电子邮件。基于 POP3 协议的电子邮件软件为用户提供了许多方便，允许用户在不同的地点访问服务器上的电子邮件，并决定是把电子邮件存放在服务器邮箱上，还是存入本地邮箱内。

16.2 邮件服务器配置

16.2.1 安装 POP3 和 SMTP 服务组件

Windows Server 2003 在默认情况下是没有安装 POP3 和 SMTP 服务组件的，因此需要手动添加这些组件。

1. 安装 POP3 服务组件

(1) 以系统管理员身份登录 Windows Server 2003 系统。打开"开始"菜单，选择"控制

面板"|"添加/删除程序"命令,打开"添加/删除程序"对话框。

(2) 单击"添加/删除 Windows 组件"选项,出现"Windows 组件向导"对话框,从列表中选择"电子邮件服务"选项,如图 16-1 所示。

(3) 单击"详细信息"按钮,可以看到该选项包括两部分内容:POP3 服务和 POP3 服务 Web 管理。为方便用户远程 Web 方式管理邮件服务器,建议选中"POP3 服务 Web 管理",如图 16-2 所示。

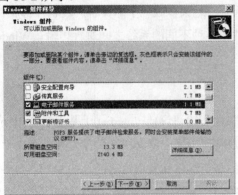
图 16-1 安装电子邮件服务

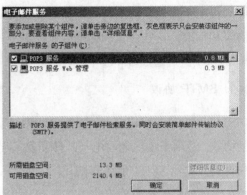
图 16-2 为电子邮件服务选择详细安装信息

2. 安装 SMTP 服务组件

(1) 进入"添加/删除程序"对话框,单击"添加/删除 Windows 组件"选项,出现"Windows 组件向导"。

(2) 选中"应用程序服务器"选项,单击"详细信息"按钮,打开"Internet 信息服务(IIS)"对话框,选中 SMTP Service 选项,单击"确定"按钮,如图 16-3 所示。此外,如果用户需要对邮件服务器进行远程 Web 管理,一定要选中"万维网服务"中的"远程管理(HTML)"组件,如图 16-4 所示。完成以上设置后,单击"下一步"按钮,系统将开始安装配置 POP3 和 SMTP 服务。

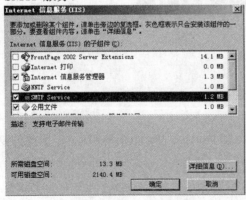
图 16-3 安装 SMTP 服务

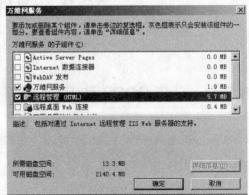
图 16-4 安装远程管理服务

16.2.2　配置 POP3 服务器

本节将介绍如何配置 POP3 服务器。

1．创建邮件域

(1) 打开"开始"菜单，选择"管理工具"|"POP3 服务"命令，打开 POP3 服务控制台窗口。

(2) 选中左侧目录树中的 POP3 服务器之后，单击右栏中的"新域"选项，弹出"添加域"对话框，接着，在"域名"文本框中输入邮件服务器的域名，也就是邮件地址"@"后面的部分，如"buptsie.com"，最后单击"确定"按钮，如图 16-5 所示。其中"buptsie.com"为在 Internet 上注册的域名，并且该域名在 DNS 服务器中设置了 MX 邮件交换记录，解析到 Windows Server 2003 邮件服务器 IP 地址上。

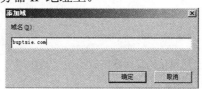

图 16-5　设置邮件服务器的域名

2．创建用户邮箱

选中刚才新建的"buptsie.com"域，在右栏中单击"添加邮箱"选项，弹出"添加邮箱"对话框，在"邮箱名"文本框中输入邮件用户名，然后设置用户密码，单击"确定"按钮，完成邮箱的创建，如图 16-6 所示。

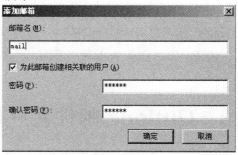

图 16-6　设置用户名与密码

16.2.3　配置 SMTP 服务器

完成 POP3 服务器的配置后，就可开始配置 SMTP 服务器了。配置步骤如下。

(1) 打开"开始"菜单，选择"管理工具"|"Internet 信息服务(IIS)管理器"命令，打

开 Internet 信息服务(IIS)管理器，如图 16-7 所示。

(2) 在"IIS 管理器"窗口中右击"默认 SMTP 虚拟服务器"选项，从弹出的快捷菜单中选择"属性"命令，打开"默认 SMTP 虚拟服务器属性"窗口，切换到"常规"选项卡，在"IP 地址"下拉列表框中选中邮件服务器的 IP 地址，单击"确定"按钮，如图 16-8 所示。这样一个简单的邮件服务器就架设完成了。

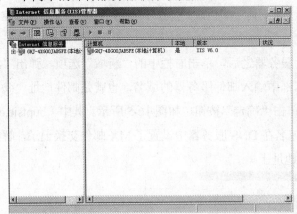
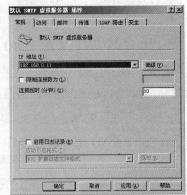

图 16-7　Internet 信息服务(IIS)管理器窗口　　　图 16-8　设置邮件服务器的 IP 地址

完成以上设置后，用户就可以使用邮件客户端软件连接邮件服务器进行邮件收发工作了。在设置邮件客户端软件的 SMTP 和 POP3 服务器地址时，输入邮件服务器的域名"buptsie.com"即可。

16.2.4　远程 Web 管理

Windows Server 2003 支持对邮件服务器的远程 Web 管理。在远端客户机中，运行IE浏览器，在地址栏中输入"https://服务器 IP 地址:8098"，将打开连接对话框，输入管理员用户名和密码，单击"确定"按钮，即可登录 Web 管理界面。

16.3　Outlook 邮件客户端配置

目前，用于收发邮件的软件有很多，为大家所熟知的有微软公司的 Outlook Express，Netscape 公司的 MailBox 以及中国人自己编写的 Foxmail 等。这里以微软公司的 Outlook Express 软件为例，介绍如何利用 Outlook Express 来收发邮件。

16.3.1 创建客户端邮件帐户

如果是第一次使用 Outlook Express，那么 Windows 会自动启动 Outlook 的"连接向导"，帮助用户创建客户端邮件帐户。具体步骤如下。

(1) 打开"开始"菜单，选择"所有程序"| Outlook Express 命令，打开 Outlook Express。由于是第一次使用，系统会自动弹出"Internet 连接向导"，在"显示名"文本框中输入用于标识邮箱的名字，如 squall，如图 16-9 所示。

(2) 单击"下一步"按钮，进入如图 16-10 所示的窗口，在"电子邮件地址"文本框中输入邮箱全名，如 mail.buptsie.com。

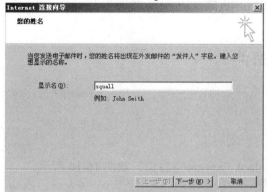
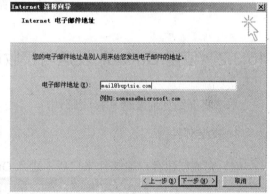

图 16-9　设置邮箱显示名　　　　图 16-10　设置邮箱地址

(3) 单击"下一步"按钮，进入如图 16-11 所示的窗口，在接收邮件和发送邮件服务器中分别输入邮件服务器的地址 www.buptsie.com，也可以输入 IP 地址 192.168.0.11，如图 16-11 所示。

(4) 单击"下一步"按钮，输入已创建的邮箱帐户名与密码，如果邮件服务器使用了安全密码验证，则要选中"使用安全密码验证登录"复选框，如图 16-12 所示。

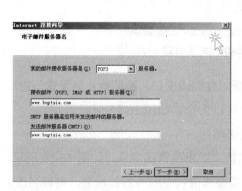
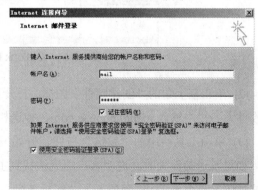

图 16-11　设置接收邮件和发送邮件服务器　　　图 16-12　输入帐户名与密码

(5) 单击"下一步"按钮，完成客户端邮件设置，如图 16-13 所示。

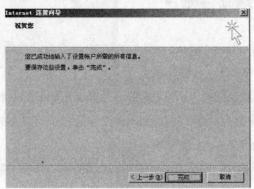

图 16-13　完成邮件创建

16.3.2　使用 Outlook 发送与接收邮件

本节将介绍如何发送和接收邮件。

1. 发送邮件

(1) 完成创建客户端邮件帐户后，进入 Outlook Express 主窗口，如图 16-14 所示。

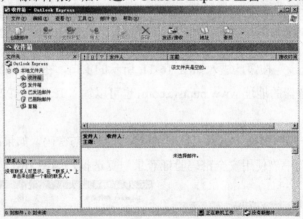

图 16-14　Outlook Express 主窗口

(2) 单击左上角的"创建邮件"图标，打开新邮件编辑窗口，测试给自己发送一封邮件，在收件人一栏中输入 mail@buptsie.com，抄送栏可以为空，如图 16-15 所示。

(3) 单击工具栏中的"发送"按钮，开始发送邮件。

如果发送邮件失败，说明客户端无法找到主机，并出现错误信息，如图 16-16 所示。通常这种情况是由于 DNS 服务器无法解析域名，需要修改收发服务器的域名，将域名改为 IP 地址即可解决。

第16章 Mail服务器的配置和管理

图 16-15 撰写新邮件

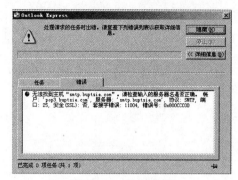

图 16-16 发送失败

2. 接收邮件

(1) 通过 Internet 发送一封邮件到 mail@buptsie.com 中。

(2) 打开 Outlook Express 后，单击工具栏中的"发送/接收"按钮，开始接收邮件，查看收件箱，如图 16-17 所示。

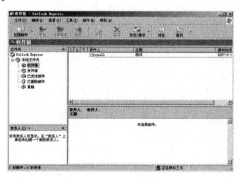

图 16-17 接收邮件

(3) 如果出现出错信息，可以选择"工具"|"帐户"命令，打开"Internet 帐户"设置窗口，并单击"邮件"选项卡，如图 16-18 所示。

(4) 选择要修改的帐户，然后单击"属性"按钮进入帐户"属性"窗口，打开"服务器"选项卡进行修改，如图 16-19 所示。

图 16-18 选择邮件帐户

图 16-19 "服务器"选项卡

VPN服务器的配置和管理

第17章

VPN 节省费用，安全性高，使用灵活，对于解决远程用户访问内网资源非常方便。

在 Windows Server 2003 中，通过 IPSec、PPTP 和 L2TP 等工业标准协议，远程访问服务为用户提供了集成的直接拨号和虚拟专用网络(VPN)以访问公司的网络。这使得用户可以简便而又安全地将远程系统连接到属于公司网络的单个系统或分支系统。

 本章知识点

- ✗　熟悉 VPN 的相关概念、特点及协议等内容
- ✗　VPN 服务器的配置
- ✗　设置客户端的访问

17.1 VPN 简介

当远程用户通过拨号方式远程访问公司或企业内部专用网络的时候，采用传统的远程访问方式不但通讯费用比较高，而且在与内部专用网络中的计算机进行数据传输时，不能保证通信的安全性。为了避免以上的问题，通过拨号与企业内部专用网络建立 VPN 连接是一个理想的选择。

VPN(Virtual Private Network，虚拟专用网络)是一门网络新技术，为用户提供了一种通过公用网络安全地对企业内部专用网络进行远程访问的连接方式。

一个网络连接一般由 3 个部分组成：客户机、传输介质和服务器。VPN 也一样，不同的是 VPN 连接使用隧道作为传输通道，这个隧道是建立在公共网络或专用网络基础之上的，如 Internet 或 Intranet，靠的是对数据包的封装和加密。VPN 是一种快速建立广域连接的互联和访问工具，也是一种强化网络安全和管理的工具。VPN 建立在用户的物理网络之上、融入在用户的网络应用系统之中。

虚拟专用网可以帮助远程用户、公司分支机构、商业伙伴及供应商同公司的内部网建立可信的安全连接，并保证数据的安全传输。通过将数据流转移到低成本的网络上，一个企业的虚拟专用网解决方案将大幅度地减少用户花费在城域网和远程网络连接上的费用。同时，这将简化网络的设计和管理，加速连接新的用户和网站。另外，虚拟专用网还可以保护现有的网络投资。随着用户的商业服务不断发展，企业的虚拟专用网解决方案可以使用户将精力集中到自己的生意上，而不是网络上。虚拟专用网可用于不断增长的移动用户的全球因特网接入，以实现安全连接；可用于实现企业网站之间安全通信的虚拟专用线路，用于经济有效地连接到商业伙伴和用户的安全外联网虚拟专用网。

虚拟专用网至少可提供如下功能。

(1) 加密数据，以保证通过公网传输的信息即使被他人截获也不会泄露。

(2) 信息认证和身份认证，保证信息的完整性、合法性，并能鉴别用户的身份。

(3) 提供访问控制，不同的用户有不同的访问权限。

17.2 VPN 的类型

针对不同的用户要求，VPN 有 3 种类型：远程访问虚拟网(Virtual Private Dial Network)、内部虚拟网(Intranet VPN)和扩展虚拟网(Extranet VPN)，这 3 种类型的 VPN 分别对应传统的远程访问网络、内部的 Intranet 和相关内部网所构成的 Extranet。

17.2.1 远程访问虚拟网 VPDN(Virtual Private Dial Network)

VPDN 是在远程用户或移动雇员和公司内部网之间的 VPN。其实现过程为：用户首先拨号网络服务提供商(NSP)的网络访问服务器(NAS，Network Access Server)，接着发出 PPP 连接请求，NAS 收到呼叫后，就在用户和 NAS 之间建立 PPP 链路，然后，NAS 对用户进行身份验证，确定是否是合法用户，如果是，启动 VPDN 功能，这样就可以与公司总部内部连接，访问其内部资源。远程访问虚拟网可以使用户随时、随地访问企业资源。

17.2.2 企业内部虚拟网 Intranet VPN

Intranet VPN 是在公司远程分支机构的 LAN 和公司总部 LAN 之间的 VPN。其通过 Internet 这一公共网络将公司在各地分支机构的 LAN 连接到公司总部的 LAN，以便访问公司内部的资源，并进行文件传递等工作，它可节省 DDN 等专线所带来的高额费用。Intranet VPN 通过一个使用专用连接的共享基础设施来连接各分支机构，它们拥有与专用网络的相同政策，包含安全、服务质量、可管理性和可靠性。

17.2.3 企业扩展虚拟网 Extranet VPN

在供应商、商业合作伙伴的 LAN 和公司的 LAN 之间的 VPN，就是 Extranet VPN。由于不同网络环境的差异性，Extranet VPN 产品必须能兼容不同的操作平台和协议。由于用户的多样性，公司的网络管理员还必须设置特定的访问控制表 ACL(Access Control List)，然后根据访问者的身份、网络地址等参数，来确定所相应的访问权限，从而开放部分资源而非全部资源给外联网的用户。

17.3 VPN 的特点

1. 降低费用

首先远程用户可以通过向当地的 ISP 申请帐户登录到 Internet，以 Internet 作为隧道与企业内部专用网络相连，通信费用大幅度降低；其次，企业还可以节省购买和维护通讯设备的费用。

2. 增强的安全性

虚拟专用网络的最重要任务是：解决数据在传输中的安全性问题。VPN 通过使用点到点协议(PPP)用户级身份验证的方法进行验证，这些验证方法包括：密码身份验证协议 (PAP)、

握手身份验证协议 (CHAP)、Shiva 密码身份验证协议 (SPAP)、Microsoft 质询握手身份验证协议 (MS-CHAP) 和可选的可扩展身份验证协议 (EAP)；并且采用微软点对点加密算法 (MPPE)和网际协议安全(IPSec)机制对数据进行加密。以上的身份验证和加密手段由远程 VPN 服务器强制执行。另外，VPN 的安全性还可通过隧道技术、加密和认证技术得到解决。对于敏感的数据，可以使用 VPN 连接通过 VPN 服务器将高度敏感的数据服务器物理地进行分隔，只有企业 Intranet 上拥有适当权限的用户才能通过远程访问建立与 VPN 服务器的 VPN 连接，并且可以访问敏感部门网络中受到保护的资源。

3. 网络协议支持

VPN 支持最常用的网络协议，基于 IP、IPX 和 NetBEUI 协议网络中的客户机都可以很容易地使用 VPN。这意味着通过 VPN 连接可以远程运行依赖于特殊网络协议的应用程序。

4. IP 地址安全

因为 VPN 是加密的，VPN 数据包在 Internet 中传输时，Internet 上的用户只看到公用的 IP 地址，看不到数据包内包含的专有网络地址。因此远程专用网络上指定的地址是受到保护的。为了保障信息的安全，VPN 技术利用可靠的加密认证技术，在内部网络建立隧道，以防止信息被泄漏、篡改和复制。

5. 可扩展性和灵活性

其可扩展性和灵活性可以简化网络的设计和管理，加速连接新用户和网站。另外，虚拟专用网还可以保护现有的网络投资，如果有新的内部网络想加入安全连接，只需添加一台 VPN 设备，改变相关配置即可。

17.4   VPN 工作原理

VPN 的工作原理需要使用 VPN 隧道技术，其实现过程如图 17-1 所示。

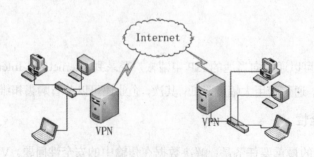

图 17-1 . VPN 的工作原理

通常情况下，VPN 网关采用双网卡结构，外网卡使用公共 IP 接入 Internet；如果网络一的终端 A 需要访问网络二的终端 B，其发出的访问数据包的目标地址为终端 B 的 IP (内部 PI)；网络一的 VPN 网关在接收到终端 A 发出的访问数据包时，对其目标地址进行检查，如果目标地址属于网络二的地址，则将该数据包进行封装，封装的方式根据所采用的 VPN 技术不同而不同，同时 VPN 网关会构造一个新的数据(VPN 数据包)，并将封装后的原数据包作为 VPN 数据包的负载，VPN 数据包的目标地址为网络二的 VPN 网关的外部地址；网络一的 VPN 网关将 VPN 数据包发送到 Internet，由于 VPN 数据包的目标地址是网络二的 VPN 网关的外部地址，所以该数据包将被 Internet 中的路由正确地发送到网络二的 VPN 网关；网络二的 VPN 网关对接收到的数据包进行检查，如果发现该数据包是从网络一 VPN 网关发出的，即可判定该数据包为 VPN 数据包，并对该数据包进行解包处理，现将 VPN 数据包的包头剥离，再将负载通过 VPN 技术反向处理，还原成原始的数据包；网络二的 VPN 网关将还原后的原始数据包发送至目标终端，由于原始数据包的目标地址是终端 B 的 IP，所以该数据包能够被正确地发送到终端 B。在终端 B 看来，它收到的数据包就像从终端 A 直接发过来的一样；从终端 B 返回终端 A 的数据包处理过程，与上述过程一样，这样两个网络内的终端就可以相互通讯了。

通过上述原理说明可以发现，在 VPN 网关对数据包进行处理时，有两个参数对 VPN 隧道通讯十分重要：原始数据包的目标地址(VPN 目标地址)和远程 VPN 网关地址。根据 VPN 目标地址，VPN 网关能够判断对哪些数据包需要进行 VPN 处理，对于不需要处理的数据包通常情况下可直接转发到上级路由；远程 VPN 网关地址，则指定了处理后的 VPN 数据包发送的目标地址，即 VPN 隧道另一端的 VPN 网关地址。由于网络通信是双向的，在进行 VPN 通讯时，隧道两端的 VPN 网关，都必须知道 VPN 目标地址和与此对应的远端 VPN 网关地址。

17.5 VPN 关键实现技术

VPN 将物理分布在不同地点的网络通过公共互联网络基础设施，用一定的技术手段，达到类似私有专用网的数据安全传输。因此，VPN 能够像专线一样在公共互联网上处理自己的信息流。VPN 作为一种综合的网络安全方案包含了很多重要的技术。VPN 实现的两个关键技术是隧道技术和加密技术，同时 QoS 技术对 VPN 的实现也至关重要。

17.5.1 隧道技术

VPN 区别于一般网络互联的关键在于隧道的建立，然后数据包经过加密后，按隧道协议进行封装、传送以保安全性。隧道技术简单地说就是：原始报文在 A 地进行封装，到达 B 地后把封装去掉还原成原始报文，这样就形成了一条由 A 到 B 的通信隧道。一般来说，在数据链路层实现数据封装的协议叫第二层隧道协议，常用的有封装(Generic Routing Encapsulation，GRE)、L2TP 和 PPTP 等；在网络层实现数据封装的协议叫第三层隧道协议，如 IPSec；另外，SOCKS v5 协议则在 TCP 层实现数据安全。

1. 封装(Generic Routing Encapsulation，GRE)

封装用于源路由和终路由之间所形成的隧道，其实现过程如下：将报文用一个新的报文头进行封装后(带着隧道终点地址)放入专用隧道中。当封装的这个报文到达专用隧道终点后，封装报文头被剥掉，继续进行原始报文的目标地址的寻址工作。

GRE 的缺点主要为隧道的规模数量大、管理费用高等。GRE 配置和维护隧道所需的费用和隧道的数量是直接相关的。在远程用户中，多数是采用拨号上网访问 VPN，可以通过 L2TP 和 PPTP 来加以解决。

2. L2TP 和 PPTP

1996 年，Microsoft 和 Ascend 等在 PPP 协议的基础上开发了 PPTP 协议(Point-to-Point Tunneling Protocol)，它集成于 Windows NT Server 4.0 中，Windows 9.X、Windows Server 2003 和 Windows XP 也提供相应的客户端软件。PPP 支持多种网络协议，可把 IP 协议、IPX 协议、AppleTalk 协议或 NetBEUI 协议的数据包封装在 PPP 包中，再将整个报文封装在 PPTP 隧道协议包中，最后，再嵌入 IP 报文或帧中继中进行传输。PPTP 提供流量控制功能，减少拥塞的可能性，可避免由包丢弃而引发包重传的数量。PPTP 的加密方法采用 Microsoft 点对点加密(MPPE：Microsoft Point-to-Point Encryption)算法，可以选用较弱的 40 位密钥或强度较大的 128 位密钥。

1996 年，Cisco 提出 L2F(Layer 2 Forwarding)隧道协议，它也支持多协议，但其主要用于 Cisco 的路由器和拨号访问服务器。1997 年底，Microsoft 和 Cisco 公司把 PPTP 协议和 L2F 协议的优点结合在一起，形成了 L2TP 协议(Layer 2 Tunneling Protocol)。

优点：PPTP/L2TP 对用微软操作系统的用户来说很方便，因为微软已把它作为路由软件的一部分。PPTP/L2TP 支持其他网络协议，如 Novell 的 IPX，NetBEUI 和 Apple Talk 协议，还支持流量控制。它通过减少丢弃包来改善网络性能，这样可减少重传。

缺点：PPTP 和 L2TP 将不安全的 IP 包封装在安全的 IP 包内，它们用 IP 帧在两台计算机之间创建和打开数据通道，一旦通道打开，源和目的用户身份就不再需要，这样可能带来问题。它不对两个节点间的信息传输进行监视或控制。PPTP 和 L2TP 限制同时最多只能连接 255 个用户。端点用户需要在连接前手工建立加密信道。认证和加密受到限制，没有强加密和认证支持。

PPTP 和 L2TP 最适合用于远程访问虚拟专用网，L2TP 用于比较固定的、集中的 VPN 用户，而 PPTP 比较适合移动用户，但相比来说，L2TP 比 PPTP 更安全。

3. IPSec

IPSec(Internet Protocol Security)是 IETF(Internet Engineer Task Force)正在完善的安全标准，它把几种安全技术结合在一起形成一个较为完整的体系，受到了众多厂商的关注和支持。通过对数据加密、认证、完整性检查来保证数据传输的可靠性、私有性和保密性。IPSec 由 IP 认证头 AH(Authentication Header)、IP 安全载荷封载 ESP(Encapsulated Security Payload)和密钥管理协议组成。

IPSec 协议是一个范围广泛、开放的虚拟专用网安全协议。IPSec 适应向 IP v6 迁移，它提供所有在网络层上的数据保护，提供透明的安全通信。IPSec 用密码技术从 3 个方面来保证数据的安全。

(1) 认证。用于对主机和端点进行身份鉴别。

(2) 完整性检查。用于保证数据在通过网络传输时没有被修改。

(3) 加密。加密 IP 地址和数据以保证私有性。

IPSec 协议可以设置成在隧道模式和传输模式两种模式下运行。隧道模式是最安全的，但会带来较大的系统开销。隧道模式下，IPSec 把 IP v4 数据包封装在安全的 IP 帧中，可以保护从一个防火墙到另一个防火墙时的安全性。隧道模式下，信息封装是为了保护端到端的安全性，即在这种模式下不会隐藏路由信息。IPSec 现在还不完全成熟，但它得到了一些路由器厂商和硬件厂商的大力支持，今后将成为虚拟专用网的主要标准，有扩展能力以适应未来商业的需要。1997 年底，IETF 安全工作组完成了 IPSec 的扩展，在 IPSec 协议中加上 ISAKMP(Internet Security Association and Key Management Protocol)协议，这其中还包括一个密钥分配协议 Oakley。ISAKMP/Oakley 支持自动建立加密信道，密钥的自动安全分发和更新。IPSec 也可用于连接其他层已存在的通信协议，如支持安全电子交易(SET：Secure Electronic Transaction)协议和 SSL(Secure Socket layer)协议。即使不用 SET 或 SSL，IPSec 也能提供认证和加密手段以保证信息的传输。

优点：它定义了一套用于认证、保护私有性和完整性的标准协议。IPSec 支持一系列加密算法如 DES、三重 DES、IDEA。它检查传输的数据包的完整性，用来确保数据没有被修改。IPSec 用来在多个防火墙和服务器之间提供安全性。IPSec 可确保运行在 TCP/IP 协议上的 VPNs 之间的互操作性。

缺点：IPSec 在客户机/服务器模式下实现有一些问题，实际应用中，需要公钥来完成。IPSec 需要已知范围的 IP 地址或固定范围的 IP 地址，因此在动态分配 IP 地址时不适合于 IPSec。除 TCP/IP 协议外，IPSec 不支持其他协议。除了包过滤之外，它没有指定其他访问控制方法。最大缺点是微软公司对 IPSec 的支持不够。

IPSec 是最适合可信的 LAN 到 LAN 之间的虚拟专用网，即内部网虚拟专用网。

4. SOCKS v5

SOCKS v5 由 NEC 公司开发的，是建立在 TCP 层上安全协议，是一个需要认证的防火墙协议，因此，SOCKS 协议的优势在访问控制，SOCKS 同 SSL 协议配合使用时，适合用于安全性较高的虚拟专用网。可与特定 TCP 端口相连的应用建立特定的隧道，可协同 IPSec、L2TP、PPTP 等协议一起使用。

SOCKS v5 有如下优点：SOCKS v5 位于 OSI 模型的会话层控制数据流，它定义了非常详细的访问控制策略。SOCKS v5 在客户机和主机之间可建立了一条虚电路，根据对用户的认证进行监视和访问控制。SOCKS v5 和 SSL 工作在会话层，所以能向低层协议如 IP v4，PPTP，L2TP 等一起使用，SOCKS v5 可提供非常复杂的方法来保证信息安全传输。如让SOCKS V5 同防火墙结合起来使用，数据包经一个唯一的防火墙端口(默认的是 1080)到代理服务器，然后再经代理服务器过滤发往目的计算机的数据，就可以防止防火墙上存在的漏洞。SOCKS v5 可为认证、加密和密钥管理提供"插件"模块，能让用户很自由地采用他们所需要的技术。SOCKS v5 还可根据规则过滤数据流，包括 Java Applet 和 ActiveX 控件。

SOCKS v5 的缺点：由于 SOCKS v5 是通过代理服务器来增加一层安全性，所以其性能往往比低层协议差。尽管它比网络层和传输层的方案要更安全，但需要制定比低层协议更为复杂的安全管理策略。

基于 SOCKS v5 的虚拟专用网最适合客户机到服务器的连接模式，适合用于外联网虚拟专用网。

17.5.2 加密技术

加密技术是目前数据传输过程中最常用的安全保密手段，利用加密技术可把把重要的数据变为乱码(加密)传送，到达目的地后再用相同或不同的手段还原(解密)。

加密技术包括两个重要元素：算法和密钥。算法是将普通的信息或者可以理解的信息与一串数字(密钥)结合，产生不可理解的密文的步骤，密钥是用来对数据进行编码和解密的一种算法。在安全保密中，可通过适当的钥加密技术和管理机制来保证网络的信息通信安全。

在 VPN 中，当数据离开发送者所在的局域网时，该数据首先被用户端连接到互联网上的路由器进行硬件加密，数据在互联网上是以加密的形式传送的，当达到目的网络的路由器时，该路由器就会对数据进行解密，这样目的网络中的用户就可以看到真正的信息了。

17.5.3　QoS(服务质量保证)技术

Qos 服务质量保证是英文 Quality of Service 的简写。隧道技术和加密技术使用户已经能够建立起一个具有安全性、互操作性的 VPN，但 VPN 性能上天生存在不稳定，这就在管理上一定成都不能满足企业的要求，这就要加入 QoS 技术。实现良好 QoS 网络的目标就是要在有限的网络资源情况下，尽可能地保证与提高网络服务的质量。

一般来说，网络资源是有限的，VPN 在 QoS 中应该提高数据传输的网络带宽，防止数据拥塞、提高用户链接的反应时间、减少数据报文包丢失的比率等。

通过 QoS 机制对用户的网络资源分配进行控制以满足应用的需求。QoS 机制具有通信处理机制以及供应(Provisioning)和配置(Configuration)机制。这些 QoS 机制相互作用使网络资源得到最大化利用，同时又向用户提供了一个性能良好的网络服务。

17.6 Windows Server 2003 VPN 连接的组件

Windows Server 2003 的"路由器到路由器" VPN 连接包含以下组件。

1. 虚拟专用网络(VPN)客户机

VPN 客户机是初始化 VPN 连接的路由器，也称为呼叫路由器。对于"路由器到路由器" VPN 连接，可以将运行 Windows Server 2003 的计算机和运行"路由和远程访问服务(RRAS)"的计算机配置为 VPN 客户机。

2. VPN 服务器

VPN 服务器是接收来自呼叫路由器连接的路由器，也称为应答路由器。对于"路由器到路由器" VPN 连接，用户可以将运行 Windows Server 2003 的计算机和运行 Windows NT Server 4.0 以及"路由和远程访问服务(RRAS)"的计算机配置为 VPN 客户机。

3. LAN 和远程访问协议

LAN 协议用于传送消息。远程访问协议用于协商连接并提供 LAN 协议数据的帧。通过使用穿越"路由器到路由器" VPN 连接的 PPP 远程访问协议，Windows Server 2003 支持 TCP/IP 和 IPX LAN 协议数据包的路由选择。

4. 隧道协议

VPN 客户机和 VPN 服务器使用隧道协议以管理隧道和发送隧道的数据。Windows Server 2003 包含"点对点的隧道协议(PPTP)"和"第二层隧道协议(L2TP)"。带有 RRAS 的 Windows 2000 只包含 PPTP 隧道协议。

5. WAN 选项

VPN 服务器通常使用诸如 T1 或帧中继的永久性 WAN 连接连到 Internet 上。VPN 客户机通过使用永久性 WAN 连接或拨入到本地 Internet 服务商(ISP)，ISP 使用标准的电话线或

ISDN 连接到 Internet 上。一旦连接到 Internet 上，VPN 客户机就可以连接到 VPN 服务器上。

6. 请求拨号接口

VPN 客户机(呼叫路由器)必须配置的请求拨号接口是 Internet 上 VPN 服务器接口的主机名称或 IP 地址。

7. 用户帐户

必须创建呼叫路由器的用户帐户。通过用户帐户的拨入属性或远程访问策略，此帐户必须拥有拨入权限详细信息。

8. 静态路由或路由协议

为了每个路由器都能穿越"路由器到路由器"VPN 连接传送数据包，在每个路由器的路由选择表中必须包含适当的路由。将路由作为静态路由或通过启用路由协议添加到双方路由器的路由表中，以穿越永久性"路由器到路由器"VPN 连接进行操作。

9. 安全选项

因为 Windows Server 2003 远程访问路由器验证"路由器到路由器"VPN 连接，所以可以利用 Windows Server 2003 远程访问的所有安全性能，包括 Windows Server 2003 域安全性、对安全主机的支持、数据加密、"远程身份验证拨入用户服务(RADIUS)"智能卡和回拨。

17.7　创建 VPN 服务器

创建 VPN 服务器的具体步骤如下。

(1) 打开"开始"菜单，选择"程序"|"管理工具"|"配置您的服务器向导"命令，启动"配置您的服务器向导"，如图 17-2 所示。

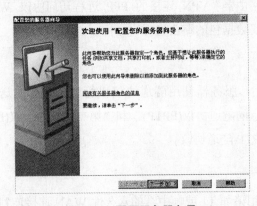

图 17-2　配置服务器向导

(2) 直接单击"下一步"按钮，界面如图 17-3 所示。

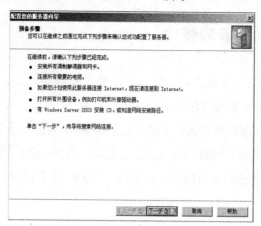

图 17-3　配置服务器向导

(3) 系统会自动扫描当前开启的服务及其状态，根据服务器硬件配置，所需时间也会不同，一般为 2 分钟左右，如图 17-4 所示。

(4) 如果本机没有开启 VPN 服务，则在"服务器角色"对话框中显示"远程访问/VPN 服务器"已配置状态为"否"，如图 17-5 所示。

图 17-4　自动扫描状态

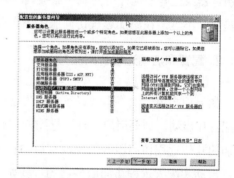

图 17-5　VPN 服务器配置状态

(5) 在"服务器角色"对话框中选中"远程访问/VPN 服务器"，然后单击"下一步"按钮，开始安装 VPN 服务器。系统会配置 VPN 服务组件，并自动安装到本地计算机的硬盘中。当组件安装完毕后，用户就可以打开"开始"菜单，选择"程序"|"管理工具"|"路由和远程访问"命令。进行 VPN 服务器的相关配置了。

17.8　配置 VPN 服务器

需要注意的是，如果要配置 VPN 服务器，最好服务器配置有双网卡，一块对内部使用，一块对外网使用。另外主要配置好 VPN 的对外 IP 地址和远程用户。另外，Windows Server 2003

中的远程访问服务就是 VPN 服务，如果不特殊说明，这两种说法都可以通用。

17.8.1　VPN 基本配置和管理

在启用和配置远程访问服务之前，管理员需要在服务器上安装远程访问服务软件和硬件，其中，安装软件是指安装远程访问这个 Windows 组件；安装硬件是指安装远程访问所需要的连接设备，如网卡、调制解调器、多端口适配器 X.25 智能卡或 ISDN 适配器等。完成远程访问所需要的软硬件之后，管理员即可进行远程访问服务的基本配置和管理工作。无论管理员是通过拨号网络提供远程访问服务，还是通过 VPN 提供远程访问服务，都需要进行这些工作。

1．添加远程访问服务器

添加远程访问服务器就是将远程访问服务器添加到"路由和远程访问"控制台。默认情况下，安装 Windows Server 2003 远程访问服务之后，系统自动将本地计算机作为远程访问服务器添加到"路由和远程访问"控制台中，以供用户使用。但是，如果用户需要其他远程访问服务器或已有的远程访问服务器被删除时，就要手动添加远程访问服务器以满足远程访问的需要。不过，在添加远程访问服务器之前，该服务器必须被正确地安装远程访问服务。

2．配置和启动远程访问服务

如果用户第一次将本地计算机作为远程访问服务器添加到控制台，则这台服务器并没有被配置和启动，需要用户手动进行配置和启用，以便向远程访问用户提供服务。另外，用户添加的其他远程访问服务器也没有启动和配置，同样需要用户手动进行相应的操作。

启动和配置远程访问服务器的步骤如下。

(1) 打开"路由和远程访问"控制台窗口，在控制台目录树中需要配置和启用的远程访问服务器上单击鼠标右键，然后在弹出的快捷菜单中选择"配置并启用路由和远程访问"命令，打开"路由和远程访问服务器安装向导"对话框。单击"下一步"按钮，打开"配置"对话框，要使远程计算机能够拨入服务器和服务器所在的网络，可以选中"远程访问"单选按钮；要使远程计算机能够通过 Internet 连接到网络，则需要选中"虚拟专用网络(VPN)访问和 NAT"单选按钮。本例选中"远程访问"单选按钮，如图 17-6 所示。

(2) 单击"下一步"按钮，打开"远程访问"对话框，用户可以设置此服务器是接受 VPN 连接还是拨号服务，如图 17-7 所示。

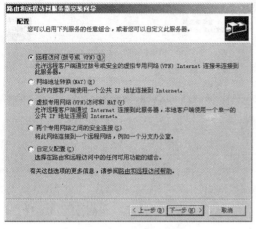

图 17-6　"配置"对话框 　　　　　　　　　图 17-7　"远程访问"对话框

(3) 单击"下一步"按钮，打开"VPN 连接"对话框，在"网络接口"列表框中，用户可以选择将此服务器连接到 Internet 的网络接口，如图 17-8 所示。

(4) 然后单击"下一步"按钮，打开"IP 地址指定"对话框。要对远程客户分配地址范围，可选中"来自一个指定的地址范围"单选按钮。在这里选中"自动"单选按钮，使用 DHCP 服务器分配地址，如图 17-9 所示。

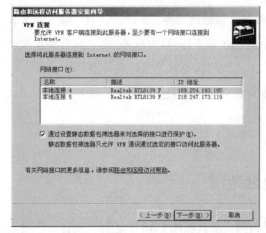

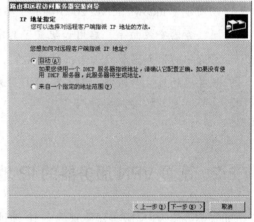

图 17-8　"VPN 连接"对话框 　　　　　　　图 17-9　"IP 地址指定"对话框

(5) 单击"下一步"按钮，向导打开"管理多个远程访问服务器"对话框，远程身份验证拨号用户服务(RADIUS)服务器可以为多个远程访问服务器提供集中的身份验证数据库，并收集远程连接的记帐信息。要使用 RADIUS 服务器，可在"管理多个远程访问服务器"对话框中选中"是，设置此服务器与 RADIUS 服务器一起工作"单选按钮，如图 17-10 所示。

(6) 单击"下一步"按钮，在打开的"RADIUS 服务器选择"对话框中输入主要和辅助的 RADIUS 服务器名称，并输入用于共享连接的密码，如图 17-11 所示。

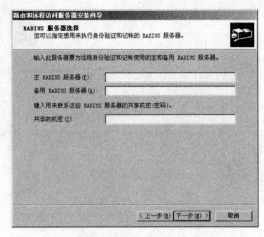

图 17-10　使用 RADIUS 服务器　　图 17-11　"RADIUS 服务器选择" 对话框

(7) 单击"下一步"按钮，在打开的对话框中单击"完成"按钮，向导立即开始安装远程访问服务器。

　　由于 Windows Server 2003 集成了路由和远程访问服务，当用户通过"路由和远程访问服务器安装向导"启用和配置了其中的一种服务(如路由服务)后，只需要在控制台窗口中的服务器节点上单击鼠标右键，在弹出的快捷菜单中选择"属性"命令，打开服务器的属性对话框，然后在"常规"选项卡中启用还需要使用的服务器(如选中"远程访问服务器"复选框)即可。

17.8.2　配置 VPN 服务器的 IP 地址范围

　　如果需要给 VPN 服务器配置静态 IP 地址范围，那么在图 17-9 中选择"来自一个指定的地址范围"单选按钮进行配置，或者在配置好 VPN 服务器后，在服务器上单击鼠标右键，在弹出的快捷菜单中选择"属性"命令，在弹出的窗口中选择"IP"标签，在"IP 地址指派"中选择"静态地址池"。然后单击"添加"按钮设置 IP 地址范围，这个 IP 范围就是 VPN 局域网内部的虚拟 IP 地址范围，每个拨入到 VPN 的服务器都会分配到一个范围内的 IP，在虚拟局域网中用这个 IP 相互访问。如图 17-12 所示。

图 17-12　配置 VPN 服务器的 IP 地址范围

17.8.3　设置 VPN 访问用户

在远程访问服务管理中，远程访问客户的管理是经常要进行的工作，这是由远程访问用户的不确定性和可移动性决定的。远程访问用户管理主要包括添加远程访问用户、删除远程访问用户、查看远程访问用户、断开远程访问用户的连接和向远程访问用户发送信息，下面将分别进行介绍。

1. 用户帐户的拨入属性

在 Windows Server 2003 中，独立或基于 Active Directory 服务器的用户帐户包含了一组拨入属性，当允许或拒绝连接尝试时将使用这些属性。对于独立服务器可以在“本地用户”和“组”中用户帐户的“拨入”选项卡中设置拨入属性。对基于 Active Directory 的服务器，可以在当前目录用户和计算机用户帐户的“拨入”选项卡中设置拨入属性。对于基于 Active Directory 的服务器，不能对域管理工具使用 Windows 用户管理程序。

打开“Active Directory 用户和计算机”窗口，创建一个新的用户帐户，然后在新建的用户帐户上单击鼠标右键，在弹出的快捷菜单中选择“属性”命令，打开该用户的属性对话框，并选择 “拨入”选项卡，如图 17-13 所示。

图 17-13　“拨入”选项卡

用户帐户的拨入属性如下。

- "远程访问权限(拨入或 VPN)"选项区域

可以在该选项区域中设置是否明确允许、拒绝或通过远程访问策略决定远程访问。如果访问被明确地允许，远程访问策略条件、用户帐户属性或配置文件属性仍然可以拒绝连接尝试。"通过远程访问策略控制访问"单选按钮只在 Windows Server 2003 本地模式域中的用户帐户上或在运行独立 Windows Server 2003 远程访问服务器本地帐户上才可用。默认情况下，将独立远程访问服务器上或 Windows Server 2003 本地模式域中的 Administrator 和 Guest 帐户设置为"通过远程访问策略控制访问"，并将 Windows Server 2003 混合模式域设置为"拒绝访问"。将独立远程访问服务器或 Windows Server 2003 本地模式域中新创建的帐户设置为"通过远程访问策略控制访问"。将 Windows Server 2003 混合模式域中新创建的帐户设置为"拒绝访问"。

- "验证呼叫方 ID"选项

如果启用了此属性，服务器将验证呼叫方的电话号码。如果呼叫方的电话号码与配置的电话号码不匹配，连接尝试将被拒绝。呼叫方、呼叫方和远程访问服务器之间的电话系统以及远程访问服务器必须支持呼叫方 ID。远程访问服务器上的呼叫方 ID 由支持呼叫方 ID 信息传递的呼叫应答装置和 Windows Server 2003 中适当的驱动程序组成，此驱动程序支持呼叫方 ID 信息到路由和远程访问服务器的传递。如果配置用户的呼叫方 ID 电话号码，并且不支持呼叫方 ID 信息从呼叫方到路由和远程访问服务器的传递，连接尝试将被拒绝。

- "回拨选项"选项区域

如果选中"由呼叫方设置"单选按钮，则在连接建立过程中服务器以呼叫方设置的电话号码或网络管理员设置的特定电话号码回拨呼叫方。

- "分配静态 IP 地址"选项

如果选中该复选框，在连接建立时可以向用户分配特定的 IP 地址。

- "应用静态路由"选项

如果选中该复选框，在连接建立时可以定义添加到远程访问服务器路由表上的一系列静态 IP 路由。该选项是为用户帐户设计的，Windows Server 2003 路由器对请求拨号的路由使用该帐户。

2. 添加 VPN 访问用户

当有新的远程访问用户需要访问公司的局域网络时，管理员可将该用户添加到用户组中，并赋予其远程访问权限，则该用户就可以进行远程访问。打开"Active Directory 用户和计算机"窗口，创建一个新的用户帐户，然后在新建的用户帐户上单击鼠标右键，在弹出的快捷菜单中选择"属性"命令，打开该用户的属性对话框，并打开"拨入"选项卡。

在"远程访问权限(拨入或 VPN)"选项区域中，选中"允许访问"单选按钮。如果创建了远程访问策略，则"通过远程策略控制访问"单选按钮被激活，可选中该单选按钮并设置呼叫方 ID 号、回叫选项、远程客户机的静态 IP 地址和静态路由。设置好之后，单击"确定"按钮即可使该用户成为远程访问用户。

3. 删除远程访问用户

对于不再需要的远程访问用户，管理员可将其删除，以防止其他非法用户以该用户的身份进行远程登录。要删除远程访问用户，打开"Active Directory 用户和计算机"窗口，在控制台目录树中，双击远程访问服务所在的服务器展开该节点。然后单击 Users 节点，使详细资料窗口中列出用户和组。接着在详细资料窗口中，在需要删除的远程访问用户上单击鼠标右键，在弹出的快捷菜单中选择"删除"命令即可。

注意

如果该用户帐户还被用户在本地网络中使用，可以选择用户帐户属性对话框中的"拨入"选项卡，从中选中"拒绝访问"单选按钮即可。

4. 查看远程访问客户

如果管理员需要了解远程访问用户的拨入情况，可以在"路由和远程访问"窗口中进行查看，查看的内容包括名称、拨入持续时间和端口数等。要查看远程访问用户，可以打开"路由和远程访问"窗口，在控制台目录树中展开远程访问服务器，然后单击"远程访问客户端"子节点，使详细资料窗格中列出所有拨入的远程访问用户的名称、持续时间和端口数即可进行查看。

5. 断开远程访问用户的连接

当因为某种原因不再允许某个远程访问用户继续访问服务器或整个网络时，可断开该用户与服务器之间的连接。断开之后，如果该用户仍需要远程访问，可再进行登录。要断开远程访问用户的连接，需打开"路由和远程访问"窗口，在控制台目录树中展开远程访问服务器，单击"拨入客户端"子节点，使详细资料窗格中列出所有拨入的远程访问用户，然后在需要断开的远程访问用户上单击鼠标右键，在弹出的快捷菜单中选择"断开"命令，即可断开与该用户的远程连接。

6. 给远程用户发送信息

Windows Server 2003 的远程访问服务允许管理员通过服务器向某个远程访问用户发送信息，帮助远程访问用户及时了解公司的情况。要给远程访问用户发送信息，打开"路由和远程访问"窗口，在控制台目录树中展开远程访问服务器，并单击"拨入客户端"子节点，使详细资料窗格中列出所有拨入的远程访问用户，然后在要发送信息的远程访问用户上单击鼠标右键，在弹出的快捷菜单中选择"发送信息"命令，打开"发送信息"对话框。在"发送信息"对话框中的文本框中输入要发送的信息，最后单击"确定"按钮，即可将信息发送给远程访问用户。

上面所介绍的方法是给单个远程访问用户发送信息的方法。要发送信息给所有远程用户，可在"路由和远程访问"窗口的控制台目录树中，在"拨入客户端"子节点上单击鼠标右键，在弹出的快捷菜单中选择"发送给所有人"命令，打开"发送信息"对话框。在"发送信息"对话框中的文本框中输入要发送的信息，最后单击"确定"按钮，即可将信息发送给所有的远程访问用户。

17.8.4　配置 VPN 服务器端口

运行 Windows Server 2003 的远程访问服务器将安装的网络设备看成一系列的设备和端口。其中，设备代表可以创建物理或逻辑的点对点连接的硬件或软件；端口是通信信道，它可以支持单个的点对点连接。

在默认的情况下，Windows Server 2003 远程访问服务使用两种 WAN 微型端口设备，一种是 PPTP 类型，一种是 L2TP 类型。管理员可分别对这两个端口设备进行配置，以供远程访问服务使用。另外，管理员也可以安装其他端口设备并进行配置，用以提供远程访问服务。

配置远程服务端口的操作步骤如下。

(1) 打开"路由和远程访问"控制台窗口，在控制台目录树中展开要配置端口的服务器节点，然后在"端口"子节点上单击鼠标右键，在弹出的快捷菜单中选择"属性"命令，打开"端口属性"对话框，如图 17-14 所示。

(2) "路由和远程访问(RRAS)使用下列设备"列表框列出了路由和远程访问服务可使用的端口设备，选择需要配置的远程访问服务端口设备，然后单击"配置"按钮，打开"配置设备"对话框，如图 17-15 所示。

图 17-14　"端口属性"对话框

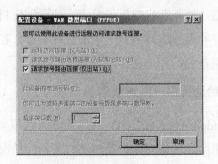

图 17-15　"配置设备"对话框

(3) 要使所选择的设备接受远程访问请求,可选中"远程访问连接(仅入站)"复选框。要为该端口设备设置电话号码,可在"此设备的电话号码"文本框中输入端口的电话号码。在端口上设置电话号码可以提供对多链路和带宽分配协议(BAP)的支持。当使用"仅限制拨入到此号码"这一远程访问策略配置文件的拨入限制,且电话线和已安装的电话设备不支持"呼叫的线路标识(CLID)"时,系统也会在端口上设置电话号码。通过调整"最多端口数"微调器的值来限制支持动态端口的设备的端口数。

(4) 单击"确定"按钮,返回到"端口属性"对话框,然后对其他端口进行设置,设置完毕后,单击"确定"按钮即可完成配置。

17.8.5 停止和启动 VPN 服务器

根据公司或网络的使用情况,经常需要停止远程访问服务器的远程访问服务功能,例如,当公司所有的外出人员都回到公司时,可将公司网络的远程访问服务停止,防止可能的非法远程访问登录;又如,远程访问服务器需要修改内容或出现错误时,也将停止远程访问服务,以便修改内容和处理问题。

要停止远程访问服务,可打开"路由和远程访问"控制台窗口,在控制台目录树中单击"服务器状态"节点,使详细资料窗格中列出已安装的远程服务器。然后在要停止的远程访问服务器上单击鼠标右键,在弹出的快捷菜单中选择"所有任务"|"停止"命令,系统开始尝试停止远程访问服务,同时打开"服务控件"信息提示框。远程服务被停止后,该服务器的"状态"栏由"已启动"变为"已停止"字样。

远程访问服务被停止(或暂停)之后,当需要时可再将其启动,不需要重新配置。要启动远程访问服务,在"路由和远程访问"控制台窗口中,单击控制台目录树中的"服务器状态"节点,然后在需要启动的远程访问服务器上单击鼠标右键,在弹出的快捷菜单中选择"所有任务"|"开始"命令,系统就开始对远程访问服务进行初始化,并打开一个"服务控件"信息提示框。完成初始化后,该服务器的"状态"栏由"已停止"变为"已启动"。

管理员通过服务器快捷菜单中的"所有任务"子菜单不但可以停止和启动服务器,而且还可以暂停、还原和重新启动路由和远程访问服务器。

17.8.6 禁用和删除 VPN 服务器

当远程访问服务器不再需要现有的路由和远程访问服务配置,可禁用该远程访问服务。

远程访问服务被禁用之后，服务器不会被删除，但是，当要启用该服务器进行远程访问服务时，则需要重新配置路由和远程访问服务。

要禁用路由和远程访问服务，先打开"路由和远程访问"窗口，在控制台目录树中单击"服务器状态"节点，使详细资料窗格中列出已安装的路由和远程服务器，然后在需要禁用的路由和远程访问服务器上单击鼠标右键，在弹出的快捷菜单中选择"禁用路由和远程访问"命令，系统将会打开"路由和远程访问管理"对话框，提示用户：禁用服务器将删除它的设置，单击"是"按钮即可禁用路由和远程访问服务。

删除路由和远程访问服务实际上是删除路由和远程访问服务器。服务器被删除之后，相应的服务就会被删除，但在下一次添加该服务器时，不再需要路由和远程访问服务配置，服务器会自动继承以前的配置。

要删除路由和远程访问服务，先打开"路由和远程访问"窗口，在控制台目录树中单击"服务器状态"节点，使详细资料窗格中列出已安装的路由和远程服务器，然后在需要删除的路由和远程访问服务器上单击鼠标右键，在弹出的快捷菜单中选择"删除"命令，系统就会删除路由和远程访问服务器。

注意

由于 Windows Server 2003 集成了路由和远程访问服务，对服务器的任何操作都同时作用路由服务器和远程访问服务器，因此在对服务器执行停止、启动、删除和禁用等操作时，一定要同时考虑到路由和远程访问两个方面。

17.9　VPN 客户端配置

配置好 VPN 服务器后，需要在客户端配置后方可远程访问 VPN 服务器，本例使用 Windows Server 2003 系统为例进行说明。

17.9.1　客户端基本配置

使用鼠标右键单击"网上邻居"图标，在弹出的快捷菜单中选择"属性"项，打开"网络和拨号连接"对话框，然后双击"新建连接"图标，打开"网络连接向导"对话框，如图17-16 所示。

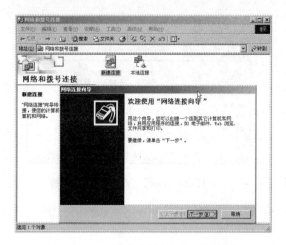

图 17-16 "网络连接向导"对话框图

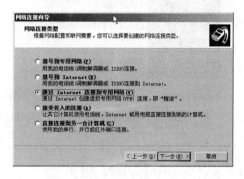

17-17 "网络连接类型"对话框

单击"下一步"按钮，打开"网络连接类型"对话框，如图 17-17 所示。

在该对话框中，选择"通过 Internet 连接到专用网络"选项，单击"下一步"按钮，打开"目标地址"对话框，如图 17-18 所示。

在该对话框中，需要输入 VPN 服务器的 IP 地址(如 192.168.1.2)，单击"下一步"按钮，打开"可用连接"对话框，如图 17-19 所示。

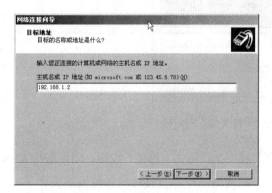

图 17-18 "目标地址"对话框

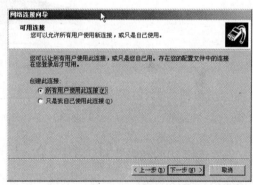

图 17-19 "可用连接"对话框

在该对话框中，选择"所有用户使用此连接"选项(当然为了安全起见也可选择"只是我自己使用此连接选项")，单击"下一步"按钮，在打开的窗口中按照系统默认的即可，然后再单击"下一步"按钮，打开"完成网络连接向导"对话框，如图 17-20 所示。

在该对话框中，键入一个连接使用的名称，如"VPN 专线"，单击"完成"按钮，完成 VPN 客户端的基本配置。这时，在"网络和拨号连接"对话框中，将出现"VPN 专线"图标。如图 17-21 所示。

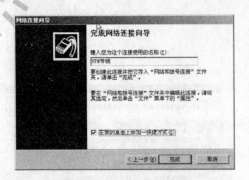

图 17-20　"完成网络连接向导" 对话框图

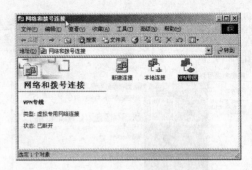

17-21　出现 "VPN 专线" 图标

17.9.2　访问 VPN 服务器

在 "网络和拨号连接" 对话框中，双击 "VPN 专线" 图标，系统将打开 "连接 VPN 专线" 对话框，如图 17-22 所示。

图 17-22　"连接 VPN 专线" 对话框

在 "连接 VPN 专线" 对话框中，输入用户名和密码，单击 "连接" 按钮，即可进行 VPN 专线连接。连接成功，那么客户端就可以像在内部网络里一样直接访问各种网络资源了。

NAT与软路由器的配置和管理

第18章

"路由和远程网络服务"(RRAS)是一个独立集成的服务，该服务为拨号网络或 VPN 客户结束连接，或者提供路由(IP. IPX. Appletalk)服务，或者同时提供两者。它为 Windows Server 2003 提供了作为远程访问服务器、VPN 服务器或分支路由器所必需的功能。还可以提供地址转换功能。

作为路由器，RRAS 支持本地(局域网-局域网)路由和远程(拨号请求)路由。可以在 Windows Server 2003 支持的任何媒体上建立拨号请求连接，包括 VPN 在 Internet 上的连接。RRAS 路由支持 IP 网的 OSPF 和 RIP2 路由控制协议，也支持 IPX 网的 RIP 和 SAP。

 本章知识点

- ☒ 路由服务的概述
- ☒ 路由器工作原理
- ☒ 添加和配置路由服务器
- ☒ 配置 NAT
- ☒ 配置 OSPF 路由

18.1　路由器概述

路由器在互联网中扮演着十分重要的角色，它是互联网的枢纽。它是架构在不同的网络之间，用于实现数据传输时的路径选择的一种设备，也就是用来实现路由选择功能的一种媒介系统设备。所谓路由就是指通过相互连接的网络把信息从源地点移动到目标地点的活动。

路由器的主要工作就是为经过路由器的每个数据帧寻找一条最佳传输路径，并将该数据有效地传送到目的站点。由此可见，选择最佳路径的策略即路由算法是路由器的关键所在。为了完成这项工作，在路由器中保存着各种传输路径的相关数据——路由表(Routing Table)，供路由选择时使用。路由表中保存着子网的标志信息、网上路由器的个数和下一个路由器的名称等内容。路由表可以是由系统管理员固定设置好的，也可以由系统动态修改，可以由路由器自动调整，也可以由主机来控制。

18.2　路由选择原理

这里通过一个例子来具体说明路由选择的工作原理。

工作站 A 需要向工作站 B 传送信息(并假定工作站 B 的 IP 地址为 192.168.1.100)，它们之间需要通过多个路由器的连续传递，路由器的分布如图 18-1 所示。

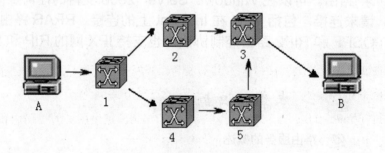

图 18-1　路由器的分布

其工作原理如下。

(1) 工作站 A 将工作站 B 的地址 192.168.1.100 连同数据信息以数据帧的形式发送给路由器 1。

(2) 路由器 1 收到工作站 A 的数据帧后，先从报头中取出地址 192.168.1.100，并根据路由表计算出发往工作站 B 的最佳路径：R1->R2->R3->B，然后将数据帧发往路由器 2。

(3) 路由器 2 重复路由器 1 的工作，并将数据帧转发给路由器 3。

(4) 路由器 3 同样取出目的地址，发现 192.168.1.100 就在该路由器所连接的网段上，于是将该数据帧直接交给工作站 B。

(5) 工作站 B 收到工作站 A 的数据帧，一次通信过程宣告结束。

事实上，路由器除了上述的路由选择这一主要功能外，还具有网络流量控制的功能。有的路由器仅支持单一协议，而大部分路由器都可以支持多种协议的传输，即多协议路由器。由于每一种协议都有自己的规则，要在一个路由器中完成多种协议的算法，势必会降低路由器的性能，因此支持多协议的路由器性能相对较低。用户购买路由器时，应根据自己的实际情况，选择自己需要的网络协议路由器。

近年出现了交换路由器产品，从本质上来说它不是什么新技术，而是为了提高通信能力，把交换机的原理组合到路由器中，使数据传输能力更快更好。

18.3 Windows Server 2003 路由功能

Windows Server 2003 的"路由和远程访问"服务其实是一个全功能的软件路由器，包括一个开放式路由和互联网络平台。它为局域网(LAN)和广域网(WAN)环境中的商务活动，或使用安全虚拟专用网络(VPN)连接的 Internet 上的商务活动提供路由选择服务。"路由和远程访问"服务合并且集成了 Windows Server 2003 中独立的"路由和远程访问"服务，是 Windows Server 2003 "路由和远程访问"服务(也称为 RRAS)的增强版本。

"路由和远程访问"服务的优点之一就是它与 Windows Server 2003 操作系统的集成。"路由和远程访问"服务通过多种硬件平台和网卡，提供了很多经济功能。"路由和远程访问"服务可以通过应用程序编程接口(API)进行扩展，开发人员可以使用 API 创建客户网络连接方案，新供应商可以使用 API 参与到不断增长的开放互联网络商务中。

此后，运行 Windows Server 2003 及提供 LAN 和 WAN 路由服务的"路由和远程访问"服务的计算机，指的是 Windows Server 2003 路由器。

Windows Server 2003 路由器是专门为已经熟悉路由协议和路由选择服务的系统管理员而设计的。通过"路由和远程访问"服务，管理员可以查看和管理本地网络中的路由器和远程访问服务器。

Windows Server 2003 路由器包括下列功能。

- 网际协议(IP). 网际包交换(IPX)和 AppleTalk 的多协议单播路由。
- 工业标准单播 IP 路由协议：开放式最短路径优先(OSPF)和路由信息协议(RIP)版本 1 和 2。

- 工业标准 IPX 路由协议：IPX 路由信息协议(RIP)和 IPX 服务广告协议(SAP)。

- 启用 IP 多播通信转发的 IP 多播服务("Internet 组管理协议(IGMP)"路由器模式和 IGMP 代理模式)。

- IP 网络地址转换(NAT)服务，该服务可以简化家庭网络和小型办公或家庭办公(SOHO) 网络与 Internet 的连接。

- 通过拨号 WAN 链接的请求拨号路由选择。

- 虚拟专用网络(VPN)支持基于网际协议安全(IPSec)的点对点隧道协议(PPTP)和第二层隧道协议(L2TP)。

- 对 IP 动态主机配置协议(DHCP)中继代理的工业标准支持。

- 使用"Internet 控制消息协议(ICMP)"路由器发现的路由器发布的工业标准支持。

- 使用 IP 中的 IP 隧道的隧道支持。

- 支持通用"管理信息基础(MIB)"的"简单网络管理协议(SNMP)"管理功能。

- 支持多种媒体，包括以太网、令牌环、光纤分布式数据接口(FDDI)、异步传输模式(ATM)、集成服务数字网络(ISDN)、T 载波、帧中继、xDSL、电缆调制解调器. X.25 和模拟调制解调器。

- 在 Windows Server 2003 路由器平台上可以启用增值开发的路由协议、管理和用户界面 API。

18.4 单播路由

单播路由是通过路由器将到网际网络上某一位置的通信从源主机转发到目标主机。网际网络至少有两个通过路由器连接的网络。路由器是网络层中介系统，它基于公用网络层协议(如 TCP/IP 或 IPX)将网络连接在一起。网络通过路由器连接，是与称为网络地址或网络 ID 的同一网络层地址相关联的联网基础结构(包括中继器. 集线器和 2 层交换机)的一部分。

典型的路由器是通过 LAN 或 WAN 媒体连接到两个或多个网络。网络上的计算机通过将数据包转发到路由器，实现将数据包发送到其他网络的计算机上。路由器将检查数据包，并使用数据包报头内的目标网络地址来决定转发数据包所使用的接口。通过路由协议(OSPF、RIP 等)，路由器可以从相邻的路由器获得网络信息(如网络地址)，然后将该信息传播给其他网络上的路由器，从而使所有网络上的所有计算机互相连接起来。

Windows Server 2003 路由器可以路由 IP、IPX 和 AppleTalk 通信。另外，Windows Server 2003 路由器还支持"路由表维护协议(RTMP)"。

18.4.1 路由表

路由表是一系列称为路由的项，其中包含了有关网际网络的 ID 位置信息。路由表不是对路由器专用的。主机(非路由器)也有可能用来决定优化路由的路由表。

路由表中的每一项都被看作是一个路由，并且可以属于下面的任意类型。

- 网络路由：网络路由提供到网际网络中特定网络 ID 的路由。
- 主路由：主路由提供到网际网络地址(网络 ID 和节点 ID)的路由，通常用于将自定义路由创建到特定主机，以控制或优化网络通信。
- 默认路由：如果在路由表中没有找到其他路由，则使用默认路由。例如，路由器或主机如果不能找到目标的网络路由或主路由，则使用默认路由。默认路由简化了主机的配置。使用单个默认的路由来转发带有在路由表中未找到的目标网络或网际网络地址的所有数据包，而不是为网际网络中所有的网络 ID 配置带有路由的主机。

路由表中的每项都由以下信息字段组成。

- 网络 ID：主路由的网络 ID 或网际网络地址。在 IP 路由器上，有从目标 IP 地址决定 IP 网络 ID 的其他子网掩码字段。
- 转发地址：数据包转发的地址。转发地址是硬件地址或网际网络地址。对于主机或路由器直接连接的网络，转发地址字段可能是连接到网络的接口地址。
- 接口：当将数据包转发到网络 ID 时所使用的网络接口。这是一个端口号或其他类型的逻辑标识符。
- 跃点数：路由首选项的度量。通常，最小的跃点数是首选路由。如果多个路由存在于指定的目标网络，则使用跃点数最低的路由。即使存在多个路由，某些路由选择算法也只将到所有网络 ID 的单个路由存储在路由表中。在这种情况下，路由器使用跃点数来决定存储在路由表中的路由。

18.4.2 路由配置

用户可以在许多不同的拓扑和网络配置中使用路由器。将 Windows Server 2003 路由器添加到网络时，必须选择路由器路由的协议(IP、IPX 或 AppleTalk)，以及 LAN 或 WAN 媒体(网卡、调制解调器或其他拨号设备)。

18.4.3 IP 路由协议

动态 IP 路由环境使用 IP 路由协议传播 IP 路由信息。在 Intranet 上，最常用的两个 IP 路由协议是"路由信息协议(RIP)"和"开放式最短路径优先(OSPF)"。可以在相同的 Intranet

上运行多个路由协议。在这种情况下，必须通过配置首选等级配置协议获知路由的首选来源的路由协议。首选路由协议是添加到路由表的路由源，而不管获知路由的跃点数如何。例如，RIP 获知路由的跃点数是 5，而 OSPF 获知路由的跃点数是 3，并且 OSPF 是首选路由协议，那么，OSPF 路由将添加到 IP 路由表并且忽略 RIP。

注意

如果当前使用多个 IP 路由协议，则只需配置每个接口的单个路由协议。

1. RIP

"路由选择信息协议(RIP)"设计用于在小型到中型网际网络中交换路由选择信息。RIP 的最大优点是其配置和部署都非常简单。RIP 的最大缺点是不能将网络扩大到大或特大型网际网络。RIP 路由器使用的最大跃点数是 15 个。当网际网络变得更大时，每个 RIP 路由器的周期宣告可能导致通信过度负载。RIP 的另一个缺点是需要较长的恢复时间。当网际网络拓扑更改时，在 RIP 路由器重新将自己配置到新的网际网络拓扑之前，可能要花费几分钟的时间。网际网络重新配置自己时，路由循环可能出现丢失或无法传递数据的结果。

最初，每个路由器的路由选择表只包含物理连接的网络。RIP 路由器周期性地发送宣告，在宣告中包含其路由表项，以便通知它可以到达的网络的其他本地 RIP 路由器。RIP 版本 1 对宣告使用 IP 广播数据包，RIP 版本 2 对宣告使用多播或广播数据包。

RIP 路由器还可以通过触发更新对路由信息进行通信。当更改网络拓扑及发送更新的路由选择信息时，便会触发更新发生以反映那些更改。使用触发更新，将立即发送更新，而不是等待下一个周期的宣告。例如，路由器检测到链接或路由器失败时，它将更新自己的路由选择表并发送更新的路由，每个接收到触发更新的路由器将修改自己的路由选择表并传播更改。

Windows Server 2003 路由器支持 RIP 版本 1 和 2。RIP 版本 2 支持多播宣告和简单密码身份验证，它可以在子网和"无级交互域路由选择(CIDR)"环境中提供更多的灵活性。RIP 的 Windows Server 2003 路由器可执行如下功能。

- 为传入和传出数据包选择在每个接口上运行的 RIP 版本。
- 使用水平拆分、poison-reverse 及用来避免路由循环的触发更新算法来更改网络恢复速度。
- 选择要宣告或接受哪个网络的路由筛选器。
- 选择接受的路由器宣告的对等筛选器。
- 可配置的宣告和路由寿命计时器。

- 简单密码验证支持。

- 禁用子网总计功能。

2. OSPF

"开放式最短路径优先(OSPF)"设计用于在大型或特大型网际网络中交换路由选择信息。OSPF 的最大优点是高效率，它只要求很小的网络开销，即使在非常大的网际网络中。OSPF 的最大缺点是它的复杂性，它需要正确的计划且难于配置和管理。

OSPF 使用"最短路径优先(SPF)"算法来计算路由选择表中的路由。SPF 算法计算路由器和所有网际网络的网络之间的最短路径(最低成本)。SPF 计算的路由通常是自由循环的。

不像 RIP 路由器一样交换路由表项，OSPF 路由器维护网际网络的映射，在对网络拓扑进行更改后，都可随之更新该网际网络的映射。该映射称为链接状态数据库，用来同步 OSPF 路由器和计算路由表中的路由信息。邻近的 OSPF 路由器形成一个邻接，它是路由器之间的逻辑关系，用来同步链接状态数据库。

对网际网络拓扑的更改被有效地覆盖整个网际网络，用以保证每个路由器上的链接状态数据库总是同步且准确的。一旦接收到链接状态数据库更改就要重新计算路由表。随着链接状态数据库大小的增长，内存要求和路由计算时间也相应延长。针对该比例问题，OSPF 将网际网络分成区域(邻近网络的集合)，这些区域通过一个主干区域彼此连接。每个路由器只保持一个与该路由器相连的那些区域的连接状态数据库。区域边界路由器(ABR)将主干区域连到其他区域。

OSPF 具有胜过 RIP 的优势，例如，OSPF 计算的路由器通常是不循环的，能调整到较大或非常大的网际网络，对网络拓扑更新的重新配置更快。

Windows Server 2003 路由器不支持在请求拨号配置中使用 OSPF，该配置使用不固定的拨号连接。

18.4.4　IPX 路由协议

通过使用 IPX 路由协议的路由信息协议(RIP)传播 IPX 网际网络和 IPX 路由信息。服务发布协议(SAP)用于传播服务器服务寻址信息。尽管 SAP 不是一个真实的路由协议，但在需要 Novell NetWare 连通的情况下，它是 IPX 网际网络的重要组件。

1. IPX 的 RIP

IPX 的路由选择信息协议(RIP)是周期广播的协议，用于交换 IPX 网络路由。用于 IPX 的 RIP 工作方式与用于 IP 的 RIP 路由协议很类似，可参考 IP 的 RIP 的描述。

Windows Server 2003 路由器支持 IPX 路由筛选器，它可以有选择地发布和接收 IPX 网络路由，也可以配置路由发布和时效计时器。

2. IPX 的 SAP

服务发布协议(SAP)允许那些提供服务(如文件服务器和打印服务器)的节点公布其服务名称和服务所在的 IPX 网际网络地址。由 IPX 路由器和 SAP 服务器(如 NetWare 服务器)收集和传播信息。需要连接到服务的 NetWare 客户端只需查阅 SAP 服务器即可得到该服务的 IPX 网际网络地址。

宿主服务的服务器定期发送 SAP 广播。IPX 路由器和 SAP 服务器接收服务器 SAP 广播，并通过周期性的 SAP 公布传播服务信息，以保持网际网络上的所有路由器和 SAP 服务器同步。默认情况下，SAP 公告每 60 秒发送一次。一旦检测到服务状态被更改，路由器和 SAP 服务器还将发送 SAP 更新信息。

Windows Server 2003 路由器的 SAP 功能还包括响应 SAP GetNearestServer 请求的功能。当 NetWare 客户端初始化网络时，它将发送 SAP GetNearestServer 请求的广播，试图查找具有指定类型的最近服务器，可以配置 Windows Server 2003 路由器来响应该请求。

可以设置 SAP 筛选器，以便有选择地发布或接收指定服务。

18.5　多播转发和路由

单播就是将网络通信发送到某个特定的终结点，而多播则是将网络通信发送到一组终结点。只有监听多播通信的终结点组(多播组)的成员才可以处理多播通信。所有其他节点都会忽略该多播通信。可以使用多播通信来发现网际网络上的资源，支持数据广播应用程序，如文件分配或数据库同步；支持多播多媒体应用程序，如数字音频和视频。

18.5.1　多播转发

多播转发即智能化转发多播通信，由 Windows Server 2003 TCP/IP 协议和 Windows Server 2003 IGMP 路由协议提供在 IGMP 路由器模式下运行的接口。通过多播转发，路由器将多播通信转发到节点侦听的网络或以节点侦听的方向转发。多播转发可以防止多播通信转发到节点没有侦听的网络上。反之，为使多播转发通过网际网络正常工作，节点和路由器必须能够进行多播。

1. 可以进行多播的节点

可以进行多播的节点必须能够发送和接收多播数据包，通过本地路由器注册节点侦听的多播地址，以便多播数据包可以转发到该节点所在的网络上。所有运行 Windows Server 2003 的计算机都可以进行 IP 多播，而且能够发送和接收 IP 多播通信。在运行 Windows Server 2003 并发送多播通信的计算机上，IP 多播应用程序必须使用适当的 IP 多播地址作为目标 IP 地址构建 IP 数据包。在运行 Windows Server 2003 并接收多播通信的计算机上，IP 多播应用程序必须通知 TCP/IP 协议它们正在侦听到指定 IP 多播地址的所有通信。

IP 节点使用 "Internet 组管理协议(IGMP)" 注册它们要接收来自 IP 路由器的 IP 多播通信的意图。使用 IGMP 的 IP 节点通过发出 "IGMP 成员身份报告" 数据包来通知其本地路由器它们正在特定的 IP 多播地址上侦听。

2. 可进行多播的路由器

可进行多播的路由器必须能够侦听所连接的所有网络上的所有多播通信，一旦接收到多播通信，就将该多播数据包转发到所连接的有侦听节点的网络，或其下游路由器上有侦听节点的网络。在 Windows Server 2003 中，TCP/IP 协议提供了侦听所有多播通信和转发多播数据包的功能。TCP/IP 协议通过使用多播转发表来决定将传入的多播通信转发到何处。

在 Windows Server 2003 中，以 IGMP 路由器模式进行操作的接口上的 IGMP 路由协议提供了侦听 "IGMP 成员身份报告" 数据包和更新 TCP/IP 多播转发表的功能。

通过多播路由协议，将侦听信息的多播组传播到其他可进行多播的路由器。虽然 Windows Server 2003 不支持任何多播路由协议，但是 "路由和远程访问" 服务是一个可扩展的平台且支持多播路由协议。

注意

> 与 "路由和远程访问" 服务一起提供的 IGMP 路由协议不是多播路由协议。

3. Windows Server 2003 的 IGMP 路由协议

要维护 TCP/IP 多播转发表中的项，可以通过 IGMP 路由协议来执行，使用 "路由和远程访问" 可以将该组件添加为 IP 路由协议。添加了 IGMP 路由协议之后，还要将路由器接口添加到 IGMP 中。用户可以使用 IGMP 路由器模式和 IGMP 代理模式两种操作模式中的任一种来配置添加到 IGMP 路由协议的每个接口。

在 Windows Server 2003 中，以 IGMP 路由器模式运行的接口提供了侦听"IGMP 成员身份报告"数据包和跟踪组成员身份的功能，必须在分配了侦听多播主机的接口上启用 IGMP 路由器模式。

以 IGMP 代理模式运行的接口充当着代理多播主机的作用，它将某个接口上的"IGMP 成员身份报告"数据包发送出去，以便接收 IGMP 路由器模式下运行的所有其他接口上所接收的"IGMP 成员身份报告"数据包。连接到 IGMP 代理模式接口所在网络的上游路由器将接收 IGMP 代理模式"成员身份报告"数据包，并将它们添加到自己的多播表中。通过这种方式，上游路由器将多播组的多播数据包转发到 IGMP 代理模式接口所在的网段，这些多播组已经由连接到 IGMP 代理模式路由器的主机进行了注册。当上游路由器将多播通信转发到 IGMP 代理模式接口网络时，该通信会根据 TCP/IP 协议转发到 IGMP 路由器模式接口网络上的合适主机。在所有运行 IGMP 路由器模式的接口上接收到的所有非本地多播通信，都使用 IGMP 代理模式接口转发。接收转发的多播通信的上游路由器可以选择转发该多播通信或是丢弃它。通过使用 IGMP 代理模式，连接到 Windows Server 2003 路由器的网络上的多播源可以将多播通信发送给连接到上游多播路由器的多播主机。 IGMP 代理模式用于将"IGMP 成员身份报告"数据包从只有一个路由器的 Intranet 传递到具有多播功能的 Internet 部分。有多播功能的 Internet 部分，称为 Internet 多播主干网或 MBone。通过在 Internet 接口上启用 IGMP 代理模式，只有一个路由器的 Intranet 中的主机可以从 Internet 中的多播源接收多播通信，以及给 Internet 上的主机发送多播通信。

18.5.2　多播路由

多播路由即传播多播侦听信息，由多播路由协议如远程向量多播路由协议(DVMRP)提供。Windows Server 2003 不提供任何多播路由协议，但是，可以使用 Windows Server 2003 IGMP 路由协议和 IGMP 路由模式及 IGMP 代理模式，在单个路由器的 Intranet 内或从单个路由器的 Intranet 连接到 Internet 时提供多播转发。通过多播路由，有多播功能的路由器互相交换多播组成员身份信息，以便通过网际网络作出智能化多播转发决定。多播路由器使用多播路由协议互相交换多播组成员身份信息。

多播路由协议包括"远程向量多播路由协议(DVMRP)"、"OSPF 的多播扩展(MOSPF)"、"协议无关的疏多播模式(PIM-SM)"和"协议无关的密多播模式(PIM-DM)"。Windows Server 2003 不包括任何多播路由协议。但是，Windows Server 2003 路由器是一个可以扩展的平台，其他供应商也可以创建多播路由协议。

对于通过单个路由器连接多个网络的 Intranet，可以在所有的路由器接口启用 IGMP 路由器模式来提供多播资源和任意网络上的多播侦听主机之间的多播转发支持。

如果 Windows Server 2003 路由器通过 Internet 服务提供商(ISP)连接到 MBone (支持多播

的 Internet 部分)上，则可以使用 IGMP 代理服务器模式从 Internet 发送和接收多播通信。

当多播通信由 Intranet 主机发送时，通过 IGMP 代理服务器模式接口转发到 ISP 路由器上。然后，ISP 路由器将其转发到适当的下游路由器，这样 Internet 主机就能接收到由 Intranet 主机发送的多播通信。

注意

使用 IGMP 路由器模式和 IGMP 代理模式的 Windows Server 2003 IGMP 路由协议不等同于多播路由协议。对于多个路由器的 Intranet 中的多播转发和路由支持，需要多播路由协议。可以配置 IGMP 路由器模式及 IGMP 代理服务器模式接口，为多个路由器的 Intranet 提供多播转发支持。但是，一般不推荐或支持使用这种方式。

18.6 网络地址转换 NAT

使用 Windows Server 2003 的网络地址转换，可以配置家庭网络或小型办公网络，以便共享到 Internet 的单个连接。网络地址转换包括下列组件。

1. 转换组件

启用网络地址转换的 Windows Server 2003 路由器(以后称为网络地址转换计算机)作为网络地址转换器(NAT)，它可转换 IP 地址及专用网络和 Internet 之间转发数据包的 TCP/UDP 端口号。

2. 寻址组件

网络地址转换计算机为家庭网络中的其他计算机提供 IP 地址配置信息。寻址组件是简化的 DHCP 服务器，该服务器可分配 IP 地址、子网掩码、默认网关以及 DNS 服务器的 IP 地址。必须将家庭网络上的计算机配置为 DHCP 客户机，以便自动接收 IP 配置。Window 2000、Windows NT、Windows 95 和 Windows 98 计算机默认的 TCP/IP 配置是 DHCP 客户机。

3. 名称解析组件

网络地址转换计算机成为家庭网络上其他计算机的 DNS 服务器。当网络地址转换计算机接收到名称解析请求时，它随即将该请求转发到配置它的基于 Internet 的 DNS 服务器，并将响应返回给家庭网络计算机。

18.7 请求拨号路由

请求拨号路由的概念相当简单，但是请求拨号路由的配置相对较复杂。此复杂性是由以下因素引起的。

- 连接终结点寻址：必须通过公有数据网络进行连接，如模拟电话系统，连接的终结点必须由电话号码或其他终结点标识符标识。
- 呼叫方的身份验证和授权：使用路由器的任何人必须经过身份验证和授权。身份验证基于连接建立过程中所传递的呼叫方的凭据集。传递的凭据必须与 Windows Server 2003 帐户对应。基于 Windows Server 2003 帐户和远程访问策略的拨入权限进行授权。
- 远程访问客户端和路由器之间的差异：路由和远程访问服务共存于运行 Windows Server 2003 的相同计算机上。远程访问客户端和路由器可以呼叫相同的电话号码。应答呼叫并运行 Windows Server 2003 的计算机必须可以从正在呼叫以创建请求拨号连接的路由器中区分远程访问客户端。要从请求拨号路由器中区分远程访问客户端，通过呼叫路由器发送的身份验证凭据中的用户名必须与应答路由器中请求拨号接口的名称相匹配。否则，将假定传入的连接是远程访问连接。
- 两个连接端的配置：即使只有一个连接端正在初始请求拨号连接，也必须配置连接的两端，只配置连接的一端意味着数据包只会向一个方向成功路由。常规通信需要双向传播信息。
- 静态路由的配置：不应该在临时拨号请求拨号连接上使用动态路由协议，因此，必须将经过请求拨号接口可用的网络 ID 的路由作为静态路由添加到路由选择表中。可以手动或通过使用自动静态更新完成此操作。

18.8 软路由器配置

由于在 Windows Server 2003 中路由和远程访问服务已经被完全集成在一起，添加路由服务器实际上就是添加路由和远程访问服务器，只是在添加和启动过程中只启用和配置路由服务相关的内容。

在添加 Windows Server 2003 远程访问路由器之前，管理员需要安装所有硬件并使其正常工作。根据网络和需要，可安装下列硬件。

- 带有合格网络驱动器接口规范(NDIS)驱动程序的 LAN 或 WAN 适配器。
- 一个或多个兼容的调制解调器和一个可用的 COM 端口。
- 带有多远程连接的可接受性能的多端口适配器。
- X.25 智能卡(如果使用 X.25 网络)。

● ISDN 适配器(如果使用 ISDN 线路)。

所有需要的硬件安装之后，管理员就可以开始添加与配置 Windows Server 2003 路由器，具体步骤如下。

(1) 单击"开始"按钮，选择"管理工具"|"路由和远程访问"命令，打开"路由和远程访问"窗口，如图 18-2 所示。

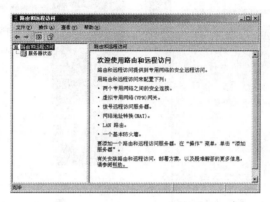

图 18-2　"路由和远程访问"窗口

(2) 在默认状态下，该对话框将本地计算机列出为路由服务器。要添加其他服务器，可在控制台目录树的"服务器状态"节点上单击鼠标右键，然后在弹出的快捷菜单中选择"添加服务器"命令，打开"添加服务器"对话框，在该对话框中，通过设置各个选项来选择需要添加的服务器，然后单击"确定"按钮。

(3) 在控制台目录树中，在需要启用的服务器上单击鼠标右键，然后在弹出的快捷菜单中选择"配置并启用路由和远程访问"命令，打开"路由和远程访问服务器安装向导"对话框，如图 18-3 所示。

(4) 单击"下一步"按钮，打开"配置"对话框，用户可以启用系统提供的服务的任意组合或者自定义此服务器，如图 18-4 所示。

图 18-3　"路由和远程访问服务器安装向导"对话框

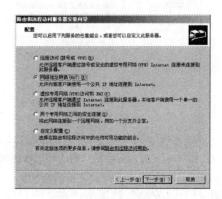

图 18-4　"配置"对话框

（5）若选中"自定义配置"单选按钮，则单击"下一步"按钮将打开"自定义配置"对话框，从中选择需要在此服务器上启用的服务，如图 18-5 所示。

（6）选中"LAN 路由"复选框，单击"下一步"按钮，打开完成安装向导的对话框，如图 18-6 所示。

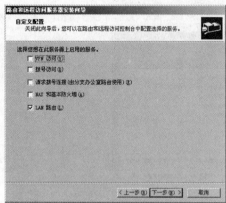

图 18-5　"自定义配置"对话框　　　　图 18-6　完成安装向导

（7）单击"完成"按钮，即可完成路由和远程访问服务的安装，然后可以在"路由和远程访问"窗口中进行查看，如图 18-7 所示。

（8）添加路由器之后，管理员还应设置路由器的作用范围，在"路由和远程访问"窗口中，在需要启用路由的服务器名称上单击鼠标右键，然后在弹出的菜单中选择"属性"命令，打开该服务器的属性对话框。在"常规"选项卡上，要应用 LAN 路由，可以选中"仅用于局域网(LAN) 路由选择"单选按钮；要应用 LAN 和 WAN 路由，则可以选中"用于局域网和请求拨号路由选择"单选按钮，如图 18-8 所示。

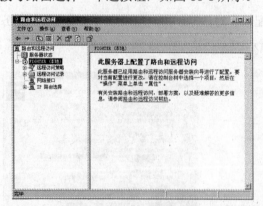
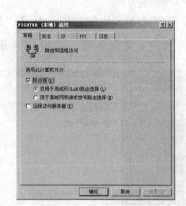

图 18-7　完成安装的"路由和远程访问"窗口　　　图 18-8　"常规"选项卡

（9）打开"安全"选项卡，在"身份验证提供程序"下拉列表中，用户可以选择不同的身份验证程序，如图 18-9 所示。

(10) 打开 IP 选项卡，用户可以选中"启用 IP 路由"复选框和"允许基于 IP 的远程访问和请求拨号连接"复选框，并在"IP 地址指派"选项区域中选中"动态主机配置协议"单选按钮，如图 18-10 所示。

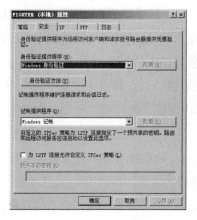

图 18-9　"安全"选项卡

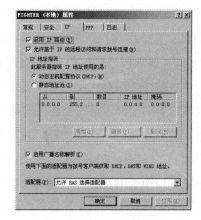

图 18-10　IP 选项卡

(11) 打开 PPP 选项卡，用户可以使用选项卡中的点对点协议选项，如图 18-11 所示。

(12) 打开"日志"选项卡，用户可以选择要记录的事件类别，如图 18-12 所示。

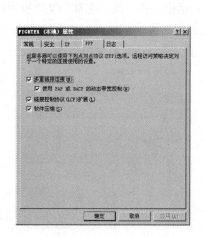

图 18-11　PPP 选项卡

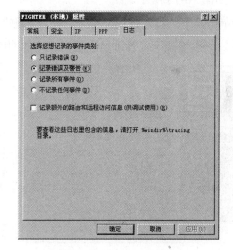

图 18-12　"日志"选项卡

18.9　NAT 配置

使用 Windows Server 2003 的网络地址转换，Windows Server 2003 路由器可以配置家庭网络或小型办公网络，以便共享到 Internet 的单个连接。下面将对网络地址转换的理解、部署和具体设置进行详细的介绍，以完成网络地址转换路由器的配置工作。

18.9.1 添加新的请求拨号接口

Windows Server 2003 路由器使用一个路由接口来转发单播 IP、IPX 或 AppleTalk 数据包及多播 IP 数据包。路由接口是 Windows Server 2003 局域网络连接的物理或逻辑接口，主要有 LAN 接口、请求拨号接口和 IP 中的 IP 隧道接口 3 种类型。

其中，请求拨号接口是代表点对点连接的逻辑接口。点对点连接基于物理连接，例如，在使用调制解调器的模拟电话线上连接的两个路由器或逻辑连接，又如，在使用 Internet 虚拟专用网络连接上连接的两个路由器。请求拨号连接是请求式(仅在需要时建立点对点连接)或是持续型(建立点对点连接然后保持已连接状态)。请求拨号接口通常需要身份验证过程连接。请求拨号接口所需的设备是设备上的一个端口。

如果管理员配置和启用的是请求拨号路由服务，则必须添加新的请求拨号路由接口，具体操作步骤如下。

(1) 在"路由和远程访问"窗口中展开服务器节点，然后在"网络接口"子节点上单击鼠标右键，在弹出的快捷菜单中选择"新建请求拨号接口"命令，打开"请求拨号接口向导"对话框，如图 18-13 所示。

(2) 单击"下一步"按钮，打开"接口名称"对话框，在"接口名称"文本框中输入新接口的名称。一般情况下，管理员应根据连接的网络或路由器来为接口命名，如图 18-14 所示。

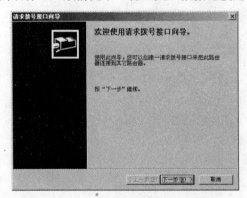

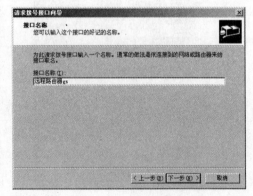

图 18-13 "请求拨号接口向导"对话框 　　　　图 18-14 "接口名称"对话框

(3) 单击"下一步"按钮，系统将打开"VPN 类型"对话框，选择 VPN 接口的种类：PPTP 或者 L2TP。也可选中"自动选择"单选按钮，由系统自己决定选择哪种接口类型，如图 18-15 所示。

(4) 单击"下一步"按钮，打开"目标地址"对话框，如图 18-16 所示，在"主机名或 IP 地址"文本框输入需要连接的路由服务器的名称或者 IP 地址。

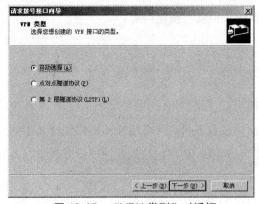
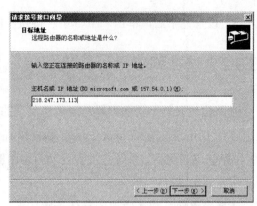

图 18-15 "VPN 类型"对话框　　　　图 18-16 "目标地址"对话框

(5) 单击"下一步"按钮，在打开的"协议及安全措施"对话框中，选择所有适用的项目，如图 18-17 所示。

(6) 然后单击"下一步"按钮，系统将打开"远程网络的静态路由"对话框。要激活请求拨号连接，用户必须将一个静态路由添加到网络中，如图 18-18 所示。

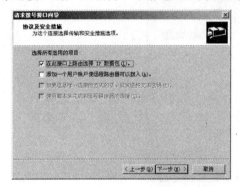

图 18-17 "协议及安全措施"对话框　　图 18-18 "远程网络的静态路由"对话框

(7) 然后单击"下一步"按钮，打开"拨出凭据"对话框。在该对话框中，管理员必须设置连接到远程路由服务器时此接口使用的用户名和密码等凭据，这些凭据必须和在远程路由服务器上配置的拨入凭据匹配。如图 18-19 所示。

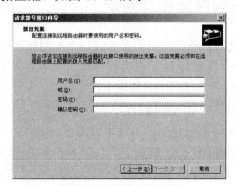

图 18-19 设置拨出凭据

(8) 设置完毕后，单击"下一步"按钮，单击"完成"按钮即可。

18.9.2　选择网络地址转换协议

IP 路由协议是不同路由器之间传递信息的标准。在动态 IP 路由环境中，使用 IP 路由协议传播 IP 由信息。在 Intranet 中最常用的 IP 路由协议有 5 种，网络地址转换协议是其中的一种。在默认的情况下，系统并没有自动为路由器选择这种 IP 路由协议，管理员需要根据具体情况和需要来进行选择。

选择网络地址转换协议的具体步骤如下。

(1) 选择"开始"|"控制面板"|"管理工具"|"路由和远程访问"命令，打开"路由和远程访问"窗口，在控制台目录树中展开服务器下的"IP 路由选择"节点，在"常规"子节点上单击鼠标右键，在弹出的快捷菜单中选择 "新增路由选择协议"命令，打开"新路由协议"对话框，如图 18-20 所示。

图 18-20　选择新路由协议

(2) 在"路由协议"列表框中选择需要添加的协议。

(3) 单击"确定"按钮，选择的协议就会出现在控制台的"IP 路由选择"节点下。

18.9.3　将接口添加到网络地址转换

在路由器中添加接口之后，还必须将需要的接口添加到网络地址转换协议中，才能使网络地址转换通过该接口进行地址转换。在为网络地址转换添加接口时，对于拨号连接到 Internet 的计算机，应选择配置连接到 ISP 的请求拨号接口。对于永久性连接到 Internet 的计算机，应选择配置连接到 ISP 的永久性接口。

将接口添加到网络地址转换协议中的具体步骤如下。

(1) 选择"开始"|"控制面板"|"管理工具"|"路由和远程访问"命令，打开"路由和远程访问"窗口，在控制台目录树中，找到"网络地址转换(NAT)"节点，在该节点上单击鼠标右键，然后在弹出的快捷菜单中选择"新增接口"命令，打开"网络地址转换(NAT)的

新接口"对话框，如图 18-21 所示。

(2) 在"接口"列表框中，选择要添加的接口，然后单击"确定"按钮，打开网络地址转换的接口属性对话框，如图 18-22 所示。

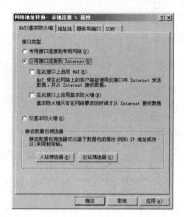

图 18-21　"网络地址转换(NAT)的新接口"对话框　　图 18-22　网络地址转换的接口属性对话框

(3) 如果要将该接口连接到 Internet，可在"NAT/基本防火墙"选项卡中选中"公共接口连接到 Internet"单选按钮和"转换 TCP/UDP 头(推荐)"复选框。如果该接口是连接到小型办公室或家庭网络，则选中"专用接口连接到专用网络"单选按钮。

(4) 单击"确定"按钮关闭该对话框。

18.9.4　地址分配和名称解析

由前面所介绍的内容可知，配置网络地址转换路由器需要利用 DHCP 进行地址分配和利用 DNS 响应名称解析请求，以便提供有效的客户机管理。但是，在默认的情况下，这两项功能都没有被启用，需要管理员手动完成启动和配置工作，具体操作步骤如下。

(1) 打开"路由和远程访问控制台"窗口，在控制台目录树中的"网络地址转换(NAT)/基本防火墙"节点上单击鼠标右键，在弹出的快捷菜单中选择"属性"命令，将打开设置网络地址转换(NAT)的属性对话框，然后打开"地址池"选项卡，如图 18-23 所示。

(2) 单击"添加"按钮，打开"添加地址池"对话框，在"起始地址"、"结束地址"和"掩码"文本框中输入所需的内容，如图 18-24 所示。

(3) 设置完毕后，单击"确定"按钮保存设置。

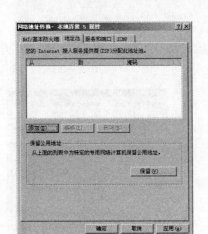

图 18-23　"地址池"选项卡　　　　　　图 18-24　"添加地址池"对话框

18.10　OSPF 路由配置

OSPF 使用"最短路径优先(SPF)"算法来计算路由选择表中的路由。SPF 算法计算路由器是所有网际网络的网络之间的最短路径(最低成本)。SPF 计算的路由通常是自由循环的，不像 RIP 路由器一样交换路由表项，OSPF 路由器维护网际网络的映射以及在对网络拓扑进行更改后，都可以更新该网际网络的映射，该映射称为链接状态数据库，用来同步 OSPF 路由器和计算路由表中的路由信息。邻近的 OSPF 路由器形成一个邻接，它是路由器之间的逻辑关系，用来同步链接状态数据库。对网际网络拓扑的更改被有效地覆盖整个网际网络，以保证每个路由器上的链接状态数据库总是同步且准确的，一旦接收到链接状态数据库更改，就要重新计算路由表。

OSPF 被正确部署以后，OSPF 环境将根据网际网络的路由变动来自动添加和删除路由，但是必须确保每个路由器都已正确配置，这样基于 OSPF 的路由公告才能传播到网际网络的OSPF 路由器上。

OSPF 路由环境最适合较大型到特大型、多路径、动态 IP 网际网络。其中，大型到特大型网际网络是指包含 50 个以上的网络；多路径指的是在网际网络的任意两个终点之间有多个路径可以传播数据包；动态指的是网际网络的拓扑会随时更改。一般情况下，校园、全球性企业或网际网络适用于 OSPF 路由的环境。但是，网络的不同对 OSPF 的具体部署要求也有所差别，本节只对其中的一些常用设置进行介绍。

18.10.1　添加 OSPF 协议

与网络地址转换协议一样，默认情况下，OSPF 协议也没有添加到路由器中，需要管理员在设置 OSPF 路由网络时手动添加，具体操作步骤如下。

(1) 打开"路由和远程访问"窗口，在控制台目录树中展开服务器下的"IP 路由选择"节点。在"常规"子节点上单击鼠标右键，在弹出的快捷菜单中选择"新路由选择协议"命令，打开"新路由协议"对话框。在"路由协议"列表框中，选择"开放式最短路径优先(OSPF)"选项，如图 18-25 所示。

图 18-25 "新路由协议"对话框

(2) 单击"确定"按钮，完成添加。

18.10.2 OSPF 全局设置

OSPF 全局设置是指设置 OSPF 的属性，它对 OSPF 的所有接口起作用，简化了管理员对 OSPF 路由接口的设置过程。OSPF 全局设置包括 OSPF 常规设置、区域和虚拟接口的创建以及外部路由的选择，下面将分别进行介绍。

1. 创建 OSPF 区域

在路由选择中，随着链接状态数据库的增长，内存要求和路由计算时间也将延长。针对这种情况，OSPF 将网际网络分成区域(邻近网络的集合)，这些区域通过一个主干区域的区域边界路由器(ABR)彼此连接。每个路由器只保持一个与该路由器相连的那些区域的连接状态数据库。不过，OSPF 区域不是自动创建的，需要管理员根据 OSPF 网际网络的具体情况来创建，其创建过程如下。

(1) 打开"路由和远程访问"控制台窗口，在控制台目录树中展开"IP 路由选择"节点，在 OSPF 节点上单击鼠标右键，然后在弹出的快捷菜单中选择"属性"命令，打开"OSPF 属性"对话框，打开"区域"选项卡，如图 18-26 所示。

(2) 在"区域"选项卡中，单击"添加"按钮，打开"OSPF 区域配置"对话框，如图 18-27 所示。

图 18-26　创建 OSPF 区域　　　　　　　图 18-27　区域配置

(3) 在"常规"选项卡的"区域 ID"文本框中输入标识区域的以圆点分隔的十进制数。要使用明文密码，可选中"启用明文密码"复选框；要将区域标记为存根区域，可选中"存根区域"复选框，并在"存根跃点数"微调器中设置存根跃点数；要将其他区域的路由导入到存根区域，则可以选中"导入摘要通告"复选框。

(4) 选择"范围"选项卡(如图 18-28 所示)，在"目标"文本框中输入范围的 IP 网络 ID，在"网络掩码"文本框中输入范围的相关掩码，然后单击"添加"按钮完成一个区域范围的添加。要删除范围，在地址范围列表框中选择需要删除的范围，然后单击"删除"按钮即可。

图 18-28　"范围"选项卡

(5) 设置区域完毕后，单击"确定"按钮，返回"OSPF 属性"对话框，然后单击"确定"按钮关闭对话框。

2. 配置自治系统边界路由器

OSPF 自治系统(AS)是指组织内的一组 OSPF 路由集合。在默认情况下，只有相应的直接连接网段的 OSPF 路由在 AS 内传播。外部路由是指不在 OSPF AS 内的任何路由,它们不能直接在 AS 内传播,只能通过一个或多个自治系统边界路由器(ASBR)遍历整个 OSPF AS。ASBR 可以在 OSPF AS 内部公布外部路由,例如,如果需要公布 Windows Server 2003 路由器的静态路由,需要将路由器启用为 ASBR 并进行配置。

配置 ASBR 的具体操作步骤如下。

(1) 打开"路由和远程访问"控制台窗口,在控制台目录树中找到 OSPF 节点,在该节点上单击鼠标右键,然后在弹出的快捷菜单中选择"属性"命令,打开"OSPF 属性"对话框。在"常规"选项卡中选中"启用自治系统边界路由器"复选框。要配置外部路由源,可以在"外部路由选择"选项卡中选中"接受来自所有路由源的路由,除选定的以外"或"忽略来自所有路由源的路由,除选定的以外"单选按钮,并选中"路由源"列表框中的所需选项,如图 18-29 所示。

(2) 要配置外部路由筛选器,单击"路由筛选器"按钮,打开"OSPF 外部路由筛选器"对话框,如图 18-30 所示。

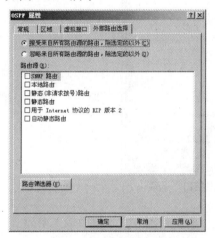

图 18-29　"外部路由选择"选项卡

图 18-30　设置外部路由筛选器

(3) 根据需要选中"忽略列出的路由"或"接受列出的路由"单选按钮,然后在"目标"和"网络掩码"文本框中输入要筛选的路由,接着单击"添加"按钮即可。如果要添加多个路由,可重复执行这步操作。

(4) 单击"确定"按钮,返回到"OSPF 属性"对话框,然后单击"确定"按钮关闭对话框。

3. 添加虚拟接口

通常,ABR 和主干区域之间都有物理连接,但是,当其他区域到主干区域的 ABR 物理连接不可存在或无法实现时,可以使用虚拟链接将 ABR 连接到主干区域上。虚拟链接是区域的 ABR 和物理连到主干区域的 ABR 之间的逻辑点对点连接。例如,在区域 2 的 ABR 和区域 1 的 ABR 之间配置虚拟链接,用户可以把区域 1 的 ABR 物理地连到主干区域上,而区域 1 一般也叫传送区域，通过该区域创建虚拟链接，可以很方便地从逻辑上将区域 2 连到主干区域上。

要创建虚拟链接，虚拟链接邻居的两个路由器都要配置中转区域、虚拟链接邻居的路由器 ID、匹配的呼叫和停顿间隔，以及匹配的密码，其具体操作步骤如下。

(1) 打开"路由和远程访问"控制台窗口，在控制台目录树中的 OSPF 节点上单击鼠标右键，然后在弹出的快捷菜单中选择"属性"命令，打开"OSPF 属性"对话框，打开"虚拟接口"选项卡，如图 18-31 所示。

(2) 在"虚拟接口"选项卡上，单击"添加"按钮，打开"OSPF 虚拟接口配置"对话框，在"中转区域 ID"下拉列表框中选择连接虚拟链接的传输区域；在"虚拟邻居路由器 ID"文本框中输入路由器的 OSPF 路由器 ID，然后分别在"中转延迟(秒)"、"重传间隔(秒)"、"呼叫间隔(秒)"和"停顿间隔(秒)"微调器设置相应的值(以秒为单位)。

图 18-31　"虚拟接口"选项卡

如果配置的主干区域需要设置密码，则在"明文密码"文本框中输入密码。

(3) 单击"确定"按钮，返回到"OSPF 属性"对话框，然后单击"确定"按钮关闭对话框。

注意

要配置虚拟链接，每个虚拟链接邻居都必须添加并配置虚拟接口。 呼叫间隔、停顿间隔和密码必须在虚拟链接的邻居之间互相匹配。

系统与网络安全

第 **19** 章

Windows Server 2003 的安全性贯穿于许多系统服务功能中，涉及网络、密码学、认证、CA 中心、文件加密等多方面。Windows Server 2003 提供了最近几年来有关安全方面的最新技术，并与 Active Directory 的思想结合，是一个相对来说花费不大，但是行之有效的新平台。

Windows Server 2003 的系统安全离不开网络安全的范畴，关闭不用的系统端口可增强一定的安全性，掌握网络安全的攻击手段和防范策略在一定程度上可增强系统及网络的安全性。

 本章知识点

- ☑ Windows Server 2003 的安全特性
- ☑ Windows Server 2003 的安全验证
- ☑ 安全策略配置
- ☑ 加密文件系统
- ☑ 网络安全体系结构
- ☑ 网络攻击手段
- ☑ 网络安全防范策略

19.1　系统安全概述

信息安全对今天的操作系统来说是一个非常重要的问题，它涉及到从硬件到软件、从单机到网络的各个方面的安全机制。

在今天日益复杂的环境中，为了达到较高的安全程度，Windows Server 2003 提供了最新的公用密钥证书和动态口令技术。现在，企业越来越多地面临着通过公共网络进行远程访问，通过 Internet 进行企业间通信的问题，这也是推动安全技术发展的动力。

19.1.1　安全的基本概念

在理解 Windows Server 2003 的各种安全技术之前，先来熟悉一下安全方面的一些基本概念。

1. 对称加密

在对称密钥密码体制中，用于加密的密钥与用于解密的密钥完全相同。在对称密钥密码体制中，通常使用的加密算法比较简便、高效，密钥虽然简短，但破译却极其困难。在该密码体制中传送和保管密钥是一个严峻的问题。

2. 非对称加密

在非对称加密算法中，加密密钥不同于解密密钥，加密密钥公之于众，谁都可以使用。而解密密钥只有解密人自己知道。它们分别称为公用密钥(Public key)和私用密钥(Private key)。

3. 公钥体系

公开密钥密码体制是现代密码学中最重要的发明和进展。与公开密钥密码体制相对应的是传统密码体制，又称对称密钥密码体制。在对称密钥密码体制中，用于加密的密钥与用于解密的密钥完全相同。而后又产生了非对称密钥密码体制即公钥密码体制。在公钥密码体制中，加密密钥不同于解密密钥，加密密钥公之于众，谁都可以使用，而解密密钥只有解密人自己知道，它们分别称为公用密钥(Public key)和私用密钥(Private key)。

在迄今为止的所有公钥密码体系中，RSA 系统是其中最著名的一种。RSA 公开密钥密码系统是由 R.Rivest、A.Shamir 和 L.Adleman 这 3 位教授于 1977 年提出的。RSA 的取名也是来自于这 3 位发明者姓氏的第一个字母。

4. 数字签名

现实生活中，签名的目的大致用于认证签字者的身份，表明签字者确认所签文件的内容或防止签字者对文件内容的篡改。那么是否可对电子文件签名来实现以上目的呢？这就出现了数字签名。RSA 公钥体系可用于对数据信息进行数字签名。其方法是：信息发送者用其私钥对所传报文中提取出的特征数据(或称数字指纹)进行 RSA 算法操作，以保证发送者无法抵赖曾发过该信息(即不可抵赖性)，同时也确保信息报文在传递过程中未被篡改(即完整性)。当信息接收者收到报文后，就可以用发送者的公钥对数字签名进行验证。

在数字签名中有重要作用的数字指纹是通过一类特殊的散列函数(HASH 函数)生成的，对这些 HASH 函数的特殊要求如下。

- 接受的输入报文数据没有长度限制。
- 对任何输入报文数据生成固定长度的摘要(数字指纹)输出。
- 从报文能方便地算出摘要。
- 难以对指定的摘要生成一个报文，而由该报文可以算出指定的摘要。
- 难以生成两个不同的报文具有相同的摘要。

5. 公钥与证书的区别

密钥生成中心为用户生成一对密钥：公钥和私钥。公钥公布于众，私钥用于自己保存。私钥用于对文件加密或签名，公钥用于对文件的解密及验证。证书是一个遵循 X.509 的标准，由 CA 签发。证书内容包含用户信息及用户的公钥，由 CA 用其私钥签发。因此可以认为证书是 CA 对用户公钥的认证。

6. SSL 协议

SSL 即 Secure Socket Layer 的缩写，是一种安全传输协议。它被浏览器软件用于对 HTTP 协议的加密保护，在电子商务中被广泛采用。SSL 协议的优点是通用性好，因为所有的浏览器均支持 SSL。

19.1.2 Windows Server 2003 的 Kerberos 安全验证服务

Windows Server 2003 通过安全服务提供者接口(Security Service Provider Interface，简称 SSPI)实现了应用协议和底层安全验证协议的分离。不管是 NTLM、Kerberos、Secure Channel(SChannel 是 Web 访问的常用验证方法)，还是 DPA(Distributed Password Authentification，企业和内容网站常用的验证方法)，它们对于应用层来说都是一致的。应用厂商还可以通过 Microsoft 提供的 Platform SDK 产品包中的 Security API 来开发自己的验证机制。

Kerberos 是在 Internet 上长期被采用的一种安全验证机制，它是基于共享密钥的方式。Kerberos 协议定义了一系列有关客户机、密钥发布中心(Key Distribution Center，简称 KDC)，以及服务器之间获得和使用 Kerberos 票证的通信过程。

Kerberos 是 MIT(美国麻省理工大学)在 1985 年开始的 Athena 计划中的一部分，目的是解决在分布校园环境下，工作站用户经过网络访问服务器的安全问题。Kerberos 的名字来自希腊神话中守卫地狱之门的多头蛇尾狗的名字，原计划要有 3 个组成部分来解决网络的安全问题，即认证、报表和审计，但后两部分从未实现。Kerberos 按单钥体制设计，以 Needham 和 Schroeder[1978]认证协议为部分基础，由可信赖中心支持，以用户服务模式实现。其中 V1~V3 为开发版本，V4 是原型 Kerberos，获得广泛应用。V5 自 1989 年开始设计，1994 年公布作为 Internet 的标准草案，即 RFC1510 标准。Windows Server 2003 就是采用 Kerberos V5 的标准。

Kerberos 在分布式环境中具有足够的安全性，能防止攻击和窃听，能提供高可靠性和高效的服务，对用户具有透明性，用户除了发送口令之外，不会觉察出认证过程，可扩充性好。

当已被验证的客户机试图访问一个网络服务时，Kerberos 服务(即 KDC)就会向客户端发放一个有效期一般为 8 个小时的对话票证(Session Ticket)。网络服务不需要访问目录中的验证服务，就可以通过对话票证来确认客户端的身份，这种对话的建立是由同一棵树中的其他 KDC 发放票证，这就大大简化了大型网络中多域模型的域管理工作。

另外，Kerberos 还具有强化互操作性的优点。在一个多种操作系统的混合环境中，Kerberos 协议提供了一个通过统一的用户数据库为各种计算任务进行用户验证的能力。即使在非 Windows Server 2003 平台上通过 KDC 验证的用户，如从 Internet 进入的用户，也可以通过 KDC 域之间的信任关系，获得无缝的 Windows Server 2003 网络访问。

19.1.3　Windows Server 2003 的安全特性

Windows Server 2003 的安全特性主要体现在用户验证(User Authentication)和访问控制(Access Control)方面。为保证系统管理员能够方便有效地管理这些特性，Windows Server 2003 利用了 Active Directory 的功能。本节将介绍安全模型的这些特性。

1. 用户验证

Windows Server 2003 安全模型包括用户验证的概念，它授予用户能够登录到网络并访问网络资源的能力。在该验证模型中，安全系统提供了两类验证。

- 交互式登录(Interactive logon)：它在本地计算机或 Active Directory 帐户中验证用户的身份。
- 网络验证(Network authentication)：当用户尝试访问网络服务时，确认用户身份。为提供此类证书，Windows Server 2003 安全系统提供了 3 种不同的验证机制：Kerberos V5、公用密钥证书和 NTLM(为和 Windows 2000 系统相兼容而提供)。

2. 基于对象的访问控制(Object-based access control)

除了用户验证，Windows Server 2003 还允许系统管理员控制对网络中的资源或对象的访问。Windows Server 2003 通过允许系统管理员对存储在 Active Directory 中的对象指定安全描述符(Security Descriptors)来使用访问控制(Access Control)。

安全描述符将列出授权访问对象的用户和组，以及指定给这些用户和组的特殊权限。安全描述符还指定了需要为该对象进行审核的各类访问事件。对象包括文件、打印机和服务等，通过管理对象的属性，系统管理员可以设置权限、指定管理人并监视用户的访问。

系统管理员不仅可以对一个特定的对象进行访问控制，而且还可以对该对象的特殊属性进行访问控制。例如，通过对一个对象的安全描述符进行适当的配置，用户可以获许访问一个信息子集，诸如职工姓名和电话号码，但不能访问其家庭住址。

3. Active Directory 和安全性

Active Directory 通过使用对象的访问控制和用户凭据(Credentials)来提供用户帐户和组信息的保护存储。由于 Active Directory 不仅存储用户凭据，而且还包括访问控制信息，因此登录到网络的用户，可以同时获得访问系统资源的验证(Authentication)和授权(Authorization)。

例如，当用户登录到网络时，Windows Server 2003 安全系统将使用存储在 Active Directory 中的信息对用户进行验证。然后，当用户登录到网络中的服务时，系统将检查该服务的访问控制列表(ACL)中定义的属性。用户可以通过随意设定访问控制列表(ACL)来设置对任何组织单位中的对象的管理。例如，可以授权一个系统管理员重新设置密码，但不授权增加或删除帐号的权力给他。

由于 Active Directory 允许系统管理员创建组帐户，所以系统管理员可以更有效地管理系统安全。例如，系统管理员可以通过调整文件属性，来授权一个组中所有用户都能读取该文件。这样可以使得对 Active Directory 对象的访问基于组成员。

一般而言，Windows Server 2003 中提供的是一个安全性框架，并不偏重于任何一种特定的安全特性，即不是提供给用户一个锤子，让用户去找合适的钉子去敲。新的安全协议、加密服务提供者或者第三方的验证技术，可以很方便地结合到 Windows Server 2003 的"安全服务提供者接口"(SSPI，Security Service Provider Interface)中，以供用户选用。

Windows Server 2003 意识到用户对于向下兼容的需要，完全无缝地对 Windows Server 2000 网络提供支持，提供对 Windows 以前版本中采用的 NTLM(NT LAN Manager)安全验证机制的支持。用户可以选择依照自己的步调迁移到 Windows Server 2003 中以替代 NTLM 的 Kerberos 安全验证机制。

通过在 Active Directory 中使用组策略，系统管理员可以集中地把所需要的安全保护加强到某个容器(SDOU)的所有用户/计算机对象上。Windows Server 2003 包括了一些安全性模板，既可以针对计算机所担当的角色来实施，也可以作为创建定制的安全性模板的基础。安全性管理的扩展性表现为：在 Active Directory 中可以创建非常巨大的用户结构，用户可以根据需要访问目录中存储的所有信息，但是，用户所在的域或组织单元仍然是安全性的边界。

19.2　Windows Server 2003 的安全验证

验证(Authentication)是系统安全性的一个基本因素，它确认试图登录到域或访问网络资源的所有用户的身份。Windows Server 2003 的验证保证了对所有网络资源的"单个登录(single sign-on)"。使用"单个登录"，保证用户只需一次登录到域，使用单个口令或智能卡并取得域中所有计算机的验证。

Windows Server 2003 支持验证的几种工业标准类型。当进行验证用户时，Windows Server 2003 使用不同类型的验证，这取决于多种因素。Windows Server 2003 支持的验证类型是 Kerberos V5，为交互式登录(Interactive logon)，使用口令或智能卡。这也是默认的网络服务的验证方式。还有一种验证是通过安全套接层/传输层安全(Security Socket Layer/Transport Layer Security，简称 SSL/TLS)来验证，特别是当用户试图访问安全 Web 服务器时可以使用这种方式。

19.2.1　Kerberos V5 验证

Kerberos V5 是一个域中用于验证的主要安全协议。Kerberos V5 协议同时检验用户身份和网络服务。这种双重检验称为相互验证(Mutual Authentication)。

1. Kerberos V5 工作方式

Kerberos V5 验证机制为访问网络服务发布票证(Ticket)，这些票证包含加密数据，数据中包含加密的口令，来确认请求服务用户的身份。除了输入一个口令或智能卡凭据外，整个验证过程对用户是不可见的。

Kerberos V5 中的一个重要服务是密钥发布中心(Key Distribution Center，简称 KDC)。KDC 作为 Active Directory 的一部分运行在每个域控制器上，它存储所有客户的口令和其他帐户信息。

Kerberos V5 验证过程是按以下步骤工作的。

(1) 客户机中的用户，使用口令或智能卡向 KDC(Key Distribution Center)发出验证请求。

(2) KDC 向客户机发出一个特别的授权票证(Ticket Granting Ticket，简称 TGT)。客户机系统使用该 TGT 访问售票服务(Ticket Granting Service，简称 TGS)，它是域控制器中 Kerberos V5 验证机制的一部分。

(3) 然后，TGS 向客户机发布一个服务票证(Service Ticket)，客户机使用服务票证来请求网络服务。服务票证用来证明服务和用户的身份。

2. Kerberos V5 和域控制器

Kerberos V5 服务安装在每个域控制器上，而 Kerberos V5 客户机则安装在每个 Windows Server 2003 工作站和服务器上。

Windows Server 2003 系统使用域名服务(DNS)查询定位最近的可用域控制器。该域控制器则会在用户登录期间对该用户起首选 KDC 的作用。如果首选 KDC 失效，则 Windows Server 2003 系统将确定由另一个 KDC 提供验证。

3. 验证的分派

验证的分派是系统管理员授予用户或计算机帐户的权限。默认情况下，只有系统管理员才能被赋予该权限。该权限必须有选择地赋予可信任的服务器程序。在一个 N 级应用程序中，用户针对中级服务进行验证，中级服务则代表用户针对后台数据进行验证。分派依赖可信任的中级服务进行分派。委托分派的含义是指服务可以模仿用户使用其他网络服务。

4. Kerberos V5 的内部可操作性

Windows 2003 Server 支持两种类型的 Kerberos V5 内部可操作性：可以在域和基于 MIT 的 Kerberos 领域间建立委托关系。这意味着 Kerberos 中的客户机可以对 Active Directory 域进行验证以便访问该域中的网络资源。UNIX 客户机和服务器在域中可以拥有 Active Directory 帐户，因此可获得域控制器的验证。

19.2.2 安全策略配置

安全策略定义了系统与安全相关的行为。通过使用 Active Directory 中的组策略对象，系统管理员可以在中央位置应用保护企业系统所要求的安全级别。要应用安全策略，必须先使用安全配置工具集创建和配置安全配置。该安全配置工具集用于创建、分析和修改计算机的安全配置。另外，像审核策略之类的安全特性主要用于监视对安全系统的访问，通过这些安全工具可以把有效的安全配置应用到计算机系统中，以便提供更安全、更稳定的环境。

1. 安全配置和分析管理单元

在创建或修改安全策略时，必须使用"安全配置和分析"管理单元。这个安全配置编辑器用于设置和管理计算机配置，以应用到本地计算机和整个组策略。当特定的组策略对象被选取时，在 Microsoft 管理控制台内进行管理时这些"安全配置和分析"选项就可以使用。

能够应用整个组策略的 11 个功能区域中只有 7 个功能是通过这些安全工具进行配置的，每个功能区域由它自己的策略配置选项组成。这 7 个可用的组主要用于配置下列方面，如图 19-1 所示。

- 帐户策略：密码策略、帐户锁定策略和 Kerberos 策略。
- 本地策略：审核策略、用户权限分配和安全选项。
- 事件日志：事件日志设置。
- 受限制的组：安全敏感组成员身份。
- 系统服务：个别服务的选项和安全性。

- 注册表：在注册表密锁上的安全性。
- 文件系统：在 NTFS 分区上的安全性。

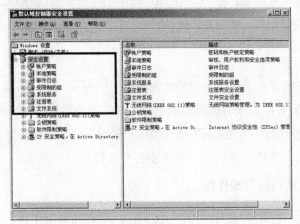

图 19-1　"安全配置和分析"工具集上可用的选项

2. 配置审核策略

Windows Server 2003 中的审核可以跟踪用户和系统事件，用于监视计算机的有 3 个主要的日志：系统日志用于监视系统事件，如服务程序没有启动或设备失效；应用程序日志用于监视所有与安全有关的事件，如失效的登录请求；审核用于安装安全日志。审核条目由下列 3 项组成。

- 执行操作的用户或进程。
- 执行的操作。
- 执行的操作成功或失败。

在网络环境中配置审核时，如果是为服务器或工作站配置审核策略，则必须为每台计算机配置策略，组策略能够用于把这个进程自动化。例如，创建一个策略并把它与包含所有计算机的容器相关联，则所有计算机将用审核策略设置进行配置。如果是为域控制器配置审核策略，则只需配置一个策略，因为域控制器不像成员服务器或工作站那样维持本地数据库，而是共享域数据库。这个方法与早期的 Windows 版本类似，差别就在于组策略。使用组策略可以一次配置所有的计算机，而不用单个的配置每台计算机。

要创建审核安装程序，首先要选择或创建与这些设置相关联的组策略对象。例如，管理员可以选择使用 Default Domain Policy。

下面是配置审核策略的具体操作步骤。

(1) 打开"开始"菜单，选择"管理工具"|"域安全策略"命令，打开"默认域安全设置"控制台窗口，展开"安全设置"/"本地策略"节点，选择"审核策略"选项，在窗口右侧的窗格中将显示出审核策略的具体选项设置，如图 19-2 所示。

(2) 在右侧窗格中右击要配置的审核事件，从弹出的快捷菜单中选择"属性"命令或者直接双击要配置的审核事件，将打开该审核事件的"属性"对话框，在该对话框中可以选中"定义这些策略设置"复选框来启用该策略。然后再选中"审核这些操作"选项区域中的"成功"或"失败"复选框，如图 19-3 所示。

图 19-2　"审核策略"节点

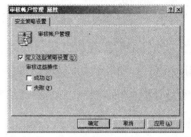

图 19-3　审核事件的"属性"对话框

(3) 设置完毕后，单击"确定"按钮，即可使设置生效。

3. 安全配置模板

安全配置模板允许创建标准的安全配置以分发到其他计算机。例如，用户可以在服务器上设置安全配置并使用模板，以便把这些设置应用到其他服务器。一般情况下，默认的安全配置模板存储在"系统目录\Security\Templates"中。这些模板是在安装过程中使用的默认安全配置，也被称为基础模板。在 Windows Server 2003 的安装过程中才应用这些模板。要查看这些模板，可以在 MMC 控制台中添加"安全模板"管理单元，如图 19-4 所示。

图 19-4　添加"安全模板"管理单元

在"安全模板"控制台窗口中用户可以打开不同的模板文件,然后进行不同的策略配置。

> **注意**
>
> 在升级 Windows 的过程中,已经应用的安全策略将会丢失,用户必须重新应用安全策略来保持以前的安全配置。

19.2.3 数据保护

数据的保密性和完整性是从网络验证开始的。用户可以使用正确的凭据(牢固的口令或公用密钥凭据)登录到网络并在该过程中获得访问存储数据的权限。Windows Server 2003 支持两种数据保护类型:存储数据和网络数据。

1. 存储数据保护

用户可以使用以下方法保护存储数据(联机或脱机)。

- 加密文件系统(EFS):EFS 使用公用密钥加密技术对本地 NTFS 数据进行加密。
- 数字签名:数字签名将表明软件来源以确保其正确性。

2. 网络数据保护

站点(本地网络和子网)内的网络数据是由验证协议保护的。对于其他安全级别,可以选择加密站点内的网络数据。例如,可以使用 IP 安全加密特定客户机或域中所有客户机的所有网络通信,可以使用以下实用工具来保护传入和传出站点(经 Intranet、Extranet 或 Internet 网关)的网络数据。

- IP Security:加密客户机的所有 TCP/IP 通信。
- 路由和远程访问:配置远程访问协议和路由。
- 代理服务器:为站点提供防火墙和代理服务器。

此外,诸如 Microsoft Exchange、Outlook 和 Internet Explorer 等程序也可提供站点内部或整个网络中消息和事物的公用密钥加密。

19.3 加密文件系统(EFS)

Windows Server 2003 支持加密文件系统(Encrypting File System,简称 EFS)的几个升级版本。EFS 允许用户在选取的 NTFS 文件和文件夹中加密数据,以便使该数据可以秘密地存储在计算机上。EFS 提供了内建的、透明的文件和文件夹加密文件。尽管 EFS 对 Windows 客户端来说很容易使用，但作为一名 Server 系统管理员，还是需要透彻地了解其协议的复杂性。本节将介绍如何配置 EFS 和恢复数据。

Windows Server 2003 在 Windows 2000 的基础上，对 EFS 进行了改进。例如，在 Windows Server 2003 中可以对脱机文件数据库进行增强加密，这对 Windows 2000 来说是一个进步，因为缓存文件现在也可以加密。

19.3.1 EFS 概述

Windows Server 2003 的 EFS 基于公钥加密，并利用了操作系统的 CryptoAPI 体系结构。EFS 采用一个随机生成的密钥对每个文件进行加密，这种密钥独立于用户的公钥/私钥。如不存在，EFS 可以为用户自动生成一个密钥对和一个证书；如果原始文件位于 NTFS 卷，则临时文件也会得到加密。一般情况下，EFS 是集成于操作系统内核，并采用未分页的内存文件密钥来确保它们绝对不会在分页文件中使用。

在 Windows Server 2003 中，可以采用扩展的"数据加密标准"(Data Encryption Standard，简称 DESX)或者 Triple－DES(3DES)算法进行加密。由微软加密服务提供程序(Crytographic Service Providers，简称 CSP)提供的 RSA Base 和 RSA Enhanced 软件都可用于 EFS 证书，并可用于对称密钥的加密。

EFS 可针对单独的文件或文件夹进行加密。在一个加密的父文件夹中，所有子文件和文件夹也会默认被加密。为简单起见，应鼓励用户尽可能地加密文件夹，并将所有需要加密的数据保存到被加密的一个父文件夹中。然而，实际上每个文件都有自己唯一的加密密钥，这样可以确保即便将其移到同一个卷的某个未加密的文件夹中，仍能保持其加密状态。

注意

> 如果将加密文件从一个 NTFS 卷移到一个 FAT 卷，会导致文件解密。不过，当文件移动时只有当初加密文件的用户登录时，才会解密。

19.3.2 EFS 的结构组件

Windows Server 2003 的 EFS 有如下几个核心组件。

- EFS 驱动程序
- EFS 文件系统运行时间库
- EFS 服务
- Win32 API

1. EFS 驱动程序

EFS 有几个核心组件构成。例如，EFS 驱动程序要同 EFS 服务进行通信，以请求数据解密字段，数据恢复字段和加密字段以及加密密钥。EFS 驱动程序还要与"文件系统运行时间库"(File System Run Time Library，简称 FSRTL)进行交互，这样才能进行文件加密操作。

2. EFS 文件系统运行时间库

文件系统运行时间库是 EFS 驱动程序中的一个模块，NTFS 通过对文件系统运行时间库进行调用，可以打开、读取和写入加密文件及文件夹。文件系统运行时间库还负责对来自磁盘的文件数据进行加密、解密和恢复。尽管 EFS 驱动程序和文件系统运行时间库是作为单个组件实现的，但两者永远不会直接通信；用户可以利用 NTFS 文件控制调用机制来传递两者之间的消息。所以，NTFS 是所有文件操作的参与者。

3. EFS 服务

EFS 服务是 Windows Server 2003 安全子系统的一部分，它通过 LPC 通信端口与 EFS 驱动程序进行通信。另外，EFS 服务还为 Win32 API 提供支持，后者用于处理加密、解密和恢复。

4. Win32 API

Win32 API 提供了编程接口，用于加密纯文本文件、解密或删除加密的文本文件，以及导入和导出加密文件(而无须事先解密)。这些 API 函数由标准的 DLL 文件 Advapi32.dll 提供支持。

注
释

对 Windows 客户端来说，加密过程是透明的。作为网管，应要求用户始终用 EFS 来保存敏感数据。建议在文件夹一级进行加密，以防止在转换过程中将纯文本临时文件遗留在硬盘驱动器上。

19.3.3 数据恢复

数据恢复是 EFS 的一个特性，以方便人们获取加密信息。例如，如果用户忘记了自己的密码，默认的域系统管理员就能进行解密，拯救加密文件。此外，默认域系统管理员还能将这种解密权限指派给其他系统管理员帐户。本节就将讲解数据恢复机制，并介绍如何在用户的安全策略中实现它。

如上所述，EFS 使用的是公钥/私钥对加密。然而，公钥不能加密文件本身，而是每个文件都有一个唯一的密钥，称为"文件加密密钥"(File Encryption Key，简称 FEK)，它是由 CryptoAPI 生成的。在这里，公钥的作用是对每个文件的唯一 FEK 进行加密。加密后的 FEK 保存于加密文件头部的"数据解密字段"(Data Decrytion Field，简称 DDF)中。所以，当用户打开一个文件时，他/她的私钥用于对 FEK 进行解密，然后用解密后 FEK 明文对文件本身进行解密。

除此之外，每个故障恢复代理的公钥也可以单独加密 EFK。这种恢复 EFK 保存在文件头的一个独立部分中，即"数据恢复字段"(Data Recovery Field，简称 DRF)。所以，如果使用了数据恢复功能，故障恢复代理的私钥将解密自己的 FEK，再由后者对文件进行解密。

如果存在一个证书颁发机构(CA)，那么 EFS 将联系 CA 以获得证书，但 CA 并非必需的。例如在单机上，EFS 会创建一个密钥对，然后自行签发证书。这样，即使用户没有管理权限，也能使用文件加密功能。

19.3.4　实现 EFS 服务

用户可以使用 EFS 进行加密、解密、访问、复制文件或文件夹等操作，系统在安装时就默认安装了 EFS 服务。而且 Windows 2000 曾引入了一种新的客户端缓存功能，在 Windows Server 2003 中，现在称为脱机文件。该技术允许网络用户访问网络共享上的文件——即使客户机从网络断开连接。从网络断开后，用户仍能浏览、读取和编辑文件，因为数据已经在客户机上缓存下来了。当用户再次连接到网络时，系统会在服务器上，对本地发生的改变进行同步。因此，用户可以利用 EFS 对脱机文件夹进行加密。

下面就介绍如何实现 EFS 服务。

1. 加密文件夹或文件

(1) 选择"开始"|"所有程序"|"附件"|"Windows 资源管理器"命令，打开"Windows 资源管理器"窗口。右击想要加密的文件夹或文件，从弹出的快捷菜单中选择"属性"命令，打开"属性"对话框，选择"常规"选项卡，如图 19-5 所示。

(2) 在"常规"选项卡中单击"高级"按钮，在打开的"高级属性"对话框中，选中"加密内容以便保护数据"复选框，如图 19-6 所示。

图 19-5　"常规"选项卡

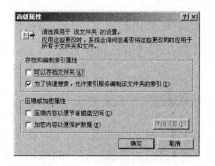

图 19-6　"高级属性"对话框

(3) 单击"确定"按钮，系统会打开"确认属性更改"对话框，用户可以选择是加密文件夹及其子文件夹，还是仅仅加密文件夹本身。一般情况下，建议用户选择加密文件夹以及所有文件和子文件夹，如图 19-7 所示。

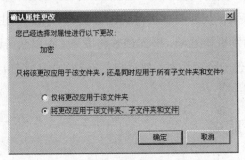

图 19-7 "确定属性更改"对话框

(4) 最后，单击"确定"按钮即可完成加密。

注意

使用 EFS 加密文件夹时，具有较高权限的用户也许能解密已经加密的文件和文件夹。因此，不要只出于合理的工作需要，才使用加密功能。

2．解密文件或文件夹

用户也可以使用"Windows 资源管理器"对文件夹进行解密，而且一般无需解密即可打开文件并进行编辑——EFS 在用户面前是透明的。如果正式解密一个文件，那就会使其他用户随意访问该文件。

下面是解密文件或文件夹的具体步骤。

(1) 选择"开始"|"所有程序"|"附件"|"Windows 资源管理器"命令，打开"Windows 资源管理器"窗口。右击想要解密的文件夹或文件，从弹出的快捷菜单中选择"属性"命令，打开"属性"对话框，选择"常规"选项卡。

(2) 在"常规"选项卡中单击"高级"按钮，在打开的"高级属性"对话框中，取消选中"加密内容以便保护数据"复选框，单击"确定"按钮。

(3) 在弹出的"确认属性更改"对话框中选择是对文件夹及其所有内容进行解密，还是只解密文件夹本身。默认情况下是对文件夹进行解密。最后单击"确定"按钮即可。

3．使用加密文件或文件夹

作为当初加密文件的用户，不一定非要解密才能使用它。EFS 会在后台透明地为用户执行任务。用户可以正常地打开、编辑、复制和重命名文件。然而，如果用户不是加密文件的创建者或不具有一定的访问权限，则在试图访问该文件时将会看到一条访问被拒绝的消息。

对于一个加密文件夹来说，如果在它加密之前访问过它，则加密后仍可以打开它。如果一个文件夹的属性设置为"加密"，那么它只是指该文件夹中的所有文件会在创建时进行加密；另外，子文件夹在创建时也会被标记为"加密"。

4. 复制加密文件或文件夹

在同一台计算机中，如果将文件或文件夹从 Windows Server 2003 的一个 NTFS 分区复制到另一个 NTFS 分区，加密属性会予以保留。所以，可向对待普通的非加密文件一样对加密文件或文件夹进行复制，复制的副本仍然加密。但是，如果在同一台计算机中将文件或文件夹从 Windows Server 2003 的一个 NTFS 分区复制到一个 FAT/FAT32 分区，文件将会丢失加密属性。

如果将文件或文件夹复制到另一台计算机，而且两台计算机均使用 NTFS 分区，那么，是否加密要取决于目标计算机。如果远程计算机允许加密文本，副本会被加密；否则，它会被解密。为使传输正常进行，远程计算机必须是受信的委托方，即在域环境中，远程加密默认情况下是未启用的。

注意

传输了一个加密文件后，应注意检查远程副本是否维持加密，因此，需要单击"文件属性"对话框的"高级"按钮，确定目标文件是否已经加密。

5. 加密远程服务器上的文件和文件夹

如果使用和当初加密时一样的帐户登录，可以透明地加密、解密和访问存储在远程服务器上的文件。然而，必须记住使用备份和恢复机制移动加密文件时，必须同时移动加密证书和私钥以便能在新位置使用加密文件。没有正确的私钥，将不能打开或解密文件。

通过网络打开加密文件或通过网络传输数据将不能加密；用户必须使用其他协议对网络中传输的数据加密，如安全套接字层/个人通信技术(SSL/PCT)或者 Internet 协议安全(IPSec)等。

6. 加密脱机文库

Windows Server 2003 允许对脱机文件数据库进行加密，而在 Windows 2000 中，缓存文件是不能加密的。系统管理员还可利用这一特性对本地缓存的所有文档进行物理保安。如便携机或 Pocket PC 失窃，加密的脱机文件也提供了附加的安全级别。这一新的特性支持对整个脱机文件数据库的加密与解密，但是要配置这一选项，必须以管理员身份登录。

要加密脱机文件，可在"我的电脑"中，选择"工具"|"文件夹选项"命令，打开"文件夹选项"对话框，选择"脱机文件"选项卡，在该选项卡中选中"加密脱机文件以保护数

据"复选框即可，如图 19-8 所示。

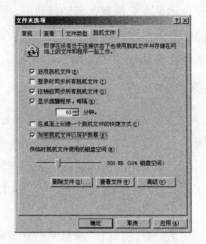

图 19-8 "文件夹选项"对话框

19.4 系统及网络端口安全防护

计算机之间通信是通过端口进行的，端口是计算机与外界通讯的"窗口"，各类数据包都会在封装的时候填加进端口的信息，以便在数据包接受后拆包识别。例如本机访问一个网站时，Windows 就会在本机开一个端口(例如 1025 端口)，然后去连接远方网站服务器的一个端口，别人访问本机时也是如此。默认状态下，Windows 会在用户的电脑上打开许多服务端口，黑客常常利用这些端口来实施入侵，因此掌握端口方面的知识，是网络安全必备的技能。

19.4.1 常用端口及其分类

电脑在 Internet 上相互通信需要使用 TCP/IP 协议，根据 TCP/IP 协议规定，电脑有 256×256(65536)个端口，这些端口可分为 TCP 端口和 UDP 端口两种。如果按照端口号划分，它们又可以分为以下两大类。

1. 系统保留端口(从 0 到 1023)

这些端口不允许使用，它们都有确切的定义，对应着因特网上常见的一些服务，每一个打开的此类端口，都代表一个系统服务，如 80 端口就代表 Web 服务，21 端口对应着 FTP，25 端口对应着 SMTP，110 端口对应着 POP3 等。

2. 动态端口(从 1024 到 65535)

当本机需要与别人通信时，Windows 会从 1024 起，在本机上分配一个动态端口，如果

1024 端口未关闭，再需要端口时就会分配 1025 端口供用户使用，依此类推。

但是有个别的系统服务会绑定在 1024 到 49151 的端口上，如 3389 端口(远程终端服务)。从 49152 到 65535 这一段端口，通常没有捆绑系统服务，允许 Windows 动态分配给用户使用。

19.4.2　如何查看本机开放了哪些端口

在默认状态下，Windows 会打开很多"服务端口"，如果用户想查看本机打开了哪些端口、有哪些电脑正在与本机连接，可以使用以下两种方法。

1. 利用 netstat 命令

Windows 提供了 netstat 命令，能够显示当前的 TCP/IP 网络连接情况，注意：只有安装了 TCP/IP 协议，才能使用 netstat 命令。

如果在 DOS 窗口中输入了 netstat -nab 命令，还将显示每个连接都是由哪些程序创建的。如果发现本机打开了可疑的端口，就可以用该命令察看它调用了哪些组件，然后再检查各组件的创建时间和修改时间，如果发现异常，就可能是中了木马。

2. 使用端口监视类软件

与 netstat 命令类似，端口监视类软件也能查看本机打开了哪些端口。这类软件非常多，著名的有 Tcpview、Port Reporter、绿鹰 PC 万能精灵、网络端口查看器等。

19.4.3　关闭本机不用的端口

默认情况下 Windows 有很多端口是开放的，黑客可以通过这些端口连上用户的电脑，因此用户应该封闭这些端口。主要有：TCP139、445、593、1025 端口和 UDP123、137、138、445、1900 端口、一些流行病毒的后门端口(如 TCP 2513、2745、3127、6129 端口)，以及远程服务访问端口 3389。

1. 137、138、139、445 端口

它们都是为共享而开放的，用户应该禁止别人共享自己的机器，所以要把这些端口全部关闭，方法是：单击"开始"按钮，选择"控制面板"|"系统"|"硬件"|"设备管理器"命令，在打开的"设备管理器"窗口中选择"查看"菜单下的"显示隐藏的设备"命令，双击"非即插即用驱动程序"选项，找到并双击 NetBios over Tcpip，在打开的"NetBios over Tcpip 属性"窗口中，选中"常规"选项卡中的"不要使用这个设备"选项，单击"确定"按钮后重新启动后即可。

2. 关闭 UDP123 端口

单击"开始"按钮，选择"设置"|"控制面板"命令，双击"管理工具"选项，然后在打开的"管理工具"中双击"服务"选项，停止 Windows Time 服务即可。关闭 UDP 123 端口，可以防范某些蠕虫病毒。

3. 关闭 UDP1900 端口

在控制面板中双击"管理工具"选项，然后在打开的"管理工具"中双击"服务"选项，停止 SSDP Discovery Service 服务即可。关闭这个端口，可以防范 DDoS 攻击。

4. 其他端口

用户可以用网络防火墙来关闭，或者在"控制面板"中，双击"管理工具"选项，然后在打开的"管理工具"中双击"本地安全策略"选项，选中"IP 安全策略，在本地计算机"选项，创建 IP 安全策略来关闭。

19.4.4 重定向本机默认端口保护系统安全

如果本机的默认端口不能关闭，管理员应该将它"重定向"。把该端口重定向到另一个地址，这样即可隐藏公认的默认端口，降低受破坏机率，保护系统安全。

19.5 网络安全概述

网络安全从本质上讲就是网络上的信息安全。它是一门涉及计算机科学、网络技术、通信技术、密码技术、信息安全技术、应用数学、数论、信息论等多种学科的综合性学科。它主要指网络系统中的硬件、软件及其中的数据受到保护，不因偶然的或者恶意的原因而遭到破坏。从广义上来说，凡是涉及到网络上信息的保密性、完整性、可用性、真实性和可控性的相关技术和理论都是网络安全的研究领域。

在现有的网络环境中，由于使用了不同的操作系统、不同厂家的硬件平台，因而网络安全是一个很复杂的问题，其中有技术性和管理上的诸多原因。一个好的安全的网络应该由主机系统、应用和服务、路由、网络、安全设备、网络管理和管理制度等因素决定。

随着计算机技术的飞速发展，信息网络已经成为社会发展的重要保证。信息网络涉及到国家的政府、军事、文教等诸多领域，其中存储、传输和处理的信息有许多是政府宏观控制决策、商业经济信息、银行资金转帐、股票证券、能源资源数据和科研数据等重要信息。其中有许多是敏感信息，甚至是国家秘密，所以难免会有来自世界各地的各种人为攻击(如信息泄漏、信息窃取、数据篡改、数据增删、计算机病毒等)。同时，网络实体还要经受如水灾、火灾、地震、电磁辐射等方面的考验。因此，网络安全防范对系统管理员来说是非常重要的。

根据一般经验，网络安全涉及以下几个方面：首先是网络硬件，即网络的实体；其次是网络操作系统，即对网络硬件的操作与控制；再次就是网络中的应用程序。有了这 3 方面的安全维护也就足够了。但事实上，这种分析和归纳是不完整和不全面的。在应用程序的背后，还隐藏着大量的数据，作为对前者的支持，这些数据的安全性问题也应被考虑在内。同时，还有最重要的一点，即无论是网络本身还是操作系统与应用程序，它们最终都是由人来操作的，所以还有一个重要的安全问题就是用户的安全性。

在考虑网络安全问题时，应该考虑以下 5 个方面的问题。

(1) 网络是否安全。

(2) 操作系统是否安全。

(3) 用户是否安全。

(4) 应用程序是否安全。

(5) 数据是否安全。

概括来说，网络安全具有表 19-1 所描述的体系结构。

表 19-1　网络安全 5 层体系

应用和保密性	加密			
应用群体	访问控制		授权	
用户群体	用户组管理		单机登录	授权
系统群体	反病毒	风险评估	入侵检测	审计分析
网络群体	防火墙		通信安全	

目前,这 5 个层次的网络系统安全体系理论已得到了国际网络安全界的广泛承认和支持，许多网络安全产品均应用了这一安全体系理论。下面就对每一层的安全问题做简单的阐述和分析。

19.6　网络安全防范体系

全方位的、整体的网络安全防范体系也是分层次的，不同的层次反映了不同的安全问题，根据网络的应用现状情况和网络的结构，安全防范体系的层次可以划分为物理层安全、系统层安全、网络层安全、应用层安全和安全管理 5 个层次，如图 19-9 所示。

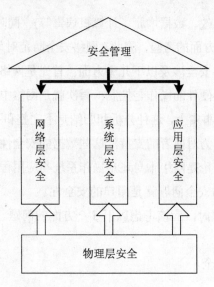

图 19-9　网络安全防范体系层次

1. 物理环境的安全性(物理层安全)

该层次的安全包括通信线路的安全、物理设备的安全和机房的安全等。物理层的安全主要体现在通信线路的可靠性(如线路备份、网管软件、传输介质)、软硬件设备安全性(如替换设备、拆卸设备、增加设备)、设备的备份、防灾害能力、防干扰能力、设备的运行环境(如温度、湿度、烟尘)、不间断电源保障等。

2. 操作系统的安全性(系统层安全)

该层次的安全问题来自网络内使用的操作系统的安全,如 Windows NT、Windows 2000、Windows XP 等。主要表现在 3 个方面:一是操作系统本身的缺陷所带来的不安全因素,主要包括身份认证、访问控制和系统漏洞等;二是对操作系统的安全配置问题;三是病毒对操作系统的威胁。

3. 网络的安全性(网络层安全)

该层次的安全问题主要体现在网络方面的安全性,包括网络层身份认证、网络资源的访问控制、数据传输的保密与完整性、远程接入的安全、域名系统的安全、路由系统的安全、入侵检测的手段和网络设施防病毒等。

4. 应用的安全性(应用层安全)

该层次的安全问题主要由提供服务所采用的应用软件和数据的安全性产生,主要包括 Web 服务、电子邮件系统和 DNS 等,此外,还包括病毒对系统的威胁。

5. 管理的安全性(管理层安全)

安全管理包括安全技术和设备的管理、安全管理制度、部门与人员的组织规则等。管理的制度化极大程度地影响着整个网络的安全，严格的安全管理制度、明确的部门安全职责划分、合理的人员角色配置都可以在很大程度上降低其他层次的安全漏洞。

19.7　网络安全风险种类

19.7.1　与人有关的风险

与人有关的风险包括以下内容。

- 入侵者或攻击者利用社会工程或窥探获取用户口令。
- 网络管理员在文件服务器上不正确地创建或配置用户 ID、工作组以及它们的相关权力，导致文件和注册路径易受攻击。
- 网络管理员忽视了拓扑连接中硬件配置中的安全漏洞。
- 网络管理员忽视了操作系统或应用配置中的安全漏洞。
- 由于对安全政策缺乏适当的提供和通信，导致文件或网络路径的蓄意的、或者无意的误用。
- 不忠或不满的员工滥用他们的访问权限。
- 一台闲置的计算机或终端依然进入网络，这就为入侵者提供了一个入口。
- 用户或管理员选择了易于猜出的口令。
- 经授权的员工离开机房时未锁门，使得未经授权的人员得以进入。
- 员工将磁盘或备份磁带丢弃在公共的垃圾筒内。
- 管理员忘记消除已离开公司的职员的访问和文件权力。
- 由于利用人为错误是破坏网络安全的最容易的方法，所以人为错误才会造成如此之多的安全缺口。

19.7.2　与硬件和网络设计有关的风险

与硬件和网络设计有关的风险主要指的是 OSI 模型第 1、2 层，即物理层和数据链路层所带来的安全风险。传输介质、网络接口卡、集线器、网络方法(如以太网)以及拓扑结构都在这些层上。在这些层中，安全破坏事件所要求的技术性要比那些利用人为错误的事件高得多。以下风险为网络硬件和网络设计所固有的。

- 无线传输能被窃听(而基于光纤的传输则不会)。
- 使用租赁线路的网络易于受到窃听,如 VPN 通过互联网。
- 集线器对全数据段传输进行广播,这使得传输数据更广泛地易受窃听(相反地,交换设备提供点对点的通信,这就限制了数据传输地与发送和接收节点的可获取性)。
- 如果闲置的集线器、路由器或者服务器端口没有失效,它们就可能被黑客利用和访问。一个可由 Telnet 访问的路由器配置端口不够安全。
- 如果路由器未被适当配置以标志内部子网,外部网络(如互联网)的用户就可以读到私人地址。
- 连接在网络设备上的调制解调器可能是用于接收进入呼叫,如果未做适当的防护,它们也打开了安全漏洞。
- 由电信或者远程用户使用的拨号访问服务器,可能没有被仔细地进行安全处理和监视。
- 载有非常敏感数据的计算机可能与向公众开放的计算机同在一个子网中。

尽管安全破坏事件较少发生在 OSI 模型的低层,可是它们确实也有发生,并且同样具有破坏力。设想一名黑客想要使一所大学图书馆的数据库和邮件服务器停机,因为这所大学图书馆的数据库是公开的并且可被网上的任何人查询。这名黑客将通过搜索数据库服务器的端口来确定哪一个未受保护。如果数据库服务器上存在一个开放端口,那么,他就可以连接上系统并且放置一个攻击程序,这个程序将在几天后,损毁操作系统文件,或者引起登录信息传输混乱,从而使机器停止工作。他可能还会利用新发现的访问路径来确定系统的超级口令,以访问其他的系统,在图书馆与数据库服务器相连的邮件服务上放置同样的攻击程序。在这种方法下,甚至服务器上一个很小的错误(未保护一个开放端口)都可能导致多个系统的失败。

19.7.3　与协议和软件有关的风险

与硬件一样,网络软件的安全性也取决于它的配置情况。OSI 参考模型的高层,如传输层、会话层、表示层,以及应用层同样可以带来风险。正如前面所指出的一样,硬件和软件风险之间的差别有些模糊,因为协议风险和硬件风险是前后相继的。以下是与网络协议和软件有关的一些风险。

- TCP/IP 包括的安全漏洞,如 IP 地址可以被轻易伪造、校验和欺骗、UDP 无需认证以及 TCP 只要求非常简单的认证。
- 服务器之间的信任连接使得黑客可能由一个小漏洞而得以访问整个网络。
- 网络操作系统软件通常包含"后门"或者安全漏洞。除非网络管理员进行定期更新,否则黑客就能够利用这些漏洞。

- 如果网络操作系统允许服务器操作者退出到 DOS 提示符方式，那么入侵者就可以运行毁灭性的命令行程序。
- 管理员在安装完操作系统或应用程序之后，可能会接受默认的安全选项。通常情况下，默认不是最优的，例如，在 Windows 服务器上能够对系统进行任意修改的默认用户 ID 称为"Administrator"。由于这个默认是众所周知的，如果将默认 ID 设置为"Administrator"，就已经向黑客提供了一半的信息。
- 在应用程序之间的事务处理，如数据库与基于 Web 的表格之间可能为窃听留下空间。

19.7.4 与 Internet 访问有关的风险

新的与 Internet 有关的威胁层出不穷，一般的与 Internet 有关的安全破坏事件包括以下内容。

- 防火墙设置不当，没有足够的防护作用，例如，它可能会允许外来者获得内部 IP 地址，利用这些地址去假装已经获得了由 Internet 访问网络的授权，这个过程称为 IP 欺骗；或者防火墙没有被正确配置，不能防止未经授权的数据包从外界进入 LAN。正确设置防火墙是使内部 LAN 免受攻击的最佳方法之一。
- 当用户通过 Internet Telnet 或者 FTP 连接到公司站点的，用户 ID 和口令将以纯文本方式进行传递。任何监视网络的人都可窥探到用户 ID 和口令，并用它来访问系统。
- 黑客可能会由工作组、邮件列表或者用户在网上填写的表格得知用户 ID 的信息。
- 当用户连接到 Internet 聊天室时，他们可能受到其他 Internet 用户的攻击，其他用户可以向他们的机器发送非法命令，使得屏幕上充满了无用的字符，并且要求他们终止会话。
- 当黑客通过 Internet 入侵系统后，可能会放置"拒绝服务"攻击。拒绝服务攻击在系统因信息泛滥或者其他干扰而失效时发生，这种攻击是一种相对容易放置的攻击。例如，黑客可以创建一个循环程序，每分钟向用户系统发送数以千计的电子邮件。这个问题最简单的解决办法就是关闭被攻击的服务器，然后重新设置防火墙拒绝对进攻机器的服务。拒绝服务攻击也可能由发生故障的软件造成。因此，对服务器的操作和应用程序使用补丁，以及研究零售商的升级声明，定期进行升级，对于维护网络安全是至关重要的。

19.8 网络攻击手段

进行网络攻击的不法分子使用的攻击行为包括：在未经授权访问的条件下，获得对数据的访问权限；对正常通过网络系统的数据流实施修改或破坏，并以此达到破坏正常操作的目的；向网络系统中注入假的或伪造的信息。在实际的网络攻击手段中，可以满足上述攻击行为的攻击手段有很多，归纳起来主要有以下几种。

1. 截获(或阻断)

这种网络攻击手段通过对网络传输过程中的通信数据进行截取，以便阻止通信数据的正常传输，从而破坏信息的可用性。截获主要是针对网络信息的可用性而采取的网络攻击手段。

2. 窃听

在这种网络攻击手段中，某一通信数据在网络传输过程中被非法窃听，从而使不法分子知道从信源发出至信宿的机密信息。窃听主要是针对网络信息的机密性而进行的攻击。

3. 修改

这可能是一种最复杂的网络攻击手段，它涉及到中断数据信号、修改数据，然后再将数据重新发送到原来的信宿等不同的操作过程。修改主要是针对网络信息的数据完整性而进行的攻击。

4. 伪造

在这种网络攻击手段中，传输到信宿的数据不是由本来的信源发出的，而是其他不法分子伪造并发送到信宿的。伪造主要是针对网络信息的真实性而进行的一种攻击。

5. 重播(重发)

在这种网络攻击手段中，不法分子通过截获某次合法的通信数据并进行数据复制，再把拷贝后的数据多次重新发送到网络系统中，从而影响信宿的正常工作。

6. 业务否认

业务否认是针对网络信息不可否认的网络安全特性而进行的一种攻击行为，它往往与其他的网络攻击手段(如与伪造、修改等)结合起来一起实施，以实现其作案之后便逃之夭夭的目的。

接下来将为读者介绍常见网络攻击手段，并且针对这些网络攻击的手段给以详细的分析。

前面介绍了网络攻击的主要方式，事实上，网络攻击的手段多种多样，要想有效地防范网络攻击，还要具体了解网络攻击的手段。

19.8.1　拒绝服务攻击(DOS)

拒绝服务攻击是计算机网络中最常见的攻击方式之一，它主要利用 TCP/IP 协议中的 TCP SYN 来实现。一般情况下，一个 TCP 连接的建立需要经过以下 3 次握手的过程。

- 建立发起者向目标计算机发送一个 TCP SYN 报文。
- 目标计算机收到这个 SYN 报文之后，在内存中创建 TCP 连接控制块(TCB)，然后向发起者返回一个 TCP ACK 报文，等待发起者的回应。

- 发起者收到 TCP ACK 报文后，再回应一个 ACK 报文，这样，TCP 连接就建立起来了。

利用这个过程，一些恶意的攻击者可以进行所谓的 TCP SYN 拒绝服务攻击，所使用的攻击方法如下。

- 攻击者向目标计算机发送一个 TCP SYN 报文。
- 目标计算机收到这个报文后，建立 TCP 连接控制结构(TCB)，并回应一个 ACK，等待发起者的回应。
- 发起者不向目标计算机回应 ACK 报文，这样即可导致目标计算机一致处于等待状态。

可以看出，目标计算机如果接收到大量的 TCP SYN 报文，而没有收到发起者的第 3 次 ACK 回应，将会一直在等待，处于这样尴尬状态的半连接如果很多，则会把目标计算机的资源(TCB 控制结构，TCB 一般情况下是有限的)耗尽，而无法响应正常的 TCP 连接请求。

19.8.2　泛洪攻击

在正常情况下，为了对网络进行诊断，一些诊断程序(如 ping 等)会发出 ICMP 响应请求报文(ICMP ECHO)，接收计算机接收到 ICMP ECHO 之后，会回应一个 ICMP ECHO Reply 报文。这个过程是需要 CPU 进行处理的，有的情况下还可能消耗掉大量的资源，如处理分片时。这样，如果攻击者向目标计算机发送大量的 ICMP ECHO 报文(产生 ICMP 洪水)，目标计算机将会忙于处理这些 ECHO 报文，而无法继续处理其他的网络数据报文，这也是一种拒绝服务攻击(DOS)。

另一种攻击方式是，一个恶意的攻击者把 ECHO 的源地址设置为一个广播地址，这样，计算机在恢复 REPLY 的时候，就会以广播地址为目的地址，因此，本地网络上所有的计算机都必须处理这些广播报文。如果攻击者发送的 ECHO 请求报文足够多，所产生的 REPLY 广播报文就可能把整个网络淹没，这就是所谓的 Smurf 攻击。除了把 ECHO 报文的源地址设置为广播地址外，攻击者还可能把源地址设置为一个子网广播地址，这样，该子网所在的计算机就可能受到影响。

原理与 ICMP 洪水类似，攻击者也可以通过发送大量的 UDP 报文到目标计算机，导致目标计算机忙于处理这些 UDP 报文而无法继续处理正常的报文。

19.8.3　端口扫描

根据 TCP 协议规范，当一台计算机收到一个 TCP 连接建立请求报文(TCP SYN)时，计算机将做以下的处理。

- 如果请求的 TCP 端口是开放的，则回应一个 TCP ACK 报文，并建立 TCP 连接控制结构(TCB)。
- 如果请求的 TCP 端口没有开放，则回应一个 TCP RST(TCP 头部中的 RST 标志被设置为 1)报文，通知发起计算机该端口没有开放。

相应地，如果 IP 协议栈收到一个 UDP 报文，将会做如下处理。

- 如果该报文的目标端口开放，则把该 UDP 报文发送到上层协议(UDP)进行处理，不回应任何报文(上层协议根据处理结果而回应的报文例外)。
- 如果该报文的目标端口没有开放，则向发起者回应一个 ICMP 不可达报文，通知发起者计算机的这个 UDP 报文的端口不可达。

利用这个工作原理，攻击者计算机便可以通过发送合适的报文，判断目标计算机哪些 TCP 或 UDP 端口是开放的，过程如下。

- 发出端口号从 0 开始依次递增的 TCP SYN 或 UDP 报文(端口号是一个 16 比特的数字，这样最大为 65535，数量很有限)。
- 如果计算机收到了针对这个 TCP 报文的 RST 报文，或针对这个 UDP 报文的 ICMP 不可达报文，则说明这个端口没有开放。
- 相反，如果收到了针对这个 TCP SYN 报文的 ACK 报文，或者没有接收到任何针对该 UDP 报文的 ICMP 报文，则说明该 TCP 端口是开放的，UDP 端口可能开放(因为有的实现中可能不回应 ICMP 不可达报文，即使该 UDP 端口没有开放)。

这样继续下去，便可以很容易地判断出目标计算机开放了哪些 TCP 或 UDP 端口，然后针对端口的具体数字，进行下一步攻击，这就是所谓的端口扫描攻击。

19.8.4 利用 TCP 报文的标志进行攻击

在 TCP 报文的报头中，有以下几个标志字段。

- SYN：连接建立标志，TCP SYN 报文就是把该标志设置为 1 来请求建立连接。
- ACK：回应标志，在一个 TCP 连接中，除了第一个报文(TCP SYN)外，其他的所有报文都设置该字段，作为对上一个报文的回应。
- FIN：结束标志，当一台计算机接收到一个设置了 FIN 标志的 TCP 报文后，将会拆除这个 TCP 连接。
- RST：复位标志，当 IP 协议栈接收到一个目标端口不存在的 TCP 报文时，将会回应一个 RST 标志设置的报文。
- PSH：通知协议栈尽快把 TCP 数据提交给上层程序进行处理。

在正常情况下，任何 TCP 报文都会设置 SYN、FIN、ACK、RST 和 PSH 5 个标志中的至少一个标志，第一个 TCP 报文(TCP 连接请求报文)设置 SYN 标志，后续报文都设置 ACK

标志。有的协议栈基于这样的假设：没有针对不设置任何标志的 TCP 报文的处理过程，因此，这样的协议栈如果收到了不符合规范的报文时将会崩溃。攻击者利用这个特点对目标计算机进行攻击。

例如，在正常情况下，ACK 标志在除了第一个报文之(SYN 报文)外，所有的报文都设置了该标志，包括 TCP 连接拆除报文(FIN 标志设置的报文)。但有的攻击者却可能向目标计算机发送设置了 FIN 标志却没有设置 ACK 标志的 TCP 报文，这样可能会导致目标计算机崩溃。

在正常情况下，SYN 标志(连接请求标志)和 FIN 标志(连接拆除标志)不能同时出现在一个 TCP 报文中。而且 RFC 也没有规定 IP 协议栈如何处理这样的畸形报文，因此，各个操作系统的协议栈在收到这样的报文后的处理方式各不相同。攻击者即可利用这个特征，通过发送 SYN 和 FIN 同时设置的报文来判断操作系统的类型，然后针对该操作系统进行进一步的攻击。

19.8.5　分片 IP 报文攻击

为了传送一个大的 IP 报文，IP 协议栈需要根据链路接口的 MTU 对该 IP 报文进行分片，通过填充适当的 IP 头中的分片指示字段，接收计算机可以很容易地把这些 IP 分片报文组装起来。

目标计算机在处理这些分片报文时，将先到达的分片报文缓存起来，然后一直等待后续的分片报文，这个过程会消耗掉一部分内存以及一些 IP 协议栈的数据结构。如果攻击者给目标计算机只发送一片分片报文，而不发送所有的分片报文，这样，被攻击者的计算机将会一直等待(直到一个内部计时器到时)，如果攻击者发送了大量的分片报文，就会消耗掉目标计算机的资源，而导致不能处理相应正常的 IP 报文，这也是一种 DOS 攻击。

19.8.6　带源路由选项的 IP 报文

为了实现一些附加功能，IP 协议规范在 IP 报头中增加了选项字段，这个字段可以有选择地携带一些数据，以指明中间设备(路由器)或最终目标计算机对这些 IP 报文进行额外的处理。

源路由选项便是其中的一个，从名字就可以看出，源路由选项的目的是指导中间设备(路由器)如何转发该数据报文，即明确指明了报文的传输路径。例如，让一个 IP 报文明确地经过 3 台路由器 R1、R2 和 R3，则可以在源路由选项中明确指明这 3 个路由器的接口地址，这样不论 3 台路由器上的路由表如何，这个 IP 报文就会依次经过 R1、R2 和 R3，而且这些带源路由选项的 IP 报文在传输的过程中，其源地址不断改变，目标地址也不断改变，因此，通过设置源路由选项，攻击者便可以伪造一些合法的 IP 地址而蒙混进入网络。

记录路由选项也是一个 IP 选项，携带了该选项的 IP 报文每经过一台路由器，该路由器便把自己的接口地址添加到选项字段中。这样，这些报文在到达目的地时，选项数据中便记录了该报文经过的整个路径。通过这样的报文可以很容易地判断该报文所经过的路径，从而使攻击者可以很容易地寻找到其中的攻击弱点。

19.8.7　IP 地址欺骗

一般情况下，路由器在转发报文时，只根据报文的目的地址查路由表，而不管报文的源地址是什么，因此，这样就可能面临一种危险：如果攻击者向一台目标计算机发出一个报文，而把报文的源地址填写为第三方的 IP 地址，这样，这个报文在到达目标计算机时，目标计算机有可能向毫无知觉的第三方计算机进行回应，这就是所谓的 IP 地址欺骗攻击。

例如，比较著名的 SQL Server 蠕虫病毒，就是采用了这种原理。该病毒(可以理解为一个攻击者)向一台运行 SQL Server 解析服务的服务器发送一个解析服务的 UDP 报文，该报文的源地址设置为另外一台运行 SQL Server 解析程序(SQL Server 2000 以后版本)的服务器，这样，由于 SQL Server 解析服务的一个漏洞，就可能使得该 UDP 报文在这两台服务器之间往复，最终导致服务器或网络瘫痪。

19.8.8　针对路由协议的攻击

网络设备之间为了交换路由信息，常常需要运行一些动态的路由协议，这些路由协议可以完成诸如路由表的建立，路由信息的分发等功能。常见的路由协议有 RIP、OSPF、IS-IS 和 BGP 等。这些路由协议在方便路由信息管理和传递的同时，也存在一些缺陷，如果攻击者利用了路由协议的这些权限对网络进行攻击，可能造成网络设备路由表紊乱(这足以导致网络中断)，网络设备资源大量消耗，甚至导致网络设备瘫痪。下面列举一些常见路由协议的攻击方式和原理。

1. 针对 RIP 协议的攻击

RIP，即路由信息协议，是通过周期性(一般情况下为 30s)的路由更新报文来维护路由表。一台运行 RIP 路由协议的路由器，如果从一个接口上接收到了一个路由更新报文，它就会分析其中包含的路由信息，并与自己的路由表进行比较，如果该路由器认为这些路由信息比自己所掌握的更有效，它就把这些路由信息引入自己的路由表中。

这样，如果一个攻击者向一台运行 RIP 协议的路由器发送了人为构造的带破坏性的路由更新报文，就很容易把路由器的路由表弄紊乱，从而导致网络中断。如果运行 RIP 路由协议的路由器启用了路由更新信息的 HMAC 验证，则可以从很大程度上避免这种攻击。

2. 针对 OSPF 路由协议的攻击

OSPF，即开放最短路径优先，是一种应用广泛的链路状态路由协议。该路由协议基于链路状态算法，具有收敛速度快、平稳、杜绝环路等优点，十分适用于大型的计算机网络。OSPF

路由协议通过建立邻接关系来交换路由器的本地链路信息，然后形成一个整个网络的链路状态数据库，针对该数据库，路由器即可轻易地计算出路由表。

可以看出，如果一个攻击者冒充一台合法路由器与网络中的一台路由器建立邻接关系，并向攻击路由器输入大量的链路状态广播(LSA，组成链路状态数据库的数据单元)，就会引导路由器形成错误的网络拓扑结构，从而导致整个网络的路由表紊乱，使整个网络瘫痪。

当前版本的 Windows 操作系统(如 Windows 2000、Windows XP 等)都实现了 OSPF 路由协议功能，因此，一个攻击者可以很容易地利用这些操作系统自带的路由功能模块来进行攻击。

与 RIP 类似，如果 OSPF 启用了报文验证功能(HMAC 验证)，则可以从很大程度上避免这种攻击。

3. 针对 IS-IS 路由协议的攻击

IS-IS 路由协议，即中间系统到中间系统，是 ISO 提出来对 ISO 的 CLNS 网络服务进行路由的一种协议，这种协议也是基于链路状态的，原理与 OSPF 类似。IS-IS 路由协议经过扩展，可以运行在 IP 网络中，对 IP 报文进行路由选择。这种路由协议也是通过建立邻接关系、收集路由器本地链路状态的手段来完成链路状态数据库的同步。该协议的邻接关系的建立比 OSPF 简单，而且也省略了 OSPF 特有的一些特性，使该协议简单明了，伸缩性更强。

对该协议的攻击与 OSPF 类似，通过一种模拟软件与运行该协议的路由器建立邻接关系，然后传送给攻击路由器大量的链路状态数据单元(LSP)，可以导致整个网络路由器的链路状态数据库不一致(因为整个网络中所有路由器的链路状态数据库都需要同步到相同的状态)，从而导致路由表与实际情况不符，致使网络中断。

与 OSPF 类似，如果运行该路由协议的路由器启用了 IS-IS 协议单元(PDU)HMAC 验证功能，则可以从很大程度上避免这种攻击。

19.8.9 针对设备转发表的攻击

为了合理有限地转发数据，网络设备上一般都建立有一些寄存器表项，如 MAC 地址表、ARP 表、路由表、快速转发表，以及一些基于更多报文头字段的表格，如多层交换表，流项目表等。这些表结构都存储在本地设备的内存中，或者芯片的片上内存中，数量有限。如果一个攻击者通过发送合适的数据报，促使设备建立大量的此类表格，就会使设备的存储结构消耗尽，从而不能正常地转发数据甚至崩溃。

下面针对几种常见的表项，介绍其攻击原理。

1. 针对 MAC 地址表的攻击

MAC 地址表一般存储在以太网交换机上，以太网通过分析接收到的数据帧的目的 MAC 地址来查看本地的 MAC 地址表，然后作出合适的转发决定。这些 MAC 地址表一般是通过学习获取的，交换机在接收到一个数据帧后，有一个学习的过程，该过程如下。

- 提取数据帧的源 MAC 地址和接收到该数据帧的端口号。
- 搜索 MAC 地址表，确定该 MAC 地址是否存在，以及对应的端口是否相符合。
- 如果该 MAC 地址在本地 MAC 地址表中不存在，则创建一个 MAC 地址表项。
- 如果该 MAC 地址存在，但是对应的出端口与接收到该数据帧的端口不符，则更新该表。
- 如果该 MAC 地址存在，并且端口符合，则进行下一步处理。

分析这个过程可以看出，如果一个攻击者向一台交换机发送大量源 MAC 地址不同的数据帧，则该交换机就可能把本地的 MAC 地址表填满。一旦 MAC 地址表溢出，则交换机就不能继续学习正确的 MAC 表项，结果可能产生大量的网络冗余数据，甚至可能导致交换机崩溃。而构造一些源 MAC 地址不同的数据帧，是非常容易的事情。

2. 针对 ARP 表的攻击

ARP 表是 IP 地址和 MAC 地址的映射关系表，为了避免 ARP 解析而造成的广播数据报文对网络造成冲击，任何实现了 IP 协议栈的设备，一般情况下都通过该表维护 IP 地址和 MAC 地址的对应关系。ARP 表的建立主要通过以下两个途径。

- 主动解析：如果一台计算机需要与另外一台不知道 MAC 地址的计算机进行通信，则该计算机主动发送 ARP 请求，通过 ARP 协议建立 ARP 表(前提是这两台计算机位于同一个 IP 子网上)。
- 被动请求：如果一台计算机接收到另一台计算机的 ARP 请求，则首先在本地建立请求计算机的 IP 地址和 MAC 地址的对应表。

因此，如果一个攻击者通过变换不同的 IP 地址和 MAC 地址向同一台设备(如 3 层交换机)发送大量的 ARP 请求，则被攻击设备可能会因为 ARP 缓存溢出而崩溃。

针对 ARP 表项，还有一个可能的攻击就是，误导计算机建立正确的 ARP 表。根据 ARP 协议，如果一台计算机接收到一个 ARP 请求报文，在满足下列两个条件的情况下，该计算机会用 ARP 请求报文中的源 IP 地址和源 MAC 地址更新自己的 ARP 缓存。

- 如果发起该 ARP 请求的 IP 地址在本地的 ARP 缓存中。
- 请求的目标 IP 地址不是本地的。

可以举一个例子来说明这个过程，假设有 3 台计算机：A、B 和 C，其中，B 已经正确建立了 A 和 C 计算机的 ARP 表项。假设 A 是攻击者，此时，A 发出一个 ARP 请求报文，该请求报文按照以下步骤进行构造。

- 源 IP 地址是 C 的 IP 地址，源 MAC 地址是 A 的 MAC 地址。
- 请求的目标 IP 地址是 A 的 IP 地址。

这样，计算机 B 在接收到这个 ARP 请求报文后(ARP 请求是广播报文，网络上所有设备都能收到),发现 B 的 ARP 表项已经在本地的缓存中,但是 MAC 地址与收到的请求的源 MAC 地址不符,于是根据 ARP 协议,使用 ARP 请求的源 MAC 地址(即 A 的 MAC 地址)更新自己的 ARP 表。

这样,B 的 ARP 内存中就存在这样的错误 ARP 表项:C 的 IP 地址与 A 的 MAC 地址对应。这样做的结果是,B 发送给 C 的数据都被计算机 A 接收到。

3. 针对流项目表的攻击

有的网络设备为了加快转发效率,建立了所谓的流缓存。所谓流,即一台计算机的某个进程到另外一台计算机的某个进程之间的数据流。如果表现在 TCP/IP 协议上,则是由(源 IP 地址、目的 IP 地址、协议号、源端口号和目的端口号)五元组共同确定的所有数据报文。

一个流缓存表一般由该五元组为索引,每当设备接收到一个 IP 报文后,将会首先分析 IP 报头,把对应的五元组数据提取出来,进行一个 HASH 运算,然后根据运算结果查找流缓存,如果查找成功,则根据查找的结果进行处理;如果查找失败,则新建一个流缓存项,查找路由表,根据路由表查询结果将这个流缓存填写完整,然后对数据报文进行转发(具体转发是在流项目创建前还是创建后并不重要)。

可以看出,如果一个攻击者发出大量的源 IP 地址或者目的 IP 地址变化的数据报文,就可能导致设备创建大量的流项目,因为不同的源 IP 地址和不同的目标 IP 地址对应不同的流。这样可能导致流缓存溢出。

19.8.10 Script/ActiveX 攻击

Script 是一种可执行的脚本,它一般由一些脚本语言写成,如常见的 Java Script、VB Script 等。在执行这些脚本时,需要一个专门的解释器来翻译,这些程序被翻译成计算机指令后,在本地计算机上运行。这种脚本的好处是:可以通过少量的程序写作完成大量的功能。

这种 Script 的一个重要应用就是嵌入到 Web 页面里面,执行一些静态 Web 页面标记语言(HTML)无法完成的功能,如本地计算、数据库查询和修改,以及系统信息的提取等。这些脚本在带来方便和强大功能的同时,也为攻击者提供了方便的攻击途径。如果攻击者写一些对系统有破坏的 Script,然后嵌入到 Web 页面中,一旦这些页面被下载到本地,计算机便以当前用户的权限执行这些脚本,这样,当前用户所具有的任何权限,Script 都可以使用,可以想象这些恶意的 Script 的破坏程度有多强,这就是所谓的 Script 攻击。

ActiveX 是一种控件对象,它建立在微软的组件对象模型(COM)之上,而 COM 则几乎是 Windows 操作系统的基础结构。这些控件对象由方法和属性构成,方法就是一些操作,而属性则是一些特定的数据。这种控件对象可以被应用程序加载,然后访问其中的方法或属性,以完成一些特定的功能。可以说,COM 提供了一种二进制的兼容模型(所谓二进制兼容,指的是程序模块与调用的编译环境和操作系统没有关系)。但需要注意的是,这种对象控件不能自己执行，因为它没有自己的进程空间，而只能由其他进程加载，并调用其中的方法和属性，这时候，这些控件便在加载进程的进程空间中运行，类似于操作系统的可加载模块，如 DLL 库。

ActiveX 控件可以嵌入到 Web 页面中，当浏览器下载这些页面到本地后，相应地也下载了嵌入在其中的 ActiveX 控件，这样，这些控件便可以在本地浏览器进程空间中进行运行 (ActiveX 空间没有自己的进程空间，只能由其他进程加载并调用)，因此，当前用户的权限有多大，ActiveX 的破坏性便有多大。如果一个恶意的攻击者编写一个含有恶意代码的 ActiveX 控件，然后嵌入到 Web 页面中，当这个 ActiveX 控件被一个浏览用户下载并执行后，其破坏作用是非常巨大的，这就是所谓的 ActiveX 攻击。

19.9　网络安全防范策略

安全策略概略说明什么资产是值得保护和什么行动或不行动将威胁资产，所以安全策略是安全的基础。策略将会权衡预期的威胁对个人的生产力和效率的破坏程度，根据价值不同确认保护水平。安全策略的制定是网络安全的前提，网络安全策略确定了结构中预期计算机的适当配置、使用的网络和用以防止与回应安全事件程序。

19.9.1　物理安全策略

物理安全策略的目的是保护计算机系统、网络服务器、打印机等硬件实体和通信链路免受自然灾害、人为破坏和搭线攻击；验证用户的身份和使用权限、防止用户越权操作；确保计算机系统有一个良好的电磁兼容工作环境；建立完备的安全管理制度，防止非法进入计算机控制室和各种偷窃、破坏活动的发生。

抑制和防止电磁泄漏(即 TEMPEST 技术)是物理安全策略的一个主要问题。目前主要的防护措施有两类：一类是对传导发射的防护，主要是对电源线和信号线加装性能良好的滤波器，减小传输阻抗和导线间的交叉耦合；另一类是对辐射的防护，这类防护措施又可分为两种，一是采用各种电磁屏蔽措施，例如对设备的金属屏蔽和各种接插件的屏蔽，同时对机房的下水管、暖气管和金属门窗进行屏蔽和隔离，二是干扰的防护措施，即在计算机系统工作的同时，利用干扰装置产生一种与计算机系统辐射相关的伪噪声向空间辐射，以掩盖计算机系统的工作频率和信息特征。

19.9.2　访问控制策略

访问控制是网络安全防范和保护的主要策略，它的主要任务是避免网络资源被非法使用和非常访问，它也是维护网络系统安全和保护网络资源的重要手段。各种安全策略必须相互配合才能真正起到保护作用，其中，访问控制可以说是保证网络安全最重要的核心策略之一。以下将分别叙述各种访问控制策略。

1. 入网访问控制

入网访问控制为网络访问提供了第一层访问控制。它控制哪些用户可以登录到服务器并获取网络资源，控制准许用户入网的时间和准许他们在哪台工作站入网。

用户的入网访问控制可分为3个步骤：用户名的识别与验证、用户口令的识别与验证、用户帐号的默认限制检查。3道关卡中只要任何一关未过，该用户便不能进入该网络。

对网络用户的用户名和口令进行验证是防止非法访问的第一道防线。用户注册时，首先输入用户名和口令，服务器将验证所输入的用户名是否合法。如果验证合法，再继续验证用户输入的口令；否则，用户将被拒绝在网络之外。用户的口令是用户入网的关键所在。为保证口令的安全性，用户口令不能显示在显示屏幕上，口令长度不应少于6个字符，口令字符最好是数字、字母和其他字符的组合，用户口令必须经过加密。用户还可采用一次性用户口令，也可以使用便携式验证器(如智能卡)来验证用户的身份。

网络管理员应该可以控制和限制普通用户的帐号使用、访问网络的时间和方式。用户名或用户帐号是所有计算机系统中最基本的安全形式。用户帐号只有系统管理员才能建立。用户口令则是每个用户访问网络所必须提交的"证件"、用户可以修改自己的口令，但是系统管理员应该可以控制口令的以下几个方面的限制：最小口令长度、强制修改口令的时间间隔、口令的惟一性、口令过期失效后允许入网的宽限次数。

用户名和口令验证有效之后，再进一步履行用户帐号的默认限制检查。网络应能控制用户登录入网的站点、限制用户入网的时间、限制用户入网的工作站数量。当用户对交费网络的访问"资费"用尽时，网络还应当能对用户的帐号加以限制，用户此时将无法进入网络访问网络资源。网络应对所有的用户访问进行审计。如果多次输入口令不正确，则认为是非法用户的入侵，应当给出报警信息。

2. 网络的权限控制

网络的权限控制是针对网络非法操作所提出的一种安全保护措施。用户和用户组被赋予一定的权限。网络控制用户和用户组可以访问哪些目录、子目录、文件和其他资源，可以指定用户对这些文件、目录、设备能够执行哪些操作。受托者指派和继承权限屏蔽(IRM)可作为它的两种实现方式。受托者指派控制用户和用户组如何使用网络服务器的目录、文件和设备。继承权限屏蔽相当于一个过滤器，可以限制子目录从父目录那里继承哪些权限。根据访问权限可以将用户分为以下几类：

- 特殊用户(即系统管理员)。

- 一般用户，系统管理员根据实际需要为他们分配操作权限。
- 审计用户，负责网络的安全控制与资源使用情况的审计，用户对网络资源的访问权限可以用一个访问控制表进行描述。

3. 目录级安全控制

网络应当允许控制用户对目录、文件和设备的访问。用户在目录一级指定的权限对所有文件和子目录都有效，用户还可进一步指定目录下的子目录和文件的权限。对目录和文件的访问权限一般有 8 种：系统管理员权限(Supervisor)、读权限(Read)、写权限(Write)、创建权限(Create)、删除权限(Erase)、修改权限(Modify)、文件查找权限(File Scan)和存取控制权限(Access Control)。用户对文件或目标的有效权限取决于以下 3 个因素：用户的受托者指派、用户所在组的受托者指派、继承权限屏蔽取消的用户权限。一个网络系统管理员应当为用户指定适当的访问权限，这些访问权限控制着用户对服务器的访问。8 种访问权限的有效组合可以使用户有效地完成工作，同时又能有效地控制用户对服务器资源的访问，从而加强网络和服务器的安全性。

4. 属性安全控制

当使用文件、目录和网络设备时，网络系统管理员应当为文件、目录等设置访问属性。属性安全控制可以将给定的属性与网络服务器的文件、目录和网络设备联系起来。属性安全在权限安全的基础上，提供更进一步的安全性。网络上的资源都应预先标出一组安全属性。用户对网络资源的访问权限对应于一张访问控制表，用以表明用户对网络资源的访问能力。属性设置可以覆盖已经指定的任何受托者指派和有效权限。属性往往能控制以下几个方面的权限：向某个文件写数据、复制一个文件、删除目录或文件、查看目录和文件、执行文件、隐含文件、共享、系统属性等。网络的属性可以保护重要的目录和文件，防止用户对目录和文件的误删除、执行修改和显示等。

5. 网络服务器安全控制

网络允许在服务器控制台上执行一系列的操作。用户使用控制台可以装载和卸载模块，安装和删除软件等。网络服务器的安全控制包括：可以设置口令锁定服务器控制台，以防止非法用户修改、删除重要的信息或破坏数据；可以设置服务器登录时间限制、非法访问者检测和关闭的时间间隔。

6. 网络监测和锁定控制

网络管理员应对网络实施监控，服务器应记录用户对网络资源的访问，对非法的网络访问，服务器应当以图形或文字或声音等形式进行报警，以引起网络管理员的注意。如果不法之徒试图进入网络，网络服务器应当会自动记录企图尝试进入网络的次数，如果非法访问的次数达到所设置数值后，该帐户将被自动锁定。

7. 网络端口和节点的安全控制

网络中服务器的端口往往使用自动回呼设备、静默调制解调器加以保护，并以加密的形式来识别节点的身份。自动回呼设备用于防止假冒合法用户，静默调制解调器用于防范黑客的自动拨号程序对计算机进行攻击。网络还经常对服务器端和用户端采取控制，用户必须携带证实身份的验证器(如智能卡、磁卡、安全密码发生器)。在对用户的身份进行验证之后，才允许用户进入用户端，然后，用户端和服务器端再进行相互验证。

19.9.3 信息加密策略

信息加密的目的是保护网内的数据、文件、口令、控制信息和网上传输的数据。网络加密常用的方法有链路加密、端点加密和节点加密 3 种。链路加密的目的是保护网络节点之间的链路信息安全；端点加密的目的是对源端用户到目的端用户的数据进行保护；节点加密的目的是对源节点到目的节点之间的传输链路进行保护。用户可以根据网络情况需求酌情选择上述加密方式。

信息加密过程是由形形色色的加密算法来具体实施的，它以很小的代价提供巨大的安全保护。在多数情况下，信息加密是保证信息机密性的惟一方法。据不完全统计，到目前为止，已经公开发表的各种加密算法多达数百种。如果按照收发双方密钥是否相同进行分类，可以将这些加密算法分为常规密码算法和公钥密码算法两种。

在常规的密码中，收信方和发信方使用相同的密钥，即加密密钥和解密密钥是相同或等价的。比较著名的常规密码算法有：美国的 DES 及其各种变形，如 Triple DES、GDES、New DES 和 DES 的前身 Lucifer；欧洲的 IDEA；日本的 FEAL－N、LOKI－91、Skipjack、RC4、RC5 以及以代换密码和转轮密码为代表的古典密码等。在众多的常规密码中，影响最大的是 DES 密码。

常规密码的优点是：有很强的保密强度，且经受住时间的检验和攻击。但是它的密钥必须通过安全的途径进行传送，因此，它的密钥管理成为系统安全的重要因素。

在公钥密码中，收信方和发信方使用的密钥互不相同，并且几乎不可能从加密密钥推导出解密密钥。比较著名的公钥密码算法有：RSA、背包密码、McEliece 密码、Diffe-Hellman、Rabin、Ong-Fiat-Shamir、零知识证明的算法、椭圆曲线、ElGamal 算法等。最有影响的公钥密码算法是 RSA，它能够抵抗目前已知的所有密码攻击。

公钥密码的优点是，可以适应网络的开放性要求，且密钥管理问题较为简单，尤其是可以方便地实现数字签名和验证。但是它的算法复杂，加密数据的速率较低，尽管如此，随着现代电子技术和密码技术的发展，公钥密码算法将是一种很有前途的网络安全加密体制。

当然，在实际应用中，人们通常将常规密码和公钥密码结合起来使用，例如，利用 DES 或 IDEA 来加密信息，而采用 RSA 来传递会话密钥。如果按照每次加密所处理的比特进行分类，可以将加密算法分为序列密码和分组密码两种。前者每次只加密一个比特，而后者则先将信息序列进行分组，每次处理一个组。 密码技术是网络安全最有效的技术之一。一个加密网络，不但可以防止非授权用户的搭线窃听和入网，而且也是对付恶意软件的有效方法之一。

19.9.4　防病毒技术

随着计算机技术的不断发展，计算机病毒也变得越来越复杂和高级，对整个计算机系统造成了非常大的威胁。加强防病毒的工作能够有利于保证本地或者网络的安全。防病毒软件从功能上可以分为网络防病毒软件和单机防病毒软件两大类。单机防病毒软件一般安装在单台 PC 机器上，对整个 PC 机器起到了清楚病毒、分析扫描等作用。而网络防病毒软件则能够保护整个网络，避免遭到病毒的攻击。

19.9.5　防火墙技术

防火墙技术是网络安全防范的有效方法之一，配置防火墙是达到实现网络安全最基本、最经济、最有效的安全措施之一。防火墙可以有硬件和软件两种，它对内部网络访问及管理内部用户访问外界网络的权限进行了规范。防火墙技术能够极大提高一个网络的安全性，降低网络崩溃的危险系数。

19.9.6　网络入侵检测技术

入侵检测是从多种计算机系统及网络中收集信息，再通过这些信息分析入侵特征。它被称为是防火墙后的第二道门，可以使得入侵在入侵攻击之前被检测出来，并通过报警与防护系统将入侵拒绝，从而尽量减少被攻击。入侵技术是为保证计算机系统的安全而设计与配置的一种能够及时发现并报告系统中未授权或异常现象的技术，是一种用于检测计算机网络中违反安全策略行为的技术。

19.9.7　网络安全管理策略

在网络安全中，除了采用上述安全技术措施之外，加强网络的安全管理，制定有关规章制度，对于确保网络的安全、可靠地运行，将起到十分有效的作用。

网络的安全管理策略包括：确定安全管理等级和安全管理范围；制订有关网络操作使用规程和人员出入机房管理制度；制定网络系统的维护制度和应急措施等。

远程管理与控制

第20章

远程管理是指系统管理员使用远程命令或通过远程登录的方式管理网站服务器，并完成一些特定的系统维护和管理工作。在 Windows Server 2003 操作系统中可以使用"Telnet"(基于命令行的远程控制方式)和"Terminal"(基于图形化界面的远程控制方式)等功能实现远程控制。另外，一些第三方软件如 WinVNC、PuTTY 和 SecureCRT 也能进行远程控制。本章将详细介绍如何利用 Windows Server 2003 中的远程控制方式来实现远程管理服务器。

 本章知识点

- ✗ 用命令行方式实现远程管理—Telnet
- ✗ 用图形界面方式实现远程管理—Terminal
- ✗ 使用 WinVNC
- ✗ 使用 PuTTY
- ✗ 使用 SecureCR

某些系统管理员习惯直接在服务器上进行系统的维护工作，如新增帐号、软件安装、系统配置和日志查询等，这并不是专业的系统管理员，这种概念在目前网络系统迅速发展的环境中，不仅落伍，而且是错误的。

一般来说，服务器都放于专门的机房里，以保持温湿度等条件。并且需要设置存取的限制，密码保护等，这种环境并不适合管理员经常性地进行维护工作。因此"远程管理"这个概念被提出，利用"远程管理"，管理员的管理范围加大了，可以在任何地方进行管理，如果有什么急事，管理员不在现场，也可以解决问题，可以达到"运筹帷幄，决胜于千里之外"的效果。

目前能实现远程管理的软件很多，如 Windows 自带的终端服务、PCAnyWhere 和冰河、WinVNC、PuTTY、SecureCR 等，下面有选择地进行介绍。

20.1　Telnet 应用

Telnet 是 TCP/IP 协议家族的成员，它可以使用户在服务器上建立远程会话。该协议只支持字母数字终端，也就是它不支持鼠标和其他指针设备，也不支持图形用户界面。相应地，所有命令都必须在命令行中输入。

Telnet 协议所提供的安全性非常低。在不使用 NTLM(NT LAN Manager，Windows NT 系统局域网管理)身份验证的 Telnet 会话中，包括密码的所有数据都在客户端和服务器之间以明文的形式传输。因为 Telnet 会话通信不安全，请确保在 Telnet 会话过程中没有发送敏感数据。目前在远程管理和控制服务器时，不建议使用 Telnet，但作为一个学习远程控制的基础知识，这里仍做简单介绍。

Telnet 最常用的功能是登录服务器并执行服务器端的应用程序。

20.1.1　启动 Telnet 服务

正常情况下在 Windows Server 2003 操作系统中，用户可进入到系统命令提示符环境，输入"net start Telnet"后按回车键便可开启 Telnet 服务。但如果出现"无法启动服务"这样的提示，那是因为在系统中的 Telnet 服务并没有开启，在 Windows Server 2003 操作系统中，该服务默认状态下是关闭的，可按如下操作步骤开启 Telnet 服务。

(1) 打开"开始"菜单，选择"管理工具"|"服务"命令，打开"服务"窗口，如图 20-1 所示。

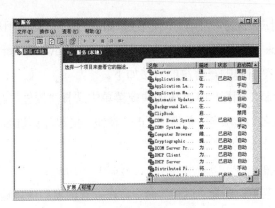

图 20-1 打开"服务"窗口

(2) 在打开的"服务"窗口右侧的服务列表中选择 Telnet 服务，可以看到该服务的"启动类型"为"禁用"，而"服务状态"处于"已停止"状态，如图 20-2 所示。

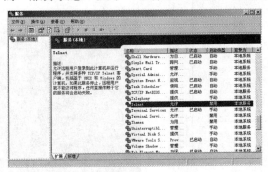

图 20-2 Telnet 服务

(3) 双击 Telnet 服务，打开其属性窗口，将"启动类型"设置为"自动"，单击"确定"按钮，如图 20-3 所示。

(4) 此时只设置了其启动类型，还没有启动 Telnet 服务，单击工具栏的"启动服务"按钮，Telnet 服务就启动了，如图 20-4 所示。

图 20-3 设置 Telnet 启动类型

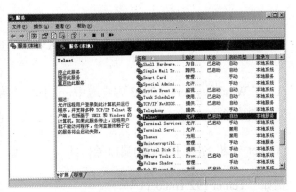

图 20-4 启动 Telnet 服务

另外，可能会有用户在服务控制台中找不到 Telnet 服务。这种情况通常发生在 Windows Server 2003 Service Pack 1(SP 1)版或基于 x 64 版本的 Windows Server 2003 中，是由于计算机名称包含 15 个以上字符引起的，解决的方法如下。

(1) 右击"我的电脑"图标，从弹出的快捷菜单中选择"属性"命令，打开"系统属性"对话框，选择"计算机名"选项卡，单击"更改"按钮，更改计算机名使其小于 15 个字符数，如图 20-5 所示。

(2) 重新启动计算机。

(3) 打开"开始"菜单，选择"运行"命令，在打开的窗口中，输入 cmd，然后单击"确定"按钮，进入命令行模式。输入"tlntsvr /service"，然后按回车键，如图 20-6 所示。

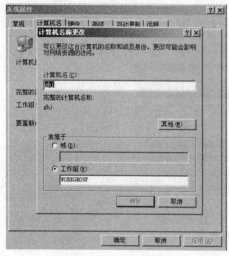

图 20-5 修改计算机名

图 20-6 修复 Telnet 服务

此时，再打开服务控制台，就可以找到 Telnet 服务了。

20.1.2 进行 Telnet 连接

应用 Telnet 服务主要是指以命令行方式从客户端登录到服务器，并执行操作，具体步骤如下。

(1) 在 Windows Server 2003 客户端中，选择"开始"|"运行"命令，在打开的窗口中，输入 cmd，然后单击"确定"按钮，进入命令行模式，在提示符后按如下格式输入：

[Telnet 主机名(或 IP 地址)端口号]

例如"Telnet 192.168.0.11"。

> **注释**
>
> 　　在此可能有些读者朋友会发现笔者在例子中并没有输入端口号，这是因为在服务端，默认的 Telnet 服务端口号是 23，如果该服务的端口号有所变动，那就应在命令中添加相应的端口号。

　　输入完毕后，按下回车键，执行结果如图 20-7 所示。

　　(2) 如图 20-7 所示，在进行登录时，会出现一个"您将要把您的密码信息送到 Internet 区内的一台远程计算机上，这可能不安全。您还要送吗？"这样的提示，输入"y"，执行结果如图 20-8 所示。

图 20-7　使用 Telnet 连接服务器

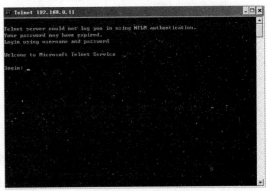

图 20-8　客户端登录

　　(3) 在此可以输入用户名 Administrator 与相应的密码进行登录，但是为了加深用户对登录管理的了解，这里在服务端新建一个用户 bupt，并赋予其登录权限。在服务端打开"开始"菜单，选择"管理工具"|"计算机管理"命令，打开"计算机管理"窗口，如图 20-9 所示。

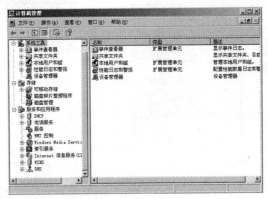

图 20-9　"计算机管理"窗口

　　(4) 单击并展开左侧的"本地用户和组"，选择"用户"节点，在右侧窗口中单击鼠标右键，从弹出的快捷菜单中选择"新用户"命令，输入用户名与密码，并选中下方的"密码永不过期"复选框(根据用户需要可选中不同选项来管理密码)，如图 20-10 所示。

(5) 虽然创建了新用户，但是并没有赋予其使用 Telnet 登录的权限，为方便起见，这里修改 bupt 用户的所属组为 Administrators，这样就可以拥有使用 Telnet 登录的权限了。在右侧窗口选中用户"bupt"，单击鼠标右键，从弹出的快捷菜单中选择"属性"命令，在打开的"属性"窗口中单击"隶属于"选项卡，如图 20-11 所示。

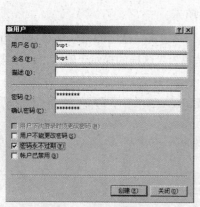

图 20-10　创建新用户

图 20-11　用户属性

(6) 单击"添加"按钮，依次单击"高级"|"立即查找"按钮，在搜索结果中选择 Administrators，如图 20-12 所示。单击"确定"按钮后返回"属性"窗口，选择"Administrators"为其隶属于的组，如图 20-13 所示。单击"确定"按钮，这样用户"bupt"就拥有了使用 Telnet 登录的权限。

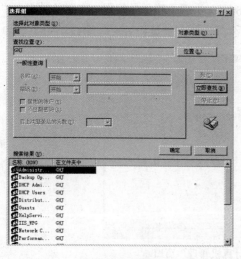

图 20-12　查找组

图 20-13　选择隶属组

(7) 在刚才客户端的登录窗口中使用用户"bupt"进行登录，执行结果如图 20-14 所示。

(8) 在命令行窗口输入浏览命令"dir"，如图 20-15 所示。

执行结果返回了服务器 C 盘根目录下的文件列表，说明 Telnet 登录成功。现在已经可以对服务端进行远程控制，在 DOS 状态下进行简单的文件操作及远程管理工作了。

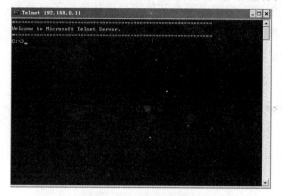

图 20-14　登录服务器

图 20-15　登录成功执行 dir 命令

20.2　Terminal 应用

与 Telnet 操作方式不同的是，Terminal 服务提供图形界面方式来进行远程管理服务器，并且可以利用 Terminal 服务的强大功能实现对服务器的远程监控与管理。

20.2.1　安装终端服务器

在管理远程服务器前，需要安装终端服务器，使服务器可以提供多个客户端的访问服务。Windows Server 2003 的默认安装并没有包含终端服务器组件，需要另行安装。终端服务器包括两个组件：终端服务器和终端服务器协议。安装步骤如下。

(1) 打开"开始"菜单，选择"控制面板"|"添加/删除程序"命令，打开"添加/删除程序"对话框。

(2) 单击"添加/删除 Windows 组件"选项，出现"Windows 组件向导"对话框，从列表中选择"终端服务器"和"终端服务器授权"组件，如图 20-16 所示。

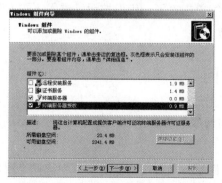

图 20-16　选择"终端服务器"组件

（3）由于 Windows Server 2003 启用了"Internet Explorer 增强的安全配置"，所以限制了终端用户访问、浏览 Internet 和局域网。因此，需要进行修改。在"Windows 组件向导"对话框中，将组件"Internet Explorer 增强的安全配置"中的"所有其他用户组使用"子组件的复选框取消，即不安装此子组件，如图 20-17 所示。

（4）单击"下一步"按钮，进入如图 20-18 所示的窗口。

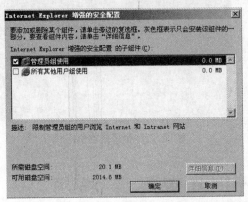 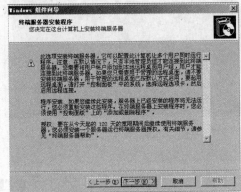

图 20-17　修改"Internet Explorer 增强的安全配置"　　　图 20-18　终端服务器安装说明

（5）单击"下一步"按钮，进入如图 20-19 所示的窗口。

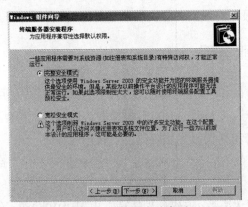

图 20-19　选择安装类型

（6）保持默认选项，继续单击"下一步"按钮，进入正式安装画面，直至安装完毕，单击"确定"按钮，完成安装。

20.2.2　配置远程访问

为了使用户具备远程访问服务器的能力，还需要对服务器的远程访问进行相应的设置，具体方法如下。

（1）右击"我的电脑"图标，从弹出的快捷菜单中选择"属性"命令，打开"属性"窗口，单击"远程"选项卡，如图 20-20 所示。

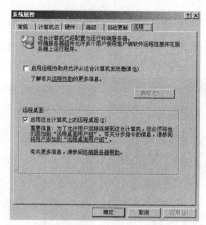

图 20-20　"远程"选项卡

(2) 选中"启用这台计算机上的远程桌面"复选框，然后单击"确定"按钮。

20.2.3　安装和测试客户端

用于远程访问的客户端可以通过命令行与图形界面两种方式访问服务器，下面分别介绍这两种方法。

1. 命令行方式

(1) 在客户端机器中打开"开始"菜单，选择"运行"命令，在打开的窗口中，输入 cmd，然后单击"确定"按钮，进入命令行模式，在提示符后按如下要求输入：

[mstsc /v:主机名(或 IP 地址)]

例如"mstsc /v: 192.168.0.11 "，如图 20-21 所示。

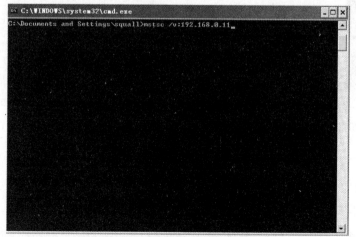

图 20-21　用命令行方式远程访问

(2) 按回车键后将出现如下界面，表示连接成功，如图 20-22 所示。

(3) 输入用户名和密码，单击"确定"按钮即可远程控制服务端桌面，如图 20-23 所示。

图 20-22　远程登陆成功　　　　　　　　图 20-23　远程桌面

2. 图形界面方式

由于命令行方式操作不便，因而大多数用户更青睐于利用图形界面方式进行远程登录。但是，在使用图形界面远程登录之前，需要安装终端访问服务程序。其安装文件可以在 Windows Server 2003 系统中找到，位于 C:\WINDOWS\system32\clients\tsclient\win32 目录下。

(1) 执行客户端安装程序，进入如图 20-24 所示的安装向导窗口。

(2) 单击"下一步"按钮，进入如图 20-25 所示的"许可协议"窗口。

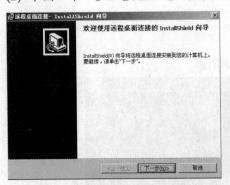 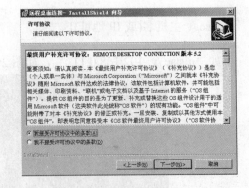

图 20-24　客户端安装向导　　　　　　　图 20-25　许可协议

(3) 选择"我接受许可协议中的条款"单选按钮，然后单击"下一步"按钮，进入如图 20-26 所示的窗口。

(4) 输入用户名和单位信息，保持默认的安装对象选项，单击"下一步"按钮进入如图 20-27 所示的窗口。

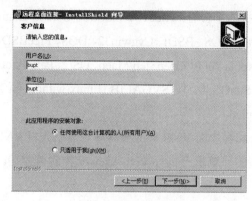

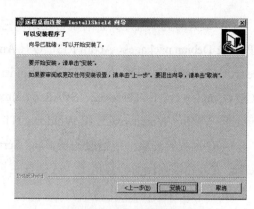

图 20-26　输入客户信息　　　　　　　　图 20-27　完成安装准备

(5) 单击"安装"按钮，开始正式安装，直至安装完毕，单击"确定"按钮退出。

(6) 打开"开始"菜单，选择"所有程序"|"远程桌面连接"命令，打开"远程桌面连接"窗口，如图 20-28 所示。

图 20-28　"远程桌面连接"窗口

(7) 输入服务器 IP 地址，单击"连接"按钮，客户端桌面将切换到 Windows Server 2003 的登录界面，输入用户名和密码后即可进行远程控制，与之前用命令行方式登录类似。

20.3　WinVNC 应用

20.3.1　VNC 简介

VNC (Virtual Network Computing，虚拟网络计算机)是由英国剑桥大学的 AT&T 实验室 2002 年开发的，它是一种可操控远程计算机的软件，也就是说它能够将完整的窗口画面通过网络传输到另一台计算机的屏幕上。它在 Mac 平台上称为 MacVNC，在 Windows 平台上称为 WinVNC。

相对于其他管理工具，VNC 有自己的特点。

(1) 客户端活动(如掉线等)不会影响到服务端，再次连接就可正常使用。

(2) 客户端无需安装，甚至用 IE 等浏览器就可控制服务端。

(3) 最大的优点就是真正跨平台使用。它支持的平台有：Mac、Windows、Solaris Linux RPMs & Debian packages、Acorn RISC OS、Amiga、BeOS、BSDI、Cygwin32、DOS、FreeBSD、Geos、GGI、HPUX、KDE、NetBSD、NetWinder、Nokia 9000、OpenStep/Mach、OS/2、PalmPilot、SCO OpenServer、SGI Irix 6.2、SPARC Linux、SunOS 4.1.3、SVGALIB (Linux without an X server)、VMS、Windows CE 和 Windows NT/Alpha。

VNC 远程管理软件包括服务器 VNC Server 和客户端 VNC Viewer。用户需要先将 VNC Server 安装在被控端的计算机上，才能在主控端的计算机上执行 VNC Viewer 控制被控端。

整个 VNC 运行的工作流程如下。

(1) VNC 客户端通过浏览器或 VNC Viewer 连接至 VNC Server。

(2) VNC Server 传送一对话窗口至客户端，要求输入连接密码，以及存取的 VNC Server 显示装置。

(3) 在客户端输入联机密码后，VNC Server 验证客户端是否具有存取权限。

(4) 若是客户端通过 VNC Server 验证，客户端即要求 VNC Server 显示桌面环境。

(5) 被控端将画面显示控制权交由 VNC Server 负责。

(6) VNC Server 将把被控端的桌面环境利用 VNC 通信协议送至客户端，并且允许客户端控制 VNC Server 的桌面环境及输入装置。

20.3.2 配置 WinVNC 服务器

首先下载 WinVNC 软件，这里在网址 http://www.ie66.com 中下载了一个版本比较新的 WinVNC 软件：vnc-4.0-x86_win32。

接着来安装 vnc-4.0-x86_win32，当安装程序进行到 Select Components 对话框时，可以根据需要选中 VNC Server 或 VNC Viewer 前面的复选框，如图 20-29 所示。

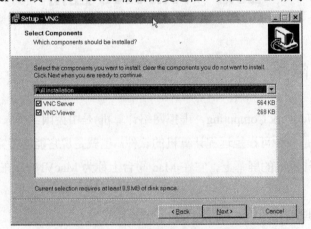

图 20-29　Select Components 对话框

安装 vnc-4.0-x86_win32 完毕后，在"开始"菜单中将会出现 3 个选项：VNC Server 4(Service-Mode)、VNC Server 4(User-Mode)和 VNC Viewer 4，如图 20-30 所示。在 VNC Server 4(Service-Mode)选项中，又有 5 个选项，用户可以根据需要进行 VNC Server 的启动等操作。

图 20-30 中"开始"菜单中的 VNC 相关选项

图 20-31　RUN VNC Viewer 选项

20.3.3　使用 WinVNC 客户端访问控制服务器

在 VNC Viewer 4 选项中，包括 Run Listening VNC Viewer 和 RUN VNC Viewer 两个选项，如图 20-31 所示。选择 RUN VNC Viewer 选项，将打开 VNC Viewer:Connection Details 对话框，如图 20-32 所示。

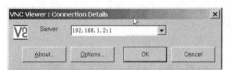

图 20-32　VNC Viewer:Connection Details 对话框

在该对话框中，输入要远程控制的 Server 的 IP 地址或主机名，以及要使用的显示器号。这里输入 Server 的 IP 地址和显示器号"192.168.1.2:1"，单击 OK 按钮，系统将打开 VNC Viewer Options 对话框(一般第一次使用 VNC Viewer 时会出现该对话框)，如图 20-33 所示。

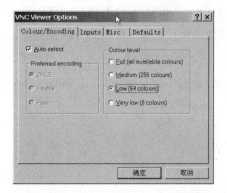

图 20-33　VNC Viewer Options 对话框

在该对话框中，用户可以设置显示的颜色等级等，一般按照默认的设置即可，单击"确定"按钮，系统将打开 VNC Viewer:Authentication 对话框，如图 20-34 所示。

图 20-34　VNC Viewer:Authentication 对话框

在该对话框中，输入登录 VNC Server 超级管理员密码(用户名默认不用输入)，单击 OK 按钮，即可开始控制远程计算机。

20.3.4　通过浏览器访问控制 WinVNC 服务器

如果使用浏览器连接 VNC Server，首先要确认默认的端口号是什么，一般来说，默认端口是 5800 或 5900，也可能是 5801 或 5901，这要根据用户在安装 VNC Server 时设置的端口号而定。

在 Windows 2000 下的 IE 浏览器中输入 VNC Server 的 IP 地址和端口号，格式如下：

http://主机名(IP 地址)：端口号(5801 等)

具体操作用户可自行练习。

20.4　PuTTY 应用

20.4.1　PuTTY 简介

PuTTY 是一款免费而小巧的 Win32 平台下的 SSH/Telnet 客户端软件，它可以连接到支持 SSH 或 Telnet 联机的系统，并且可自动取得对方的系统指纹码(Fingerprint)。建立联机以后，所有的通讯内容都是以加密的方式传输，因此用户再也不用担心使用 Telnet 在 Internet 或公司的内部网络传输资料时被第三者获知内容，比 Telnet 安全很多。它的主程序只有 348k，但功能强大。

20.4.2　使用 PuTTY

首先下载 PuTTY 程序，网址如下：

http://www.chiark.greenend.org.uk/~sgtatham/putty/

该程序不需要安装，直接用鼠标双击它，就会自动执行。操作步骤如下。

(1) 下载 PuTTY 软件并解压缩。如图 20-35 所示为 PuTTY 解压缩后的文件夹。

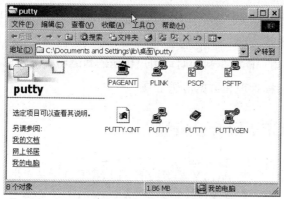

图 20-35　PuTTY

(2) 双击如图 20-35 所示的 PuTTY 图标，将打开 PuTTY Configuration 对话框，如图 20-36 所示。

图 20-36　PuTTY Configuration 对话框

(3) 在该对话框中，输入要连接的远程系统的主机名或 IP 地址，这里输入"192.168.1.2"，端口号是默认的 22，选择连接需要的协议，这里提供有 Raw、Telnet、Rlogin 和 SSH，在此选择 SSH。然后单击 Open 按钮，系统将自动进行连接，若连接成功，就会把远程 Windows Server 2003 操作系统的终端窗口显示出来，用户就可以任意对远程系统进行管理。

20.5 SecureCRT 应用

对系统管理员来说，telnet 是经常使用的一个远程管理工具，但是 telnet 本身在传送数据或者进行其他工作的时候，都是以"明码"方式来传送指令(包括帐号和密码)，这样，当黑客以 listen 的功能监听用户的数据封包时，用户传送的数据将会被窃取，所以，telnet 被认为是一种非常不安全的远程管理和数据传送工具。

20.5.1 SecureCRT 简介及安装

SecureCRT 是一个可以与 PuTTY 相媲美的 TELNET 基于文本形式的商业化远端管理工具，它是一个终端仿真程序，是连接远程运行 UNIX 和 VMS 系统主机的理想选择。它支持 VT100、VT102、VT220 和 ANSI 终端仿真，包含基于文件的脚本和简单易用的工具条等。

SecureCRT 的下载地址为：

http://www.ayxz.com/soft/3095.htm

http://soft.btbbt.com/SoftView/SoftView_2799.html

这里下载的软件版本是 SecureCRT 4.1 。下载后进行安装，安装步骤及界面如下。

(1) 开始安装。如图 20-37 所示为 SecureCRT License Agreement 界面。

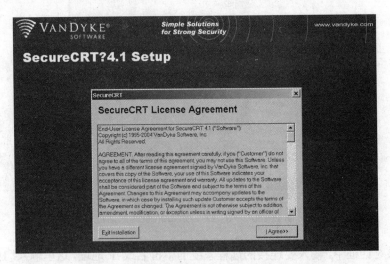

图 20-37 SecureCRT License Agreement 界面

(2) 选择安装协议。当安装配置程序进行到 Choose Protocols 对话框时，如图 20-38 所示，要为 SecureCRT 4.1 选择要安装的协议。这些协议有：SSH1、SSH2、telnet、rlogin 和 serial 等，可以选择一个，也可以选择多个。

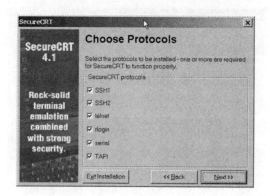

图 20-38　Choose Protocols 对话框

　　(3) 开始安装。当进行到如图 20-39 所示的 Ready to Install! 对话框时，单击 Finish 按钮，即可自动完成 SecureCRT 4.1 的安装。

图 20-39　Ready to Install! 对话框

20.5.2　使用 SecureCRT 4.1

　　安装完成后，启动 SecureCRT 4.1，如图 20-40 所示为 SecureCRT 4.1 主窗口。

　　在 SecureCRT4.1 主窗口中，选择 File | Quick Connect 命令，如图 20-41 所示，打开 Quick Connect 对话框，如图 20-42 所示。

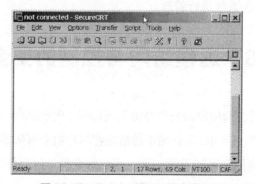

图 20-40　SecureCRT 4.1 主窗口

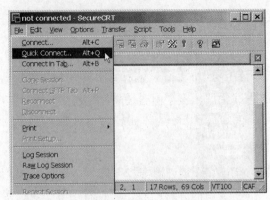

图 20-41　选择 File | Quick Connect 命令

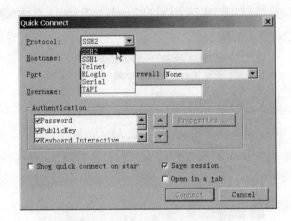

图 20-42　Quick Connect 对话框

　　在 Quick Connect 对话框中，首先选择连接远程主机所使用的协议，一般选用 SSH2，接着输入远程主机名或 IP 地址、端口号及用户名，单击 connect 按钮，将打开 Enter Secure Shell Password 对话框，在该对话框中，要输入登录远程主机的用户名和密码(若在 Quick Connect 对话框中没有输入用户名，则要先输入用户名)，单击 OK 按钮，程序要经过大概 5 秒的连接时间，如果连接远程主机成功，可以看到连接成功后的提示信息。接下来用户就可以任意对远程 Windows Server 2003 系统进行管理。

20.6　远程访问与控制的安全性

　　远程访问服务为远程访问用户和公司办公人员提供方便的同时，也为远程访问服务器和公司网络带来了潜在的威胁，例如，没有加密的数据在客户机和服务器之间传输时可能被窃取，没有经过授权的远程访问用户可能通过某种方式访问远程访问服务器和公司网络中的保密信息等。所以，管理员必须对远程访问服务器进行一些安全设置，以维护网络资源的安全性。

20.6.1　身份验证和授权

区分身份验证和授权，对于理解连接尝试被接受或者被拒绝的原因是十分重要的。

身份验证是验证连接尝试凭据。该过程通过使用身份验证协议，以明文或加密的形式在远程访问客户机和远程访问服务器之间传送凭据。授权是验证连接尝试是否被准许，在身份验证成功后，授权才会发生。

对于已被接受的连接尝试，它必须同时通过身份验证和授权。使用有效的凭据，连接尝试可能通过了身份验证，但是有可能未被授权。在这种情况下，连接尝试便被拒绝。

在 Windows Server 2003 中提供了两种身份验证程序：Windows 身份验证和 RADIUS 身份验证，它们为远程访问客户和请求拨号路由器提供凭据验证。如果远程访问服务器被配置为使用 Windows 身份验证，对于身份验证将使用 Windows Server 2003 安全性来验证凭据，并使用用户帐户的拨入属性和本地存储的远程访问策略来授权连接。如果连接尝试既通过了身份验证又通过了授权，则连接尝试将被接受。

如果将远程访问服务器配置为 RADIUS 身份验证，则连接尝试的凭据将被传送到 RADIUS 服务器，以便进行身份验证和授权。如果连接尝试经过了身份验证和授权，则 RADIUS 服务器将接受消息发回到远程访问服务器，这样连接尝试就被接受了。如果连接尝试没有通过身份验证或没有通过授权，RADIUS 服务器将传回一个拒绝消息到远程访问服务器，这样，连接尝试将被拒绝。

如果 RADIUS 服务器是运行 Windows Server 2003 和"Internet 验证服务(IAS)"的计算机，则 IAS 服务器通过 Windows Server 2003 安全机制来执行身份验证，通过用户帐户的拨入属性和存储在 IAS 服务器上的远程访问策略来执行授权。

选择和设置远程访问服务器的身份验证程序的具体操作步骤如下。

(1) 打开"路由和远程访问"控制台窗口，在控制台目录数中需要查看和修改属性的服务器上单击鼠标右键，在弹出的快捷菜单中选择"属性"命令，打开该服务器的属性对话框，选择"安全"选项卡，如图 20-43 所示。

(2) 如果要使用 Windows 身份验证，可在"身份验证提供程序"下拉列表框中选择"Windows 身份验证"选项；如果要使用 RADIUS 服务器进行身份验证程序，可在"身份验证提供程序"下拉列表框中选择"RADIUS 身份验证"选项。

(3) 如果管理员选择 RADIUS 身份验证提供程序，则"配置"按钮将被激活。单击该按钮，打开"RADIUS 身份验证"对话框，在该对话框中可进行添加和编辑 RADIUS 服务，如图 20-44 所示。

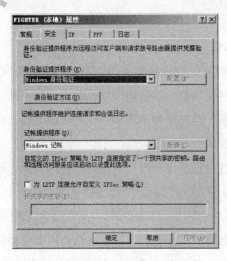

图 20-43　设置安全属性

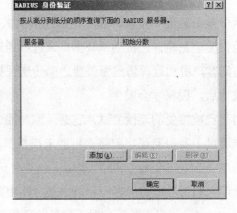

图 20-44　添加和编辑 RADIUS 服务

(4) 设置完成后，单击"确定"按钮保存设置。

如果管理员使用了 RADIUS 身份验证，则不再需要添加远程访问策略。

20.6.2　设置远程访问记帐程序

Windows Server 2003 除了提供两种身份验证程序外，还提供了以下两种记帐程序：
Windows 记帐和 RADIUS 记帐，用于维护连接请求和会话日志，这有利于对远程客户登录进行进行统计。

选择和设置记帐程序的具体操作步骤如下。

(1) 在"路由和远程访问"控制台窗口的目录树中，在需要设置记帐程序的服务器上单击鼠标右键，在弹出的快捷菜单中选择"属性"命令，打开该服务器的属性对话框，并选择"安全"选项卡。

(2) 如果要使用 Windows 记帐程序，可在"记帐提供程序"下拉列表框中选择"Windows 记帐"选项。如果需要使用 RADIUS 安全记帐程序，在"记帐提供程序"下拉列表框中选择 "RADIUS 记帐"选项。如果管理员选择 RADIUS 记帐提供程序，则"配置"按钮将被激活，单击该按钮，在打开的对话框中设置 RADIUS 服务器。

(3) 设置完成后，单击"确定"按钮保存设置。

注意

由于远程访问服务器的记帐程序在记帐的同时降低了系统的性能，所以系统允许管理员不为远程访问服务器设置记帐程序。

20.6.3 设置本地身份验证和记帐日志记录

运行 Windows Server 2003 的远程访问服务器，除了支持系统事件日志记录，还支持"本地身份验证和记帐日志记录"和"基于 RADIUS 的身份验证和记帐日志记录"两种日志记录类型。

● 事件日志记录：事件日志记录用于在 Windows Server 2003 系统事件日志中记录事件。事件日志记录一般用于疑难解答，或通知网络管理员发生了异常事件。

● 本地身份验证和记帐日志记录：在启用 Windows 身份验证或记帐后，运行 Windows Server 2003 的远程访问服务器支持在本地日志记录文件中记录远程访问连接的身份验证和记帐信息。该日志记录与系统事件日志中记录的事件是独立的。可以使用记录的信息跟踪远程访问使用情况和身份验证请求。身份验证和记帐日志记录对于解决远程访问策略问题尤其有用。对于每个身份验证请求，无论接受还是拒绝连接，远程访问策略的名称都将记录下来。身份验证和记帐信息存储在 systemroot\System32\LogFiles 文件夹中的一个或多个可配置日志文件中。日志文件以"Internet 验证服务(IAS)1.0"或"开放式数据库连接(ODBC)"格式保存，这表明，任何 ODBC 兼容的数据库程序均可直接读取该日志文件进行分析。

● 基于 RADIUS 的身份验证和记帐日志记录：在启用 RADIUS 身份验证和记帐后，运行 Windows Server 2003 的远程访问服务器支持在"远程身份验证拨入用户服务(RADIUS)"服务器上记录远程访问连接的身份验证和记帐信息。该日志记录与系统事件日志中记录的事件是独立的。可以使用 RADIUS 服务器上记录的信息来跟踪远程访问使用和身份验证尝试。如果用户的 RADIUS 服务器是运行"Internet 验证服务(IAS)"的 Windows Server 2003 计算机，则身份验证和记帐信息将记录在存储在 IAS 服务器上的日志文件中。

在这 3 种日志记录类型中，只有本地身份验证和记帐日志记录是通过"路由和远程访问"控制台窗口进行设置的，其具体设置步骤如下。

(1) 打开"路由和远程访问"窗口，在控制台目录树中展开远程访问服务器，然后单击"远程访问记录"子节点，在详细资料窗格中将列出日志记录文件。在需要设置的"本地文

件”选项上单击鼠标右键，在弹出的快捷菜单中选择“属性”命令，打开“本地文件属性”对话框，如图 20-45 所示。

(2) 在“设置”选项卡中，通过选中复选框来启用需要记录的日志事件。例如，选中“身份验证请求(如访问-接受或访问-拒绝)”复选框，则日志文件可记录身份验证请求。

(3) 要设置日志文件，可选择“日志”选项卡，在“格式”选项区域中，通过选中单选按钮来选择日志文件格式，包括 IAS 格式和数据库兼容文件格式两种；在“创建新日志文件”选项区域中，可选择新日志开始的方式，例如，选中“每周”单选按钮，则在一周之后以一个新的日志文件来记录日志事件；在“目录”文本框中可以输入日志文件路径或单击“浏览”按钮进行路径选择。如图 20-46 所示。

(4) 日志文件设置完毕，单击“确定”按钮保存设置。

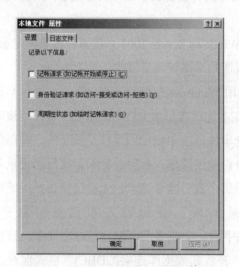

图 20-45　“本地文件属性”对话框

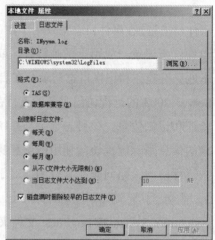

图 20-46　日志文件设置

20.6.4　数据加密

Windows Server 2003 远程访问服务可以使用数据加密来保护在远程访问客户机和服务器之间发送的数据。对于金融机构、执法机关和政府机关，以及要求安全传送数据的企业，数据加密是十分重要的。如果需要数据加密，网络管理员可设置远程访问服务器以请求加密通信。连接到该服务器的用户必须加密数据，否则将拒绝连接尝试。

对于拨号网络连接，可以通过在远程访问客户机和服务器之间的通信链接上加密数据来保护它。当在远程访问客户机和服务器之间的通信链接上有未经授权地截取传输的危险时，应该使用数据加密。对于拨号网络连接，Windows Server 2003 使用“Microsoft 点对点加密(MPPE)”加密。但 MPPE 要求使用 MS-CHAP(版本 1 或版本 2)或 EAP-TLS 身份验证协议。

对于虚拟专用网络连接，可以通过在虚拟专用网络(VPN)的两个端点之间加密数据来保护它。当专用数据通过诸如 Internet 之类的公共网络传送时，VPN 连接应该总是使用数据加密，因为公共网络上总是有未经授权而截取信息的危险。对于 VPN 连接，Windows Server 2003 使用遵循"点对点隧道协议(PPTP)"的 MPPE，以及遵循"第二层隧道协议(L2TP)"的"IP 安全(IPSec)"加密。

因为数据加密是在 VPN 客户端和 VPN 服务器之间进行，所以在拨号客户及 Internet 服务提供商(ISP)之间的通信链接上没有必要使用数据加密。例如，移动用户可以使用拨号网络连接拨入到本地的 ISP。一旦建立了 Internet 连接后，用户就创建了与企业 VPN 服务器的 VPN 连接。如果 VPN 连接已加密，则不必对用户和 ISP 之间的拨号网络连接进行加密。

注意

> 远程访问数据加密不提供端对端数据加密。端对端加密是客户应用程序和管理客户应用程序访问的资源或服务的服务器之间的数据加密。要获得端对端数据加密，可在建立远程访问连接之后使用 IPSec 创建安全连接。

20.6.5 安全主机

安全主机是一台身份验证设备，它验证来自远程访问客户机的呼叫是否被授权连接到远程访问服务器。该验证补充了已经由运行 Windows Server 2003 的远程访问服务器提供的安全性。

安全主机位于远程访问客户机和远程访问服务器之间。安全主机通常通过请求某种硬件密钥提供身份验证来提供额外的安全层。在允许访问远程访问服务器之前，先验证远程访问客户机是否从物理上拥有该密钥。这种开放的体系结构允许客户选择各种安全主机来加强远程访问中的安全性，例如，一种安全系统包括安全主机和安全卡两个硬件设备。其中，安全主机安装在远程访问服务器和它的调制解调器之间。安全卡的大小相当于一个信用卡，它类似于无按键的袖珍计算器。安全卡每分钟显示不同的访问数，该数值与安全主机中每分钟计算的相同数字同步。连接时，远程用户将安全卡上的数字传送给主机，如果该数字正确，安全主机就将远程访问客户机同远程访问服务器连接起来。另一种安全主机提示远程访问客户输入用户名(与远程访问客户机名称可以相同也可以不同)和密码(与远程访问客户机的密码不同)。

在设置安全主机时，必须使其允许远程访问服务器在安全功能生效之前初始化调制解调器。远程访问服务器还必须能够直接初始化连接到安全主机上的调制解调器，而不必从安全主机进行安全检查。安全主机可能将远程访问服务器初始化调制解调器的请求解释为尝试拨出。

网络组建与应用

第 21 章

作为网络服务器，学习 Windows Server 2003 网络组建，还有一些必须了解和掌握的网络调试命令，如 ping、ipconfig、netstat、arp、tracert、nslookup 等。

随着 Internet 的不断普及，信息化已经成为一个必然趋势，网络正逐渐渗透到各个领域之中，越来越多的公司、学校、家庭都组建了自己的局域网。本章将综合应用前面章节所学的知识，以一个典型的 Windows Server 2003 组建学生局域网为实例，详细讲述基于 Windows Server 2003，集学习、娱乐、服务为一体的各种服务器的相关配置和局域网组建技术。

本章知识点

- ☑ 局域网布线
- ☑ 服务器的安装与设置
- ☑ 客户端的设置与测试

21.1　Windows 常用网络命令

Windows Server 2003 自身携带一些命令，如：ping、ipconfig/netstat 等，这些命令比较实用，通过这些命令，可以对网络状况进行检测和监视，下面详细介绍这些命令的使用方法。

21.1.1　ping 命令

通过使用 ping 命令，可以检测本机是否可以访问到网络中的其他主机。ping 命令向主机发送请求并等待应答，主机收到请求后返回应答，应答信息显示在计算机的屏幕上。如果 ping 命令无法访问到一台主机，它会产生一个消息说明该主机无法到达。Ping 命令的失败往往意味着网络连接没有正常工作，可能是网络接口的问题，可能是配置的问题，也可能是物理连接出现故障，例如：

```
C:\>ping www.sina.com.cn

Pinging libra.sina.com.cn [202.108.33.90] with 32 bytes of data:

Reply from 202.108.33.90: bytes=32 time=35ms TTL=53
Reply from 202.108.33.90: bytes=32 time=32ms TTL=53
Reply from 202.108.33.90: bytes=32 time=31ms TTL=53
Reply from 202.108.33.90: bytes=32 time=39ms TTL=53

Ping statistics for 202.108.33.90:
    Packets: Sent = 4, Received = 4, Lost = 0 (0% loss),
Approximate round trip times in milli-seconds:
    Minimum = 31ms, Maximum = 39ms, Average = 34ms
```

21.1.2　ARP 命令

ARP(Address Resolution Protocol)的作用是查看和处理 ARP 缓存，它的主要特性和优点是它的地址对应关系是动态的，它以查询的方式来获得 IP 地址和实体地址的对应，负责把一个 IP 解析成一个物理性的 MAC 地址。arp -a 将显示出全部信息，例如：

```
C:\Documents and Settings\Administrator>arp -a

Interface: 59.70.126.10 --- 0x10003
  Internet Address        Physical Address        Type
  58.71.127.254           00-e0-fc-38-e3-90        dynamic

C:\Documents and Settings\Administrator>
```

21.1.3 netstat 命令

可用 netstat 命令显示连接统计，netstat 的语法格式如下：

netstat [-a][-e][-n][-o][-p protocol][-r][-s][Interval]

各参数说明如下

-a：显示所有活动的 TCP 连接及计算机侦听的 TCP 和 UDP 端口。

-e：显示以太网统计信息，如发送和接收的字节数、数据报数。该参数可以与-s 结合使用。

-n：显示活动的 TCP 连接，不过，只以数字形式表现地址和端口号，却不尝试确定名称。

-o：显示活动的 TCP 连接，并包括每个连接的进程 ID(PID)。可以在 Windows 任务管理器中的"进程"选项卡上找到基于 PID 的应用程序。该参数可以与-a、-n、-p 结合使用。

-p Protocol: 显示 Protocol 所指定的协议的连接。Protocol 可以是 TCP、UDP、RCPv6 或 UDPv6。

-s：按协议显示统计信息。

-r：显示 IP 路由表的内容。该参数与 route print 命令等价。

-Interval: 每隔 Interval 秒重新显示一次选定的信息。

举例如下：使用 netstat－an 命令，可以查看使用 TCP/IP 传输协议的连接。

```
C:\Documents and Settings\Administrator>netstat -an
Active Connections

  Proto  Local Address          Foreign Address        State
  TCP    0.0.0.0:135            0.0.0.0:0              LISTENING
  TCP    0.0.0.0:445            0.0.0.0:0              LISTENING
  TCP    0.0.0.0:1028           0.0.0.0:0              LISTENING
  TCP    0.0.0.0:1723           0.0.0.0:0              LISTENING
  TCP    0.0.0.0:6892           0.0.0.0:0              LISTENING
  TCP    0.0.0.0:8383           0.0.0.0:0              LISTENING
  TCP    0.0.0.0:9000           0.0.0.0:0              LISTENING
  TCP    59.70.126.10:139       0.0.0.0:0              LISTENING
  TCP    127.0.0.1:1029         0.0.0.0:0              LISTENING
  TCP    127.0.0.1:1032         0.0.0.0:0              LISTENING
  TCP    127.0.0.1:1042         127.0.0.1:1043         ESTABLISHED
  TCP    127.0.0.1:1043         127.0.0.1:1042         ESTABLISHED
  TCP    127.0.0.1:1655         127.0.0.1:1656         ESTABLISHED
  TCP    127.0.0.1:1656         127.0.0.1:1655         ESTABLISHED
  TCP    127.0.0.1:8383         0.0.0.0:0              LISTENING
  TCP    127.0.0.1:9000         0.0.0.0:0              LISTENING
  UDP    0.0.0.0:445            *:*
C:\Documents and Settings\Administrator>
```

21.1.4 ipconfig 命令

可用 ipconfig 命令查看 IP 配置信息，ipconfig 命令的语法格式如下：

ipconfig[/all][/batchfile][/renew_all][/release_all][/renew n][/release n]

各参数的主要功能说明如下。

all：显示与 TCP/IP 协议相关的所有细节信息，其中包括测试的主机名、IP 地址、子网掩码、节点类型、是否启用 IP 路由、网卡的物理地址、默认网关等。

batchfile：测试的结果存入指定的"file"文件名中，以便于逐项查看，如果省略 file 文件名，则系统会把这次测试的结果保存在系统的"winipcfg.out"文件中。

renew_all：更新全部适配器的通信配置情况，所有测试重新开始。

release_all：释放全部适配器的通信情况。

renew n：更新第 n 号适配器的通信情况，所有测试重新开始。

release n：释放第 n 号适配器的通信情况。

举例如下：

```
C:\>ipconfig /all

Windows IP Configuration

        Host Name . . . . . . . . . . . . : ddd
        Primary Dns Suffix   . . . . . . . :
        Node Type . . . . . . . . . . . . : Broadcast
        IP Routing Enabled. . . . . . . . : Yes
        WINS Proxy Enabled. . . . . . . . : Yes

Ethernet adapter 本地连接:

        Connection-specific DNS Suffix   . :
        Description . . . . . . . . . . . : Broadcom NetXtreme 57xx Gigabit Controller
        Physical Address. . . . . . . . . : 00-1A-A0-C5-5B-54
        DHCP Enabled. . . . . . . . . . . : No
        IP Address. . . . . . . . . . . . : 58.71.126.10
        Subnet Mask . . . . . . . . . . . : 255.255.255.0
        Default Gateway . . . . . . . . . :
        DNS Servers . . . . . . . . . . . : 58.71.112.8
                                            202.102.224.68
```

21.1.5 tracert 命令

tracert -参数 ip(或计算机名) 跟踪路由（数据包），参数："-w 数字"用于设置超时间隔。

21.1.6 nslookup 命令

Nslookup 命令是一个可以跨多种平台的工具之一，并且，它可能是人们最熟悉的一个工具，其使用方法也相当简单，可以用在交互式和非交互式两种模式下(也就是直接从命令行运行)。

当不带任何参数运行该命令时，nslookup 将进入交互模式。在命令行下输入 nslookup 命令时，将进入 nslookup 的 shell 下；要退出交互模式，在 nslookup 提示符下输入 exit 即可。

举例如下：

```
C:\>nslookup
Default Server:   dns
Address:   58.71.112.8

> www.sina.com.cn
Server:   dns
Address:   58.71.112.8

Name:   libra.sina.com.cn
Addresses:   202.108.33.91, 202.108.33.92, 202.108.33.93, 202.108.33.94
            202.108.33.95, 202.108.33.96, 202.108.33.97, 202.108.33.98, 202.108.33.99
            202.108.33.70, 202.108.33.71, 202.108.33.72, 202.108.33.73, 202.108.33.74
            202.108.33.75, 202.108.33.76
Aliases:   www.sina.com.cn, jupiter.sina.com.cn

> sohu.com
Server:   dns
Address:   58.71.112.8

Name:   sohu.com
Addresses:   61.135.181.175, 61.135.181.176

> ^A
```

21.2   线缆敷设

本实例将针对校区宿舍组建局域网。假设校园内有一幢楼，共有 5 层，每层 20 个房间，现在要在这里建一个局域网。下面介绍怎样进行这一幢楼的局域网布线。首先考虑网络拓扑结构，局域网拓扑结构主要由星状、环状及混合状。拓扑结构的选择与网络用途、传输介质、访问控制方式紧密相关。星状拓扑是由中央节点和通过点对点通信链路接到中央节点的各个分节点组成。星状拓扑结构具有以下优点。

(1) 控制简单

(2) 便于故障诊断和隔离

(3) 方便服务

鉴于星状网络的这些特点，这里采用星状网络拓扑结构进行局域网布线，采取交换机-集线器-客户端的星状网络拓扑结构，中间的连线采用非屏蔽超 5 类双绞线。

由于网络发展已经有比较成熟的千兆网，可以选用 10/100M 自适应 12 口小型交换机作为中央节点放置在中央机房中。每层楼放一个(或两个)24 口的集线器，从主机房交换机处布10 根线出来，每层楼两根线(如果每层楼只放置一个 HUB，则剩下一根线备用)接至 HUB 上，每个房间放置一个(或两个)网络接口模块，再将每个房间的网线连接到各个对应的 HUB 处即可。

网线布好以后，通过测试，画好图纸，局域网布线就完成了。

21.3 配置相关应用服务器

组建局域网中最关键的一步就是服务器操作系统的选择与安装，常用的服务器操作系统有基于 SUN 工作站平台的 Solaris 操作系统、基于个人计算机的 Linux 免费操作系统、基于个人计算机的 Windows 网络操作系统，本例选用 Windows Server 2003 标准版 SP1。

21.3.1 安装 Windows Server 2003

根据当前的配置需求在服务器上安装 Windows Server 2003，安装过程可参考第 1 章，这里不再赘述。

21.3.2 配置 TCP/IP

(1) 打开"开始"菜单，选择"控制面板" | "网络连接"命令，在"本地连接"图标上右击，从弹出的快捷菜单中选择"属性"命令，打开"本地连接属性"对话框，如图 21-1所示。

(2) 选中"Internet 协议(TCP/IP)"选项，单击"属性"按钮，打开 IP 设置窗口，选择"使用下面的 IP 地址"单选按钮，在 IP 地址栏输入"192.168.0.11"，子网掩码输入："255.255.255.0"，选择"使用下面的 DNS 服务器地址"，在首选 DNS 服务器栏输入："192.168.0.11"，如图21-2 所示。

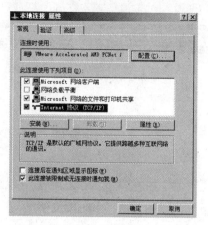

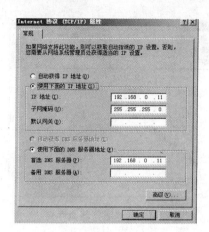

图 21-1 "本地连接属性"对话框　　　图 21-2 设置服务器 IP 地址

(3) 单击"高级"按钮，打开"高级 TCP/IP 设置"对话框，在"IP 地址"栏中单击"添加"按钮，依次加入：FTP(192.168.0.12/255.255.255.0)、MAIL(192.168.0.13/ 255.255.255.0)、ICQ(192.168.0.14/255.255.255.0)主机的 IP 地址及其子网掩码，Web 服务器使用 192.168.0.11，如图 21-3 所示。

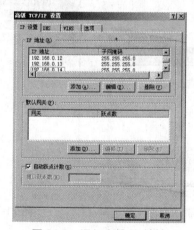

图 21-3 添加主机 IP 地址

(4) 单击"确定"按钮，完成设置。

21.3.3 创建服务器文件

(1) 建立一个文件夹，存放相应的服务器文件和 FTP 服务器文件。在 web.buptsie.com 文件夹中存放 web 服务器文件，在 ftp.buptsie.com 文件夹中存放 FTP 服务器文件，如图 21-4 所示。

(2) 为了便于测试，分别在两个文件夹中放入测试文件。在 web.buptsie.com 文件夹中新建一个 word 文档，输入文字"您好，欢迎来到 web.buptsie.com"，如图 21-5 所示。

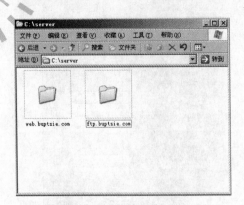

图 21-4 创建服务器文件夹

图 21-5 创建测试文件

(3) 选择"文件"|"另存为"命令，将其保存为网页，文件名为 index(文件名必须与服务器默认的文档相匹配，具体内容请参考第 11 章)，如图 21-6 所示。

(4) 在 ftp.buptsie.com 文件夹中新建一个 TXT 文档，命名为"欢迎来到我的 FTP"，如图 21-7 所示。

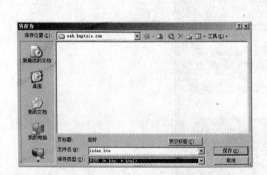

图 21-6 创建 Web 测试文件

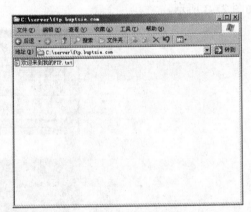

图 21-7 创建 ftp 测试文件

这样服务器测试文件就创建完了，以后会使用这两个文件来测试各个主机。

21.3.4 DNS 服务器的设置

(1) 安装 DNS 服务器，具体步骤可参考第 13 章。

(2) 打开"开始"菜单，选择"管理工具"|DNS 命令，打开 DNS 控制台窗口，如图 21-8 所示。

(3) 在 DNS 控制台窗口中，选择"操作"|"新建区域"命令，打开"欢迎使用新建区域向导"对话框，如图 21-9 所示。

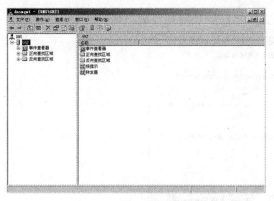

图 21-8　DNS 控制台窗口

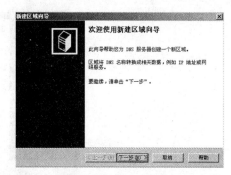

图 21-9　"欢迎使用新建区域向导"对话框

(4) 单击"下一步"按钮，打开"区域类型"对话框，在"区域类型"对话框中有 3 个选项，分别是主要区域、辅助区域和存根区域。用户可以根据区域存储和复制的方式选择一个区域类型。这里选择主要区域，如图 21-10 所示。

(5) 单击"下一步"按钮，将打开"正向或反向查找区域"对话框，选择"正向查找区域"单选按钮，如图 21-11 所示。

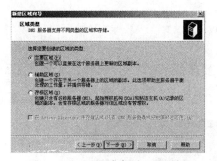

图 21-10　"区域类型"对话框

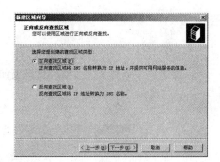

图 21-11　"正向或反向查找区域"对话框

(6) 选择了新区域的搜索方向后，单击"下一步"按钮，打开"区域名称"对话框，在该对话框中用户需要输入新建区域的名称，如图 21-12 所示。

(7) 单击"下一步"按钮，将打开"动态更新"对话框，用户可以指定这个 DNS 区域是否接受安全、不安全或动态的更新，如图 21-13 所示。

图 21-12　"区域名称"对话框

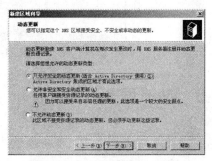

图 21-13　"动态更新"对话框

(8) 单击"下一步"按钮，打开"正在完成新建区域向导"对话框，如图 21-14 所示。

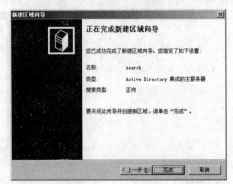

图 21-14 "正在完成新建区域向导"对话框

(9) 单击"完成"按钮，结束新建区域的操作。

(10) 在左侧窗格中依次展开 ServerName|"正向查找区域"目录。然后右击之前建立的区域，从弹出的快捷菜单中选择"新建主机"命令，依次加入如下主机：

www(192.168.0.11)、ftp(192.168.0.12)、mail(192.168.0.13)、icq(192.168.0.14)

> **注意**
>
> 注意选中"创建相关的指针(PTR)记录"复选框，这样可以同时在反向查找区域中创建指针，如图 21-15 所示。

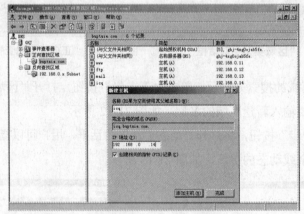

图 21-15 创建主机

21.3.5 Web 服务器的设置

接下来设置 Web 服务器，服务器软件可以采用微软自带的"Internet 信息服务(IIS)"。

(1) 安装 Web 服务器，具体步骤可参考第 11 章。

(2) 打开"开始"菜单，选择"管理工具"|"Internet 服务管理器"命令，打开"Internet 信息服务(IIS)管理器"窗口，在控制台目录树中展开服务器节点，如图 21-16 所示。

(3) 在控制台窗口中右击"网站"节点，从弹出的快捷菜单中选择"新建"|"网站"命令，打开"网站创建向导"对话框，如图 21-17 所示。

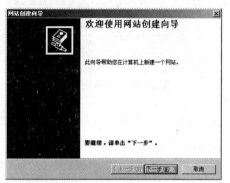

图 21-16　"Internet 信息服务(IIS)管理器"窗口　　　　图 21-17　"网站创建向导"对话框

(4) 单击"下一步"按钮，打开"网站描述"对话框，在"描述"文本框中输入站点描述即站点名称，用于帮助管理员容易识别站点，如图 21-18 所示。

(5) 然后单击"下一步"按钮，在打开的"IP 地址和端口设置"对话框的"网站 IP 地址"下拉列表框中选择"192.168.0.11"；在"网站 TCP 端口"文本框中输入 TCP 端口值，其默认值为 80；如果有主机头，则可在"此网站的主机头"文本框中输入，系统默认为无，如图 21-19 所示。

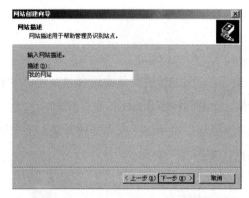
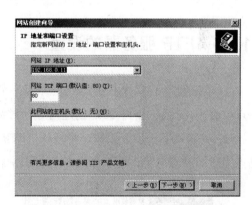

图 21-18　"网站描述"对话框　　　　图 21-19　"IP 地址和端口设置"对话框

(6) 单击"下一步"按钮，将打开"网站主目录"对话框，单击"路径"文本框右侧的"浏览"按钮，选择刚才创建的 web.buptsie.com 文件夹。如果允许访问者匿名访问此站点，则选中"允许匿名访问网站"复选框，如图 21-20 所示。

(7) 然后单击"下一步"按钮，将打开"网站访问权限"对话框，在"允许下列权限"选项区域中设置主目录的访问权限，如图 21-21 所示。

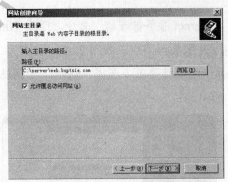

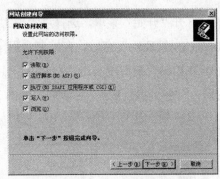

图 21-20　输入主目录路径　　　　　　图 21-21　设置访问权限

(8) 然后单击"下一步"按钮，打开"完成网站创建向导"对话框。单击"完成"按钮即可完成站点的创建，如图 21-22 所示。

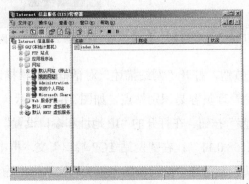

图 21-22　创建好的新网站

21.3.6　FTP 服务器的设置

(1) 在控制台窗口中右击"FTP 站点"节点，从弹出的快捷菜单中选择"新建"|"FTP 站点"命令，打开"FTP 站点创建向导"对话框，如图 21-23 所示。

(2) 单击"下一步"按钮，将打开"FTP 站点描述"对话框，在"描述"文本框中输入站点描述即站点名称，用于帮助管理员识别站点，如图 21-24 所示。

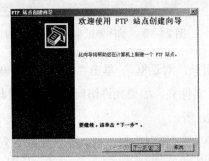

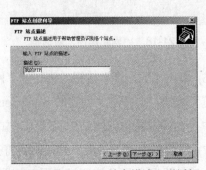

图 21-23　"欢迎使用 FTP 站点创建向导"对话框　　图 21-24　"FTP 站点描述"对话框

（3）然后单击"下一步"按钮，在打开的"IP 地址和端口设置"对话框的"输入此 FTP 站点使用的 IP 地址"下拉列表框中选择"192.168.0.12"；在"输入此 FTP 站点的 TCP 端口"文本框中输入 TCP 端口值，其默认值为 21，如图 21-25 所示。

（4）单击"下一步"按钮，打开"FTP 用户隔离"对话框，在此可以根据自己的需要进行选择，本例保持默认设置，如图 21-26 所示。

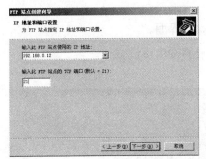

图 21-25　"IP 地址和端口设置"对话框

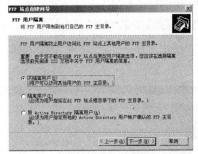

图 21-26　"FTP 用户隔离"对话框

（5）单击"下一步"按钮，将打开"FTP 站点主目录"对话框，单击"路径"文本框右侧的"浏览"按钮，选择刚才创建的 ftp.buptsie.com 文件夹，如图 21-27 所示。

（6）单击"下一步"按钮，将打开"FTP 站点访问权限"对话框，在"允许下列权限"选项区域中设置主目录的访问权限，如图 21-28 所示。

图 21-27　输入主目录路径

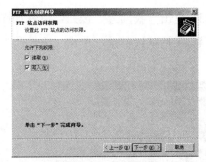

图 21-28　设置权限

（7）单击"下一步"按钮，打开"已成功完成 FTP 站点创建向导"对话框。单击"完成"按钮，即可完成 FTP 站点创建，如图 21-29 所示。

图 21-29　完成创建

21.3.7 Mail 服务器的设置

关于如何使用 Windows Server 2003 自带的服务进行 Mail 服务器的安装和设置，请参考本书第 16 章，在这里使用第三方 Mail 服务器，如有名的 MDaemon Server，其下载地址为 http://download.zol.com.cn/link/3/28027.shtml。

(1) 运行该安装程序，进入如图 21-30 所示的欢迎界面。

(2) 单击"下一步"按钮，进入如图 21-31 所示的许可协议窗口。

图 21-30 欢迎界面   图 21-31 许可协议

(3) 单击"我同意"按钮，进入如图 21-32 所示的选择安装目录对话框。

(4) 保持默认目录，单击"下一步"按钮，输入注册信息，如图 21-33 所示。

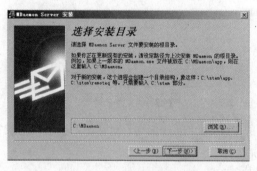

图 21-32 选择安装目录   图 21-33 输入注册信息

(5) 单击"下一步"按钮，进入如图 21-34 所示的准备安装界面。

(6) 单击"下一步"按钮开始安装，安装完成后进入域名设置窗口，填入域名 buptsie.com，如图 21-35 所示。

图 21-34　准备安装　　　　　　　　　图 21-35　设置域名

(7) 单击"下一步"按钮，开始设置账号，如图 21-36 所示。

(8) 单击"下一步"按钮，打开设置 DNS 窗口，选中"使用 Windows 的 DNS 设置"复选框，如图 21-37 所示。

图 21-36　设置帐号　　　　　　　　　图 21-37　设置 DNS

(9) 单击"下一步"按钮，进入操作模式设置窗口，如图 21-38 所示。

(10) 选择"使用'简易'模式运行 MDaemon"单选按钮，单击"下一步"按钮，进入如图 21-39 所示的窗口。

图 21-38　设置操作模式　　　　　　　图 21-39　配置服务器设置

(11) 单击"下一步"按钮，完成设置，如图 21-40 所示。

图 21-40　完成服务器设置

(12) 单击"完成"按钮，系统将启动 MDaemon Server，如图 21-41 所示。

(13) 接下来可以为局域网的各个成员添加账号，选择"账号"|"新建账号"命令，打开"账号编辑器"对话框，添加账号，如图 21-42 所示。

图 21-41　启动 MDaemon Server

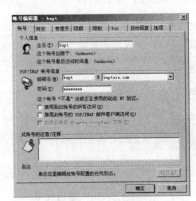

图 21-42　添加帐号

其他功能选项可以采用系统默认值，其实这套 mail 服务系统功能十分强大，基于标准的 PT/POP3/IMAP4/LDAP 协议提供多域名支持、远程管理、可创建邮递清单，而且对用户提供了 Web 服务，使得用户可以通过访问 Web 页面，根据权限，享有修改密码、查询信件等服务。局域网的其他主机可以用 Foxmail 或 Outlook 收发 Email，其中 POP3 服务器和 SMTP 服务器均设置为"mail.buptsie.com"或服务器的 IP 地址：192.168.0.13，这样就能在该局域网中用 Email 交流了。

21.4　客户端的设置与测试

相对于服务器的设置，无疑客户端主机的设置就简单多了(以某台主机为例，假设其操作系统采用的是 Windows XP)。

(1) 打开"开始"菜单，选择"控制面板"|"网络连接"命令，在"本地连接"上单击鼠标右键，从弹出的快捷菜单中选择"属性"命令，在打开的"属性"对话框中选中"Internet

协议(TCP/IP)"选项，单击"属性"按钮，弹出 IP 设置窗口，选择"使用下面的 IP 地址"单选按钮，在 IP 地址栏输入"192.168.0.2"，子网掩码输入："255.255.255.0"，选择"使用下面的 DNS 服务器地址"单选按钮，在首选 DNS 服务器栏输入："192.168.0.11"，如图 21-43 所示。

(2) 在客户端浏览器地址栏中输入"http://Web 服务器IP:端口号"，例如：http://192.168.0.11 (80 为默认端口号，可以不填)，即可打开 Web 服务器上的测试网页，如图 21-44 所示。

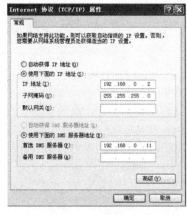

图 21-43 配置客户端 IP

图 21-44 测试 Web 服务器

(3) 在客户端浏览器地址栏中输入"ftp://ftp 服务器 IP：端口号"，例如：ftp://192.168.0.12 (21 为默认端口号，可以不填)，即可打开服务器上的 FTP 文件夹，如图 21-45 所示。

(4) 邮件服务器与聊天服务器的测试方法比较简单，可参考本书第 16 章与第 21 章。

图 21-45 测试 FTP 服务器